国家电网公司
电力科技著作出版项目

环保型
气体绝缘技术

肖登明　编著

雷清泉　王新新　李兴文　屠幼萍　主审

中国电力出版社
CHINA ELECTRIC POWER PRESS

内 容 提 要

　　本书主要阐述气体绝缘的基础知识与技术发展，重点介绍近十年来新型的环保型绝缘气体的研究进展，并分析提出一些新型环保型气体应用建议。从气体的基本物理化学性能出发，首先介绍 SF_6 气体的绝缘和灭弧的特性及应用状况，然后分析 SF_6 替代气体（环保型气体）的研究现状、环保型气体在工程应用现状及发展趋势，主要介绍和分析了当前热门的四种新型的环保型绝缘气体三氟碘甲烷（CF_3I）、八氟环丁烷（c-C_4F_8）、全氟异丁腈（C_4F_7N）和全氟戊烷（$C_5F_{10}O$）等的绝缘和灭弧特性的研究发展成果，最后介绍了环保型气体在电气设备应用的初步研究，并分析了一些环保型 SF_6 替代气体的实际应用。

　　本书主要用作高电压与绝缘技术专业研究生教材，也可作为等离子体物理、激光技术应用和应用物理学专业的参考书，还可供电力系统运行、电工制造等相关部门工程技术人员参考。

图书在版编目（CIP）数据

环保型气体绝缘技术/肖登明编著 . —北京：中国电力出版社，2023.3
ISBN 978-7-5198-7475-9

Ⅰ.①环…　Ⅱ.①肖…　Ⅲ.①气体绝缘材料—研究　Ⅳ.①TM853

中国国家版本馆 CIP 数据核字（2023）第 157774 号

出版发行：中国电力出版社
地　　址：北京市东城区北京站西街 19 号（邮政编码 100005）
网　　址：http://www.cepp.sgcc.com.cn
责任编辑：雷　锦（010—63412530）
责任校对：黄　蓓　李　楠
装帧设计：赵丽媛
责任印制：吴　迪

印　　刷：望都天宇星书刊印刷有限公司
版　　次：2023 年 3 月第一版
印　　次：2023 年 3 月北京第一次印刷
开　　本：787 毫米×1092 毫米　16 开本
印　　张：18.25
字　　数：448 千字
定　　价：95.00 元

近年来各国均对 SF_6 的使用采取了控制和限制措施，但 2017 年世界气象组织（WMO）发布的全球温室气体公报中显示：目前大气中 SF_6 气体的摩尔分数含量约为 20 世纪 90 年代中期观测水平的两倍，并且仍处于逐年增加的趋势。开发新型绝缘气体的工作刻不容缓，关于环保型 SF_6 替代气体的研究也成为国内外近年来的研究热点。

肖登明教授的课题组十几年来紧跟国际上的研究步伐，开展了环保型 SF_6 替代气体绝缘研究的计算分析与实验工作，已获得国家自然科学基金的多项资助，取得了很好的成果。近年了，国内一些研究者也开展了环保型 SF_6 替代气体的研究，并取得了一定的成果。现在由肖登明教授把这些成果编成一本专著《环保型气体绝缘技术》，对于气体绝缘的研究具有一定的理论意义，对于研究新型的环保型气体绝缘电气设备具有重要的参考指导价值。

中国工程院院士

雷清泉

2022 年 7 月

前 言

我国是《京都议定书》（*Kyoto Protocol*）和《巴黎协定》（*The Paris Agreement*）的主要缔约国之一，一直积极地推进着温室气体减排工作，我国计划在 2030 年碳排放量达峰并且单位国内生产总值二氧化碳排放比 2005 年的数值下降 60%～65%。这意味着我国对于 SF_6 的使用限制将越来越严苛，然而，电气行业对于绝缘气体的需求随着电网高速发展只会越来越大，因此寻找一种替代 SF_6 气体的环境友好型气体绝缘介质迫在眉睫。关于环保型 SF_6 替代气体的研究已成为国内外近年来的研究热点，因此迫切需要一本有关环保型绝缘气体的专著指导书，以推动国内外环保型的、新型的绝缘气体的研究和应用。

由著作者负责项目组近十几年来紧跟国际研究步伐，开展了环保型绝缘气体（SF_6 替代气体）的计算分析与实验研究工作，并均取得了一定的成果。著作者总结十多年的科研成果，并参考国内外研究者的研究，编写完成《环保型气体绝缘技术》，以期为国内外研究环保型的绝缘气体和开发新型 SF_6 替代绝缘气体的电气设备，提供一定的参考指导。

本书在编著过程中，得到了西安交通大学李兴文团队、华北电力大学屠幼萍团队和武汉大学李晓星团队的支持并提供参考研究成果，在编著出版中，获得了国家自然科学基金委员会（No：51337006）的资助，得到了中国电力出版社的支持，在此一并表示谢意。著作者参考了近年来出版的国内外文献，主要总结了自己十多年来从事 SF_6 替代气体绝缘研究取得的成果，既重视加强基础理论，又注意密切联系实际应用。本书由雷清泉院士、王新新教授、李兴文教授和屠幼萍教授主审，但限于水平，书中仍不免有不妥或疏漏之处，敬请读者批评指正。

肖登明
2022 年 10 月于上海交通大学

目 录

1 气 体 绝 缘 概 述

电力能源作为使用最广泛、最清洁的二次能源，对我国未来能源转型和经济社会稳定发展起到举足轻重的作用。能源发展"十三五"规划提出，到 2030 年，非化石能源发电量占全部发电量的 50% 以上。这就要求电力系统要限制传统化石能源的使用，大力发展可再生能源和清洁能源发电，走可持续发展的综合能源电力发展模式。大容量、低损耗、环境友好的输电方式将是未来电力系统的主要特征之一。而环境友好型高压电气设备则会成为电力系统的重要组成。

采用气体绝缘的高压电气设备因其占地面积小、受自然环境影响小、检修和维护周期长等特点在电力系统中应用非常广泛。气体绝缘封闭组合电器（Gas - insulated switchgear，GIS）、气体绝缘变压器（Gas - insulated transformer，GIT）、气体绝缘传输线（Gas - insulated line，GIL）等设备均已在电力系统中大量使用。电气设备中使用的绝缘气体主要是 SF_6 气体。目前我国电力系统中 SF_6 的年需求量约为 5000t，并且呈逐年增加的趋势，SF_6 气体在电气设备中的总存量据估算可达 18000t，用量巨大。

SF_6 气体无色、无味、无毒、不燃、化学性质稳定并且绝缘性能优异，其绝缘强度约为空气的 3 倍，是电力系统中使用最多的绝缘气体。但 SF_6 气体是一种强温室效应气体，以 100 年为基准，SF_6 的全球增温潜势值（Global warming potential，GWP）约为 CO_2 气体的 23000 多倍，即 1kg 的 SF_6 气体造成的温室效应和 23000kg 的 CO_2 气体造成的温室效应相当。由于 SF_6 气体化学性质稳定极难自然分解，排入大气中的 SF_6 气体可存在 3200 年之久，对全球气候环境将产生持续深远影响。因此，在 1997 年于日本京都召开的联合国气候变化框架公约会议上，84 个国家签订的《京都议定书》中将 CO_2、SF_6、CH_4、N_2O、PFC 及 HFCs 共 6 种气体定为温室气体，并要求缔约方在 2008～2012 年间温室气体的排放总量限制为 1990 年水平下的 95%。2015 年在法国巴黎气候大会上通过，由 178 个缔约方签署的《巴黎协定》对 2020 年以后的全球气候变化行动进一步做出计划安排。我国的自主计划中提出在 2030 年左右 CO_2 排放量达到峰值并且使单位国内生产总值 CO_2 排放量在 2005 年基础上降低 60%～65%。虽然各国均对 SF_6 的使用采取了控制和限制措施，但 2017 年世界气象组织（WMO）发布的全球温室气体公报中显示，目前大气中 SF_6 气体的摩尔分数含量约为 20 世纪 90 年代中期观测水平的两倍，并且仍处于逐年增加的趋势。1995～2017 年 SF_6 气体平均摩尔分数变化情况如图 1-1 所示。开发新型绝缘气体的工作刻不容缓，关于环保型 SF_6 替代气体的研究已成为国内外近年来的研究热点。

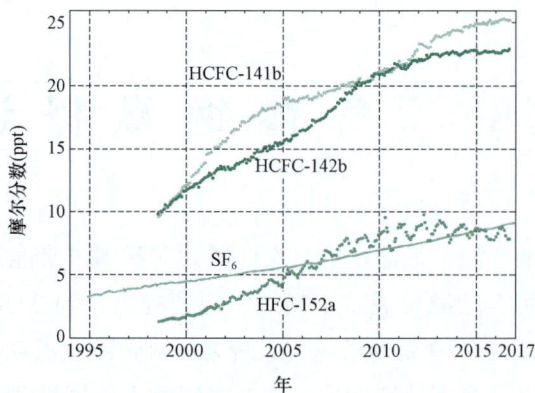

图 1-1　1995～2017 年 SF_6 气体平均摩尔分数变化

1.1　气体绝缘与气体特性

为了保证电气设备乃至整个电力系统的安全、可靠运行，必须恰当地选择电气设备的绝缘，使之具有一定的电气强度。而绝大多数电气设备都在不同程度上以不同的形式利用气体介质作为绝缘材料。在一定条件下，气体会发生放电现象，甚至完全丧失其作为电介质而具有的绝缘特性。利用气体作为绝缘材料来隔绝不同电位的导电体，保证气体电介质的绝缘强度，避免因气体放电对电气设备的安全运行造成威胁，这称为气体绝缘。气体绝缘与气体放电相辅相成，密不可分。

气体的特性有很多且不同，这取决于具体应用的气体和设备。对于使用气体绝缘的高压电气设备，气体的这些特性必不可少。用于电气设备中的绝缘气体一般具有高电离场强和高击穿场强等特点，气体不易被击穿，击穿后能迅速恢复绝缘性能，化学性质较稳定，无毒、不燃、不爆、不老化、无腐蚀性，不易被放电所分解，分解产物无毒、无腐蚀性，不出现堆积物，并且比热容较大，导热性、流动性均好。由于气体的介电系数稳定，介质损耗极小，所以目前高压电气设备中广泛使用气体介质作为绝缘材料。

大自然为我们免费提供了一种相当理想的气体介质——空气，因而空气也是用得最广泛的气体绝缘材料。架空输电线路各相导线之间、导线与地线之间、导线与杆塔之间的绝缘都利用了空气；高压电气设备的外绝缘也利用了空气。早期高压电气设备中一般采用高气压的氮气（N_2）或二氧化碳（CO_2）进行绝缘，但是受到低绝缘强度和高压力的局限，目前已经被六氟化硫（SF_6）气体所取代。在高压断路器中，SF_6 气体兼作灭弧和绝缘介质，性能优良，已逐步取代少油断路器和压缩空气断路器。充 SF_6 气体的金属封闭式组合电器（GIS）、金属封闭输电线路（GIL）、气体绝缘管道电缆（GIC）和变压器（GIT）的发展使一些高压变电站走向全面气体绝缘化。

除空气、N_2、CO_2 和 SF_6 以外，还有其他用作绝缘的气体。氟利昂-12（CCl_2F_2）曾作为绝缘气体用于变压器中，其击穿强度与 SF_6 相当，但因其液化温度较高，且电火花会使 CCl_2F_2 析出碳粒，目前已被 SF_6 取代。在氢冷发电机中，氢气除作为冷却介质外也用于绝缘。

近年来国内外在 SF_6 替代气体的绝缘特性方面开展了大量的研究，以往主要集中在干燥空气、N_2、CO_2、CF_3I 以及 $c\text{-}C_4F_8$ 等气体，而近几年则出现了大量关于七氟异丁腈 C_4F_7N（又称 C_3F_7CN、C4-PFN，简称 C4）和氟化酮 $C_5F_{10}O$（又称 C_5-PFK，简称 C_5）的新型绝缘气体的研究。总体而言，$C_4F_7N\text{-}CO_2$ 混合气体在绝缘性能上最有可能接近或达到同等条件下 SF_6 气体的水平，因此其应用前景相对较好。

关于气体绝缘的研究任务主要是如何选择绝缘距离以及如何提高气体间隙的击穿电压。在高压电气设备中经常遇到气体绝缘间隙，为了减少设备尺寸，一般希望间隙的绝缘距离尽可能缩短。但是由于在气体压力一定的情况下，气体间隙越短，其击穿电压就越低，即气体绝缘性能越差。为此则需要采取措施，以提高气体间隙的击穿电压。气体击穿电压和电场分布、电压种类以及气体状态等多种因素有关。由于气体放电理论现在还不完善，击穿电压实际上还无法准确地进行理论计算。在实际工程中，人们常借助于种种实验规律来进行分析解决，或者直接依赖试验决定。

提高气体间隙击穿电压的措施主要有两个途径：一种是改善电场分布，使之尽量均匀；另一种是利用其他方法来削弱气体中的电离过程，例如提高气体压力、采用高真空、使用高电气强度绝缘气体等。而改善电场分布也有两种主要途径：一种是改进电极形状；另一种是利用气体放电本身的空间电荷畸变电场的作用。

1.2　绝缘气体的固有特性

气体的特性有很多且不同，这取决于具体应用的气体和设备。气体的固有特性是指从气体原子或分子物理结构而言，气体所呈现的内在的性质。这些性质独立于气体所处的环境，不受气体应用范围的影响。

1.2.1　基本的物理特性

气体电介质的理想特性之一就是高绝缘强度。高绝缘强度气体呈现静电应力，气体中电子数量少。为有效降低电子数密度，要求气体有如下特性。

（1）具有电负性（在尽可能宽的能级范围内，通过附着去除电子），因为电子有宽广的能级，在许多应用中，气体温度高于周围环境温度。所以，随着电子能级和气体温度的升高，气体更容易增加电子附着数量。

（2）具有良好减缓电子运动速度的特性（降低电子运动速度，以便于在较低的能级捕获电子。通过电子碰撞电离来阻止产生更多的电子）。

（3）具有较小的电离横截面和较高的电离起始值（通过电子碰撞来防止电离）。这些参数中，电子附着系数尤为重要。表 1-1 所示为一些绝缘气体在直流均匀电场下的相对击穿强度。

很明显，表 1-1 中，有些气体的绝缘强度超过 SF_6 气体。尽管这些气体呈现电负性，但由于其他特性不理想，故在实际设计的系统中很少用作绝缘气体。

表 1-1　　　　　　　　一些绝缘气体在直流均匀电场下的相对击穿强度

气体	相对击穿强度	评注
SF_6	1	除空气外，最常用的气体绝缘介质尤其是在较低电子能级时，这些气体是很强的电负性附着气体
C_3F_8	0.9	
$n-C_4F_{10}$	1.31	
$c-C_4F_{10}$	1.35	
$1,3-C_4F_6$	1.50	
$c-C_4F_6$	1.70	
$2-C_4F_8$	1.75	
$2-C_4F_6$	2.3	
$c-C_6F_{12}$	2.4	
CHF_3	0.27	弱电子附着特性；有些气体（CO_2，CO）能有效减缓电子运动速度
CO_2	0.3	
CF_4	0.39	
CO	0.40	
N_2O	0.44	
空气	0.30	
N_e	0.006	非电负性附着气体，不能有效减缓电子运动速度
A_r	0.07	

一些与气体绝缘强度相关的物理特性，譬如电子碰撞、电子附着、电离和扩散对于表征气体的绝缘性能均非常重要。高绝缘强度气体介质关键的特性是：①在宽广的电子能级范围内有较大的电子附着横截面；②在较低的电子能级下，气体具有较大的扩散横截面来减缓电子运动速度，以使有效捕获电子。

此外，气体绝缘特性可能使从负粒子分离的电子运动受到阻碍，因为触发气体击穿的电子源来自电子分离。形成的负离子要尽可能的稳定（负离子是通过电子附着形成的）。从负离子分离的电子经过一系列过程后产生，电子最初发生的过程是自动分离、碰撞分离和光电分离。特别是产生电子较前面的过程就是关于气体温度的函数。

对气体介质绝缘固有特性进行量化的物理量包括：

（1）电子附着横截面，电子扩散横截面，电子碰撞电离横截面，电子分离横截面（光电分离、碰撞分离、分子电离反应及相关的聚类过程）；

（2）电子附着系数、电离系数、有效电离系数及迁移系数。

实际上，除了上述特性外，其他基本物理量对于完全表征气体介质特性也必不可少，包括二次电离过程（譬如，通过电离和光子碰撞，电子从表面发射，在非均匀电场中，这是气体放电发展的控制系数），在电子碰撞作用下的气体分子分解，分子电离反应。

1.2.2 基本化学特性

绝缘气体必须有较高的蒸气压、高热传导率，温度超过 400K 时气体能够长期保持热稳定性这些化学性能。

对于绝缘材料而言，气体化学性质应稳定且不活泼，不易燃烧，无毒并且不易爆炸。

当使用混合绝缘气体时，必须具有合适的热力学特性（包括混合气体的各成分及均匀性）。

1.2.3 绝缘气体外部特性

绝缘气体外部特性是指如何表征气体与周围环境的作用，或者气体对于外部影响的反应。例如气体绝缘电击穿和气体放电，不会产生较多的分解物，不产生聚合物，气体具有非腐蚀性，且不会同金属、固体绝缘材料和垫圈发生化学反应，尤其是对灭弧而言，气体具有较高的复合率。气体还必须是对环境友好，例如气体不会影响全球变暖，不会破坏大气臭氧层，在大气中存在的生命周期短。

1.2.4 气体放电和击穿特性

气体放电和击穿特性包括在均匀电场和非均匀电场中，具有较高的击穿电压，其特性不受电极表面粗糙度或缺陷影响，导电颗粒能够自由移动。

在实际工作条件下，气体应具有良好的绝缘和灭弧性能，包括良好的绝缘闪络特性、传热性能和自恢复性能，且气体不会同杂质和潮湿空气发生不利化学反应，气体放电的分解产物无毒性等。

1.3　SF_6 的发现应用

SF_6 是一种无色、无味、无嗅、无毒、不燃的惰性气体，化学性能非常稳定，是一种不易与其他物质反应的稳定化合物。它的分子结构是一个正八面体，六个氟原子 F 以硫原子 S 为中心，对称布置在正八面体的各顶端。SF_6 气体耐电强度高、灭弧能力强、化学稳定性好、通常无液化问题，因而是迄今为止较理想的绝缘和灭弧介质。

从 SF_6 的发现到现在只有百余年历史，人们从不断的研究中逐渐发现这种气体的优异性能，因此被广泛用于高压电气设备中，取代了液体和固体等其他绝缘介质。

1900年，法国的两位化学家 H. Moissan 和 P. Lebean 在实验室中第一次用氟和硫反应得到 SF_6 气体。1920年，人们发现了 SF_6 气体具有优异的绝缘性能。1937年，法国首次应用 SF_6 气体作为高压电气设备的绝缘介质。1940年，人们又发现 SF_6 具有优异的灭弧性能。在此期间，美国军方将其运用于核军事领域"曼哈顿计划"中，直至1947年，美国开始大规模生产 SF_6 气体，同时提供商用。

在标准状态下，SF_6 化学性质不活泼，无毒、不易燃烧和爆炸，具有热稳定性（在温度低于500℃，SF_6 气体不会分解）。这些特性特别适合于电力传输和配电设备。室温和高于周围环境温度时，SF_6 是一种电负性气体，这就决定其绝缘强度高和灭弧性能好。在大气压下，SF_6 气体的击穿电压几乎是空气击穿电压的3倍。况且，SF_6 具有良好的热传导性；在高气压条件下发生电气设备放电或者电弧后，分解的气体产物能够重新生成 SF_6 气体（SF_6 气体能够快速恢复绝缘性能，有自恢复性能）。SF_6 分解稳定的产物可以通过滤出而去掉，这些产物对其绝缘强度影响很小。在发生电弧时，SF_6 不会产生聚合物、碳和其他导电的沉积物。化学特性方面，温度达到200℃时，SF_6 不会与固体绝缘、导电材料发生化学反应。

SF_6 除了优良的绝缘、热传导性能外，在室温下储存 SF_6 需要较高的气压。例如，21℃液化 SF_6 要求气压达到2100kPa，相对容易。SF_6 沸点是−63.8℃，沸点低，允许气压在400~600kPa（4~6个标准大气压）下，SF_6 绝缘设备照常工作。总之，SF_6 气体容易获取，易于储存，价格便宜。

然而，SF_6 也存在一些不理想的特性。SF_6 发生放电时，分解物中含有剧毒和腐蚀性的化合物（譬如 S_2F_{10}、SOF_2）；非极性污染物（譬如空气、CF_4）很难从 SF_6 气体中去除。SF_6 的击穿电压对于水蒸气、导电颗粒及导体表面的粗糙度较为敏感。环境温度很低时，SF_6 呈现非理想的气体特性。例如，在寒冷的气候条件下（大约在−50℃），在正常工作气压下（400~500kPa），SF_6 气体会发生部分液化。由于其化学性能不活泼，大气中的 SF_6 气体很难被去除。这些不理想的特性使得 SF_6 成为潜在的温室气体。

从20世纪50年代开始，SF_6 开始广泛运用于高压电气设备中。1953年，美国率先开始生产双压式（1.5MPa）SF_6 断路器。50年代末，美国又首先制成 SF_6 气体绝缘的电力变压器（GIT），并采用氟利昂冷却技术，但工业上并没有大量应用。1964年，德国西门子公司推出220kV/15kA 的4断口 SF_6 断路器，从此大容量 SF_6 断路器进入大规模生产和应用阶段。1965年，ABB公司推出了第一套用 SF_6 绝缘的金属封闭式组合电器（GIS）。1971年，第一条 SF_6 气体绝缘电缆（GIC）工业线路在美国投入运行。1975年，德国西门子公司的首个利用 SF_6 绝缘的高压输电线路（GIL）在德国 Wehr 抽水蓄能电站正式投运。70年代末80年代初，日本开发出84kV利用 SF_6 绝缘的气体绝缘开关柜（C-GIS）。

自20世纪50年代起，为解决严寒地区 SF_6 气体的液化问题，降低电场的不均匀度对气体绝缘强度的影响，同时减少 SF_6 气体绝缘设备的成本，削弱 SF_6 气体的温室效应，人

们开始研究用 SF_6 混合气体代替纯 SF_6 气体作为气体绝缘介质。70 年代中期，国际上又开展了关于 SF_6 混合气体用作灭弧介质的研究。20 世纪 80 年代初，德国西门子公司开始生产 SF_6/N_2 混合气体绝缘的单压式断路器。2001 年，世界第一条采用 SF_6/N_2 混合气体绝缘的高压输电线路在日内瓦建成。

SF_6 也因其特殊的性质被广泛应用于工业生产中。电子工业用的高纯六氟化硫是一种理想的电子蚀刻剂，被大量应用于微电子技术领域。在冷冻工业中 SF_6 作为制冷剂，制冷范围为 $-45℃\sim0℃$。采矿工业用作反吸附剂，用于矿井煤尘中置换氧。高纯度 SF_6 还因其化学惰性、无毒、不燃及无腐蚀性，被应用于金属冶炼（如镁合金熔化炉保护气体）、航空航天、医疗（X 光机、激光机）、气象（示踪分析）、化工（高级汽车轮胎、新型灭火器）等方面。随着科技的发展，SF_6 涉及的领域不断扩展，被越来越多的基础领域和科技领域广泛应用。

而 SF_6 气体最广泛的应用还是在电力工业，作为优良的绝缘和灭弧介质用于电能传输、分配的电气设备中。通常，有四种类型的电气设备使用 SF_6 气体来绝缘或者灭弧：①气体绝缘断路器和开断电流设备；②气体绝缘传输线；③气体绝缘变压器；④气体绝缘变电站。据估算，全世界生产的 SF_6 中，有 80％应用到电力工业中，而应用到断路器中的 SF_6 占电力工业的绝大部分。

1.3.1 环境中 SF_6 气体的浓度

因用途广泛，而且越来越多 SF_6 气体用作商用，所以需求量大大增加。据估算，从 1970 年开始，全球 SF_6 气体的产量稳步增长；1993 年，全球 SF_6 气体产量大约为 7000t/年。同时，全球 SF_6 气体产量增长的趋势导致大气中 SF_6 气体浓度的增加。据监测数据显示，大气中的 SF_6 气体浓度正在以每年大约 8.7％的速度递增，而 SF_6 气体在大气中的生命周期约为 3000 年，大气中 SF_6 气体的浓度范围从 3.18ppv（在 8km 高空）到 2.43pptv（在 27km 高空）；然而，监测数据中存在不确定性，这对 SF_6 浓度预测带来困难。可以明确的是，在假定的 SF_6 气体释放率的情况下，大气中 SF_6 气体的浓度在增加，2010 年达到了 10pptv。

电力工业中，SF_6 气体释放进入大气的过程包括正常运行的电气设备的 SF_6 气体泄漏、SF_6 气体的回收、SF_6 气体的处理、SF_6 气体测试和维修等。可以预期，已经存在或者即将生产的 SF_6 气体最终将释放到大气中去，即使常规情况下来自密闭电力系统的电气设备的 SF_6 气体的泄漏率仅为每年 1％或者每年小于 0.5％（改进电气设备密封）。还有研究指出，在工业废品处理炉内，从淘汰的电气设备中清除其内使用不纯的 SF_6 气体，可以通过高温（升高温度到 $T>1100℃$）热分解方法进行处理。但是，获得数据表明这种处理方法并没有比其他方法更优越。

因此，优先考虑控制 SF_6 气体释放，即减少 SF_6 气体的泄漏率和提高 SF_6 气体的回收率。具体措施如下：

（1）对 SF_6 气体泄漏进行量化，密切监测 SF_6 气体的泄漏；逐步淘汰 SF_6 气体泄漏率高的旧设备；制定合理使用、处理和跟踪 SF_6 气体总策略；优化 SF_6 气体存储程序，提高 SF_6 回收效率并制定回收的标准。

（2）生产对 SF_6 气体密封性能好的电气设备，研制能够终身密封气体的电气装置；尽可能采用别的替代气体或者 SF_6 混合气体取代纯 SF_6 气体，以减少 SF_6 气体的使用量。

1.3.2 SF_6 是一种潜在的温室气体

温室气体是大气中的气体，这些气体能够吸收一部分经过地面发射的红外辐射，并且能够把吸收的热量反射回地面。在波长范围为 $7\sim13\mu m$ 时，潜在的温室气体具有很强的红外线吸收特性。温室气体可以是在自然环境中产生（譬如 CO_2、CH_4 和 N_2O），也可以是人造气体释放到大气中（譬如 SF_6 气体、全氟化物 FFC、燃烧产物 CO_2、N_2 和 SO_2）。自然产生的温室气体能有效捕获来自地面长波长的红外辐射，并把吸收能量反射回地面，这将导致地表的温度升高。地球生物依赖正常的温室效应提供适宜的温度维持生命的成长。当人为释放温室气体导致大气的温室效应后，大气吸收和反射的辐射平衡发生改变，地球正常的温室效应的平衡被打破，导致较多的辐射被反射，造成气候变化。

SF_6 能够有效吸收红外辐射，尤其是波长接近 $10.5\mu m$ 时。另外，与自然发生的温室气体不同（如 CO_2 和 CH_4），SF_6 不会发生化学和光分解。因此，SF_6 气体对全球变暖的影响是积累效应，而且是永久的。SF_6 大气生命周期很长（范围是 $800\sim3200$ 年），较大值 3200 年是最可能的 SF_6 生命周期。SF_6 强烈的红外线吸收能力和在环境中长的大气生命周期，是 SF_6 气体的 GWP（全球变暖系数）值高的原因，比如从 100 年的时间范围来估计，SF_6 气体是大气温室效应的主要来源之一。虽然 SF_6 气体的 GWP 值很高，但 SF_6 气体在大气中的浓度比其他自然或人造产生的温室气体低。

1.3.3 SF_6 替代绝缘气体

无论现在和未来，绝缘气体必须是环境所能接受的。因此，关于 SF_6 气体对于可能影响全球变暖问题的最佳解决方法是阻止 SF_6 气体向大气释放。显然，这样做最有效的途径就是根本不使用 SF_6 气体。尽管这种提法对环保有利，但是从工业对 SF_6 气体的依赖程度及使用 SF_6 气体的社会价值的观点出发，很难想象完全去除对 SF_6 气体使用会是什么样的情形。这种对环境友好的解决方法强调有必要寻找 SF_6 替代绝缘气体，并研究替代绝缘气体的绝缘特性。

寻找 SF_6 替代绝缘气体比较困难，因为在确定替代气体之前，替代气体必须满足许多基本和实际的要求，必须对替代气体进行研究和测试。例如，替代气体必须是电负性气体，有高绝缘强度；然而，强电负性气体通常有毒、化学性质活泼且对环境有危害，在较低蒸气压下，替代气体放电分解产物范围广泛。非电负性气体（比如 N_2）对环境友好，但是通常具有较低的绝缘强度，N_2 的绝缘强度是 SF_6 的三分之一，并且 N_2 自身缺乏用作断路器灭弧和绝缘所必须的基本特性。尽管如此，这些对环境友好的气体可能仍然会使用，它们以高气压或者是相对低的气压与电负性气体混合（包括以低百分比混合的 SF_6 气体），并作为组成混合气体的主要成分。

1.4　环保型绝缘气体的研究背景及现状

随着电力需求量的不断增长和环境保护日益受到人们的关注，迫切需要发展高电压、大容量和结构紧凑的高压电气设备，因而必须寻求不可燃、抗老化的优良绝缘材料。气体绝缘具有占用空间小，特别是在拥挤的城市中对污染敏感度较低，运行维护成本低等优点。同时，绝缘气体对环境的影响也越来越引起了广泛的关注。

目前，发现人类活动排放的温室气体有六种，它们是二氧化碳、甲烷、氧化亚氮、氢氟碳合物、全氟化碳、六氟化硫，其中氟化物就有三种。CO_2 对温室效应影响最大，占 60%。SF_6 气体的影响仅占 0.1%，但 SF_6 气体分子对温室效应具有潜在的危害，这是因为一个 SF_6 分子对温室效应的影响为 CO_2 分子的 23000 倍（全球变暖潜值 $GWP = 23900$），同时，排放在大气中的 SF_6 气体生命周期特长（800～3200 年），且对全球变暖的影响具有累积效应。现今，每年排放到大气中的 CO_2 气体约 210 亿 t，而每年排放到大气中的 SF_6 气体相当于 1.25 亿 t 的 CO_2 气体。

温室效应引起的全球气候变暖会给人类的生存环境带来严重的威胁，并可能引起灾难性的后果，已成为国际关注的三大环境问题（分别是臭氧层破坏、地球气候变暖和生物物种急剧减少）之一。

现在全球每年生产的大约 8500t 的 SF_6 气体中，约有一半以上用于电力工业。而在电力工业中，高压开关设备约占用气量的 80% 以上。其中中压开关的用气量约占 1/10，主要是用在 126～252kV 的高压、330～800kV 的超高压领域，特别是 126～550kV 的断路器（GCB）、SF_6 封闭组合电器（GIS）、充气柜（C - GIS）、SF_6 气体绝缘管道母线（GIL）中。因此，合理、正确地使用 SF_6 气体至关重要。

1.4.1　SF_6/N_2 和 SF_6/CO_2

为了解决这些问题，在 GIS 中研究使用 SF_6 的混合气体代替纯 SF_6 气体，研究表明，在 SF_6 中加入 N_2、CO_2 或空气等普通气体构成二元混合气体已呈现出多方面的优越性。在相同的气体总压力情况下，SF_6 混合气体的液化温度比纯 SF_6 气体低，因此在高寒地区的断路器，可采用 SF_6 混合气体来代替纯 SF_6 气体，以防止气体在低温下液化。另外在 SF_6 中添加某些气体，可以减小电极表面的粗糙效应，对局部强电场的敏感度比纯 SF_6 要小，可使极不均匀电场中正极性击穿电压明显提高。再者，使用 SF_6 与常见气体如 N_2、CO_2 或空气构成的二元混合气体，可使气体成本大幅度降低，同时也降低了 GWP 值。然而，有文献对 SF_6/N_2 混合物的灭弧性能进行了研究，25％的 N_2 含量和纯 SF_6 有相同的开断性能，而 50％的 N_2 含量则开断性能较差。因此，就 SF_6 混合气体的开断性能来说，还不能应用于高压断路器中。

对 SF_6/N_2、SF_6/CO_2 等混合气体的研究，其出发点是在保证一定耐电强度和改善绝缘性能的基础上，在一定程度上减少 SF_6 气体的使用量，扩大 SF_6 的应用环境。但是为了保证高的耐电强度和灭弧性能，SF_6 在混合气体中占比一般不小于 50％，而其温室效应指数仍然是纯 SF_6 气体的二分之一以上，不能从根本上解决 SF_6 的温室效应问题。

从长远的角度来看，不管是用混合气体替代纯 SF_6 气体，还是采用保守的方法（比如泄漏的检测与封堵和回收），只要还在使用 SF_6 气体，就无法从根本上解决 SF_6 气体对环境的危害。SF_6 的温室效应是一个不容忽视的全球问题，要彻底解决这一问题，则需要用温室效应较小、耐电强度与 SF_6 相当的绝缘气体替代 SF_6。

正如从 SF_6 气体分子结构分析，SF_6 气体具有高的绝缘能力是因为它是一种强电负性气体。电负性气体的耐电强度都很高，其主要原因是其在低能范围内的附着截面积比较大，易于附着电子形成负离子，而负离子的运动速度远小于电子，很容易和正离子发生复合，使气体中带电质子减少，因而放电的形成和发展比较困难。其次是这些气体的分子量和分子直径都较大，电子在其中的自由行程缩短，不易积聚能量，因而减少了电子碰撞电离的能力。

所以，在研究新的绝缘气体替代 SF_6 的工作中，应该以电负性气体或卤化气体为主，以实现高绝缘能力，且具有较低的游离温度形成的高导热性能，及复合截面积大、卤化成分低、对环境友好的低 GWP 值（全球变暖潜值）特性。

1.4.2 c - C_4F_8

近年来，国外对一些和 SF_6 一样含有 F 原子的电负性气体进行了研究，它们有和 SF_6 气体比较相近的电负性，但温室效应和 SF_6 相比要小得多。研究得比较多的是八氟环丁烷（c - C_4F_8）、全氟丙烷（C_3F_8）、六氟乙烷（C_2F_6）。日本京都大学研究了应用 c - C_4F_8 作为高压设备绝缘介质的可行性。实验结果表明 c - C_4F_8 混合物的大部分性能和 SF_6/N_2 混合物的性能相近，指出 c - C_4F_8 是一种有可能取代 SF_6 的绝缘气体。德国学者用脉冲汤逊实验测试了 c - C_4F_8 在密度标准化的电场强度下，电子漂移速度和有效电离系数与压强的关系。日本庆应义塾大学测试了纯 c - C_4F_8 和混合气体的电子漂移速度和电子纵向扩散系数。测试结果显示电子和 c - C_4F_8 分子间的非弹性碰撞过程比较强。J. L. Moruzzi 等计算了 C_3F_8 的碰撞电离和电子吸附系数。S. R. Hunter 等计算了脉冲汤逊实验条件下 CF_4，C_2F_6，C_3F_8 和 n - C_4F_{10} 的电子漂移速度，第一次在低电场下获得这些混合物的漂移速度。

P. Pirgov 等测试 C_2F_6 和 C_3F_8 以及它们和空气混合气体的电子漂移速度和扩散运动率，并获得了整个振动非弹性和冲量传输弹性电子和 C_2F_6 及 C_3F_8 的碰撞截面。H. Okubo 等测量了 C_3F_8、C_2F_6 和 N_2 混合气体在交流电场作用下非均匀电场中的放电和击穿特性。J. de. Urquijo 等用脉冲汤逊实验研究了 C_2F_6/Ar 和 C_2F_6/N_2 混合物的电子漂移速度、纵向扩散系数和有效电离系数。$c\text{-}C_4F_8$ 混合气体作为绝缘介质的应用已引起了国内外电力和环境相关专家的重视。1997 年美国国家标准和技术协会技术会议上把 $c\text{-}C_4F_8$ 混合气体列为未来应该长期研究有潜力的环保型绝缘气体；2001 年日本东京电力工业中心研究机构和东京大学提出了应用 $c\text{-}C_4F_8$ 气体混合气体作为绝缘介质。日本东京大学研究了 $2\sim 10$mm 间隙下 $c\text{-}C_4F_8$ 气体混合气体的交流击穿电压，并从降低液化温度角度研究了 $c\text{-}C_4F_8$ 中添加 N_2，CO_2 以及 CF_4 气体后的击穿特性。遗憾的是，目前的研究者大部分都没有考虑混合气体的温室效应指数，有些虽然在研究 $c\text{-}C_4F_8$ 的耐电特性时，考虑了混合气体的温室效应指数，但是对于混合气体的适用环境没有进行研究。此外再无 $c\text{-}C_4F_8$ 气体及混合气体取代 SF_6 的相关研究。

$c\text{-}C_4F_8$（八氟环丁烷）微溶于水，是一种无色、无味、无毒、非燃气体。$c\text{-}C_4F_8$ 分子是一个非平面的分子结构，其分子结构对称性很好，性质十分稳定，不容易与其他物质发生化学反应。温室效应 GWP 为 8700，是 SF_6 的三分之一，对环境的影响远远小于 SF_6；这种气体完全无毒，无臭氧影响。$c\text{-}C_4F_8$ 气体在低能范围内有很高的附着截面积，纯净 $c\text{-}C_4F_8$ 气体在均匀电场下的绝缘强度是 SF_6 气体的 1.3 倍左右。研究表明，$c\text{-}C_4F_8$ 分别和 N_2、CO_2、CF_4 混合其在均匀电场下的绝缘强度和相应 SF_6 混合气体相差不多，甚至在高混合比时越来越大于后者。尤其是 $c\text{-}C_4F_8$ 和 CO_2 混合气体，在不均匀电场下交流和雷电冲击绝缘强度高时分别大于 SF_6/N_2 混合气体、SF_6 气体。

纯净 $c\text{-}C_4F_8$ 气体用作绝缘介质的一个缺点就是价格比较昂贵，目前它的价格差不多是 SF_6 气体的十倍左右。另外 $c\text{-}C_4F_8$ 气体分子结构中存在碳原子，有可能分解产生导电微粒，降低气体绝缘设备的绝缘性能。再者就是液化温度比较高，它的沸点为 $-8\,℃$，比较容易液化，不适合在高寒地区使用。

1.4.3　CF_3I

最新的研究发现，新一代环保气体 CF_3I 比 $c\text{-}C_4F_8$ 更具有替代 SF_6 潜能。CF_3I 是最近十年才被重点关注的气体，最开始是由于对环境的"友好性"主要被考虑用作制冷剂替代物。墨西哥的 de Urquijo. J 课题组和日本的 Nakamura. Y 课题组从 2007 年开始大量在 Dielectrics and Electrical Insulation、IEEE Transactionson 和 J. Phys. D：Applied Physics 等刊物上发表相关研究论文并建议将 CF_3I 作为 SF_6 的替代物进行重点研究。上海交通大学课题组在 IEEE TRANSACTIONS 和 Japanese Journal of Applied Physics 等刊物上发表相关研究论文，从物理性质、电气特性等多个角度对其进行分析，探讨 CF_3I 及其混合气体用于 GIS 的可行性。

CF_3I 通常为无色无味的气体。CF_3I 对臭氧层没有破坏，其臭氧破坏潜能（Ozone Depletion Potential，ODP）为 0，温室气体效应（Global Warming Potential，GWP）几乎和 CO_2 相当。根据不同的文献报道，CF_3I 的 GWP 约为 CO_2 的 1～5 倍，并且在大气中的存在时间很短（小于 2 天）。尽管 CF_3I 中含有 F 和 I，二者都属于卤族元素，从化学角度上来看会对环境和绝缘材料造成损害，但是最新的研究表明，CF_3I 对臭氧层和温室效应都不会产生影响。虽然所有到达大气同温层的碘都会加剧臭氧层的破坏，但是，由于 CF_3I 容易在太阳辐射（甚至是可见光）的作用下发生光致分解，因此其在大气中的存在时间极短，这就限制了泄漏在大气中的 CF_3I 往同温层的移动，尤其是在中纬度地区。所以，CF_3I 是一种环保绿色的气体，ODP 和 GWP 都不是推广其使用的主要障碍。

在绝缘性能方面，CF_3I 在绝缘性能上要优于 SF_6 气体，同时在与 N_2 混合比例达到 70％时，CF_3I/N_2 混合气体的绝缘强度基本上和纯 SF_6 相当。实验结果表明，纯 CF_3I 的击穿电压为 SF_6 的 1.2 倍以上，CF_3I/N_2 绝缘强度与气体混合比例呈线性关系，CF_3/CO_2 则是非线性增长。当与 CO_2 的混合气体比例达到 60％左右时，击穿电压达到纯 SF_6 水平。

CF_3I 及其混合气体的灭弧性能也在研究中，日本东京电机大学 H. Katagiri 等人对纯 CF_3I、CF_3I/CO_2 进行了灭弧产物的检测以及短路开断试验，结果显示，体积比为 30％/70％的 CF_3I/CO_2，在开断电弧后产生的碘含量是纯净 CF_3I 的 1/3 左右，而灭弧性能与纯 CF_3I 相当。H. Kasuya 等人对 CF_3I 及其混合气体进行了短路故障试验和断路器末端故障试验，试验表明 CF_3I/CO_2 不适用于大电流的开断，但是，只要采取一定的措施吸附析出的碘单质，在小电流的情况下，CF_3I/CO_2 混合气体完全可以取代 SF_6 气体。Kasuya 等对 CF_3I 及其 CO_2 和 N_2 的混合气体进行了断路器模型短路灭弧试验，结果显示不同输入电流条件下 CF_3I 气体的电弧开断能力不尽相同。当开断电流峰值为 1kA 时，CF_3I 气体的电弧开断能力大约为 SF_6 气体的 85％；但当电流峰值达到 20kA 时，只能达到 20％左右。同样 CF_3I 比例的条件下，CF_3I/CO_2 的电弧开断能力强于 CF_3I/N_2 气体。CF_3I/N_2 混合气体的电弧开断能力随着 CF_3I 的混合比线性增加，20％的混合气体约为 CF_3I 气体电弧开断能力的 56％。而 CF_3I/CO_2 的电弧开断能力随着 CF_3I 混合比非线性增加，当 CF_3I 占比达到 20％时，其电弧开断能力接近纯 CF_3I 气体的 96％左右。Yokomizu 也曾建立简单的一维模型从电流过零后电导率下降速率的方面，证实了 CF_3I/CO_2 混合气体较强灭弧性能。此外，Cressault 等对 CF_3I 及其混合气体的高温高压下的热动力学和输运参数进行了计算，探索其在电弧等离子体状态中的热动力学和输运特性，为 CF_3I 气体灭弧过程中的基础特性研究奠定了基础。

我国研究者对环保型气体 CF_3I 的相关物性参数，结合交流喷口电弧仿真结果，从能量输运的角度探讨了 CF_3I 气体的电弧开断能力。并采用 CF_3I 环保气体在环网开关柜中进行电弧开断试验，对弧后气体成分进行了光谱质谱分析，研究了 CF_3I 气体在电弧燃烧条件下的分解特性。质量密度和定压比热的乘积（ρC_p）为评估气体灭弧性能的一个指标，ξ 特性（去量纲化后的电导率随焓值密度的变化率）可以预测不同气体的相对气体热恢复速率。从 ρC_p 特性和 ξ 特性来看，CF_3I 气体的电弧开断能力接近 SF_6，远强于 CO_2 和空气。在成功开断电弧后，CF_3I 气体的分解比例极小，且主要气相副产物毒性低、环境特性优良。因而在预留足够的开断电流裕量且采用吸附剂去除固体副产物的前提下，CF_3I 气体有较强电弧开断能力，且弧后分解问题不会影响其在开关柜中的应用。

1.4.4　C_3F_8

C_3F_8（简称 C_3）也是近年的研究热点，C_3 气体分子无色、无味、不燃、低毒，具有优良的化学稳定性，液化温度较高，约为 $-37℃$，GWP 为 8830，在温室效应方面的破坏性远低于 SF_6 气体分子，ODP 值为 0。其绝缘强度约为 SF_6 的 0.9 倍，虽然绝缘方面没有 $c\text{-}C_4F_8$、CF_3I 以及一些氟代腈、氟代酮类那么强，但 C_3F_8 是一种饱和氟代烃，液化温度较低，其分子结构稳定。C_3F_8 分子与电子吸附反应存在两种形式：一种是 C_3F_8 气体分子与电子碰撞发生解离，形成负离子片段；另一种是 C_3F_8 气体分子捕获电子，形成具有吸引力的"母负离子"，前者稳定，后者会随气压变化而变化，当气压增加，母负离子三体碰撞剧烈，最终成为负离子片段。因此，C_3F_8 的电离系数会随气压增加而变大，会逐渐达到饱和状态。但对于 C_3F_8 分子的碰撞截面的研究还不全面，大多数截面数据都是通过单一试验和计算得到的，可靠性需要验证，需要在现有参数基础上进行一定的修正后进行使用。

C_3F_8 混合气体的研究主要集中在与常规缓冲气体构成的混合气体上，Dahi 和 Franck 采用线性测量技术、脉冲汤逊法（Pulsed Townsend，PT）测量、蒙特卡洛和玻尔兹曼计算，测量了 C_3F_8/CO_2、C_3F_8/N_2、C_3F_8/Ar 混合气体在不同混合比例下的有效电离系数和临界击穿场强；Okubo 等学者研究了 C_3F_8/N_2 混合气体在 0.1MPa 非均匀电场下的局部放电特性；Hikita 研究了 10% C_3F_8 与 N_2、CO_2 混合气体的工频击穿特性，发现与 10% $C_3F_8/90\% N_2$ 的绝缘性能较好，这主要是因为 N_2 本身绝缘能力好于 CO_2，并且混合气体具有较宽的电晕稳定区；Larin 等人使用 Boltzmann 两项近似法计算了 C_3F_8/C_2HF_5 混合物的介电系数，并且和工频、雷冲试验的结果进行对比。国内研究者发现在 0.79MPa 下的 20% $C_3F_8/80\% N_2$ 混合气体的绝缘性能与 20% $SF_6/80\% N_2$ 相当，此时混合气体的液化温度为 $-30℃$，满足高压电气设备在除高寒地区以外的大部分区域的使用。

1.4.5　C_4PEN 和 C_5PEN

新型环保气体 C_4/PFN 和 C_5/PFK 气体被广泛关注。ABB 公司对 C_5/PFK 气体开展了深入研究，发现充气压力在 $0.7\sim0.8$MPa 下的 $C_5/PFK/CO_2/O_2$ 混合气体的绝缘强度与

0.6MPa 充气压力下的 SF_6 气体相当，而其 SLF 开断能力则大约为 SF_6 气体的 80%～86%。ABB 公司通过将一台 245kV 的 GIS 降容至 170kV，以 C_5/PFK/CO_2/O_2 混合气体作为绝缘与灭弧介质开展了 L90 型式试验，并测量了其弧后电流，发现 C_5-PFK 混合气体在开断 SLF 短路电流后的弧后电流的峰值和持续时间与纯 SF_6 非常接近，而其热开断能力则较纯 SF_6 低，约 20%。此外，ABB 公司还采用断路器模型开展了弧后介质恢复强度实验，测量了不同电流大小下 C_5/PFK/CO_2/O_2 混合气体的弧后介质恢复速度，实验结果表明 C_5/PFK 混合气体的弧后介质恢复速度明显优于 CO_2 气体，电流开断能力约比 SF_6 低 30%。ABB 公司采用一台 245kV 高压 GIS 中的隔离开关单元，分别采用 SF_6 和 C_5/PFK/CO_2/O_2 混合气体开展了母线转换电流开断实验，实验结果表明 C_5/PFK 混合气体存在一定的老化过程，其燃弧时间随开断次数增加而减小。GE 公司采用 C_4/PFN 混合气体，对 420kV 隔离开关开展了母线转换电流开断实验，其中 SF_6 和 C_4/PFN/CO_2 混合气体的充气压力均为 0.55MPa，研究表明，C_4/PFN 混合气体的平均燃弧时间（约 12ms）低于 SF_6 气体（约 15ms）。通过实验比较了 SF_6、CO_2/O_2、C_5/PFK/CO_2/O_2 以及 C_4/PFN/CO_2/O_2 几种气体的开断性能，结果表明，在混入 C_4/PFN 或 C_5/PFK 后，混合气体的介质恢复速度得到显著提升，发现 C_4/PFN 混合物的介质恢复性能优于 C_5/PFK 混合物和 CO_2 混合物，当击穿延时小于 100μs 时，介质恢复强度提高幅度介于 40%～100% 之间。

从近十几年来的国际研究现状看，主要研究热点集中在 C_4F_7N、C_5F10O、CF_3I 和 c-C_4F_8 这 4 种气体，而最有发展潜力的气体是 C_4F_7N 和 $C_5F_{10}O$，但是由于液化温度的原因，只能是少含量，较低气压下使用。这两种气体的混合气体起绝缘作用的气体是较少含量，则其使用稳定性是要研究和长期考核的。同时由于 C_4F_7N 气体含有氰基（—CN），在放电分解过程中存在产生有毒气体的可能性，并且 C_3F_7CN 的一种同分异构体 CF_3(CF_2)$_2$CN 为剧毒气体，因此在实际应用中还会存在很多工艺上的限制措施。

2 气体绝缘的特性与发展

2.1 气体绝缘发展的三个阶段

气体有着其他绝缘介质无法比拟的特性，即不会老化，使用寿命几乎没有限制。气体绝缘设备有体积小、不受外界环境影响、运行安全可靠、配置灵活、维护简单、检修周期长等优点，加之在技术上的先进性和经济上的优越性，已广泛应用于城市供电、发电厂、大型工矿企业、石油化工、冶金和铁道电气化等高压输变电系统中，如气体绝缘变压器、输电线路、断路器、气体组合电器等，工作电压包括 35～1200kV 的所有等级。

1. 第 1 代绝缘气体 SF_6

SF_6 是强电负性气体，其分子具有很强的吸附自由电子而形成负离子的能力，因而其耐电强度很高，在较均匀的电场中约为空气耐电强度的 2.5 倍左右，SF_6 气体是目前最理想的绝缘和灭弧介质。

大约在 1940 年前后，SF_6 首先被用作核物理的高压装置绝缘气体，大约从 20 世纪 50 年代末起，它被用作断路器的内绝缘和灭弧介质。1965 年，金属封闭式 SF_6 全绝缘组合电器首次公开展出。目前，用 SF_6 绝缘的高压电器在电力系统成了必不可少的输电组合单元。SF_6 已经广泛应用于全封闭组合电器（GIS）和管道充气电缆（GIT）中，同时也在电力变压器、直流输电换向阀和断路器等设备中获得应用。近年来还出现了全封闭的 SF_6 气体绝缘变电站和管道充气电缆出线的供电系统。与传统的敞开式电气装置相比，以压缩的 SF_6 气体为绝缘介质的组合电器（GIS）的空间占有率可以大大缩小，如 500kV 的 GIS 的体积只有敞开式的 1/50。

SF_6 气体在应用中也存在一些不足之处。SF_6 是分子量较大的重气体，液化温度较一般普通气体高，但是在压力较大、温度过低环境下，容易液化，因此 SF_6 气体不适用于高寒地区；SF_6 气体价格昂贵，不适用于用气量大的电气设备；SF_6 气体的耐电强度受非均匀电场、导电微粒和电极表面粗糙度的影响而急剧下降；SF_6 气体单个分子对温室效应的影响约为二氧化碳的 23900 倍。因此，针对单一 SF_6 气体的不足，寻找一种绝缘气体来替代 SF_6 气体成为必要。

2. 第 2 代绝缘气体 SF_6 混合气体

气体介质一般可以分为强电负性气体（α、η 的数值均比较大，如 SF_6、CCL_2F_2 等）、弱电负性气体（$\alpha \gg \eta$，如 CO_2 等）和中性气体（$\eta=0$，如 N_2 等）三种类型。当这些类型的气体组成二元混合气体后，其耐电强度与其混合比之间呈现一定的变化规律。由变化规律可以把二元混合气体分为正协同效应型、协同效应型、线性关系型和负协同效应型。已有的研究表明，在 SF_6 中加入 N_2、CO_2 或空气等普通气体构成二元混合气体显出多方面的优越性，且其可行性已被国际上许多实验证明，这是因为电负性气体吸附作用的存在和成分之间的影响使混合气体产生了协同效应。因此，寻找具有协同效应的混合气体是代替 SF_6 的一种有效方法。其中，SF_6/N_2 混合气体已经在工业中获得初步应用，它既可用于高压绝缘也可用于灭弧，混合气体中 SF_6 占 40%～50%。主要原因是 SF_6/N_2 混合气体能有效地克服 SF_6 气体的弱点。首先，SF_6/N_2 能有效地解决 SF_6 在严寒地区的液化问题，如一般的 SF_6 开关在 −30℃ 时气体已液化，而混合比为 60/40 的 SF_6/N_2 的液化温度在 −40℃ 以下。其次，SF_6/N_2 对用气量大的 GIT 能带来客观的经济效益，如混合比为 50/50 的 SF_6/N_2 可使 GIT 的气体费用减少 40%。此外，SF_6/N_2 对电极表面粗糙度和导电微粒的敏感性比 SF_6 低，说明 SF_6/N_2 能提高电气设备的可靠性。而 SF_6/N_2 与 SF_6 的耐电强度相比，下降甚小，如混合比为 50/50 的 SF_6/N_2 的耐电强度仅比 SF_6 的耐电强度下降 11% 左右。20 世纪 90 年代，西门子公司已研制出混合比为 60/40 的 SF_6/N_2 的 500kV 的断路器，可成功开断 6kA 的短路电流。2003 年，阿尔斯通公司研制的混合比为 20/80 的 SF_6/N_2 绝缘的 240kV GIL 已在瑞士机场获得了应用。

3. 第 3 代绝缘气体 SF_6 替代气体（环保型气体）

从长远的角度来看，用混合气体替代纯 SF_6 气体，无法从根本上解决 SF_6 气体对环境的危害。SF_6 的温室效应问题是一个不容忽视的全球问题，要彻底解决这一问题，则需要用温室效应较小而耐电强度与 SF_6 相当的气体替代 SF_6。

在目前的研究中，选用的替代气体都属于 PFC（全氟烃类），其全球变暖潜能 GWP 值为 SF_6 的 1/3～1/4，因此，它们的使用能减小环境的温室效应。但它们的 GWP 还是较高（6000～9200），在环境中的寿命也较长（2600～10000 年），最后能否作为 SF_6 的替代气体还需要进一步更深入的研究。人们真正期望的是环境友好的低 GWP 值的 SF_6 替代气体。在全球环境问题极为严峻的形势下，寻找一种新的能够取代 SF_6 的低温室效应气体显得尤为迫切，具有十分重要的意义。

2.2　SF_6 气体绝缘的应用与发展

SF_6 的电负性比空气高几十倍，极强的电负性使 SF_6 气体具有优良的绝缘性能，电极间在一定的场强下发生电子发射时，极间自由电子很快被 SF_6 吸附，大大阻碍了碰撞电离过程的发展，使极间电离度下降，而耐受电压能力增强。从电场作用下的特性方面看，除分子性质外，宏观物理量也是令人感兴趣的。气体的密度随着相对分子量 M 的增大而增加。SF_6 的 $M=146$，故其密度大而带电粒子的平均自由行程小。SF_6 的这些物理量同其电离度和电子亲和力一起，使 SF_6 的耐电强度比绝大多数气体要高得多。

SF_6 气体的另一个特征是较低温度的高导热性。电弧弧套（弧心外围区）的平均温度常在 $1000\sim3000K$，SF_6 气体在这个较低的温度范围内，在 $2000\sim25000K$ 时就急剧分解，$4000K$ 附近全分解成 F 和 S 的单原子。SF_6 在弧套区分解时，要从电弧吸取大量的热能，因此 SF_6 在 $2000K$ 附近其比定压热容就急剧增长，出现导热尖峰。而空气在弧套温度区内没有热游离过程，因此比定压热容变化很小，N_2 的游离温度为 $7000K$，只有很接近弧心的少数空气才会产生游离。由此可见，在电弧弧套温度区内，SF_6 比空气具有高得多的导热能力。

综上所述，SF_6 是强电负性气体，其分子具有很强的吸附自由电子而形成负离子的能力，因而其耐电强度很高，在较均匀的电场中约为空气耐电强度的 2.5 倍左右。SF_6 的沸点比较高，大多数工程应用情况下不必担心 SF_6 气体的液化问题。纯净的 SF_6 气体是一种无色、无嗅、无毒和不燃的惰性气体，温度在 180 度以下时它与电气设备中材料的相容性和氮气相似。SF_6 的最大优点是它不含碳，因此不会分解出影响绝缘性能的碳粒子；且其大部分气态分解物的绝缘性能与 SF_6 相当，分解不会使气体绝缘性能下降。所以迄今为止，SF_6 气体是最理想的绝缘和灭弧介质。

SF_6 作为绝缘和灭弧气体主要应用在电气设备上。

（1）SF_6 断路器（GCB）。

SF_6 断路器是利用 SF_6 气体为绝缘介质和灭弧介质的无油化开关设备，其绝缘性能和灭弧特性都大大高于油断路器。但由于其价格较高，且对 SF_6 气体的应用、管理、运行都有较高要求，故在中压（10、35kV）中的应用还不够广，主要应用于高压、超高压与特高压等级的电气设备。

（2）SF_6 金属封闭式组合电器（GIS）。

GIS 是把断路器、隔离开关、电压互感器、电流互感器、母线、避雷器、电缆终端盒、接地开关等各种电气元件密封在充满 SF_6 气体的若干间隔内，并按一定的方式组合起来而构成的一种可靠的输变电设备。GIS 与传统敞开式高压配电装置相比，其结构紧凑，占地面积小；不受外界环境的影响，运行可靠性高、维护工作量少、检修周期长、施工周期短，对无线电通信和电视广播无干扰。自 20 世纪 60 年代问世以来，GIS 迅速发展，在输变电系统中占据着非常重要的地位，并在电力系统中得到了广泛的应用。

（3）SF_6 气体绝缘输电线路（GIL）。

GIL 是一种采用 SF_6 气体或 SF_6/N_2 混合气体绝缘、外壳与导体同轴布置的高电压、大电流电力传输设备。从 20 世纪 70 年代开始，GIL 逐渐在世界范围内开始投入使用。GIL 作为一种新型的输电方式，具有输电容量大、损耗低、占地少、布置灵活、可靠性高、安全防护性好、免维护、寿命长、与环境相互影响小等优点。采用 GIL 可解决特殊环境或特殊地段的输电线路架设问题，通过合理规划和设计，不但可以大大降低系统造价，而且也能提高系统的可靠性。

（4）SF_6气体绝缘变压器（GIT）。

用SF_6气体作为绝缘介质的变压器具有不燃、不爆的优点，因此特别适合于地下变电站以及人口密集、场地狭窄的市区变电站使用。与传统的油浸式变压器相比，GIT防灾性能优越、噪声小、运行可靠性高、维护工作量少。与其他无油的防灾型变压器相比，GIT容量大、电压等级高，对安装场所的环境条件无特殊要求。但是其绝缘结构较复杂，制造工艺要求较高，价格较为昂贵，因此应用并不十分广泛。

（5）SF_6气体绝缘开关柜（C-GIS）。

72.5kV以下的GIS常做成柜式，即C-GIS。C-GIS具有柜式外壳，因此其结构和设计和高压GIS有很大不同。C-GIS是20世纪70年代末才出现的，由于它具有很多优点，所以发展很快。与常规的空气绝缘开关柜相比，C-GIS的主要优点是占地面积小、维护简单、工作可靠。据ABB公司的资料显示，其69kV级C-GIS的尺寸与常规34.5kV开关柜相当或更小。因此在城市电网的升压与增容工程中，采用C-GIS会带来很大的经济和社会效益。由于是封闭的气体绝缘系统，C-GIS的工作不受外界气象和环境条件的影响，因此它特别适用于高原地区和污秽地区。

（6）SF_6负荷开关。

SF_6负荷开关适用于10kV户外安装，它可用于关合负荷电流及额定短路电流，常用于城网中的环网供电系统，作为分段开关或分支线的配电开关。SF_6负荷开关的开断能力是油开关的2～4倍，而单位开断容量的重量却只有油开关的1/8。同时由于SF_6气体无老化现象及其燃弧时间短、运行安全可靠、触头烧损轻、检修周期长，所以SF_6负荷开关是城网建设中推荐采用的一种开关设备。

除了以上所介绍的气体绝缘电气设备外，SF_6气体还日益广泛地用于一些其他电气设备中，例如中性点接地电阻器、中性点接地电抗器、移相电容器、标准电容器等。

通过半个世纪的应用证明，没有任何一种气体绝缘介质可与SF_6之绝缘性能相比，所以SF_6气体在中高压电气设备中仍被大量使用。但SF_6的耐电强度受非均匀电场、导电微粒和电极表面粗糙度的影响而急剧下降，SF_6的液化温度较一般普通气体高，不适用于严寒地区。在SF_6气体被列为温室效应气体后，SF_6电气设备制造厂在产品设计中减少了SF_6气体的使用量，并努力减少泄漏量以至排气量，寿命终了的电气设备中的SF_6气体需要进行回收，经过处理，再提供使用。这三方面的配合形成一个良性循环，有效地减少SF_6气体向大气的排放量。

长期解决SF_6气体温室效应的办法是寻找新的可替代SF_6的气体，即环保型气体，短期来看，是降低SF_6在电力系统中的使用量，如使用SF_6混合气体。

2.3 SF₆ 混合气体的应用与发展

目前，还未发现一种完全代替纯 SF_6 气体的单一替代气体，从环保方面考虑，唯一有可能的替代气体是纯 N_2 气体；但要使纯 N_2 气体的绝缘强度与纯 SF_6 气体的绝缘强度接近，需将纯 N_2 气体的压力提高到纯 SF_6 气体的 3～4 倍。因此，从安全角度考虑，电气设备的容器刚度、强度及其使用都较难解决。

鉴于使用纯 N_2 气体的难以操作性，国内外的研究人员将目标转向 N_2/SF_6 混合气体，在纯 N_2 气体中混入一定百分比的纯 SF_6 气体后，绝缘强度得到显著提高，接近于纯 SF_6 气体的绝缘性能。关于使用 N_2/SF_6 混合气体来替代 SF_6 气体的研究很多，虽然可减少纯 SF_6 气体的使用量，但其应用范围仍受到限制。如在 GCB（断路器）和 GIS（封闭组合电器）中使用的绝缘介质，不但要求有绝缘性能，还要求有灭弧性能。而 N_2/SF_6 混合气体要想获得与原有设备同等的性能是极其困难的，要想直接使用是不可能的。如西门子公司为解决高寒地区（−40℃）断路器的使用问题，将 N_2/SF_6 混合气体的压力提高到 0.75MPa，同时也对灭弧室进行了改造。由于在 GIL 中，除故障外均无电弧产生，对绝缘气体没有灭弧要求，使采用 N_2/SF_6 混合气体成为可能，在这方面法国、德国已做了尝试。但由于 N_2/SF_6 混合气体的分离回收技术方面还有一些问题尚待解决，难以保证 SF_6 气体不被排入大气中，因此，其安全、可靠地进入实际应用阶段还需一个过程。

目前国际上研究得比较多的是 SF_6/N_2、SF_6/CO_2 和 SF_6/CF_4 混合气体，其出发点是尽量减少 SF_6 气体的使用量。在 GIS 中使用 SF_6 的混合气体代替纯 SF_6 气体，研究表明，在 SF_6 气体中加入 N_2、CO_2 或空气等普通气体构成二元混合气体已呈现出多方面的优越性。在相同的气体压力下，SF_6 混合气体的液化温度比纯 SF_6 气体低。因此在高寒地区的断路器，可采用 SF_6 混合气体来代替纯 SF_6 气体，以防止气体在低温下液化。混合气体的耐电强度不仅与其气体成分的耐电强度有关，而且还和气体成分之间是否有协同效应有关。实验表明，当 SF_6 含量为 50％时，SF_6/N_2 混合气体在均匀电场中的耐电强度为纯 SF_6 气体的 85％以上，且由于混合气体的优异值比纯 SF_6 气体大，因此在电极表面有缺陷或有导电微粒的情况下，$SF_6\text{-}N_2$ 的绝缘强度有可能高于纯 SF_6 气体。另外，使用 SF_6 与常见气体（如 N_2、CO_2 或空气）构成的二元混合气体，可使气体成本大幅度降低。例如使用含 50％SF_6 的 SF_6/N_2 混合气体作绝缘介质时，即使将总气压提高 0.1MPa，仍可使气体费用减少 40％，这对气体用量大的装置，会带来可观的经济效益。同时在 SF_6 中添加某些气体，可以减小电极表面的粗糙效应，对局部强电场的敏感度比纯 SF_6 要小，可使极不均匀电场中正极性击穿电压明显提高。

对于 SF_6 混合气体的研究，20 世纪 70 年代就已经开始。当时研究目的是为了解决高

寒地区 SF_6 气体液化问题，也可以节省价格昂贵的 SF_6 气体，降低成本。各国研究者及国际上各大 GIS 生产厂家、电力部门正在合作开发新型的 SF_6 混合气体绝缘的电气设备。目前来看，SF_6/N_2 最有工业应用前景。ABB、西门子等公司已相继开发出了使用 SF_6/N_2 混合气体作为灭弧和绝缘介质的断路器。但是由于混合气体的灭弧能力都远逊于纯 SF_6，并且混合后气体的绝缘强度下降，反而需要增大压强以保证绝缘强度，这对设备的防泄漏水平提出了更高的要求，因此各国电力部门对于在 GIS 中使用 SF_6 混合气体一直持比较谨慎的态度。此外，在这些混合气体中，SF_6 的含量仍然比较高（>30%），这并不能达到降低 SF_6 使用量的目的。鉴于电力工业减排形势日益严峻，目前国内外关于 SF_6 混合气体的研究已开始转向低含量 SF_6（5%～30%）的 SF_6 混合气体。特别是在气体绝缘输电线 GIL 制造领域，混合气体绝缘的 GIL 已经得到实际应用。相对于架空线与高压电缆，GIL 具有电阻和电容损耗低、输送容量大、外部电磁效应低、可靠性高、有利于环境美观等许多优点。从而使得 GIL 能够在许多场合代替架空线和高压电缆来使用，具有广阔的应用前景，因此得到了各国学者和制造厂家的重视。

2.4 环保型绝缘气体的研究与发展

短期来看，采用与缓冲气体混合的方法能一定程度上缓解 SF_6 温室效应严重、应对环境不友好的问题。但只要人类继续生产和使用 SF_6，这些气体最终都将会被排放到大气中去，并在长达数千年的时间周期里持续不断地对全球气候变暖产生影响。因此，寻找到绝缘和灭弧性能与之相当且环境友好的 SF_6 替代气体才是最为彻底和有效的解决方法。

近年来，相关的研究陆续有了一些突破，一些环境友好型 SF_6 替代气体在实验中表现出了优异的性能，并已经在一些电气设备中开始试运行。目前，被广泛研究的 SF_6 替代气体主要包括三类。

（1）常规气体及其与 SF_6 的混合气体，包括干燥空气、氮气（N_2）以及 CO_2 等。

（2）碳氟化合物及其卤代物，包括四氟化碳（CF_4）、三氟碘甲烷（CF_3I）以及八氟环丁烷（$c-C_4F_8$）等。

（3）新型氟化物，主要包括氟化腈（PFN）、氟化酮（PFK）以及氢氟烯烃（HFO）类气体，例如七氟异丁腈（C_4F_7N）、全氟戊酮（$C_5F_{10}O$）、HFO-1234ze（E）等。

第一类气体价格便宜，对环境危害小，但其绝缘性能也较差。其中，CO_2 气体具有较好的灭弧能力，且化学性质稳定，引起了国内外学者的广泛关注。ABB 公司在 2012 年推出以 CO_2 作为绝缘和灭弧介质的 72.5kV 高压断路器，并仍在尝试提高其电压等级和开断容量。第二类气体的电气强度较高，但其液化温度和 GWP 也较高，阻碍了这类气体的广泛应用。第三类气体在近几年获得了电力行业相关学者的广泛关注，其中 C_4F_7N 和

$C_5F_{10}O$ 混合气体具有极高的绝缘强度（均为 SF_6 气体的 2 倍以上），且其 GWP 远低于 SF_6 气体。但其沸点较高，需要与其他气体混合使用。ABB、GE 等国外相关企业已开发出产品样机，并在欧洲部分国家进行了试点应用，有望在将来大规模推广。

近几年，大量学者针对 C_4F_7N 和 $C_5F_{10}O$ 的混合气体的绝缘特性开展了广泛的研究。其中，Kieffel 等人对 C_4F_7N/CO_2 混合气体开展了系统的实验研究，发现当 C_4F_7N 体积分数为 18%～20% 时，C_4F_7N/CO_2 混合气体能够达到与相同条件下 SF_6 气体相当大绝缘强度，而在 $-25℃$ 的液化温度限制下，$0.67～0.82MPa$ 下 C_4F_7N/CO_2 混合气体的击穿电压为 $0.55MPa$ 下 SF_6 气体的 87%～96%。Nechmi 等人研究了不同比例、不同电极结构下 C_4F_7N/CO_2 混合气体的绝缘性能，认为 3.7% C_4F_7N/96.3% CO_2 混合气体具有应用于高压电气设备的潜力。此外，Nechmi 采用稳态汤逊法测量了 C_4F_7N/CO_2 混合气体的有效电离系数，发现 20% C_4F_7N/80% CO_2 混合气体的绝缘强度与 SF_6 及 70%CF_3I/30%CO_2 混合气体相当。Silvant 等人对比了多种气体的绝缘特性，得到如表 2-1 所示的实验结果，发现在 CO_2 中混入 5% 的 C_4F_7N 气体后，混合气体的绝缘强度达到 SF_6 气体的 80% 以上。Hopf 等人通过实验研究了稍不均匀场下 C_4F_7N/CO_2 混合气体的直流击穿特性，研究结果表明当 C_4F_7N 比例分别为 5.1% 和 7.8% 时，混合气体在的绝缘强度可以达到 SF_6 气体的 50% 和 75%，而 $0.5MPa$ 充气压力下 7.8% C_4F_7N/92.2% CO_2 混合气体绝缘强度与 $0.38MPa$ 压力下的 SF_6 气体相当。ABB 公司对 $C_5F_{10}O$ 分别与空气、CO_2 的混合气体开展了雷电冲击击穿实验，发现 $C_5F_{10}O$ 与空气之间的协同效应优于 CO_2 气体，当 $C_5F_{10}O$ 的比例为 5.6% 时，$0.7MPa$ 充气压力下的 $C_5F_{10}O$/空气混合气体绝缘强度达到 $0.6MPa$ 气压下 SF_6 气体的 80%。

表 2-1　　　　　　　　　　　混合气体的相对绝缘强度

气体组成	相对绝缘强度		
	AC	LI（＋）	LI（－）
90% CO_2/10% O_2	41%	44%	39%
1.1% $C_5F_{10}O$/89% CO_2/9.9% O_2	52%	58%	53%
1.1% $C_5F_{10}O$/98.9% CO_2	45%	47%	49%
5% C_4F_7N/95% CO_2	86%	83%	88%
79.5% N_2/20.5% O_2	46%	37%	39%
SF_6	100%	100%	100%

由此可见，近年来国内外在 SF_6 替代气体电击穿特性方面开展了大量的研究，前些年主要集中在干燥空气、N_2、CO_2、CF_3I 以及 c-C_4F_8 等气体，而近几年则出现了大量关于 C_4F_7N 以及 $C_5F_{10}O$ 气体的研究。总体而言，C_4F_7N/CO_2 混合气体在绝缘性能上最有可能接近或达到同等条件下 SF_6 气体的水平，具有较好的应用前景。

2.5 混合气体绝缘的协同性

环保型气体大部分液化温度较高，不能直接用于实际绝缘，必须与缓冲气体混合后，降低其液化温度，才能在工业中应用。混合气体的耐电强度不仅与其气体成分的耐电强度有关，而且还和气体成分之间是否有协同效应有关。图 2-1 给出二元混合气体相对耐电强度 RES 的四种不同类型，其中 1 型指具有正协同作用；2 型为具有协同效应；3 型为线性作用，可认为无相互作用；4 型为具有负协同作用。图中混合比 k 指耐电强度较高的气体成分在混合气体中所占的体积比，并以这一气体成分作为混合气体相对耐电强度的基准值。对于 SF_6 二元混合气体，1 型的例子如 SF_6/CF_2Cl_2 和 SF_6/C_3F_6 混合气体；2 型的例子如 SF_6/N_2 和 SF_6/CO_2 混合气体；3 型的例子如 SF_6/He 混合气体；4 型的例子如 $SF_6/C_2F_3Cl_3$ 混合气体。

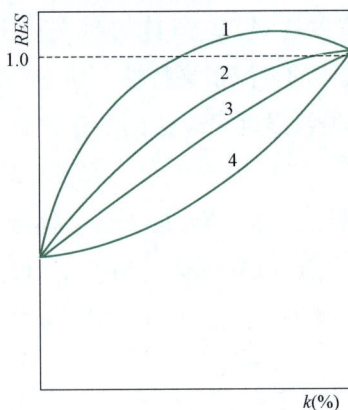

图 2-1 二元混合气体相对耐电强度 RES 的四种不同类型

SF_6/N_2 混合气体是典型的具有协同效应的混合气体，也就是说，混合气体的碰撞电离与电子附着过程中并不存在协同效应，但是其相对耐电强度远高于线性的相对耐电强度。当 SF_6/N_2 混合气体中 SF_6 含量为 50% 时，其在均匀电场中的耐电强度为纯 SF_6 气体的 85% 以上。

混合气体在均匀电场中的绝缘强度可通过击穿实验求得，也可以通过测量混合气体的电子碰撞电离系数和附着系数，求取有效电离系数为零时的临界场强值。针对图 2-1 所示的混合气体 RES 的四种类型，分别讨论如下。

1. 气体组分间无相互作用的情况

由相关理论可知，气体的电离系数 α 和吸附系数 η 不仅与其电离碰撞截面 Q_i 和 Q_{att} 有关，而且还和电子的漂移速度 v_e 和速度分布函数 $f(v)$ 有关。若两种气体组分的 v_e 和 $f(v)$ 相近，则气体组分之间无相互作用。此时，可写出二元混合气体的碰撞电离系数 α_m 和电子附着系数 η_m 为

$$\alpha_m/p = k(\alpha_1/p) + (1-k)(\alpha_2/p) \tag{2-1}$$

$$\eta_m/p = k(\eta_1/p) + (1-k)(\eta_2/p) \tag{2-2}$$

其中
$$k = p_1/p$$

式中：α_1、α_2、η_1、η_2 为两种气体成分的碰撞电离系数和电子附着系数；p_1 为第 1 种气压的分气压；p 为混合气体的总气压。

由式（2-1）和式（2-2）可以写出二元混合气体的有效电离系数 $\bar{\alpha}_m$ 为

$$\bar{\alpha}_m/p = k(\bar{\alpha}_1/p) + (1-k)(\bar{\alpha}_2/p) \tag{2-3}$$

SF_6/N_2 和 SF_6/CO_2 都属于这一类混合气体，因此混合气体的 $\bar{\alpha}_m$ 可用式（2-3）进行估算，即将各气体组分的有效电离系数按分压比加权求和，从而来确定混合气体的临界击穿场强。由此算得的 SF_6/N_2 混合气体的相对耐电强度 RES 与实验值吻合良好，当 $k \geqslant 0.05$ 时，可用如下经验算式表示

$$RES = k^{0.18} \tag{2-4}$$

由于式（2-4）所给出的 SF_6/N_2 相对耐电强度远高于线性的耐电强度，如图 2-1 中的 3 型 RES，所以将此类混合气体称为有协同效应的混合气体，即图 2-1 中的 2 型 RES。但式（2-1）和式（2-2）仍表明，实际上这类混合气体的碰撞电离与电子附着过程中并不存在协同效应，其气体组分间没有相互作用。

2. 具有正协同作用的情况

假设 $\bar{\eta}$ 是有效电子附着系数，即

$$\bar{\eta} = \eta - \alpha = -\bar{\alpha} \tag{2-5}$$

正协同效应的定义是混合气体的 η_m 大于由式（2-2）算出的值，因此这种情况下混合气体的 RES 不能用式（2-3）进行估算。产生正协同效应的原因要根据混合气体的情况进行具体分析，但是有一点可以肯定，即气体混合后可以产生更多稳定的负离子。出现正协同效应时，混合气体的 RES 将高于按式（2-3）计算所得的值，这种情况下会出现图 2-1 中曲线 1 的情况。

3. 具有负协同效应的情况

出现负的协同效应时，混合气体的 RES 将低于按式（2-3）算得的值，因为这种情况下混合气体的 $\bar{\eta}_m$ 小于由式（2-2）算得的值。SF_6/He 是具有负协同效应混合气体的一个例子，由于两种气体成分之间会出现潘宁效应，使得混合气体的 $\bar{\eta}_m$ 比按分压力加权求和的值要小。这种情况下混合气体的 RES 可能像图 2-1 中的 3 型曲线或 4 型曲线所示。实际上 3 型曲线只是近似于直线，而不是一种必然的结果。

关于协同效应的研究可以追溯至 20 世纪 70 年代。在 SF_6 气体在电气设备中得到应用后不久研究者便发现含 SF_6 的混合气体的绝缘特性不是简单的按比例线性增加。随着研究的增多，协同效应又细分为正协同/超协同、协同、负协同/潘宁效应，假定混合气体由 A 和 B 两种气体组成，击穿电压分别为 U_A 和 U_B，混合气体的击穿电压为 U_M，并且 A 气体所占比例为 $k(0 \leqslant k \leqslant 1)$。则在正协同/超协同效应下，在某个混合比范围内混合气体的绝缘强度会出现高于组分中的单一气体绝缘强度的情况，即 $U_M > U_A$ 且 $U_M > U_B$；协同效应情况下，混合气体的绝缘强度高于按混合比折合的绝缘强度，$U_M > kU_A + (1-k)U_B$；线性关系情况下，混合气体的绝缘强度随气体混合比线性变化，$U_M = kU_A + (1-k)U_B$；而在负协同效应/潘宁效应情况下，混合气体的绝缘强度低于按比例折合的气体的绝缘强度，

即 $U_M < kU_A + (1-k)U_B$。

图 2-2 为 Wieland 等人针对 SF_6 混合气体绝缘强度提出的一种较为简易直观的计算方法，其根据其计算结果与实际值及加权值的对比。

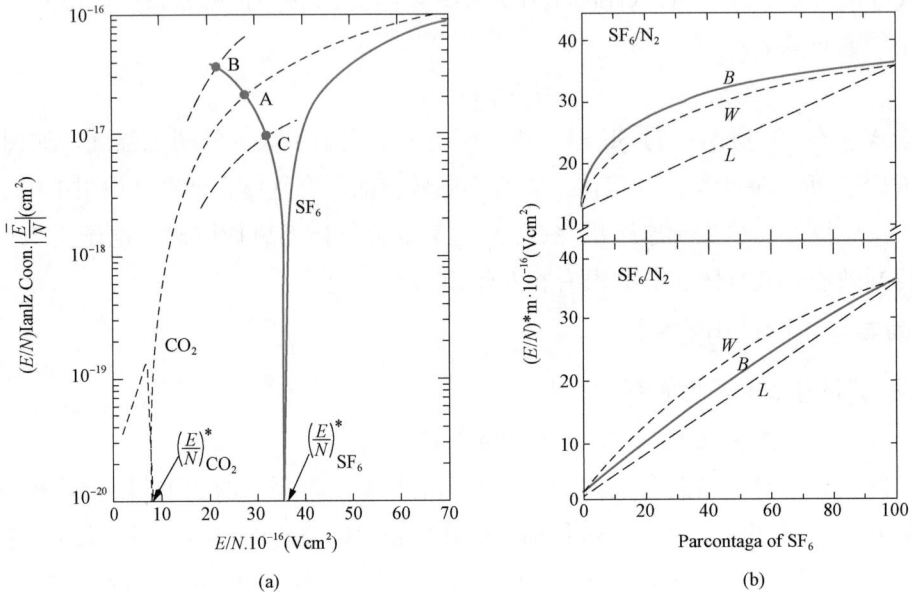

图 2-2　Wieland[18] 计算及结果对照图

（a）Wieland 计算示例；（b）计算与实验结果对比

L—线性加权值；W—Wieland 计算值；B—Boltzmann 计算值

国内外学者对协同效应的产生原因进行了大量理论和实验研究，日本的 Takuma 等人对具有协同效应的混合气体如 SF_6/N_2、CCl_2F_2/N_2 等进行了研究，他们假设混合气体的有效电离系数等于两个分量气体乘以其各自的分压比的系数之和，提出了稍不均匀电场下 SF_6/N_2 混合气体击穿电压的经验公式

$$U_m = U_2 + \frac{k}{k+C(1-k)}(U_1 - U_2) \tag{2-6}$$

其中 U_1、U_2、U_m 分别为组分气体和其混合气体的击穿电压（$U_1 > U_2$），k 为组分气体 1 的分压比，C 为协同效应系数，是一个和分压比 k 无关的常数。当 $C=0.08$ 时，通过该公式对 SF_6/N_2 混合气体的计算值和实验值对比，如图 2-3 所示。从图中可以看出通过该公式得到的击穿电压值与实验击穿电压值基本一致，能较好地体现出 SF_6 混合气体的协同效应现象。对该公式进行变形，即为 Takuma 提出的协同效应系数的计算公式

$$C = \frac{k(U_1 - U_M)}{(1-k)(U_M - U_2)} \tag{2-7}$$

从式（2-7）中可以看出，当 $C=1$ 时，混合气体的击穿电压与两种组分气体击穿电压按照混合比例的加权值相等，即混合气体的击穿电压表现为随组分气体混合比例增加而

增加的线性关系。当 $0<C<1$ 时，混合气体的击穿电压体现出协同效应现象，并且 C 的值越小，混合气体击穿电压非线性增长越显著，即协同效应越显著。当 $C=0$ 时，混合气体的击穿电压 $U_M=U_1$。

若将协同效应的所有情况即正协同、协同、负协同都同时考虑，那么该公式则不再适用。假设混合气体出现正协同效应，通过计算可知在正协同下系数 $C<0$，混合气体的击穿电压比组分气体中较低的击穿电压还低时，即"超负协同"现象出现时，可以通过计算发现系数 C 的值仍小于 0，因此通过式（2-7）已不能准确地将混合气体的各种协同效应情况明显区分出来。

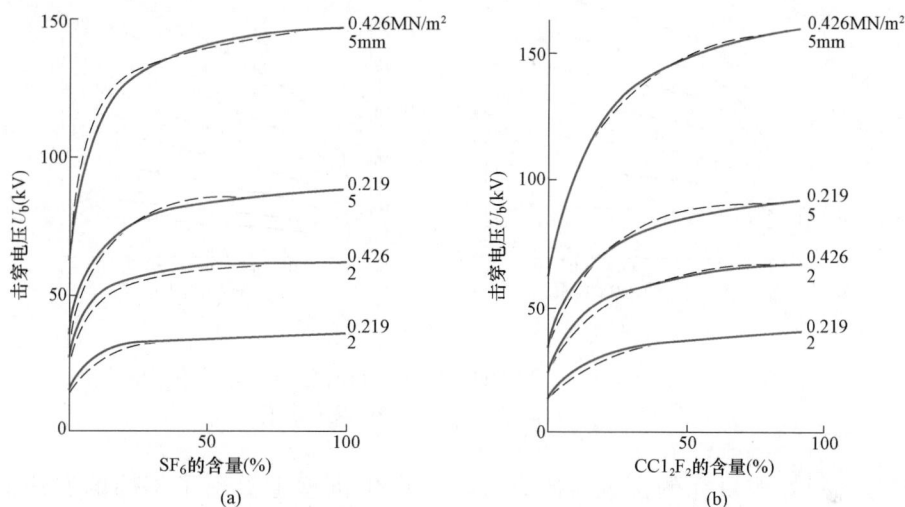

图 2-3 SF_6/N_2、CCl_2F_2/N_2 混合气体击穿电压计算结果与实验结果比较

(a) SF_6/N_2；(b) CCl_2F_2/N_2

Hayashi 等人通过 Boltzmann 方程对 CCl_2F_2 和 SO_2 混合气体的协同效应进行了研究，并提供了这两种气体的弹性和非弹性碰撞截面数据。Tagashira 等人认为协同效应可分为 3 类：即 α 协同（SF_6+SiH_4）、η 协同（$SF_6+c\text{-}C_4F_8$）和 γ 协同（N_2+CH_4）。其研究发现 SF_6/SiH_4，$SF_6/c\text{-}C_4F_8$、SF_6/C_3F_6 混合气体的 $\bar{a}/p$ 随 SF_6 气体含量的变化曲线均为先下降再上升的趋势，即曲线存在最小值点。对于 SF_6/SiH_4 混合气体的 $\bar{a}/p$ 曲线，曲线的下降部分是由于 α 的减小导致的，即为 α 协同，对于 $SF_6/c\text{-}C_4F_8$ 混合气体的 $\bar{a}/p$ 曲线，其上升部分是由于 η 的增加导致的，即为 η 协同。除了这两种协同效应外，他们还提出了 N_2+CH_4 混合气体中和二次电离系数有关的 γ 协同效应。

在 Okabe 和 Kouno 等人对协同效应的研究中，他们假设混合气体的电子能量分布函数等于混合气体中各单一气体电子能量分布函数与其压力比乘积的和。他们通过 SF_6、CCl_2F_2 气体的截面数据，利用玻尔兹曼方程计算了 SF_6/CCl_2F_2 混合气体的有效电离系数，进而计算得到混合气体的击穿电压。

L. G. Christophorou 等人在提出协同效应概念后对该现象进行了深入研究，认为混合气体组分气体即包含具有强电子吸附能力的气体以及偶极矩较大的气体会产生较明显的协同效应。并结合环保要求与是否有毒等条件给出具有强电子吸附能力的 $c\text{-}C_4F_8$、$c\text{-}C_4F_8$、SF_6 气体和具有较大偶极矩的 CHF_3、CH_2F_2、$1,1,1\text{-}CH_3CF_3$ 气体组成的混合气体具有实际使用价值。SF_6 气体与 $1,1,1\text{-}CH_3CF_3$ 及 CHF_3 混合气体在不同电极间隙距离下的协同效应情况如图 2-4 所示。

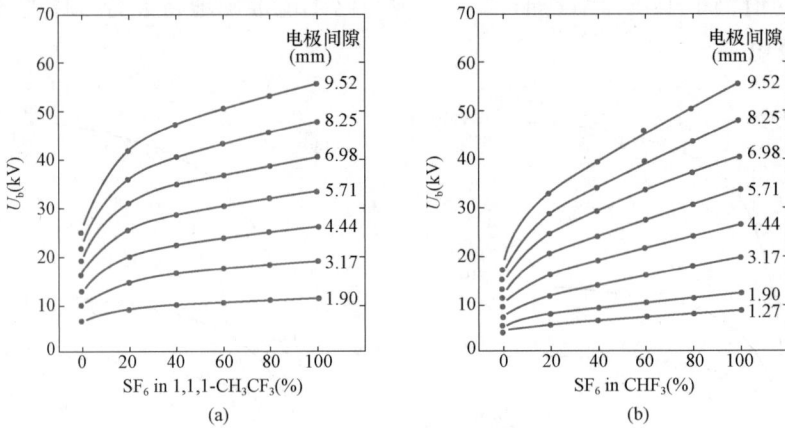

图 2-4 SF_6 气体与 $1,1,1\text{-}CH_3CF_3$ 及 CHF_3 混合气体的协同效应
(a) $SF_6/1,1,1\text{-}CH_3CF_3$；(b) SF_6/CHF_3

随着对协同效应研究的深入，研究者对其产生机理也提出了不同的看法。日本的 Okubo 等人认为 SF_6/N_2 混合气体的协同效应和 SF_6 气体的强电子吸附能力有关。SF_6 的加入改变了放电类型：纯 N_2 下的放电形式为流注放电，加入微量 SF_6 气体后变为先导放电，并且先导放电程度随着 SF_6 气体含量和气压的加强而加强。SF_6/N_2 混合气体在 SF_6 含量为 90% 时冲击电压下的局部放电情况如图 2-5 所示。从图 2-5（a）中可以看出在气压为 0.1MPa 时，混合气体在针电极附近发生发散状局放，放电类型为流注放电。但随着气压的升高，可以发现局放不再是刷状流注放电而是变成了先导放电，并且放电发展范围变长同时显示出逐步发展的趋势，如图 2-5（b）所示。随着气压的进一步升高可以看出局部放电仍为先导放电但是放电发展距离变短，如图 2-5（c）所示。

塞尔维亚研究者 Predrag Osmokrović 等人认为协同效应和电压的上升速率有关，他们对 SF_6/N_2 混合气体进行了试验研究，通过施加不同波头时间的冲击电压，观察不同混合比例下混合气体的协同效应。结果显示 SF_6/N_2 混合气体在快脉冲下协同效应明显减弱。SF_6 及 SF_6/N_2 混合气体在不同波头时间冲击电压下的绝缘特性如图 2-6 所示，图 2-6（a）、（b）、（c）中的冲击电压的上升速率分别为 $1kV/\mu s$、$50kV/\mu s$ 以及 $800kV/\mu s$，从图 2-6 中可以明显看出在电压上升速率较小时，SF_6/N_2 混合气体出现了明显的协同效应现象，在某些气压下混合气体的击穿电压出现了高于纯 SF_6 气体的情况，但是随着电压波头

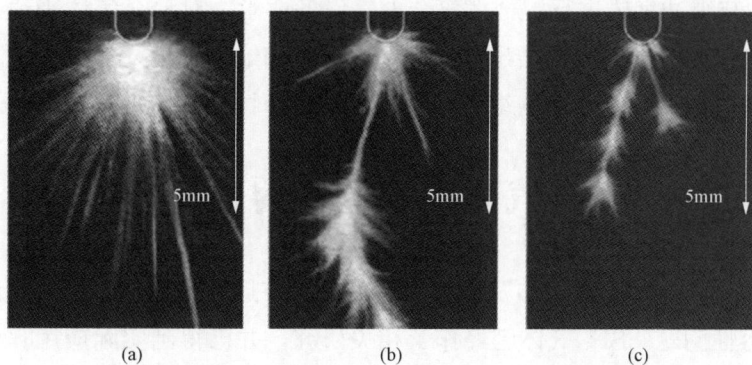

图 2-5 SF_6/N_2 混合气体在不同气压下的局部放电情况

(a) $P=0.1MPa$；(b) $P=0.2MPa$；(c) $P=0.3MPa$

时间越来越短，能够看出 SF_6/N_2 混合气体的击穿电压变化趋势与纯 SF_6 气体基本相同，协同效应基本可以忽略，但对于 SF_6 与其他缓冲气体组成的混合气体是否具有普适性仍有待实验研究。

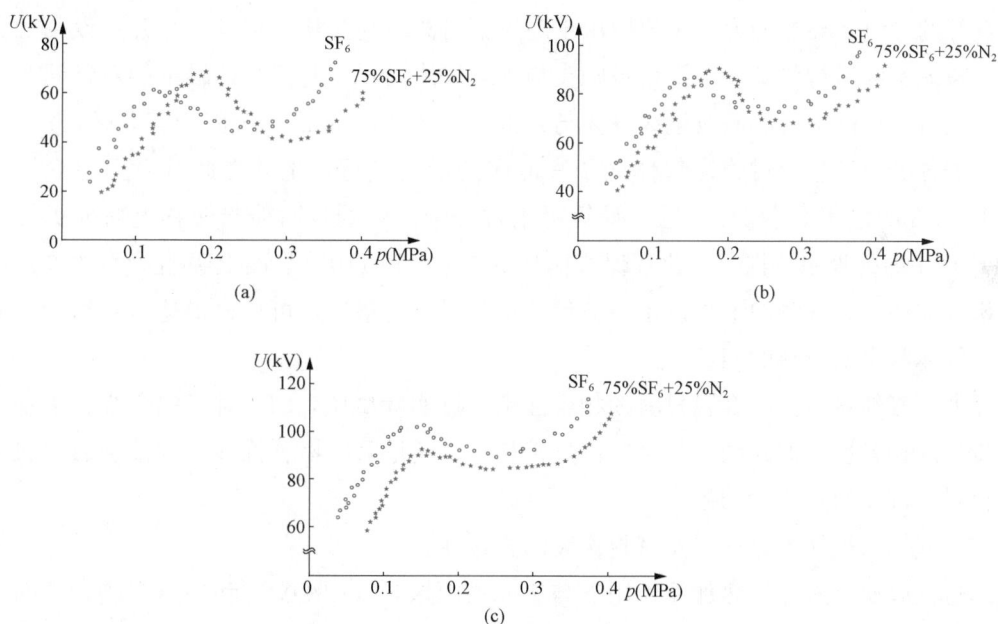

图 2-6 SF_6 及 SF_6/N_2 在不同上升速率电压下的绝缘特性

(a) 上升速率为 $1kV/\mu s$；(b) 上升速率为 $50kV/\mu s$；(c) 上升速率为 $800kV/\mu s$

国内学者对混合气体协同效应的研究还较少，已有研究也大多局限于通过击穿实验分析是否出现了协同效应，对于协同效应产生的机理原因，影响协同效应的宏微观因素研究都极少。国外学者虽已有较多研究，但是对于协同效应的产生原因及影响因素等仍缺乏有效理论及实验数据支撑。目前潜在的 SF_6 替代气体由于液化温度的问题都不能以单一气体

替代 SF_6，必须与缓冲气体进行混合才符合电气设备要求。对混合气体来说，在降低液化温度的同时要确保组分气体间不会出现负协同效应影响绝缘强度。对组分气体间有协同效应甚至正协同效应的混合气体还需综合经济成本、绝缘特性等来考虑混合比例。

2.6 气体绝缘的相容性研究

电气设备的气体绝缘系统要涉及固体绝缘支撑、密封橡胶材料、密封金属材料和导电金属材料的相容性问题。SF_6 气体已经作了相关研究，并已得到实际应用。作为新型的绝缘气体，必须要做这方面的研究工作。

（1）气体与内部金属的相容性。

对于新型绝缘介质，除了研究介质绝缘能力外，介质与设备内部金属材料之间相容性的优劣也是衡量其替代能力的一个重要标准。通过理论和实验方法分析环保型绝缘介质与金属铜、铝之间气固相容性的关系，并且通过温升实验证明的准确性，为工程实践提供指导性的作用。电气工业中所应用金属铜多为紫铜，其含铜量达到 $99.5\%\sim99.95\%$；紫铜具有良好的导电及导热能力，主要应用于高压断路器与空气开关柜等绝缘开关设备触头材料中。考虑实际运行状态下绝缘设备触头与绝缘气体之间长期相互接触可能对紫铜造成影响，因此可从理论微观层面对绝缘气体与紫铜的 Cu(110) 晶面的气固相容性展开分析。

根据分子轨道理论对绝缘气体分子官能团的活性进行讨论并在此基础上建立气体在 Cu(110) 晶面上的吸附构型，通过计算吸附过程中产生的吸附能与转移电荷分析气体在 Cu(110) 晶面的吸附特性，对比环保气体与 SF_6 在 Cu(110) 晶面上吸附能力的差异，可以分析气体在含有紫铜的绝缘设备中替代 SF_6 的潜力。最后，可通过加速电热试验，来验证绝缘气体与金属材料的相容性。

另外，气体对于密封金属材料的相容性也应做实际试验，SF_6 对于铝合金、铝镁合金具有良好的相容性，但新型的绝缘气体是否相容，还是采用物美价廉的其他金属材料作为密封材料，都要通过实验结果指导。

（2）气体与固体绝缘材料及密封橡胶的相容性。

通过试验研究气体在热加速作用下与三元乙丙橡胶（EPDM）和环氧树脂材料的化学反应，可以分析 EPDM 表面 F 元素含量是否增加，拉伸应力应变性能是否下降；而环氧树脂材料与气体的相容性如何，新型气体会否影响环氧树脂的绝缘性能，都应该有理论数据和实验论证。当温度增大时，两者是否会发生化学反应，已经有研究发现 EPDM 橡胶材料与 C_4F_7N 之间存在相互作用，导致 C_4F_7N 气体分解，同时 C_4F_7N 气体分解产生的 C_3F_6、CF 和 C_2F_5H 会对 EPDM 材料产生腐蚀作用。

EPDM 是 SF_6 气体绝缘设备中常用的密封材料，若使用环保绝缘气体替代 SF_6 而不改变设备密封材料，首先应确认新型气体与 EPDM 的材料相容性以确保气体绝缘设备的长期安全稳定运行。可采用热加速方法进行新型气体与 EPDM 的相容性试验，测试橡胶试样的力学性能，并通过傅里叶变换红外光谱、扫描电镜与能谱和气相色谱质谱联用分析固体与气体的成分变化。

　　总体来说，由于新型绝缘气体尚未到工业应用阶段，因此国内外关于这类气体及其混合气体分解特性的研究工作开展较少。目前已有的研究工作主要围绕其分解路径、反应过程和材料相容性方面展开，新型气体分解和相容的机制也尚不明确，需要进一步加深研究和分析。如国内有研究者指出，C_4F_7N/CO_2 混合气体大约在 700℃左右产生明显分解，主要产物为 CO、C_2F_6、C_3F_6、C_3F_8、CF_3CN 和 C_2N_2，说明 C_4F_7N/CO_2 混合气体在较高的气体压力更稳定。

SF$_6$ 替代气体 （新型环保型气体） 的研究现状

3.1 SF$_6$ 替代气体的研究进展

几十年来，电力行业一直在寻求减少 SF$_6$ 排放的方法和措施，甚至在签订《京都议定书》之前就已经开展了大量的研究工作。起初，尝试在 SF$_6$ 开关设备的整个生命周期中减少 SF$_6$ 排放，并取得了一些成效。而后，研究者试图寻找一些 SF$_6$ 的替代解决方案且取得了一些成果，一些替代技术已经存在，并且正在中压和高压领域中使用。例如，在中压领域中，真空断路器已经成为最主要的灭弧方式，配合气体或固体聚合材料作为绝缘介质取得了广泛的应用，但其缺点是需要采用更大的封装，成本更高；在高压领域中，SF$_6$/N$_2$ 和 SF$_6$/CF$_4$ 混合气体断路器在一些极寒地区被广泛应用，减少 SF$_6$ 的含量的同时提高了其液化温度。

寻找 SF$_6$ 替代气体最早可以追溯到 20 世纪 70 年代，国内外科研工作者在该领域进行了广泛而深入的研究，并总结出 SF$_6$ 替代气体应满足以下要求：

(1) 对环境友好，即温室效应潜能值和臭氧消耗潜能值为零或远低于 SF$_6$；

(2) 对人体无害，没有毒性或有微弱毒性且分解后没有有害的分解产物；

(3) 具有良好的热稳定性和化学稳定性；

(4) 卓越的导热性，较高的介电强度；

(5) 快速的热电介质恢复能力，以及良好的灭弧能力；

(6) 沸点低，冷却能力强，与固体材料相容性好。

已有研究成果表明，SF$_6$ 替代气体可分为三种类型，第一种是 SF$_6$ 与其他气体按照一定比例混合而形成的混合气体；第二种是空气、CO$_2$ 等常规气体，通过增大气体压力提高其绝缘强度；第三种是对环境友好的绝缘气体。SF$_6$ 混合气体是目前较为常用的替代气体，但其只是降低了 SF$_6$ 用量，并未完全消除 SF$_6$ 所带来的影响；压缩空气和 CO$_2$ 等方式，虽然环保性能优异，但其在一定气压范围内的绝缘性能远低于 SF$_6$ 绝缘水平，只有当气压为 1.5～2.0MPa 时，其绝缘性能才能相当于 0.4MPa 时 SF$_6$ 绝缘水平，这对设备的制造工艺要求较高，因此目前这类气体的使用范围仅限于中低压气体绝缘设备；而新型环境友好绝缘气体是解决 SF$_6$ 气体排放的最有效方法，国内外众多学者多年来也致力于新型环境友好绝缘气体的研究。

国外 Christophorou 等人研究了不同电极结构下 SF$_6$/N$_2$ 混合气体的击穿特性，发现

SF_6/N_2 混合气体具有极好的协同效应。Ngoc 等人在 CF_3I 和 CF_3I/N_2 混合气体的球球电极下的直流击穿电压开展了实验研究，发现 CF_3I/N_2 混合气体的击穿电压随 CF_3I 体积分数线性增大。Katagiri 等人研究了稍不均匀场下 CF_3I、CF_3I/N_2 和 CF_3I/CO_2 混合气体的雷电冲击击穿特性，发现当 CF_3I 比例高于 30％时，CF_3I/CO_2 混合气体的绝缘强度与 CF_3I 基本一致。Hikita 等人采用工频电压和针板电极对 $10\% C_3F_8/90\% CO_2$ 混合气体的局放特性开展了实验研究，并测量了其局放电流脉冲和图像，并结合实验结果，分别采用流注理论和先导理论对击穿电压随充气压力的变化曲线进行了剖析。此外，还发现 PFC/CO_2 混合气体的局放起始电压高于 PFC/N_2 混合气体。

国内对于 SF₆ 替代气体击穿特性的研究稍晚于国外，最早由西安交通大学邱毓昌等人对不同电极结构下的 SF_6/N_2 和 SF_6/CO_2 混合气体击穿特性开展了实验研究，发现 SF_6/N_2 混合气体的击穿电压高于 SF_6/CO_2。李正瀛等人对多种电负性气体混合气体临界击穿场强与气体混合比例进行了研究，将混合气体绝缘强度与混合比例的关系归纳为线性关系、协同效应、正协同效应和负协同效应四种类型。肖登明等人则对 SF₆ 分别与 N_2、CO_2、He、Ne、Ar、Kr、Xe 混合气体的击穿电压进行了研究，发现 SF_6/N_2 和 SF_6/CO_2 混合气体具有良好的协同效应，而 SF₆ 与惰性气体的绝缘强度则呈线性关系。此外，国内学者还针对 CF_3I 气体以及 PFC 类气体开展了大量的研究工作。张晓星等人对 CF_3I/N_2 和 CF_3I/CO_2 混合气体开展了局放特性实验研究，发现 CF_3I 与 CO_2 之间的协同效应优于 N_2。屠幼萍等人开展了直流和雷电冲击电压下 CF_3I/N_2 混合气体的击穿实验，发现该混合气体在高气压条件下的绝缘性能远低于 SF₆ 气体。肖登明等人综合考虑了液化温度、GWP 以及绝缘强度，对 $c\text{-}C_4F_8/N_2/CO_2$，$c\text{-}C_4F_8/N_2O/N_2$，$c\text{-}C_4F_8/N_2O/CO_2$ 几种三元混合气体的电气特性开展了研究，认为 $c\text{-}C_4F_8$ 分别和 N_2 以及 N_2O 混合气体具有作为 SF₆ 替代气体的潜力。邢卫军等人也针对 $c\text{-}C_4F_8/N_2$ 混合气体开展了系统性的研究，认为 20％ $c\text{-}C_4F_8/80\% N_2$ 混合气体有应用于中压开关设备的潜力。

近几年对 C_4F_7N 和 $C_5F_{10}O$ 的混合气体的绝缘特性的研究也成为国际热点课题，Kieffel 等人对 C_4F_7N/CO_2 混合气体开展了系统的实验研究，发现当 C_4F_7N 体积分数在18％～20％之间时，C_4F_7N/CO_2 混合气体能够达到与相同条件下 SF₆ 气体相当大绝缘强度，而在 $-25℃$ 的液化温度限制下，$0.67\sim0.82MPa$ 下 C_4F_7N/CO_2 混合气体的击穿电压为 $0.55MPa$ 下 SF₆ 气体的 87％～96％。Nechmi 等人研究了不同比例、不同电极结构下 C_4F_7N/CO_2 混合气体的绝缘性能，认为 $3.7\% C_4F_7N/96.3\% CO_2$ 混合气体具有应用于高压电气设备的潜力。ABB 公司对 $C_5F_{10}O$ 分别与干燥空气、CO_2 的混合气体开展了雷电冲击击穿实验，发现 $C_5F_{10}O$ 与干燥空气之间的协同效应优于 CO_2 气体。

近年来国内外学者尝试采用化学模拟、数值计算和试验的研究方法，在更大范围内探索可能的 SF₆ 替代气体。目前国际上关注较多的新型环境友好绝缘气体包括了三氟碘甲烷（CF_3I）、八氟环丁烷（$c\text{-}C_4F_8$）、全氟异丁腈（C_4F_7N）和全氟戊酮（$C_5F_{10}O$）等。这些气体的优点是无色无味无毒，GWP 和 ODP 值较低，常温常压下的绝缘性能优于 SF_6 气体。但这几种气体的普遍缺点是液化温度较高，高气压条件下极易液化，无法满足气体绝缘电气设备使用过程中对环境的要求。由于这些气体无法单独用于电气设备中，因此研究人员将它们与其他缓冲气体混合，以达到降低液化温度的要求。

在当前的研究热点课题中，C_4F_7N 是最具有替代 SF_6 气体潜质的气体。目前，国内外已经有不少以 C_4F_7N 混合气体为绝缘介质的环保型电气设备样机研制报道，这也表明了 C_4F_7N 气体已经具备了工业化应用的实践条件。2014 年，GE 公司研制了采用 C_4F_7N/CO_2 混合气体作为绝缘的 420kV GIL 和 145kV GIS 设备，并投入了试运行阶段。研制过程中，GE 公司给出了两套混合气体的配置方案，分别是 C_4F_7N 含量为 4％和 10％两种。当 C_4F_7N 含量为 4％时，需将混合气体的气压大幅度的提高，同时需要将原有的 SF_6 绝缘设计方案做相应的改动，可以保证环保型 GIL 应用在最低温度为 $-25℃$ 的环境中；而 C_4F_7N 含量为 10％时，可以保证原有设备的绝缘设计和结构不用发生改变，但最低允许的环境温度仅为 $-5℃$。

在试行应用方面，420kV 环保型 GIL 开展了绝缘性能测试和温升测试，通过了 IEC 标准中规定的雷电冲击耐压、操作冲击耐压和工频交流耐压试验考核，与原有 SF_6 绝缘的 GIL 设备具有相同的绝缘水平。GE 公司还研制了 145kV GIS 设备，使用了 C_4F_7N 含量为 6％的 C_4F_7N/CO_2 混合气体作为气体绝缘介质，额定气体压力为 0.7MPa，允许使用的环境最低温度为 $-25℃$。GE 公司根据 IEC 标准对环保 GIS 的单个组件和所有气室间隔进行了绝缘考核，再对原 GIS 绝缘结构做了少许改动之后，其绝缘性能完全满足标准要求。环保 GIS 的开断试验结果也显示，在开断大电流（1600A）和灭弧时间方面，C_4F_7N/CO_2 混合气体与 SF_6 气体已经十分接近。

3.2　SF_6 替代气体的筛选计算的重要性

分子重量和分子的化学结构与绝缘强度具有一定的相关性，从密度泛函理论（DFT）计算的微观参数入手，建立微观参数和绝缘强度、液化温度之间的关系，快速高效地预测气体的绝缘强度和液化温度是当前研究的一个重要课题。在大量的气体分子的计算结果中寻找已经存在的或新的性能更为优良的，更符合电气设备中所需要的高绝缘强度和低液化温度的 SF_6 替代气体分子。由于气体的宏观物理量与气体的微观参数是密切相关，通过 DFT 计算微观参数，建立其与气体宏观物理量的关系是替代气体筛选的一个方法。

微观粒子有明显的量子效应，量子力学通过波函数描述粒子的状态，粒子没有确定的位置，行为表现出波粒二象性。薛定谔方程是描述粒子运动的方程。通过求解方程，可以得到体系的波函数、体系能量及其他性质。其中，一维、单个粒子的薛定谔方程表

达式为

$$E\psi = -\frac{\hbar^2 \mathrm{d}^2\psi}{2m\mathrm{d}x^2} + V\psi$$

式中：$\hbar$ 为约化普朗克常数；V 为外势；ψ 为波函数；E 为粒子能量；m 是粒子质量；x 是粒子的坐标。

Hartree - Fock （HF）、半经验方法、后 HF 方法（包括 DFT）微扰理论耦合簇方法等均为求解薛定谔方程的理论方法。分子体系包含多电子的相互作用，其中 HF 和半经验方法是将多电子问题转换为单电子问题求解，做了一定程度上的近似。而后 HF 方法是直接求解多电子薛定谔方程。随着 1994 年 DFT 中交换相关泛函（决定 DFT 计算精度）B3LYP 被提出，DFT 就被广泛采用，泛函 B3LYP 几乎成为计算各种问题的默认方法。在此之后出现了色散矫正方法、双杂化泛函、范围分离泛函等。M06 - 2X 和 ωB97 - XD 很大程度上能代替 B3LYP 的全能泛函，对计算精度有小幅改进，但其耗时往往会比 B3LYP 高一倍甚至更多。

1. 筛选方法简介

研究分析气体分子的微观参数和宏观参数之间的相关性，比较了微观量文献实验值，验证计算值的可靠性，之后将微观量的计算值与绝缘强度和液化温度建立拟合关系式，分析讨论了多组气体分子的绝缘强度和液化温度的实验值与微观量的相关性，寻找相关系数最大的微观量。其中，R^2 是衡量拟合关系强弱的一个指标，原则上，相关系数越接近于 1，代表拟合关系越强，预测的结果也越准确。

替代气体筛选的具体研究方法如图 3 - 1 所示。

（1）建立分子、正离子、负离子的模型，基于密度泛函理论（DFT）选择确定的泛函（如 BP86、M06 - 2X 等）和基组 [如 6 - 311 + G （3df）、6 - 311 + G （d, p）、def - TZVP 等] 求解薛定谔方程，从计算结果中提取气体分子的微观参数。

（2）比较计算得到的微观参数与实验值的偏差，图 3 - 2、图 3 - 3 计算了气体分子的平均静电子极化率 α 和垂直电离能 ε_i^q，

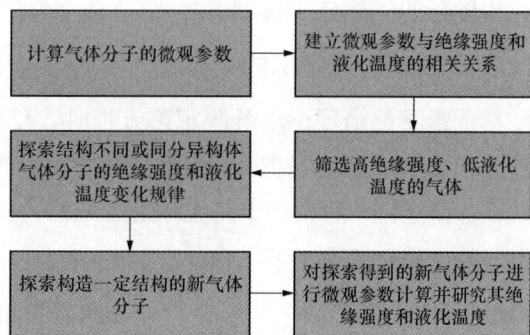

图 3 - 1 替代气体研究方法框图

极化率与分子的极化过程相关，极化率越高，外电场诱导出的偶极矩越大，增加能量损失，减弱碰撞电离能力，从而影响气体分子的绝缘强度。而电离能 ε_i^q 与分子电离的难易有关，同样影响分子的碰撞电离过程。由图 3 2、图 3 - 3 中看出计算值与实验值的差别较小，考虑之后的拟合计算，误差可忽略不计，由此可以确定计算的可靠性。

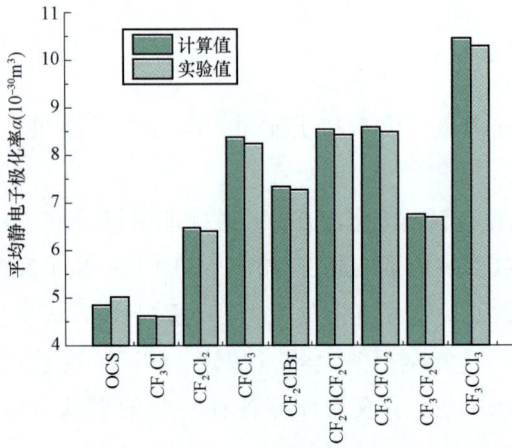

图 3-2 气体分子的平均静电子极化率的
计算值与实验值对比图

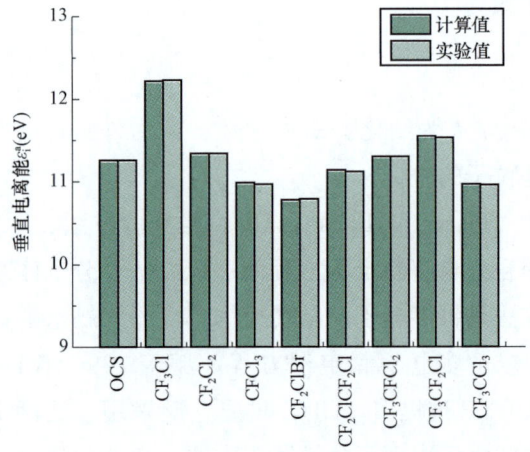

图 3-3 气体分子的垂直电离能的
计算值与实验值对比图

（3）用计算值代替实验值与部分气体的绝缘强度和液化温度做拟合分析，通过相关系数确定关联性较强的微观量，建立选择的微观量与绝缘强度、液化温度的拟合关系式。

（4）计算分析气体分子的绝缘强度和液化温度，预测气体的绝缘强度和液化温度，预筛选出满足一定要求的替代气体。若要确定最终的替代气体，还要考虑全球变暖潜能值 GWP、毒性、可燃性等。

（5）运用拟合的关系式，计算一定量气体分子不同官能团取代物的绝缘强度和液化温度，探索不同官能团或同分异构体的绝缘强度和液化温度的变化规律，还可根据得到的规律，构建新的气体分子模型。

2. 不同泛函和基组的对比

基于密度泛函理论求解薛定谔方程时，泛函和基组对气体分子微观参数的计算精度影响较大，影响对绝缘强度和液化温度的预测。表 3-1 给出了不同研究者选择的泛函和基组，在泛函 BP86 的条件下，采用 def-TZVP 基组计算电偶极矩和极化率及 def-QZVPP 基组计算垂直电离能，在 M06-2X/6-311+G＊＊级别下计算。

表 3-1　　　　　采用泛函和基组对比

泛函	基组
BP86	def-TZVP/def-QZVPP
M06-2X	6-311+G（$3df$）
M06-2X	6-311+G（d, p）

分别计算分析了泛函不同、基组相同时气体分子微观参数的计算值与实验值的差别，以及泛函相同、基组不同时计算值与实验值的差别。计算研究的泛函和基组分别为

（PBE、B3LYP、CAM-B3LYP、LC-ωPBE、ωB97-XD、M06、M06-2X）和［6-311+G（d）、6-311+G（3df）、aug-cc-pvtz、aug-cc-pvqz］。

（1）图 3-4 给出了计算 SF$_6$ 气体的亲和能采用不同泛函和基组的计算值与实验值的对比，SF$_6$ 的电子亲和能实验值为（1.05±0.1）eV，在基组 6-311+G（d）下计算 SF$_6$ 的电子亲和能均在 2.3eV 以上，与实验值偏差较大；基组 6-311+G（3df）计算值相对于另外三个基组偏差较小，在选择泛函 M06-2X 下计算的结果为 1.10eV 左右，与实验值吻合。

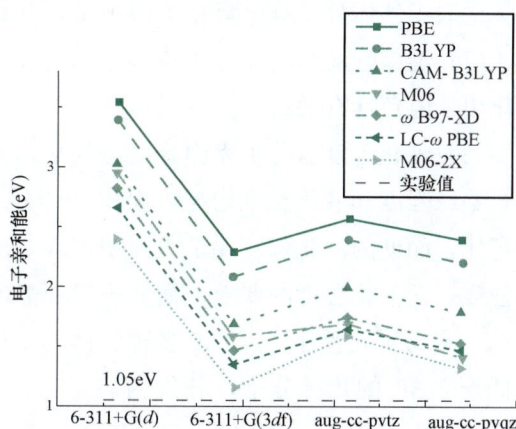

图 3-4　不同泛函计算 SF$_6$ 亲和能的计算值与实验值对比图

（2）图 3-5 给出了 c-C$_4$F$_8$ 电子亲和能的实验值与计算值的对比，电子亲和能表示气体分子吸附电子的能力，亲和能越大，电负性越强，易形成负离子，削弱了碰撞电离能力。在选择基组为 6-311+G（3df）的条件下，泛函 M06-2X、ωB97-XD 的计算结果在 0.63eV 左右，c-C$_4$F$_8$ 电子亲和能的实验值为（0.63±0.05）eV，与实验值非常吻合，而泛函 PBE、B3LYP、CAM-B3LYP、LC-ωPBE、M06 计算值均在 0.7eV 以上，与实验结果偏差较大。

上述（1）和（2）的分析表明，气体分子的微观量在 M06-2X/6-311+G（3df）级别下计算值与实验值偏差较小。

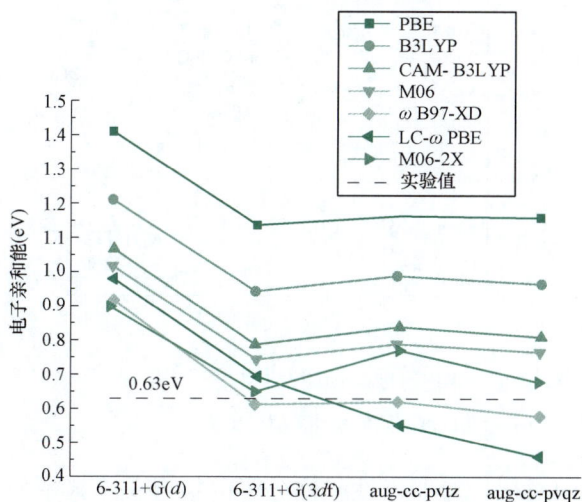

图 3-5　不同泛函计算 c-C$_4$F$_8$ 亲和能的计算值与实验值对比图

3. 拟合关系式中确定系数的对比

随着卤族元素相对分子质量的增大，绝缘强度和液化温度也相应地升高，这限制了对于高绝缘强度的气体的选择，需要考虑液化温度在实际的应用，这对于从分子结构上筛选替代气体具有重要的指导意义。

拟合关系式中确定系数的不同决定着预测结果的准确性，有的研究者已经研究分析了 48 种极性分子和 19 种非极性分子的微观参数和绝缘强度与液化温度之间的关系。运用最小二乘法拟合分析了上述微观参数与绝缘强度和液化温度的相关性，由拟合的相关系数得出电偶极矩、平均静电极化率、垂直电离能与气体的绝缘强度和液化温度相关性较强的结论。

选取了气体分子静电势相关微观量，并对这些参数做拟合分析，拟合结果表明：

（1）绝缘强度与气体分子表面积、分子表面静电势的平均偏差、表面静电势的方差、极化率、电负性有关；

（2）液化温度与分子表面静电势的平均偏差、气体分子表面积等有关。

绝缘强度和液化温度均与表面积（即分子的大小有关），绝缘强度与表面积的二次方成正比，而低的液化温度要求表面积很大，所以仅通过表面积的参数不可能同时满足高绝缘强度，低液化温度的要求；而分子表面静电势的平均偏差值较小时，可同时满足二者的要求。有的研究者计算了 200 多种气体的结构，最后筛选出了绝缘强度值大于 1，液化温度低于 273K 的几种分子，分别为 SF_5CF_3、SF_4（CF_3）$_2$、SF_5NF_2、SF_5CN、SF_4（CF_3）（CN）、SF_4（CN）$_2$、SF_5Cl、SF_5CFO。SF_6 的取代物的计算结果表明通过分子表面积、局部极性、极化率、电负性和硬度将可能预筛选出具有高绝缘强度和低液化温度的替代气体。

图 3-6 给出了对绝缘强度和液化温度的预测结果。由图 3-6（a）中实验值和计算值对比可得出二者之间的误差，其中差值最大的气体分子是 $CHFCl_2$，仅为 0.09。由图 3-6（b）中液化温度计算值和实验值的对比可得出，液化温度的计算值和实验值的吻合度较好，误差最大在 10K 左右，对于大部分气体液化温度的预测均在 5K 以内，因此能够对液化温度和绝缘强度达到较精确的预测。

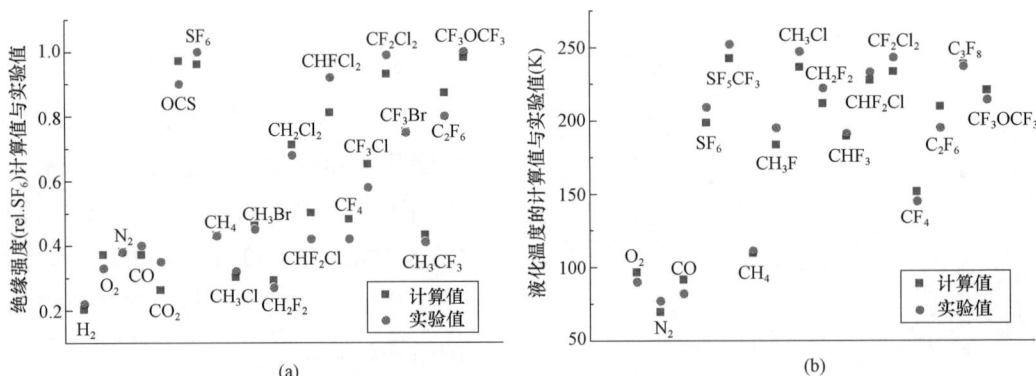

图 3-6 对气体分子绝缘强度和液化温度的预测

（a）绝缘强度实验值与计算值对比；（b）液化温度实验值和计算值对比

表 3-2 给出了拟合关系式的确定系数的对比，对非极性气体分子的拟合关系式中的系数 R^2 均大于 0.9，拟合关系较强，$R^2 = 0.985$，对绝缘强度和液化温度的预测更加准确。

表 3 - 2   拟合关系式相关系数对比

R^2	极性 Polar	非极性 Nonpolar
相对绝缘强度	0.71	0.92
液化温度	0.69	0.95
相对绝缘强度	0.602	0.602
液化温度	0.808	0.885
相对绝缘强度	0.985	0.985
液化温度	0.985	0.985

全球变暖潜能值也是筛选 SF₆ 替代气体的一项重要指标。全球变暖潜能值定义为从开始释放 1kg 该物质起，一段时间内辐射效应的对时间积分，与相同条件下释放 1kg CO₂ 对应时间积分的比值，计算方法如下

$$GWP(x) = \frac{\int_0^{tx} RE(x)\exp(-t/\tau)\mathrm{d}t}{\int_0^{tx} RE(\mathrm{CO_2})\exp(-t/\tau)\mathrm{d}t}$$

式中：$RE(x)$ 为指未知气体的辐射效率（Radiative Efficiencies）；τ 指气体的大气寿命；tx 指时间标准，通常取 100 年。

气体的红外光谱和辐射效率可在 Gaussian 得到。GWP 与以下因素有关：

（1）气体分子对于红外线的吸收能力（辐射效率）；

（2）气体在大气中的寿命，随着时间的衰减速率。

碰撞截面是筛选完成后需要研究的重要参数，给出了在 DM 公式和改进后的 DM 公式下的碰撞截面值，利用部分有实验数据的氟烃、氟氰等分子进行了验证，可提高了计算结果的准确性。

从大量气体分子中预筛选具有高绝缘强度和低液化温度的气体，但必须进一步分析最合适的候选物以评估其对于其他所需要特征如全球变暖潜能 GWP、毒性和化学稳定性、易燃易爆性等。对于许多稳定的，无毒的和不可燃的气体的全球变暖潜能值，在此基础上进行类似于上面关于绝缘强度和液化温度的计算分析，也可预筛选出更加符合要求的气体。

3.3   SF₆ 替代气体的理化性质分析

3.3.1   绝缘气体的绝缘能力

目前使用最普遍的绝缘气体是 SF₆，但由于其严重的温室效应，因此它的使用已经受

到了限制，需要找到它的替代气体。而一个寻找替代气体的重要方向就是碳氢化合物气体以及其通过其他基团替代所产生的衍生气体。J. C. Devins 曾在 Replacement Gases For SF₆ 中对很多气体进行过绝缘性能的测试，将实验过程中的 pd 值固定，并将不同气体得到的击穿电压与同等条件下氮气的强度进行对比。

有机气体中最基础的就是烷烃气体，J. C. Devins 在对这一类气体进行实验的过程中发现，烷烃类气体绝缘性质与氮气近似，随着分子中碳原子的增多，绝缘性质逐渐增强，但变化不甚明显。由于碳原子增多后，烷烃类气体的沸点显著上升，其中丁烷的沸点已经达到 0℃ 左右，不能满足低温地区的使用要求，因此烷烃类气体综合绝缘性质并不理想。

研究表明，避免放电或者灭弧阻断放电过程中一个很重要的方面是要选用高电负性气体，使气体在放电过程中能够吸收电子。因此使用带有卤族元素所形成的基团取代烷烃类气体中的有机基团是一种改进气体绝缘性质的办法，J. C. Devins 在实验中也对卤代气体进行了实验。由于溴元素、碘元素的原子量较大会导致卤代烃的沸点显著上升，因此在碳原子较多的烷烃化合物中一般选用氟元素或氯元素的卤代烃，而碳原子较少的烷烃中可以采用溴元素或碘元素的取代基。实验也证明，氟氯代烷类的气体具有很好的绝缘性能，特别是将烷烃中的氢元素全部由氟元素替代后，沸点升高但依旧维持在较低的水平，而电气强度得到了很好的改善，随着氟元素进一步被氯元素替代，沸点和电气强度都逐渐升高，例如 CF_2Cl_2 和 CF_2ClCF_3 的电气强度都已经超过了 SF₆。除了卤族元素所组成的基团，$-SF_5$ 与 $-CN$ 取代基也都表现出了作为取代基而提高化合物电气强度的效果。为了综合考虑气体的不同气压下，具有不同沸点的气体的电气绝缘性质，J. C. Devins 利用经验公式

$$V_s = \frac{298}{T}kP\sigma + B$$

考察气体在特定温度下的性质，其中 V_s 为火花放电击穿电压（sparking potential），P 表示该温度下的气体的饱和蒸汽压，而为了能直观地与 SF₆ 进行对比，系数 k 的公式为

$$k = E_{SF_6}(P) \cdot \frac{248}{298} \cdot exp\left[-\frac{A}{R}\left(1 - \frac{T_b}{248}\right)\right]$$

将 k 限制在了 298k 的温度环境下，计算气体的电气强度可与多少气压下的 SF₆ 相同。计算结果表明，CF_3SF_5 的电气强度在同等条件下高于 1 个大气压的 SF₆，C_2F_5CN 高于 3 个大气压的 SF₆，而 CF_3CN 高于 6 个大气压的 SF₆。另外值得注意的是，C_4F_6 与 c-C_4F_8 也都表现出了很好的绝缘性质，并且沸点也都大致符合使用要求，特别是 C_4F_6。这表示分子结构中出现环状或双键、三键能够在同等基础上提升气体的性能。

3.3.2　碳碳双键对绝缘气体电气强度的影响

A. E. D Heylen 在文章中对多种烃类化合物的电气强度进行了比对，其中可以看出，

对于烯烃来说，在单烯烃上增加甲基，虽然可以略微增加气体的电气强度，但是效果很小，同时还会提高气体的沸点从而限制气体的使用；而丁二烯与异戊二烯却具有比单烯烃更高的电气强度，可见增加一个碳碳双键对提升气体电气强度有很好的效果，这一点通过 1 - 丁烯和丁二烯的比较上就能明显看出，也同时印证了在 J. C. Devins 的实验中 C_4F_6 表现出很好性质的现象。

通过将多位学者对烃类气体的实验数据进行集中，对不同结构类型的烃类气体进行了电气强度、沸点、分子量之间的比较，以寻求规律。

为了验证碳碳双键对于气体电气强度的提升，作者选取了饱和烃类气体（如甲烷、乙烷、丙烷、异丁烷、正丁烷），单烯烃气体（如乙烯、丙烯、异丁烯、1 - 丁烯），以及双烯烃气体 1，3 - 丁二烯和异戊二烯。作者从两个角度验证它们的电气强度，一是 $pd = 50(\text{cm} \cdot \text{mm})$ 状态下的击穿电压，二是击穿电压 V 与 pd 值间的比值，如图 3 - 7 所示。

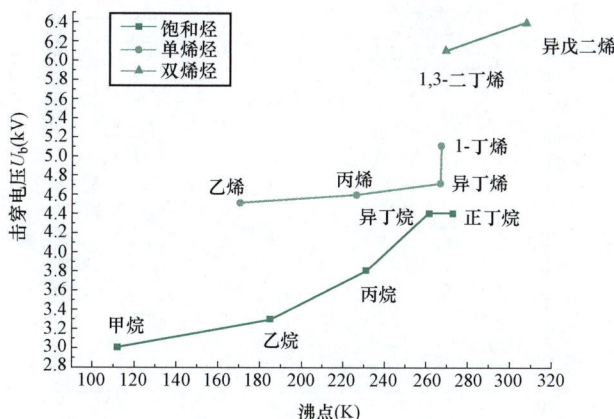

图 3 - 7　气体沸点与 $pd = 50$ 时的击穿电压

从图中可以看出，对于不同结构的气体来说，随着甲基的增多，沸点均会随着分子量的上升而增加，呈正相关趋势（见图 3 - 8）。同类结构气体的绝缘强度随着碳原子数量的增加而递增，这与分子体积逐渐增大有关，增加幅度很小。但不同结构的气体在相似分子量或沸点范围之内所表现出来的电气强度却相差很大，增加碳碳双键的数量可以明显提高气体性能，从乙烯与乙烷、丁二烯与 1 - 丁烯之间的对比就能看出（见图 3 - 9）。

碳碳双键对于提高气体的性能主要体现在哪些方面呢？ Heylen 和 Lewis 提出烃类化合物的电气强度主要取决于 4eV 以下能量的综合碰撞截面的大小。而对于含双键甚至三键的烃类化合物来说，这种碳碳之间的化合键与碳氢之间的化合键数量决定了气体的碰撞截面。他们曾提出经验公式

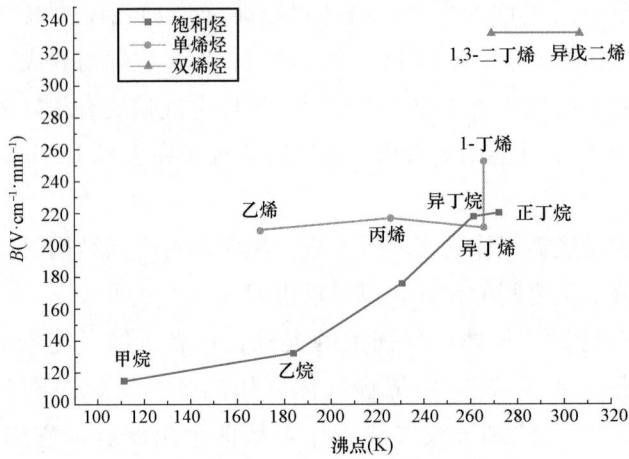

图 3-8　气体沸点与电气强度斜率 B

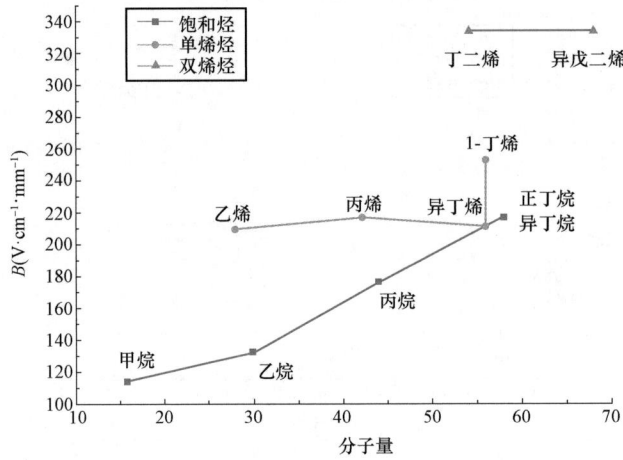

图 3-9　气体分子量与电气强度斜率 B

$$Q_0 = n_{CH}\left(Q_{CH} + \frac{1}{2}Q_{CC}\right) - 2Q_{CC} + Q_{CC^2} \qquad (3-1)$$

根据这一公式得出的气体碰撞截面相对数据表 3-3。

表 3-3　　　　　　　　　　　　气体碰撞截面相对数据

气体	碰撞截面	气体	碰撞截面
甲烷	4	乙烯	12.5
乙烷	6.85	丙烯	15.35
丙烷	9.7	丁烯	18.2
丁烷	12.55	丁二烯	25.65

式 （3-1） 所计算的数据与实验数据大体一致，表明碳碳双键对于增加气体碰撞截面有显著的作用。

光谱实验发现，在电子能量较低时，乙烯比乙烷在 2eV 时的总碰撞截面 （total collision cross section） 高出许多，并且在 2eV 附近出现较高的极值，也验证了上述的计算公式。

A. E. D Heylen 和 T. J. Lewis 也曾通过比较过乙烯、乙炔的电气强度来考察碳碳双键与碳碳三键对于绝缘性质的影响，结果发现，碳碳双键能够对于烷烃显著提升气体的绝缘性质，而碳碳三键同样能在双键的基础上进一步提高气体性能，但提升幅度相对双键略小。这种碳碳三键的优势在 J. C. Devins 的实验中也曾出现过，不同的是，他实验的气体是带有氰基的有机气体，而氰基中碳原子与氮原子也是由三键连接，因此可以验证三键化合物对气体性质的积极影响。

3.3.3 卤族元素对气体电气强度的影响

强电负性气体是指主要依靠分子的强电负性在放电过程中吸附电子的能力提升电气绝缘性质的气体，其中 SF₆ 就是一个代表。如前所述，提升气体的电负性可以通过利用卤族元素取代化合物中的氢元素而形成，为了兼顾气体的沸点要求，主要使用氟元素和氯元素，从而保证气体分子的分子量不会太高。但溴元素与碘元素由于其本身原子较大，电子云能级多，因此可以提供更大的碰撞截面，从另一个角度也可以提高气体阻断放电过程的能力，因此适合在碳原子较少的有机物中取代氢元素。

在对 CH₃Cl、CH₂FCl、CHF₂Cl、CF₃Cl 各自的绝缘性质、沸点进行对比时发现，在利用氟元素取代氢元素时，若分子中还有其他卤族元素，则氟元素取代的越多，化合物绝缘性质越好，沸点越低，这与单纯依靠分子量判断化合物沸点所得出的结论并不吻合。因此若利用卤族元素提升绝缘气体电负性时，利用氟化有机物，将氢元素全部由氟元素取代，将获得更好的效果。

为了体现卤族元素对气体电气强度的影响，作者选取了集中含卤族元素的气体进行对比，利用它们与 SF₆ 的相对电气强度进行比较，如图 3-10 所示。

从图 3-10 中甲烷、四氟甲烷、三氟氯甲烷、三氟溴甲烷、三氟碘甲烷的电气强度变化中可以看出，卤族元素能够利用强电负性提高气体的绝缘性能，并且随着卤族元素原子量的增大，这种变化更加明显，突出体现在三氟碘甲烷已经具有了类似 SF₆ 的绝缘性能。二氟二氯甲烷也具有了相似的电气强度。但由于氯元素在紫外线的照射下会分解出氯原子，对臭氧层造成破坏，氟氯代烷的使用受到了限制。

八氟环丁烷的绝缘性能受到很多学者的关注，环丁烷与 1-丁烯的分子式相同，但由于利用氟元素取代环丁烷中的氢元素后，八氟环丁烷的绝缘性能显著提升。

利用卤族元素提高气体电负性的做法并不仅仅局限在卤族元素本身对氢元素的取代

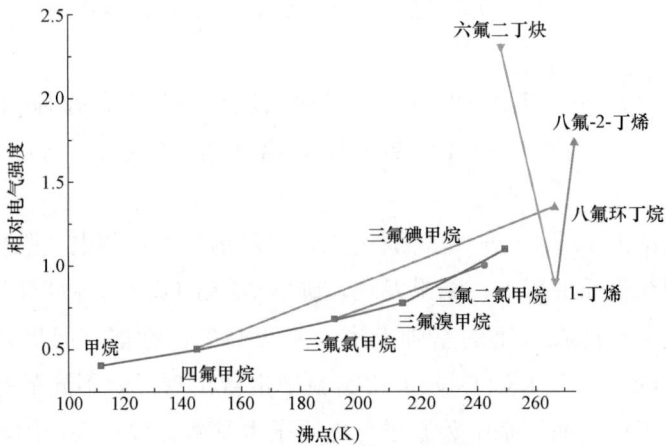

图 3-10 卤代烃气体相对电气强度与沸点

上，也可以利用一些本身含有卤族元素的基团，例如 - SF_5 等，来取代氢元素，由此产生的 CH_3SF_5 也表现出了很好的绝缘性质。

3.3.4 优质绝缘气体的展望

为了更好地阻断放电过程，优质的绝缘气体在绝缘特点方面应该既具有较大的总碰撞截面，保证有更多机会碰撞或吸收电子，同时又具有强电负性，与电子发生非弹性碰撞但又避免发生电离。因此考虑将前文中叙述的增加总碰撞截面的方法与加强电负性的方法相结合，一方面选用气体分子中存在双键甚至三键，另一方面用卤族元素取代原化合物中的氢元素。

本小节选取了同时具有较大碰撞截面与电负性两方面优势的气体进行比较，如图 3-10 所示，其中八氟 2-丁烯为氟元素取代了丁烯中的氢元素，表现出了非常高的电气性能，其相对于 SF_6 的电气强度达到了 1.75。而更为突出的是六氟 2-丁炔，相对电气强度达到 2.3。由于 2-丁炔分子中还有碳碳三键，利用公式

$$Q_0 = n_{CH}\left(Q_{CH} + \frac{1}{2}Q_{CC}\right) - Q_{CC} + Q_{CC^3} \tag{3-2}$$

2-丁炔的综合相对碰撞截面可以达到 18.2，利用氟元素取代后，六氟 2-丁炔具有了强的电负性，具有很好的应用前景。

除此之外，还有全氟丙烯（C_3F_6）等氟代烯烃等气体也具有良好电气性能的潜质，且全氟丙烯的沸点约为 243.6K，即 -29.6℃，可以满足低温地区的绝缘使用。

之前的实验中氰化有机物由于含有氰基，具有类似包含碳碳三键的化合物的性质，因此也提供了一种在化合物中增加双键或三键的方法，即假如本身就含有双键或三键的取代基，但带有氰基的化合物多有剧毒，无法在绝缘设备中使用，因此寻找其他类似的基团也

是一种改进气体性能的方法。

表 3 - 4   **绝缘气体替代气体分析**

指标 / 气体	分子式	分子量	沸点 (℃)	相对电气强度 (相对于 SF$_6$)	温室效应系数 GWP[3]	臭氧消耗系数 ODP[4]	决定绝缘强度的因素	低能级下的碰撞截面[6] (10^{-15} cm^2)	备注
三氟碘甲烷	CF$_3$I	195.91	-22.5	1.1	小于 5	小于 0.0008	含有卤族元素，气体电负性强。碘原子电子云体积较大，增加了碰撞截面		
六氟丙烯	C$_3$F$_6$	150.023	-29.6	约 1.0[1]	0.86		电负性强。含有碳碳双键，在低能级水平上（小于 1eV）具有稳定的高碰撞截面，以及电子吸附截面		具有反常的电子吸附性能，对于气压非常敏感
六氟 1,3-丁二烯	C$_4$F$_6$	162.03	6~7	1.4	小于 0.1		电负性强。含有两个碳碳双键，可以提高双键对于气体吸附电子截面的作用	综合碰撞截面为 3.3	
六氟 2-丁炔	C$_4$F$_6$	162.03	-25	1.7~2.3	小于 0.1		电负性强。含有碳碳三键，在同等沸点或分子量情况下，三键能够更多的提高气体的碰撞截面与电气强度	综合碰撞截面为 2.7，其中电子附着截面为 1.0	
八氟 2-丁烯	C$_4$F$_8$	200	1.2	1.7~1.8			电负性强。含有碳碳双键，在低能级水平上（小于 1eV）具有稳定的高碰撞截面，以及电子吸附截面		
全氟异丁腈	C$_4$F$_7$N	195.04	-4.7	2.2	2200				
全氟戊烷	C$_5$F$_{10}$O	266.04	26.5	2	1				

从表 3-4 的数据可以分析得到：

（1）六氟丙烯具有异常的电子附着能力，其对与气压非常敏感，同等条件下，1 个大气压时，它与 SF_6 具有类似的电气强度，但随着气压的增高，它的电气强度将显著提升，2 个大气压时，其相对于同等条件下的 SF_6，电气强度可增加为 1.15 左右。

（2）八氟环丁烷（$c-C_4F_8$）的相对电气强度为 1.3。

（3）GWP 系数的定义为该气体的温室效应与 CO_2 相比的相对值，此处列的值为气体在大气中 20 年时的数值。

（4）臭氧消耗系数一般均较低，含有氯元素的一般较高。

（5）SF_6 的碰撞截面在 1eV 以下很不稳定，仅在 0.3eV 时具有较高的截面，其余均低于 C_4F_6，特别是在 0.4eV－1eV，SF_6 的碰撞截面很低。实验表明，大于 0.4eV 时的碰撞截面对于气体的绝缘效果有很大影响。

（6）除了六氟 1,3-丁二烯以及八氟 2-丁烯这两个沸点高于 0℃的气体不适用于低温地区，仅能与其他缓冲气体混合使用，其余气体在绝缘强度、沸点以及环境保护数据方面都具有替代 SF_6 的优势，特别是六氟 2-丁炔（C_4F_6），具有显著高于 SF_6 的电气强度。而 C_3F_6 由于具有对气压的敏感性，可以通过加压的方式实现高强度，因此也具有竞争力。

（7）全氟异丁腈、全氟戊烷是近几年研究出的新型环保气体，绝缘性能优秀，是当前最有可能替 SF_6 的气体。

3.3.5 SF_6 潜在替代气体的绝缘性能分析

目前国内外对 SF_6 替代气体的研究主要有三个方向：

（1）含低比例 SF_6 混合气体的研究；

（2）利用压缩空气、N_2 或固体绝缘来替代 SF_6 绝缘的研究；

（3）寻找新型电负性气体及混合气体的研究。

对 SF_6 及其混合气体的研究最早可以追溯至 20 世纪 50 年代。但最初研究 SF_6 混合气体的目的是解决 SF_6 气体对电场敏感及价格较高等问题。近几十年来，SF_6 混合气体的研究成果已相当丰富。SF_6 与 N_2、CO_2 等气体组成的混合气体在不同气压、电场及混合比例下的绝缘性能均有深入研究，结果显示 SF_6/N_2、SF_6/CO_2 都具有较好的绝缘特性：稍不均匀场下 SF_6/N_2 混合气体的绝缘强度好于 SF_6/CO_2，当 SF_6 含量为 50%时，混合气体的绝缘强度约为纯 SF_6 的 85%；极不均匀电场下 SF_6/CO_2 混合气体的绝缘强度要高于 SF_6/N_2 混合气体，SF_6 气体含量 50%时，SF_6/CO_2 混合气体的绝缘强度约为纯 SF_6 气体的 93%，而 SF_6/N_2 约为 SF_6 的 90%。目前 SF_6/N_2 混合气体已在电气设备中得到使用，西门子公司 SF_6/N_2 混合气体 GIL 电压等级可达 550kV，容量 300MW，瑞士日内瓦机场第二代 GIL 使用的也是 SF_6/N_2 混合气体。韩国晓星公司、三菱公司已开发出使用 SF_6/N_2 气体的断路器，ABB 公司、ALSTOM 公司也有使用 SF_6/CF_4 作为灭弧介质的断路器产品。

虽然含低比例 SF_6 的混合气体已具有较好的绝缘性能并已有实际工业应用，但仍不能彻底解决 SF_6 对环境的温室效应问题。因此有研究者尝试使用常规气体对 SF_6 进行替代，如压缩空气、N_2 及 CO_2。这些常规气体安全无毒，价格低廉易获取并且还具有一定的绝缘和灭弧性能。在液化温度方面，N_2、CO_2 气体的液化温度也都比 SF_6 气体要低，可以在高寒地区应用。目前 N_2 和压缩空气主要应用于中压领域。日本日立和富士公司目前已有使用压缩空气作为绝缘介质的 24kV 以上 C-GIS 产品。国内开关设备企业经过多年研制也有相应常规气体作为绝缘介质的开关柜产品挂网运行，如 12～72.5kV 的压缩空气开关柜和 40.5kV 的 N_2 开关柜等。但常规气体的绝缘性能与 SF_6 气体相比还有较大差距，标准状态下 SF_6 气体的临界场强约为 80kV/cm，而空气、N_2 的临界场强只有 25～30kV/cm，CO_2 气体临界场强比 N_2、空气还要低，为 22～27kV/cm。因此想要达到与 SF_6 气体相当的电气强度，常规气体的充气压力通常要提高数倍同时还得增大绝缘距离，这对电气设备机械结构、密封要求、体积及安全可靠性都是极大的挑战。常规气体在电气设备中完全取代 SF_6 气体的目标难以实现，使用绝缘性能与 SF_6 相当的新型环保绝缘气体才是解决 SF_6 温室效应问题的最终办法。

20 世纪 80 年代美国国家标准局（NIST）对 SF_6 替代气体就已经进行了系统研究并给出了数种潜在替代气体，建议重点研究，如表 3-5 所示。表中的 $n-C_4F_{10}$ 中的 "n" 意为 normal，即代表正烷烃，烷烃结构为直链；$c-C_4F_8$ 中的 "c" 意为 circle，表示该烷烃是环状结构，为环烷烃；$1，3-C_4F_6$ 中的 "1，3-" 表示在第 1 个和第 3 个碳原子上有基团；同理 $2-C_4F_8$ 中的 "2-" 表示在第 2 个碳原子上有基团。这些气体和 SF_6 气体类似，均为卤化气体并都含有具有吸附电子能力的 F 原子。这些替代气体中 $c-C_4F_8$ 气体理化性质与 SF_6 气体较为接近，GWP 值也低于 SF_6 气体，近年来对其关注度和研究都较多。$c-C_4F_8$ 气体分子结构如图 3-11 所示。但是 $c-C_4F_8$ 气体液化温度较高（−6℃），使其实际应用受到较多限制。

表 3-5 SF_6 替代气体相对绝缘性能

气体种类	相对于 SF_6 的绝缘强度	液化温度/℃	备注
C_3F_8	0.90	−36.8	对自由电子有强吸附作用，特别是对于低能自由电子
$n-C_4F_{10}$	1.31	−2	
$c-C_4F_8$	≈1.35	−6	
$1，3-C_4F_6$	≈1.50	6	
$c-C_4F_6$	≈1.7	−25	
$2-C_4F_8$	≈1.75	2	
$2-C_4F_6$	≈2.3	−25	—
$c-C_6F_{12}$	≈2.4	48	

随着研究的深入，研究者发现了多种环境友好并且电气性能更加优异的绝缘气体。

2014 年，阿尔斯通（ALSTOM）公司和 3M 公司联合推出一种新型环保 SF_6 替代混合气体 g^3，2015 年阿尔斯通公司研制出使用 g^3 气体的高压断路器。g^3 气体是 3M 公司生产的名为 Novec4710 的制冷剂气体及 CO_2 气体的混合气体，而 Novec4710 气体则是由 4 个 C 原子、7 个 F 原子、1 个 N 原子组成的氟代腈化合物 C_4F_7N，其分子结构如图 3 - 12 所示。该气体液化温度很高，常压下为－4.7℃，也必须与 N_2 或 CO_2 等缓冲气体进行混合使用。

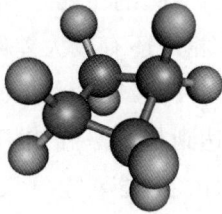 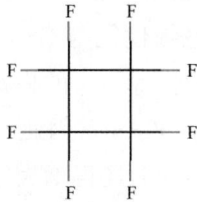　　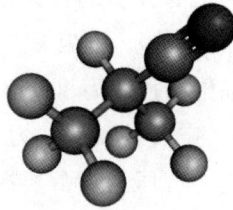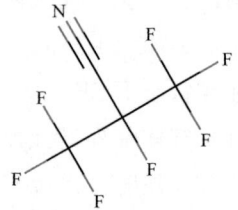

图 3-11　c-C_4F_8 气体分子结构图　　　　图 3-12　C_4F_7N 气体分子结构图

　　ABB 公司针对 SF_6 替代气体提出了使用氟代酮混合气体的解决方案，混合气体中含少量 $C_5F_{10}O(C_5)$ 及 $C_6F_{12}O(C_6)$ 气体，但目前已有相关研究还不是很全面。C_5 及 C_6 等系列气体的绝缘强度很高，达到 SF_6 气体的 2 倍以上，但是其液化温度却高达 25℃和 49℃，明显不适合实际使用，即使使用含有 C_5 及 C_6 的混合气体，其所占比例也必须很低才能使混合气体的液化温度达到工业应用要求，但低比例又会影响混合气体绝缘性能，所以该方案的应用可能性仍待讨论。C_5 及 C_6 气体的分子结构如图 3 - 13 所示。

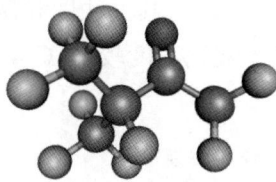　　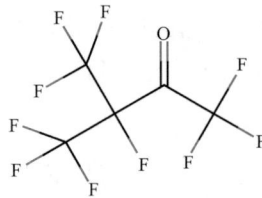

(a)

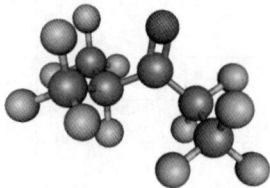

(b)

图 3-13　$C_5F_{10}O$ 及 $C_6F_{12}O$ 气体分子结构图
(a) $C_5F_{10}O$；(b) $C_6F_{12}O$

CF$_3$I 气体也是一种潜在的 SF$_6$ 替代气体。该气体无色、无味、微毒，不能燃烧，目前广泛应用于灭火剂、制冷剂等领域，是传统制冷剂氟利昂的理想替代产品。CF$_3$I 的分子结构如图 3-14 所示，3 个氟原子和 1 个碘原子连接在中心的碳原子上。氟和碘的存在导致 CF$_3$I

图 3-14 CF$_3$I 分子结构图

极易吸附电子，具有很强的电子附着能力，抑制了 CF$_3$I 气体中电子崩的产生和发展，使得 CF$_3$I 气体的绝缘强度较高，绝缘强度约为 SF$_6$ 气体的 1.2 倍。CF$_3$I 分子中的 C-I 键在大气中极易发生光解，因此其在大气中的存在时间很短，GWP 值仅为 5 左右。

在 SF$_6$ 潜在替代气体中，CF$_3$I 气体的液化温度相对较低。CF$_3$I 气体的饱和蒸气压方程为

$$\ln(p/p_c) = (A_1\tau + A_2\tau^{1.25} + A_3\tau^3 + A_4\tau^7)T_c/T$$

式中临界压力 $p_c = 3.9529\text{MPa}$，临界温度 $T_c = 396.44\text{K}$，$A_1 = -7.204825$，$A_2 = 1.393833$，$A_3 = -1.568372$，$A_4 = -5.776895$，p 为气压，T 为温度。该方程适用温度范围为 243K~T_c。CF$_3$I 气体饱和蒸气压曲线如图 3-15 所示。从图中可以看出常压下 CF$_3$I 气体的液化温度约为 -22.5℃，在一般气体绝缘电气设备工作气压 0.5~0.6MPa 下，CF$_3$I 气体的液化温度已上升至 25℃ 左右，明显不适合工业应用。目前各国研究人员大多通过加入缓冲气体的方法来降低 CF$_3$I 混合气体的液化温度。CF$_3$I/N$_2$ 混合气体液化温度与气压的关系如图 3-16 所示。综合考虑液化温度、GWP 及绝缘性能等条件，CF$_3$I 气体是比较理想的 SF$_6$ 替代气体，但 CF$_3$I 气体的液化温度对工业应用来说仍偏高，因此需要使用含有 CF$_3$I 的混合气体。CF$_3$I 气体物化参数和 SF$_6$ 及替代气体的对比见表 3-6。

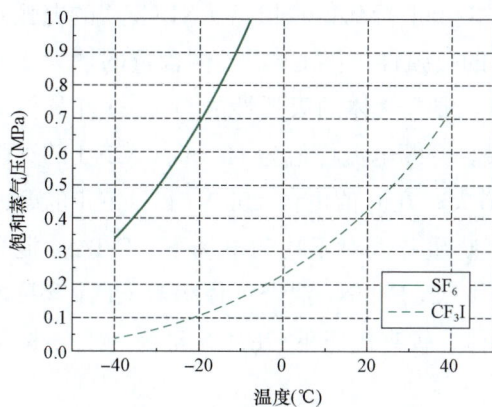

图 3-15 CF$_3$I 气体饱和蒸气压曲线

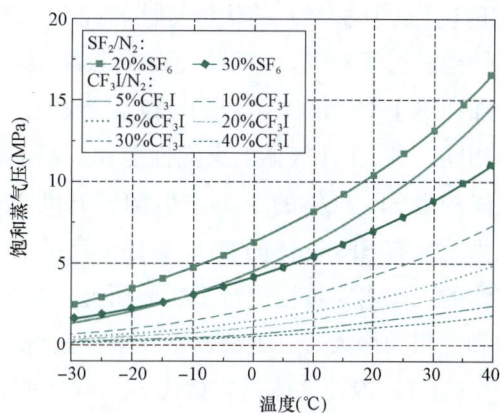

图 3-16 CF$_3$I/N$_2$ 混合气体饱和蒸气压曲线

表 3-6 SF_6 替代气体物化特性对比

物化性质	CF_3I	$c-C_4F_8$	C_4F_7N	$C_5F_{10}O$	$C_6F_{12}O$	SF_6
CAS 号码	2314-97-8	115-25-3	42532-60-5	756-12-7	756-13-8	2551-62-4
相对绝缘性能	1.2	1.3	2.2	2	2.5	1
相对分子质量	195.91	200	195.04	266.04	316.04	146.06
毒性	低毒	无毒	低毒	无毒	无毒	无毒
可燃性	不可燃	不可燃	不可燃	不可燃	不可燃	不可燃
沸点（℃）	-22.5	-6	-4.7	26.5	49	-63.8
GWP	≤5	8700	2200	1	1	23900

（1）在 CF_3I 气体电子输运参数方面。美国的 L. G. Christophorou 等人针对 CF_3I 气体中的电子碰撞、附着及散射截面等数据进行了归纳整理，针对部分缺失的截面数据及有问题的已有截面数据给出了建议修正值。墨西哥的 J. de Urquijo 等人利用脉冲汤逊放电方法对 CF_3I 及其混合气体的电子漂移速度、纵向扩散系数和有效电离系数进行了测量。其研究结果显示 CF_3I 气体的约化电场强度为 437Td，高于 SF_6 气体的 360Td；当 CF_3I/N_2 混合气体中 CF_3I 含量为 70% 时，混合气体的绝缘强度与纯 SF_6 气体基本相当。西安交通大学的李兴文等人对 300K 下不同混合比例的 CF_3I/N_2 及 CF_3I/CO_2 混合气体的绝缘特性进行了计算，计算结果表明：当 CF_3I/N_2 混合气体中 CF_3I 含量高于 65% 时，其绝缘强度高于同比例的 SF_6/N_2，对 CF_3I/CO_2 混合气体，当 CF_3I 含量高于 40% 时，其绝缘强度就已经超过同比例的 SF_6/CO_2 混合气体。

（2）在 CF_3I 气体击穿与灭弧实验方面。日本的 Hidaka 等人利用陡前沿方波电压对 CF_3I/N_2 及 CF_3I/Air 混合气体的击穿电压和伏秒特性进行了实验研究。实验结果表明，CF_3I 气体的绝缘强度比 SF_6 气体要高出 20%；相同气压下 CF_3I/N_2 及 CF_3I/Air 混合气体（CF_3I 含量为 60%）的伏秒特性和纯 SF_6 气体基本相同。Mizoguchi 等人对 CF_3I 的电弧开断性能进行了研究，结果显示 CF_3I/N_2 混合气体的灭弧性能随 CF_3I 气体含量的增大线性增加；对于 CF_3I/CO_2，当 CF_3I 含量超过 20% 时，混合气体的灭弧性能与纯 CF_3I 气体基本相同。纯 CF_3I 气体的灭弧性能和开断电流有关，开断电流峰值为 1kA 时，CF_3I 的灭弧性能约为 SF_6 气体的 85%，但随着开断电流的增大，在峰值电流 20kA 时，CF_3I 的开断能力就只有 SF_6 气体的 20% 左右。武汉大学的张晓星等人对不均匀电场下 CF_3I/N_2 混合气体的工频击穿特性进行了实验研究，研究结果显示 CF_3I/N_2 混合气体随着 CF_3I 含量增加和气压的增大，其绝缘水平逐渐接近纯 SF_6 气体，较高气压下 CF_3I 含量为 20%～50% 的 CF_3I/N_2 混合气体具有替代 SF_6 气体的可能。

目前国内外对 CF_3I 及其混合气体的绝缘及灭弧性能均有较深入的研究，但对工业应用来说仍不够全面，尤其是对于混合气体中组分气体间的协同效应的研究还较少，而这对混合气体组成及混合比例的确定都至关重要。

近几年的研究热点是 C$_4$F$_7$N 和 C$_5$F$_{10}$O 混合气体的绝缘性能，认为 3.7% C$_4$F$_7$N/ 96.3% CO$_2$ 混合气体具有应用于高压电气设备的潜力，C$_4$F$_7$N/CO$_2$ 混合气体在绝缘性能上最有可能接近或达到同等条件下 SF$_6$ 的水平。

3.4 SF$_6$ 替代气体的研究及发展

近几十年来，国内外大型开关设备企业和科研院所针对 SF$_6$ 替代物开展了长期持续性研究，也取得了一些积极的进展，要真正取代电气设备中的 SF$_6$ 气体，仍有许多的问题有待解决。

一是究竟采用何种环保型绝缘气体来替代 SF$_6$，目前业界尚无明确定论，因此就需要有一定的理论和实验方法来快速判断气体的绝缘性能，进而对具有潜力的环境友好型 SF$_6$ 替代介质进行系统评价。

二是潜在 SF$_6$ 替代气体的绝缘性能和灭弧性能尚未完全掌握，缺乏相关的试验数据，不利于工程实践的开展。因此，还需要进行大量的基础研究和工程试运行，才能发现问题，进而指导实际电气设备制造。

3.4.1 碰撞截面与电子输运参数研究

研究气体的电击穿特性，应首先研究其电子崩的发展情况。这其中发生的反应主要包括粒子电离、电子吸附等。弧后阶段，断路器中介质的击穿强度与此时留存在灭弧腔体中的热态气体在外界电场作用下发生的电子碰撞过程紧密相关。

电子碰撞电离和吸附是气体电击穿过程中的重要碰撞过程，而电子碰撞电离和吸附碰撞截面是 SF$_6$ 及其替代气体的绝缘强度数值研究的基本参数。目前，有很多种方法从实验和理论上确定电子碰撞截面。CO$_2$ 及其他气体的一些碰撞电离截面结果如图 3 - 17 所示。SF$_6$ 对于非常低能量的电子有比其他气体分子（CF$_3$I 除外）更大的吸附截面（见图 3 - 18），这意味着它可以轻松地吸附低能电子并降低自由电子的密度，这也是 SF$_6$ 具有良好绝缘性能的原因之一。使用玻耳兹曼分析或蒙特卡罗模拟法，可以通过电子碰撞电离、吸附和其他电子碰撞截面预测气体的绝缘性能。

目前，除了通过宏观击穿实验直接测量均匀场下的击穿电压以外，针对气体电击穿特性的研究，还可以通过实验测量和仿真计算电子碰撞电离和吸附反应速率这两种途径进行。一方面，稳态汤逊法（steady - state Townsend，SST）或脉冲汤逊法（pulsed Townsend，PT）是测量气体电子输运参数（室温下电离反应速率系数 α，附着反应速率系数 η 和电子漂移速度 v_e）的两个主要实验方法。另一方面，玻尔兹曼解析法或蒙特卡罗粒子模拟法也可用于模拟电子输运参数和计算折合临界电场强度 $(E/N)_{cr}$。

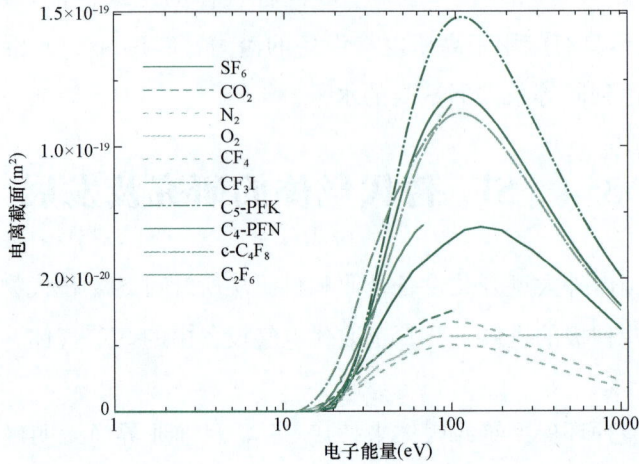

图 3 - 17　SF_6 及其部分替代气体的电子碰撞电离截面

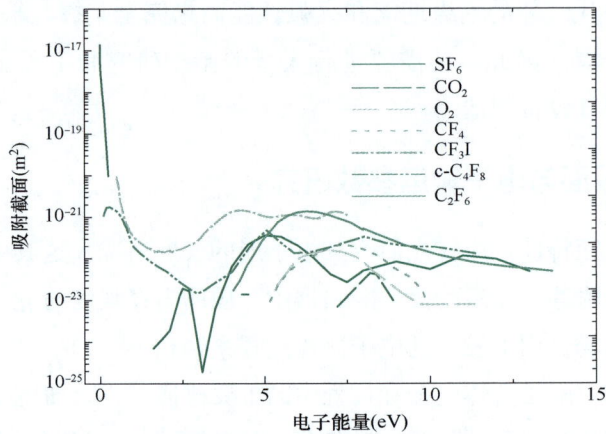

图 3 - 18　SF_6 及其部分替代气体的电子碰撞吸附截面

3.4.2　气体物性参数研究

随着计算机模拟技术的发展，电弧仿真已成为辅助电气设备设计和优化的有效途径。物性参数包括等离子体的粒子组成、热力学性质（包括质量密度，焓和定压比热）、输运系数（包括电导率，热导率和黏性系数），是建立电弧磁流体动力学（magneto - hydro - dynamics，MHD）模型所必需的输入参数，也是理解等离子体行为的先决条件和基础。高温下电弧等离子体的这些物性参数是很难通过实验测得的，因此其理论仿真一直是该领域的一个关键的研究热点。目前，对于 SF_6 替代气体的基本物性参数已经有许多报道，通常包括 CO_2、N_2、空气、氟化气体（如 CF_3I、c - C_4F_8 和 C_3F_8）和 SF_6 混合气体等。最近，新型环保气体，如 $C_5F_{10}O$、C_4F_7N 及其与 CO_2 等缓冲气体等混合后的物性参数和各项性能也受到了国内外研究人员的广泛关注。

高压气体断路器中，由于触头、器壁和喷口的烧蚀而不可避免地与金属蒸气和产气材料 PTFE 等混合电弧等离子体。目前有大量关于不同等离子体混合金属蒸气和 PTFE 的物性参数的研究，比如 air/Fe/Cu/Ag/Al、CO_2/Cu、SF_6/Cu、N_2/Al/Cu 和 air/CO_2/SF_6-PTFE。对 PTFE 对 SF_6 和 CO_2 等的物性参数的影响进行了分析，结果表明 PTFE 的烧蚀不仅有助于增加灭弧室内的压力，而且导致定压比热和热导率在低温范围内有所增加，因此可以有效地增强灭弧介质的冷却能力。与 SF_6 混合物不同的是，在 5000K 以下的温度范围内，PTFE 的加入导致 CO_2 混合物中定压比热峰值的显著增大并向低温移动，这更有利于提高 CO_2 的能量耗散效率。

目前关于 C_4F_7N 和 $C_5F_{10}O$ 基本物性参数研究的报告仍然较少。已经报道了的有在局部放电（PD）和热分解的情况下 C_4F_7N、$C_5F_{10}O$ 及其混合物的分解产物的初步测量结果。付钰伟等人运用密度泛函理论探索了 $C_5F_{10}O$ 可能发生的分解路径，并用 DFT-（U）B3LYP/6-311G（d，p）基组对路径中的各粒子进行了结构优化、振动频率分析及能量计算。文献中总共包含了六条分解路径及解离过程中涉及的包括反应物、生成物及过渡态在内的四十八种粒子。吴翊等人应用计算化学及断键分析理论初步获得了 $C_5F_{10}O$ 的分解产物及其配分函数和生成焓等基础参数，并计算了纯 $C_5F_{10}O$ 等离子体的热力学性质、输运系数等物性参数。另外，通过分子静电势理论分析发现，分子表面的正电位面积与其绝缘强度之间的相关系数高达 0.9，并利用该理论预测了纯 $C_5F_{10}O$ 的绝缘强度。断键分析理论获得 $C_5F_{10}O$ 的分解产物较为粗略，与实际分解过程存在差异，而分子静电势理论分析方法仅适用于冷态气体绝缘特性的定性分析，而未涉及热态气体击穿特性的定量分析。其研究发现，$C_5F_{10}O$、C_4F_7N 和 CO_2 混合气体弧后阶段并不能完全复合，所以在燃弧前后的性质将会不同。目前用于计算等离子体粒子组成的标准方法，例如吉布斯自由能最小值原理，仅适用于弧后的组分计算。为了解决这个问题，研究人员仍需要在仿真新型环保气体分解过程及实验检测分解产物方面进行更加深入的研究。

3.4.3 气体绝缘性能研究

在高电压电气设备中，需要用绝缘结构来分隔电位不等的导电体，高电压电气设备中存在多种绝缘结构。同时，在电气设备运行过程中，存在直流、交流、冲击等多种形式的高电压。因此，绝缘设计是整个电气设备的一个重要部分。气体电介质由于绝缘强度高、成本低、自恢复性强等优势，广泛应用于高压电气设备。气体的绝缘强度可通过实验测量或理论计算的方法来获得，实验手段包括直接击穿实验、脉冲汤逊及稳态汤逊实验等，计算方法则包括蒙特卡罗模拟法以及 Boltzmann 解析法等。

1. 仿真计算研究

气体的固有绝缘强度对于其作为绝缘介质应用于电力开关设备的最重要的因素。除了通过直接测量均匀场下的击穿电压外，还可通过对于气体微观绝缘参数的研究来得到气体的绝缘强度。气体的微观绝缘参数包括电离反应速率 α、吸附反应速率 η 以及电子漂移速度 v_e。稳态汤逊法（SST）和脉冲汤逊法（PT）是测量电子输运参数的两种主要实验方法，而 Boltzmann 解析法和蒙特卡洛模拟法是电子输运参数的主要计算方法。

对于不均匀场下的气体电击穿特性，通常采用流注理论进行计算。流注理论将气体放电过程分为三个阶段。第一个阶段为首电子产生和电晕起始阶段，第二个阶段为预击穿局部放电阶段，第三个阶段为先导贯穿和间隙击穿阶段。Hayakawa 等人基于流注理论建立了一套 SF_6 气体先导发展模型，通过该理论计算了流注和先导发展过程中各个阶段的电子数密度、电荷量、首电子产生时间等关键参数。

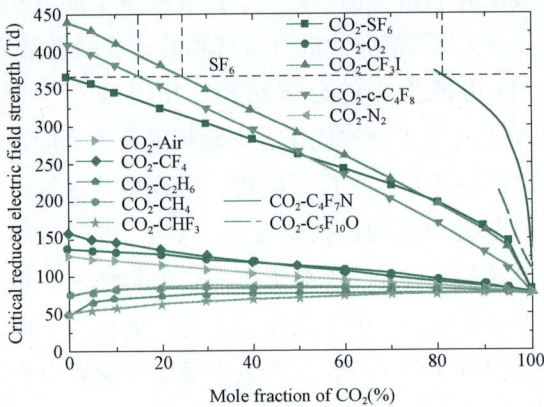

图 3 - 19　CO_2 及其混合气体冷态折合临界击穿场强

目前的研究结果表明，N_2 或干燥空气适用于中压电气开关领域，而 CO_2 及其混合气体在高压电气设备领域具有巨大应用潜力。图 3 - 19 给出了基于 Boltzmann 解析法计算可以得到的 CO_2 混合气体的折合临界电场强度 $(E/N)_{cr}$。图中的 C_4F_7N、$C_5F_{10}O$ 分别和 CO_2 混合气体的 $(E/N)_{cr}$ 是来自于文献中的实验数据。从图中可以看出，C_4F_7N/CO_2 混合气体的绝缘强度最高，接下来分别是 $C_5F_{10}O$、CF_3I、c - C_4F_8 以及 SF_6 分别于 CO_2 混合气体。然而，在这些气体中，C_4F_7N、$C_5F_{10}O$、CF_3I 和 c - C_4F_8 这几种气体的液化温度较高，因此，在选择混合比例时，有必要根据实际应用场合的充气压力和温度要求选择合适的比例。

2. 实验研究

20 世纪 70 年代，Christophorou 等人研究了不同电极结构下 SF_6/N_2 混合气体的击穿特性，发现 SF_6/N_2 混合气体具有极好的协同效应。Ngoc 等人在 CF_3I 和 CF_3I/N_2 混合气体的球球电极下的直流击穿电压开展了实验研究，发现 CF_3I/N_2 混合气体的击穿电压随 CF_3I 体积分数线性增大。Katagiri 等人研究了稍不均匀场下 CF_3I、CF_3I/N_2 和 CF_3I/CO_2 混合气体的雷电冲击击穿特性，发现当 CF_3I 比例高于 30％时，CF_3I/CO_2 混合气体的绝缘强度与 CF_3I 基本一致。Hikita 等人采用工频电压和针板电极对 10％ C_3F_8/90％ CO_2 混合气体的局放特性开展了实验研究，并测量了其局放电流脉冲和图像。结合实验结果，分别采用流注理论和先导理论对击穿电压随充气压力的变化曲线进行了剖析。此外，还发现 PFC - CO_2 混合气体的局放起始电压高于 PFC - N_2 混合气体。

国内研究者近十几年来开展了 C_4F_7N、$C_5F_{10}O$、CF_3I 和 c - C_4F_8 的研究，主要集中在绝

缘特性的试验研究，并应用于中压、高压电气设备中，在电力系统中进行了试运行工作。

3.4.4 环保气体工程应用现状及发展趋势

近几年来，应用研究集中在一些以 C_4F_7N 和 $C_5F_{10}O$ 为主的 SF$_6$ 替代气体上，这些气体与 CO_2 或干燥空气混合后，可以达到 SF$_6$ 接近的电气特性，但 *GWP* 值比 SF$_6$ 低得多。虽然它们的整体表现仍然与 SF$_6$ 存在一些差距，但相比于过去开发的其他替代方案更接近。表 3-7 总结了目前常见的环境友好型电气开关设备，主要包括 GCB 和 GIS。目前，在中压开关设备中，应用比较广泛的主要包括真空断路器、N$_2$ 或空气环网柜、瑞士 ABB 公司的 AirPlus 系列开关柜等。其中，以传统的真空灭弧技术替代 SF$_6$ 气体的灭弧介质的开关设备，以环保气体代替 SF$_6$ 作为绝缘介质，在中压电力系统中应用最为广泛。N$_2$ 与空气则由于绝缘强度较低，相关产品的体积或压力通常较高，不符合电气设备小型化的发展需求，而 ABB 公司推出的 AirPlus 系列产品则通过在空气中添加少量的 $C_5F_{10}O$ 气体，从而达到接近于 SF$_6$ 气体的电气性能，但极大地减小了其对环境的危害。而在高压电气设备中，CO_2 气体是目前最具有潜力的灭弧介质或其主要成分，ABB 公司在 2012 年推出了以纯 CO_2 气体作为绝缘和灭弧介质的 72.5kV 瓷柱式高压断路器，该产品已经通过了 145kV 电压等级的相关试验。3M 公司和 GE 公司最近几年在 g^3 气体（C_4F_7N-CO_2 混合气体）方面开展了大量研究，并分别在 145kV 的 GIS、245kV 的电流互感器以及 420kV 的 GIL 中使用了 g^3 气体。与此同时，ABB 公司重点关注了 $C_5F_{10}O$ 混合气体，并通过将 245kV 电压等级的 GIS 降容和优化设计，推出以 $C_5F_{10}O/CO_2/O_2$ 混合气体作为绝缘和灭弧介质 170kV 等级 GIS 样机 （见图 3-20）。

表 3-7　　　　　　　　　　　　SF$_6$ 替代气体开关设备参数

设备	公司	型号	介质	额定电压（kV）	额定电流（A）	额定充气压力（MPa）	短路开断电流（kA）
GIS	西门子	8VN1 blue GIS	空气（绝缘）/真空（灭弧）	145	3150	0.77	40
		8VM1 blue GIS	空气（绝缘）/真空（灭弧）	72.5	1250	0.56	25
	三菱	HG-VA (dry-air) GIS	空气（绝缘）/真空（灭弧）	72	800/1200	0.25	25/31.5
	ABB	ZX2 GIS	$C_5F_{10}O$/空气	24	2000	0.13	25
		GLK-14 GIS	$C_5F_{10}O/CO_2/O_2$	170	1250	0.7~0.8	40
	GE	B65 GIS	C_4F_7N/CO_2	145	3150	0.67~0.82	40
	东芝	VDZ GIS	空气（绝缘）/真空（灭弧）	24	2000	0.13	16/25

续表

设备	公司	型号	介质	额定电压 (kV)	额定电流 (A)	额定充气压力 (MPa)	短路开断电流 (kA)
GCB	ABB	LTA CB	CO_2	72.5～84	2750	—	31.5
	GE（阿尔斯通）	PKG CB	空气	275	50000	—	—
	日立	HSV CB	空气（绝缘）/ 真空（灭弧）	72.5	2000	—	31.5/40

(a)

(b)

(c)

(d)

图 3-20 SF_6 替代气体开关设备产品

（a）550kV SF_6/CF_4 混合气体高压断路器；（b）ABB 公司 72.5kV 纯 CO_2

高压断路器；（c）145kV C_4F_7N/CO_2 混合气体 GIS；（d）ABB 公司

170kV $C_5F_{10}O/O_2/CO_2$ 混合气体 GIS

从目前应用看，SF_6 替代气体多是应用在中压、高压系统，如 2016 年 GE 公司开发了 g^3 用于 145kV 高压领域作为绝缘介质的 GIL，ABB 公司有尝试了如 $C_5F_{10}O$ 或 $C_6F_{12}O$ 氟代酮类气体作为 SF_6 替代气体在中压领域的充气柜和开关柜内应用，P. Widger 等人在 SF_6 绝缘的真空灭弧开关柜中充入 $30\%CF_3I/70\%CO_2$ 进行了雷电冲击试验，通过了全部耐压试验。

4   c-C₄F₈ 及其混合气体的绝缘特性研究

4 $c\text{-}C_4F_8$ 及其混合气体的绝缘特性研究

4.1 $c\text{-}C_4F_8$ 的特性

SF_6 有特强的吸附电子的能力，其电负性比空气高几十倍。极强的电负性使得 SF_6 气体具有优良的绝缘性能。近年来，国外对一些和 SF_6 一样含有 F 原子的电负性气体进行了研究，它们有和 SF_6 比较相近的电负性，但温室效应和 SF_6 相比要小得多。研究得比较多的是八氟环丁烷（$c\text{-}C_4F_8$）气体。

$c\text{-}C_4F_8$（八氟环丁烷）微溶于水，是一种无色、无味、无毒、非燃气体。$c\text{-}C_4F_8$ 分子是一个非平面的分子结构，其分子结构对称性很好，性质十分稳定，不容易与其他物质发生化学反应。温室效应 GWP 为 8700，是 SF_6 的三分之一，对环境的影响远远小于 SF_6；这种气体完全无毒，无臭氧影响。$c\text{-}C_4F_8$ 气体在低能范围内有很高的附着截面，纯 $c\text{-}C_4F_8$ 气体在均匀电场下的绝缘强度是 SF_6 气体的 1.3 倍左右。

图 4-1 是八氟环丁烷的气体分子结构图，其在大气中的寿命预计为 2600~10000 年。$c\text{-}C_4F_8$ 和 SF_6 的物理特性的比较见表 4-1。

Kyoto 大学研究了应用 $c\text{-}C_4F_8$ 作为高压设备绝缘介质的可行性。实验结果表明，$c\text{-}C_4F_8$ 混合物的大部分性能和 SF_6/N_2 混合物的性能相近，指出 $c\text{-}C_4F_8$ 是一种有可能取代 SF_6 的绝缘气体。德国学者用脉冲汤逊实验测试了 $c\text{-}C_4F_8$ 在密度标准化的电场强度下、电子漂移速度和有效电离系数与压强的关系。日本 Keio 大学测试了纯 $c\text{-}C_4F_8$ 和混合气体的电子漂移速度和电子纵向扩散系数。测试结果显示电子和 $c\text{-}C_4F_8$ 分子间的非弹性碰撞过程比较强。

图 4-1   八氟环丁烷气体分子结构示意图

$c\text{-}C_4F_8$ 的第一个缺点是价格高，如果大量应用到电力系统中，价格就会下降；第二个缺点是由于分子中含有碳，可能分解产生导电微粒，这将导致击穿电压降低；第三个缺点是液化温度高−6（−8）℃。如果 $c\text{-}C_4F_8$ 仅用在开关设备中，没有开断电弧电流功能，则 $c\text{-}C_4F_8$ 不会分解，不会降低其绝缘能力。如果 $c\text{-}C_4F_8$ 和液化温度低的普通气体（如大量 N_2、CO_2 和空气）组成混合气体，可以使液化温度和成本降低。N_2 是一种较好的缓冲气体，能够有效地使电子的能量降低到强电负性气体的附着能量范围，从而使混合气体的绝缘强度不会比单一强电负性气体低很多。所以，混合气体比单一气体有着优异的特性，有很好的工业应用前景。

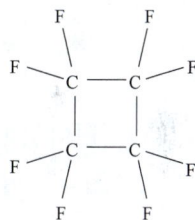

表 4 - 1 c - C_4F_8 和 SF_6 的物理特性的比较

物理量的名称	c - C_4F_8	SF_6
分子量	200.031	146.07
临界压力（MPa）	2.786	3.77
沸点℃（0.1MPa）	−6（−8）	−63.8
相对 SF_6 击穿强度	0.98、1.25、1.11~1.8	1
温室效应（GWP）	8700	23900
游离温度（℃）		2000
声速 c/（m/s）（20℃）		134
临界温度（℃）	115	45.6
比热（25℃）		7.0g·cal/（ml·℃）
导热系数（30℃，0.1MPa）		0.014W/（m·K）
绝热指数		1.07
黏度（30℃，0.1MPa）		1.57×10^{-5}Pa·s
臭氧耗损潜值（ODP）	0	0
在空气中燃烧极限	不燃烧	不燃烧
毒性	无毒	无毒

4.2 c - C_4F_8/CO_2 的放电特性及分析

CO_2 气体的纯度为 99.99%，杂质含量（ppm）：$O_2 < 40$，$N_2 < 60$，$Ar \leqslant 3$，$H_2O \leqslant 5$。图 4 - 2、图 4 - 3 中的 k 是指 c - C_4F_8 在混合气体中所占百分数。

1. 电离系数密度比（α/N）

图 4 - 2 是 c - C_4F_8/CO_2 在百分比为 100/0、90/10、75/25、60/40 以及 50/50 时，在 180Td$< E/N <$500Td 条件下的 α/N 与 E/N 的关系曲线。从图中可以看出，在同一百分比下，α/N 随 E/N 的增加而增加，并且近似线性；在同一 E/N 值下，α/N 随着 c - C_4F_8 比例的增加而增加，增加的速度越来越快，变化趋势不同于 SF_6/CO_2 的 α/N 与 E/N 的关系曲线。

2. 吸附系数密度比（η/N）

图 4 - 3 是 c - C_4F_8/CO_2 在百分比为 100/0、90/10、75/25、60/40 以及 50/50 时，在 180Td$< E/N <$500Td 条件下的 η/N 与 E/N 的关系曲线。从图中可以看出，在同一百分比下，η/N 随 E/N 的增加而减小，略呈非线性变化；在同一 E/N 值下，η/N 随着 c - C_4F_8 比例的增加而增加，变化趋势类似于 SF_6/CO_2 的 η/N 与 E/N 的关系曲线。

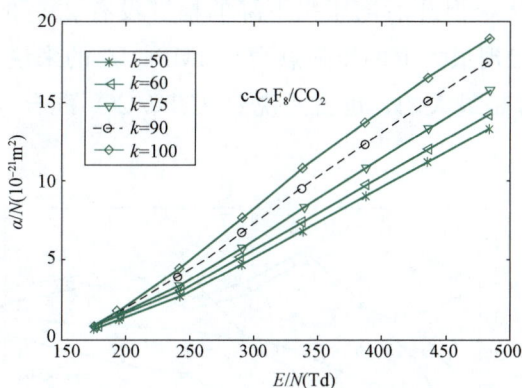

图 4-2 c-C_4F_8/CO_2 的 α/N 与 E/N 的关系曲线

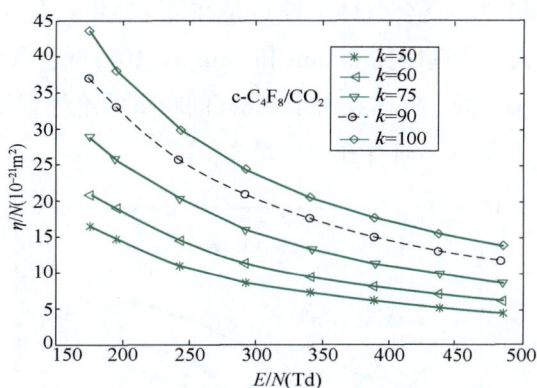

图 4-3 c-C_4F_8/CO_2 的 η/N 与 E/N 的关系曲线

3. 有效电离系数密度比 [$(\alpha-\eta)/N$]

图 4-4 是 c-C_4F_8/CO_2 在百分比为 100/0、90/10、75/25、60/40 以及 50/50 时，在 180Td $<E/N<$ 500Td 条件下的 $(\alpha-\eta)/N$ 与 E/N 的关系曲线。从图中可以看出，在同一百分比下，$(\alpha-\eta)/N$ 随 E/N 的增加而增加，在整个百分比范围呈非线性；在同一 E/N 值下，$(\alpha-\eta)/N$ 随着 c-C_4F_8 比例的增加而减小，这是因为，α/N 随着 c-C_4F_8 比例的增加而增加的数值小于 η/N 随着 c-C_4F_8 比例的增加而增加的数值。

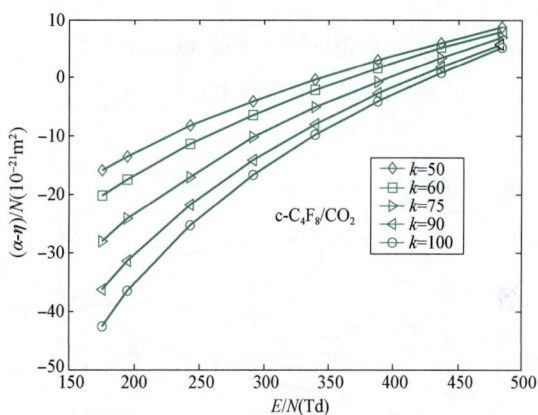

令图 4-4 中 $(\alpha-\eta)/N$ 和 E/N 的关系曲线中的 $(\alpha-\eta)/N=0$，得到 c-C_4F_8/CO_2 在百分比为 100/0、90/10、

图 4-4 c-C_4F_8/CO_2 的 $(\alpha-\eta)/N$ 与 E/N 的关系曲线

75/25、60/40 以及 50/50 时的 $(E/N)_{lim}$，结果列于表 4-2。

4. c-C_4F_8/CO_2 混合气体交流击穿电压随压强的变化

在不同间距下，c-C_4F_8/CO_2 混合气体的击穿电压分别如图 4-5~图 4-9 所示，在所有间距下，40%混合气体的绝缘强度随压强变化缓慢，并没有因为 c-C_4F_8 气体含量最高而成为绝缘强度最高的，相反它的绝缘强度甚至低于 N_2。

当间距大于 5mm 时，5%混合气体的绝缘强度只有在最大值和高压强（所有的混合气体都饱和）时最接近 10%混合气体；20%混合气体随压强上升到 0.25MPa 时达到最大值，此后随压强下降到某个压强点时趋向于饱和；而 10%混合气体在 10mm 和 15mm 间距下和 20％混合气体一样也是在 0.25MPa 达到最大，但此后随压强下降的幅度没有 20％的大。当间距为 20mm 和 25mm，10％混合气体出现最大值的压强点为 0.3MPa。总的来说，10％混合气体在大于 5mm 间距下的绝缘强度都是最大的，也就是说 c - C_4F_8/CO_2 混合气体在 10％时存在一个最大值。

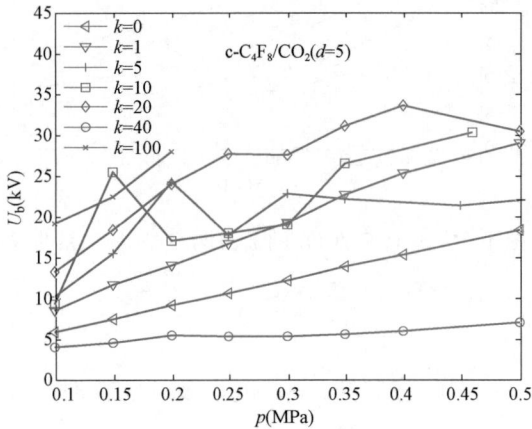

图 4 - 5　5mm 间距下 c - C_4F_8/CO_2 混合气体交流击穿电压随压强变化曲线

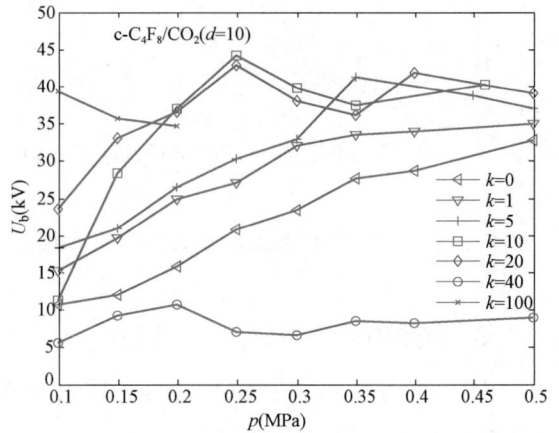

图 4 - 6　10mm 间距下 c - C_4F_8/CO_2 混合气体交流击穿电压随压强变化曲线

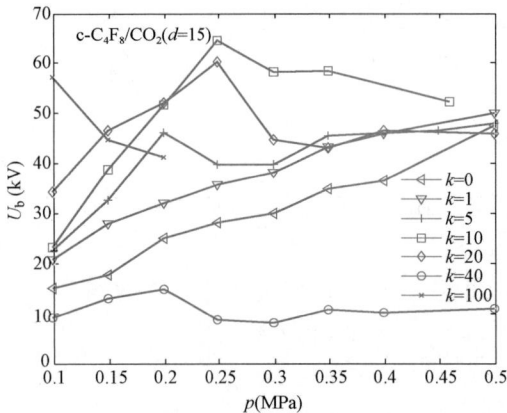

图 4 - 7　15mm 间距下 c - C_4F_8/CO_2 混合气体交流击穿电压随压强变化曲线

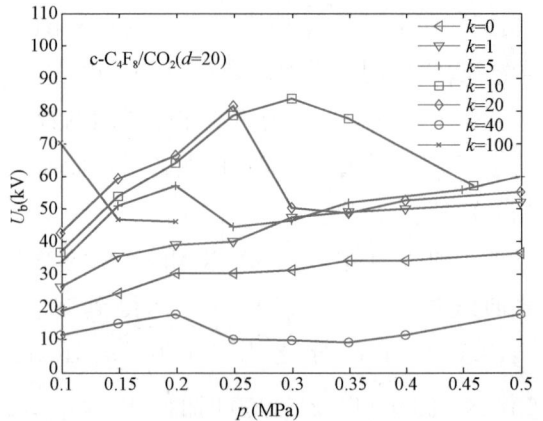

图 4 - 8　20mm 间距下 c - C_4F_8/CO_2 混合气体交流击穿电压随压强变化曲线

1％ c - C_4F_8/CO_2 混合气体的击穿电压在所有间距下都高于 N_2，在间距小于 25mm 时高于 N_2 的击穿电压 5～10kV，接近于 5％，25mm 间距时由于它的绝缘强度在高压强时增长比较快，甚至成为所有混合比下最高的。

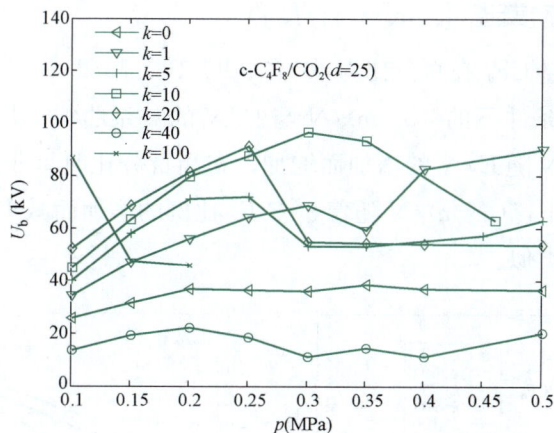

图 4‑9　25mm 间距下 c‑C₄F₈/CO₂ 混合气体
交流击穿电压随压强变化曲线

4.3　c‑C₄F₈/CF₄ 的放电特性及分析

CF₄ 气体的纯度为 99.999%，杂质含量（ppm）中 $N_2 \leqslant 6$，$O_2 \leqslant 2$，$CO \leqslant 1$，$H_2O \leqslant 1$，$CO_2 \leqslant 1$。图 4‑10～图 4‑12 中的 k 是指 c‑C₄F₈ 在混合气体中所占百分数。

1. 电离系数密度比（α/N）

图 4‑10 是 c‑C₄F₈/CF₄ 在百分比为 100/0、90/10、75/25、60/40 以及 50/50 时，在 180Td<E/N<500Td 条件下的 α/N 与 E/N 的关系曲线。可以看出，在同一百分比下，α/N 随 E/N 的增加而增加，并且近似线性；在同一 E/N 值下，α/N 随着 c‑C₄F₈ 比例的增加而增加。在同比例与同 E/N 下，c‑C₄F₈/CF₄ 的 α/N 与 c‑C₄F₈/CO₂ 的相近。

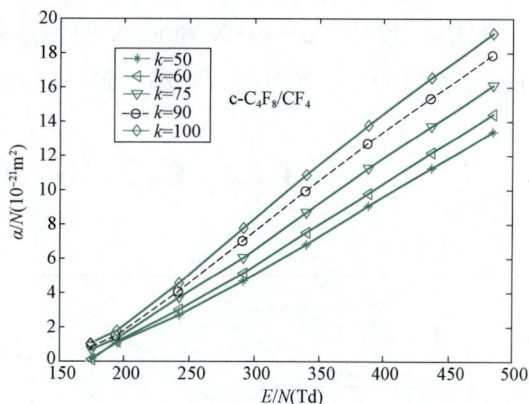

图 4‑10　c‑C₄F₈/CF₄ 的 α/N 与 E/N 的关系曲线

2. 吸附系数密度比（η/N）

图 4‑11 是 c‑C₄F₈/CF₄ 在百分比为 100/0、90/10、75/25、60/40 以及 50/50 时，在 180Td<E/N<500Td 条件下的 η/N 与 E/N 的关系曲线。从图中可以看出，在同一百分比下，η/N 随 E/N 的增加而减小，呈非线性变化；在同一 E/N 值下，η/N 随着 c‑C₄F₈ 比例的增加而增加。在同比例和同 E/N 下，c‑C₄F₈/CF₄ 的 η/N 大于 c‑C₄F₈/CO₂ 的。

3. 有效电离系数密度比 [$(\alpha-\eta)/N$]

图 4-12 是 c-C_4F_8/CF_4 在百分比为 100/0、90/10、75/25、60/40 以及 50/50 时，在 180Td<E/N<500Td 条件下的 $(\alpha-\eta)/N$ 与 E/N 的关系曲线。从图中可以看出，在同一百分比下，$(\alpha-\eta)/N$ 随 E/N 的增加而增加，在高百分比时呈非线性，低 E/N 时近似线性；在同一 E/N 值下，$(\alpha-\eta)/N$ 随着 c-C_4F_8 比例的增加而减小。原因与图 4-4 中 c-C_4F_8/CO_2 的分析结果类似。

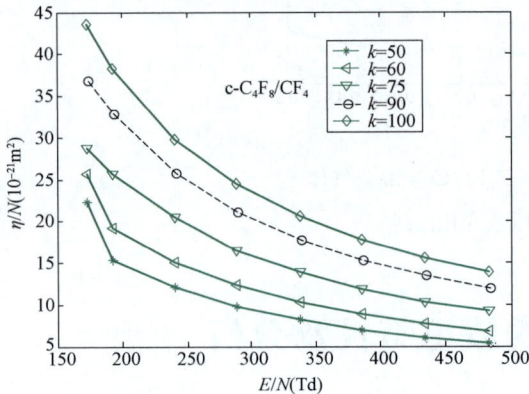

图 4-11　c-C_4F_8/CF_4 的
η/N 与 E/N 的关系曲线

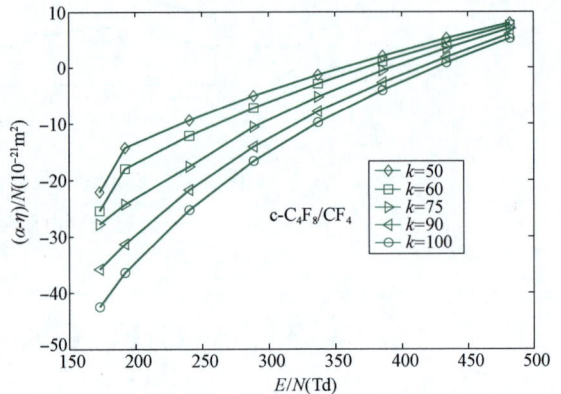

图 4-12　c-C_4F_8/CF_4 的
$(\alpha-\eta)/N$ 与 E/N 的关系曲线

令图 4-12 中 $(\alpha-\eta)/N$ 和 E/N 的关系曲线中的 $(\alpha-\eta)/N=0$，得到 c-C_4F_8/CF_4 在百分比为 100/0、90/10、75/25、60/40 以及 50/50 时的 $(E/N)_{lim}$，结果列于表 4-2。

4.4　c-C_4F_8/N_2 的放电特性及分析

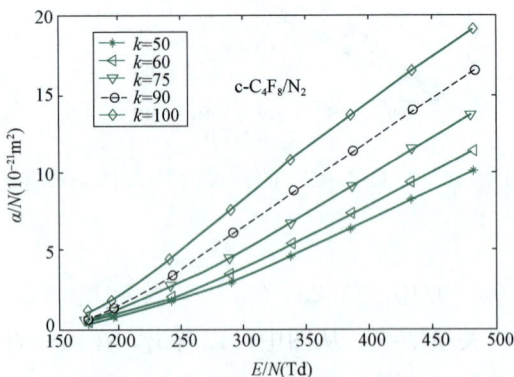

图 4-13　c-C_4F_8/N_2 的 α/N 与
E/N 的关系曲线

N_2 气体的纯度为 99.999%，杂质含量 (ppm)：O_2<5，H_2O≤5，Ar<1。图 4-13～图 4-15 中的 k 是指 c-C_4F_8 在混合气体中所占百分数。

1. 电离系数密度比 （α/N）

图 4-13 是 c-C_4F_8/N_2 在百分比为 100/0、90/10、75/25、60/40 以及 50/50 时，在 180Td<E/N<500Td 条件下的 α/N 与 E/N 的关系曲线。从图中可以看出，在同一百分比下，α/N 随 E/N 的增加而增加，并且近似线性；在同一 E/N 值下，

α/N 随着 c-C₄F₈ 比例的增加而增加，增加的速度越来越快。在同比例与同 E/N 下，c-C₄F₈/N₂ 的 α/N 小于 c-C₄F₈/CO₂ 与 c-C₄F₈/CF₄ 的。

2. 吸附系数密度比（η/N）

图 4-14 是 c-C₄F₈/N₂ 在百分比为 100/0、90/10、75/25、60/40 以及 50/50 时，在 180Td<E/N<500Td 条件下的 η/N 与 E/N 的关系曲线。在同一百分比下，η/N 随 E/N 的增加而减小，呈非线性变化；在同一 E/N 值下，η/N 随着 c-C₄F₈ 比例的增加而增加，在高 d 的 E/N 时，不同百分比下的 η/N 接近相等。在同比例与同 E/N 下，c-C₄F₈/N₂ 的 η/N 大于 c-C₄F₈/CO₂ 与 c-C₄F₈/CF₄ 的。

3. 有效电离系数密度比 [$(\alpha-\eta)/N$]

图 4-15 是 c-C₄F₈/N₂ 在百分比为 100/0、90/10、75/25、60/40 以及 50/50 时，在 180<E/N<500Td 条件下的 $(\alpha-\eta)/N$ 与 E/N 的关系曲线。从图中可以看出，在同一百分比下，$(\alpha-\eta)/N$ 随 E/N 的增加而增加，在整个百分比范围内呈非线性；在同一 E/N 值下，$(\alpha-\eta)/N$ 随着 c-C₄F₈ 比例的增加而减小，在高 E/N 时减小的幅度变小。变化趋势与图 4-4 和图 4-12 中的分析结果类似。

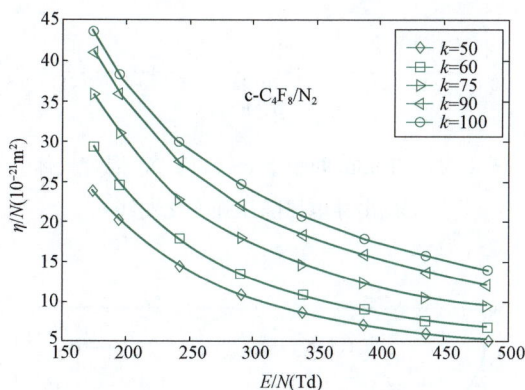

图 4-14　c-C₄F₈/N₂ 的 η/N 与
E/N 的关系曲线

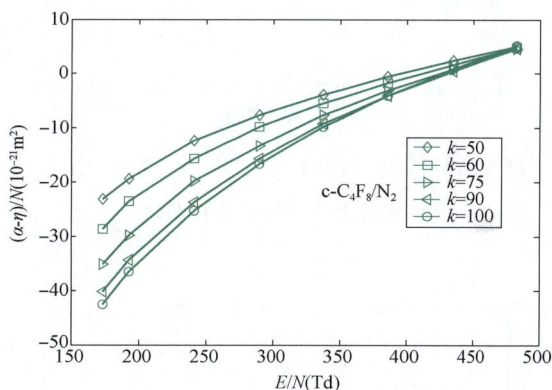

图 4-15　c-C₄F₈/N₂ 的 $(\alpha-\eta)/N$ 与
E/N 的关系曲线

令图 4-15 中 $(\alpha-\eta)/N$ 和 E/N 的关系曲线中的 $(\alpha-\eta)/N=0$，得到 c-C₄F₈/N₂ 在百分比为 100/0、90/10、75/25、60/40 以及 50/50 时的 $(E/N)_{lim}$，结果列于表 4-2。

4. c-C₄F₈/N₂ 混合气体交流击穿电压随压强的变化

在不同电极间距下，c-C₄F₈/N₂ 混合气体交流击穿电压随压强变化曲线如图 4-16～图 4-20 所示，从图中可以看出，在 5mm 间距时，所有混合气体在低压下绝缘强度都差不多，但 c-C₄F₈ 含量低的混合气体绝缘强度随压强变化缓慢，它们的绝缘强度和 N₂ 比较相近，1% 混合气体甚至在高压强时低于 N₂；而 20% 和 30% 混合气体绝缘强度尽管在

0.1MPa 时稍低于 N_2，但随压强迅速增长，在高压强时差不多是低 c-C_4F_8 含量混合气体的 1.35 倍。在这个间距，c-C_4F_8/N_2 混合气体的绝缘强度小于纯净的 c-C_4F_8 气体，这主要是低间隙时，场接近于均匀电场，c-C_4F_8 气体是一种强电负性气体，具有很强的附着电子的能力，因此形成了重的负离子，它在接近均匀电场下，一般比别的气体有高得多的电气强度。

在 10mm 间距时，所有 c-C_4F_8/N_2 混合气体随压强变化都比较缓慢，总体来说，c-C_4F_8 含量高的混合气体绝缘强度也高，但 10% 混合气体绝缘强度接近 20%，30% 混合气体在低压强时明显比其他混合气体高很多，但在高压强时和 20% 比较接近。

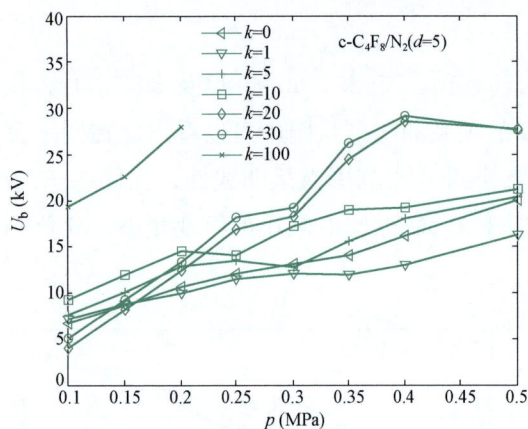

图 4-16 5mm 间距下 c-C_4F_8/N_2 混合气体
交流击穿电压随压强变化曲线

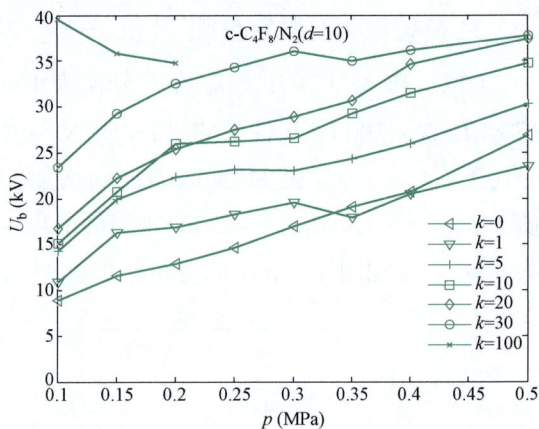

图 4-17 10mm 间距下 c-C_4F_8/N_2 混合气体
交流击穿电压随压强变化曲线

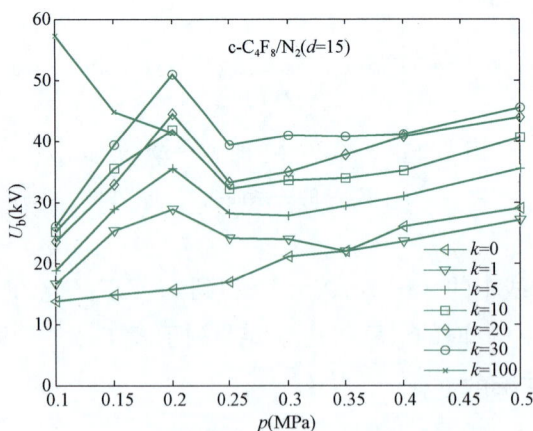

图 4-18 15mm 间距下 c-C_4F_8/N_2 混合气体
交流击穿电压随压强变化曲线

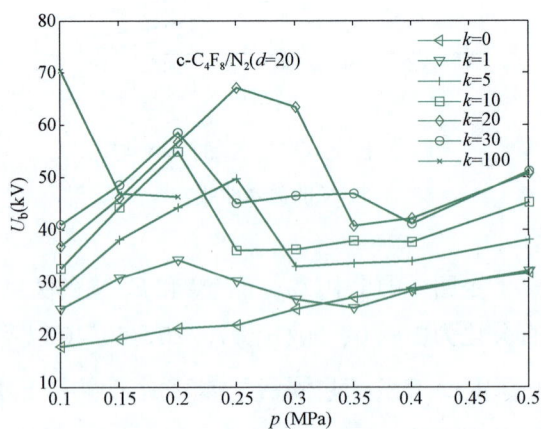

图 4-19 20mm 间距下 c-C_4F_8/N_2 混合气体
交流击穿电压随压强变化曲线

当间距大于 10mm 时，c‐C_4F_8/N_2 混合气体随压强变化比较有规律，在 0.1～0.5MPa 压强范围内，曲线都有一个最大最小值，并且 15mm 和 25mm 间距时，出现最大值和最小值的压强点都差不多，分别为 0.2、0.25MPa 和 0.25、0.35MPa。

当间距小于 20mm 时，c‐C_4F_8 含量大的 c‐C_4F_8/N_2 混合气体绝缘强度也高，但 20% c‐C_4F_8/N_2 绝缘强度已接近 30%；但在 20mm 和 25mm 间距时，30% c‐C_4F_8/N_2 混合气体绝缘强度变得很小，甚至小于 5% c‐C_4F_8/N_2。说明 20% 是 c‐C_4F_8/N_2 混合气体的一个最优混合比。

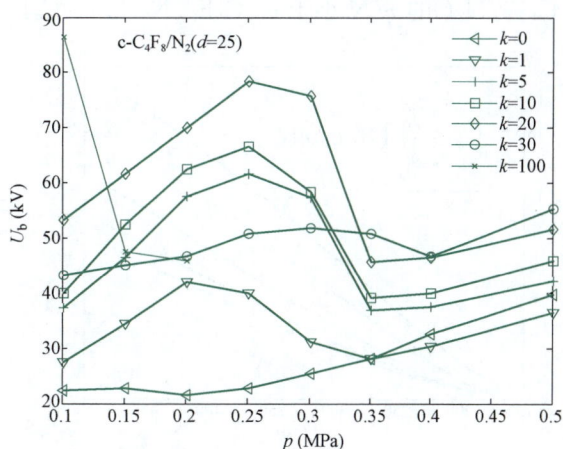

图 4‐20 25mm 间距下 c‐C_4F_8/N_2 混合气体交流击穿电压随压强变化曲线

对于 1% c‐C_4F_8/N_2 混合气体来说，尽管在低间距时绝缘强度和 N_2 差不多，甚至在某些压强范围内都小于 N_2，但随着间距的增加，越来越大于 N_2，尤其是在出现最大值的压强点，为 5% c‐C_4F_8/N_2 混合气体的 70% 以上。

4.5 c‐C_4F_8/N_2O 的放电特性及分析

N_2O 的纯度是 99.999%，主要杂质含量（ppm）中 $O_2 \leqslant 10$，$N_2 \leqslant 30$，$H_2O \leqslant 10$，$CO_2 \leqslant 10$，THC$\leqslant 5$。图 4‐21～图 4‐23 中的 k 是指 c‐C_4F_8 在混合气体中所占百分数。

1. 电离系数密度比 （α/N）

图 4‐21 是 c‐C_4F_8/N_2O 在百分比为 100/0、90/10、75/25、60/40 以及 50/50 时，在 180Td$<E/N<$500Td 条件下的 α/N 与 E/N 的关系曲线。从图中可以看出，在同一百分比下，α/N 随 E/N 的增加而增加，增加的速度越来越快，并且近似线性；在同一 E/N 值下，α/N 随着 c‐C_4F_8 比例的增加而增加。在同比例与同 E/N 下，c‐C_4F_8/N_2O 的 α/N 小于 c‐C_4F_8/CO_2、c‐C_4F_8/N_2 与 c‐C_4F_8/CF_4 的。

2. 吸附系数密度比 （η/N）

图 4‐22 是 c‐C_4F_8/N_2O 在百分比为 100/0、90/10、75/25、60/40 以及 50/50 时，在 180Td$<E/N<$500Td 条件下的 η/N 与 E/N 的关系曲线。在同一百分比下，η/N 随 E/N 的增加而减小，呈非线性变化；在同一 E/N 值下，η/N 随着 c‐C_4F_8 比例的增加而增加。在同一 E/N 值下，η/N 随着 c‐C_4F_8 比例的增加而增加。在同比例与同 E/N 下，

c - C_4F_8/N_2O 的 η/N 小于 c - C_4F_8/N_2 与 c - C_4F_8/CF_4 而略大于 c - C_4F_8/CO_2。

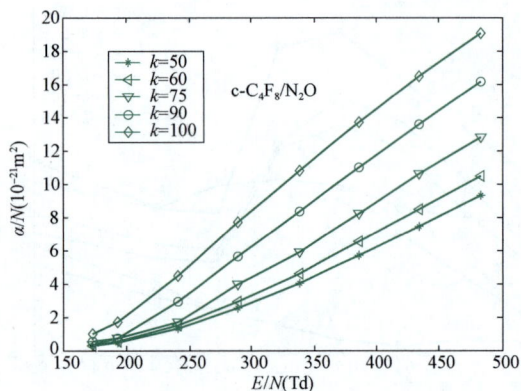

图 4 - 21 c - C_4F_8/N_2O 的 α/N 与
E/N 的关系曲线

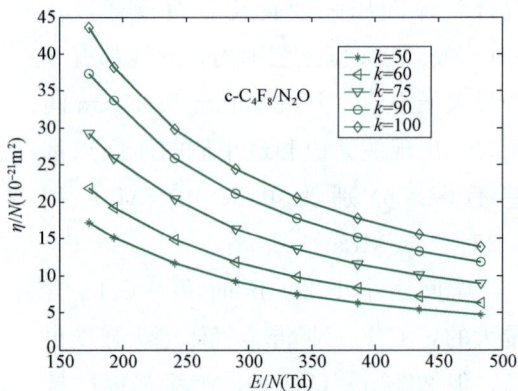

图 4 - 22 c - C_4F_8/N_2O 的 η/N 与
E/N 的关系曲线

3. 有效电离系数密度比 $[(\alpha-\eta)/N]$

图 4 - 23 是 c - C_4F_8/N_2O 在百分比为 100/0、90/10、75/25、60/40 以及 50/50 时，在 180Td < E/N < 500Td 条件下的 $(\alpha-\eta)/N$ 与 E/N 的关系曲线。从图中可以看出，在同一百分比下，$(\alpha-\eta)/N$ 随 E/N 的增加而增加，在高百分比时呈非线性，低 E/N 时近似线性；在同一 E/N 值下，$(\alpha-\eta)/N$ 随着 c - C_4F_8 比例的增加而减小。原因也与图 4 - 4 中 c - C_4F_8/CO_2 的分析结果类似。

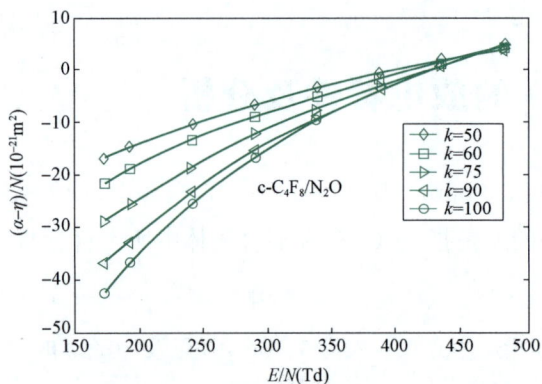

图 4 - 23 c - C_4F_8/N_2O 的 $(\alpha-\eta)/N$ 与
E/N 的关系曲线

令图 4 - 23 中 $(\alpha-\eta)/N$ 和 E/N 的关系曲线中的 $(\alpha-\eta)/N=0$，得到 c - C_4F_8/N_2O 在百分比为 100/0、90/10、75/25、60/40 以及 50/50 时的 $(E/N)_{lim}$，结果列于表 4 - 2。

4.6 CO_2、CF_4、N_2 及 N_2O 对 c - C_4F_8 的 $(E/N)_{lim}$ 影响

表 4 - 2 是纯净的 c - C_4F_8，以及 c - C_4F_8/CO_2、c - C_4F_8/CF_4、c - C_4F_8/N_2 与 c - C_4F_8/N_2O 在混合比为 100/0、90/10、75/25、60/40 以及 50/50 时的 $(E/N)_{lim}$。c - C_4F_8/N_2O 与 c - C_4F_8/N_2 的 $(E/N)_{lim}$ 在整个百分比范围内都大于另外两种混合气体；在 c - C_4F_8 的百分比 < 75% 时，c - C_4F_8/CF_4 的 $(E/N)_{lim}$ 大于 c - C_4F_8/CO_2 的 $(E/N)_{lim}$；反之，

c - C₄F₈/CF₄ 的 $(E/N)_{lim}$ 小于 c - C₄F₈/CO₂ 的 $(E/N)_{lim}$；在 c - C₄F₈ 的百分比为 50% 时，c - C₄F₈/CO₂ 的 $(E/N)_{lim}$ 最小，约为 c - C₄F₈ 的 $(E/N)_{lim}$ 的 80.77%，这说明添加气体 CO₂、CF₄、N₂ 与 N₂O 在 c - C₄F₈ 的百分比含量大于 50% 的情况下，并没有大大降低 c - C₄F₈ 的耐电强度；相反，在一定的百分比下，c - C₄F₈/N₂ 与 c - C₄F₈/N₂O 的耐电强度都超过了 c - C₄F₈ 的耐电强度。

与 SF₆ 的耐电强度相比较，在 c - C₄F₈ 的百分比含量大于 50% 的情况下，c - C₄F₈/N₂ 的耐电强度是 SF₆ 的 1.09～1.18 倍；c - C₄F₈/N₂O 的耐电强度是 SF₆ 的 1.09～1.19 倍；当 c - C₄F₈ 的含量等于 50% 时，c - C₄F₈/CO₂ 的耐电强度比 SF₆ 的仅低约 5.1%，而在大于 50% 时，其耐电强度是 SF₆ 的 1.01～1.15 倍；当 c - C₄F₈ 的含量等于 50% 时，c - C₄F₈/CF₄ 的耐电强度比 SF₆ 的仅低 1.9%，而在大于 50% 时，其耐电强度是 SF₆ 的 1.04～1.14 倍。

表 4 - 2 混合气体的 $(E/N)_{lim}$ 比较

$k\%$	c - C₄F₈/CO₂	c - C₄F₈/CF₄	c - C₄F₈/N₂	c - C₄F₈/N₂O	SF₆
50	343	354.7	393.3	392.3	
60	366.4	374.8	410.9	415.7	
75	393.6	390.2	421.1	421.2	
90	414.6	411.9	427.1	430.0	
100	426.4	426.4	426.4	426.4	361.4

c - C₄F₈/CO₂、c - C₄F₈/CF₄、c - C₄F₈/N₂ 与 c - C₄F₈/N₂O 的相对耐电强度 RES 与 c - C₄F₈ 含量 $k(\%)$ 的关系曲线见图 4 - 24，从 RES 的变化趋势可判定，在 c - C₄F₈ 的百分比含量大于等于 50% 的情况下，c - C₄F₈/CO₂ 为协同效应型混合气体，c - C₄F₈/CF₄ 为轻微协同型混合气体，c - C₄F₈/N₂ 与 c - C₄F₈/N₂O 为正协同效应型混合气体。

通过对表 4 - 2 和图 4 - 24 的分析，可以看出，c - C₄F₈/N₂ 与 c - C₄F₈/N₂O 一方面都是正协同效应型混合气体，且在 50%～90% 的比例范围内，耐电强度值比 SF₆ 高很多，因此单从耐电强度的角度考虑，取代 SF₆ 切实可行；c - C₄F₈/CO₂ 是协同混合型混合气体，c - C₄F₈/CF₄ 为轻

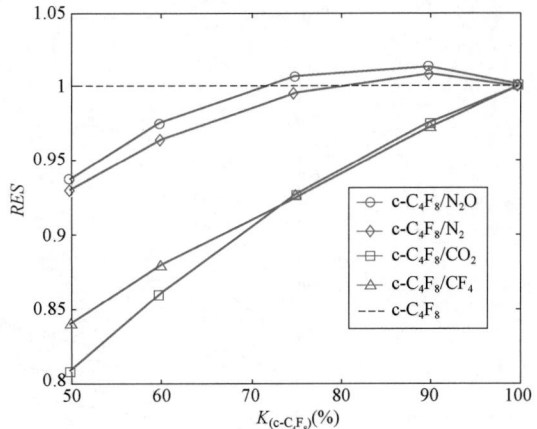

图 4 - 24 $(E/N)_{lim}$ 与 K 的关系曲线

微协同型混合气体，尽管在 50% 混合比下，c - C₄F₈/CO₂ 和 c - C₄F₈/CF₄ 的耐电强度值都略小于 SF₆，但是在大于 50% 的情况下都大于 SF₆，因此如果也只从耐电强度的角度考虑，c - C₄F₈/CO₂ 与 c - C₄F₈/CF₄ 也有可能取代 SF₆。

在 c - C_4F_8 的含量大于 50% 的情况下,这四种缓冲气体没有太大降低 c - C_4F_8 的耐电强度;相反,在一定的百分比下,c - C_4F_8/N_2 与 c - C_4F_8/N_2O 的耐电强度都超过了 c - C_4F_8 的耐电强度,因此 CO_2、CF_4、N_2 与 N_2O 可以作为 c - C_4F_8 的缓冲气体。

因为 c - C_4F_8/CO_2、c - C_4F_8/CF_4、c - C_4F_8/N_2 以及 c - C_4F_8/N_2O 四种混合气体在 c - C_4F_8 的含量大于 50% 的情况下,耐电强度都大于 SF_6 的耐电强度,因此,如果只考虑耐电强度的大小,它们均有可能取代 SF_6。但是选择 SF_6 的替代气体,还需要考虑替代气体的温室效应指数和液化温度,因此它们是否能够取代 SF_6 还需要进一步的研究。

4.7　不同 c - C_4F_8 混合气体随压强变化比较

由于研究 c - C_4F_8 混合气体,主要是为了代替 SF_6 气体,故比较 1%、10%、20% c - C_4F_8 混合气体交流绝缘强度和目前广泛研究的 SF_6/N_2 混合气体在不同间距下随压强变化曲线的比较,同时比较了不同压强下 c - C_4F_8 混合气体与 SF_6/N_2 混合气体随混合比变化曲线。

图 4-25~图 4-27 分别显示了 1%、10%、20% c - C_4F_8 混合气体与对应混合比的 SF_6/N_2 混合气体在 5、15、25mm 间距下所压强变化曲线的比较。从图中可以看出,在任何压强下,1% 混合气体的绝缘强度从大到小顺序为 $1\%c$ - C_4F_8/CO_2、$1\%SF_6/N_2$、c - C_4F_8/N_2,$1\%c$ - C_4F_8/CO_2 混合气体绝缘强度在低压强时和 $1\%SF_6/N_2$ 的绝缘强度差不多,高压强时,随着压强和间距的增加,越来越大于 $1\%SF_6/N_2$。而 $1\%c$ - C_4F_8/N_2 混合气体绝缘强度在 5mm 和 15mm 间距时,随着压强的增加,越来越小于 SF_6/N_2,但在 25mm 大间距下,间隙越低越小、间隙越高则越接近于 $1\%SF_6/N_2$ 混合气体。

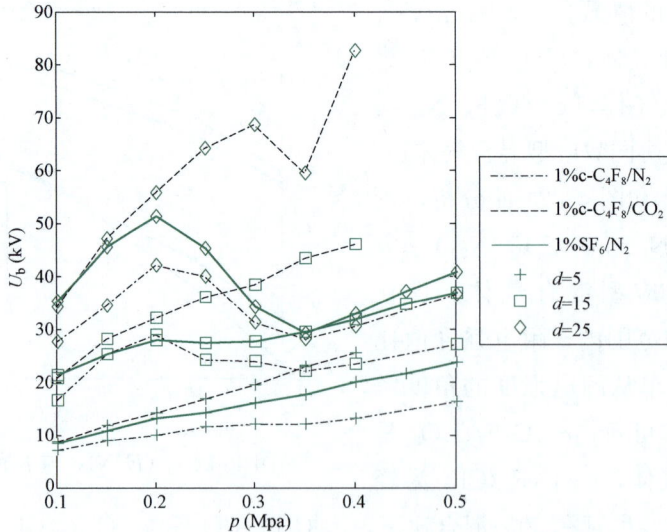

图 4-25　$1\%c$ - C_4F_8 和 N_2、CO_2 以及 CF_4 三种混合气体
交流击穿电压随压强变化与 SF_6/N_2 的比较

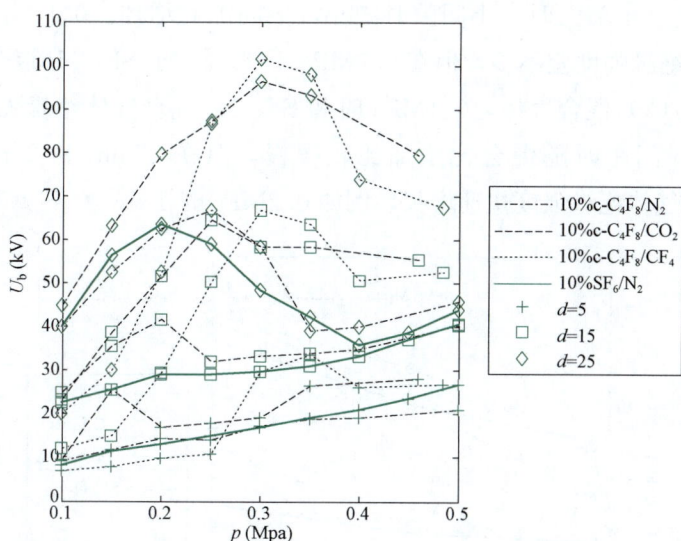

图 4-26 10%c-C_4F_8 和 N_2、CO_2 以及 CF_4 三种混合气体
交流击穿电压随压强变化与 SF_6/N_2 的比较

10%和20% c-C_4F_8/N_2 混合气体的绝缘强度和 SF_6/N_2 比较相近或稍高。除了在低压时 10% c-C_4F_8/CF_4 低于 10%SF_6/N_2 气体外，10%、20%c-C_4F_8/CF_4 和 c-C_4F_8/CO_2 混合气体随压强增长比较迅速，分别在 0.3MPa 和 0.25MPa 左右出现一个最大值，之后随压强下降后趋向于饱和。因此对于 10%c-C_4F_8/CO_2 和 10%c-C_4F_8/CF_4 混合气体来说，绝缘强度高于 SF_6/N_2 很多，并且间距越大，高出 SF_6/N_2 的越多。例如 10%时，在最大值处达到 10%SF_6/N_2 气体的 1.6 倍左右。

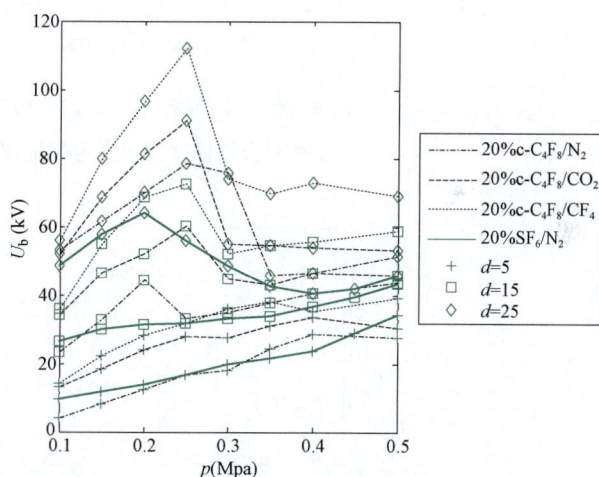

图 4-27 20%c-C_4F_8 和 N_2、CO_2 以及 CF_4 三种
混合气体交流击穿电压随压强变化曲线的比较

4.8 不同 c-C_4F_8 混合气体随混合比变化比较

图 4-28～图 4-30 显示了在不同压强下，c-C_4F_8 混合气体与 SF_6/N_2 混合气体随混合比变化的比较。所有的压强下，c-C_4F_8/N_2 混合气体绝缘强度在 0～10%范围内呈上升

环保型气体绝缘技术

趋势，当混合比进一步增大时，小间隙时减小，大间隙时增加。0.1、0.2MPa 压强时和 SF_6/N_2 混合气体绝缘强度差不多，但在 0.3MPa 下 10% 大于 SF_6/N_2 混合 20% 左右。

对于 $c\text{-}C_4F_8/CO_2$ 混合气体，0.1MPa 时和 SF_6/N_2 混合气体绝缘强度差不多。0.2、0.3MPa 时，5mm 间距时随混合比增加比较缓慢，但在 15mm 和 25mm 间距下，1% $c\text{-}C_4F_8$ 就使 CO_2 气体绝缘强度快速增长，例如 0.2MPa 时 1% $c\text{-}C_4F_8/CO_2$ 混合气体。

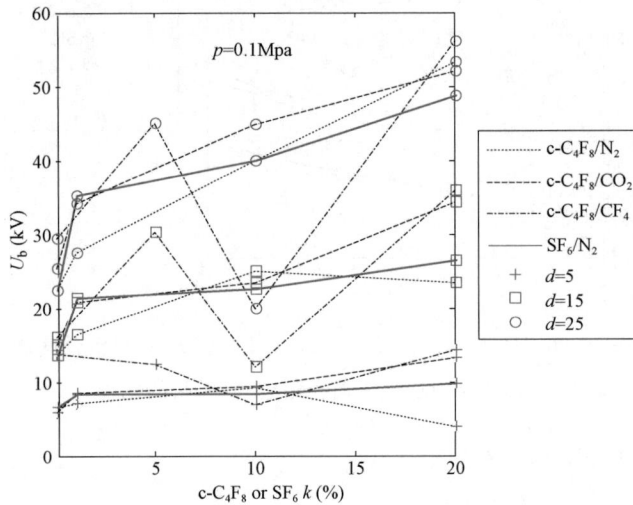

图 4-28　0.1MPa 下 $c\text{-}C_4F_8$ 和 N_2、CO_2 以及 CF_4 三种混合气体交流击穿电压随混合比变化的比较

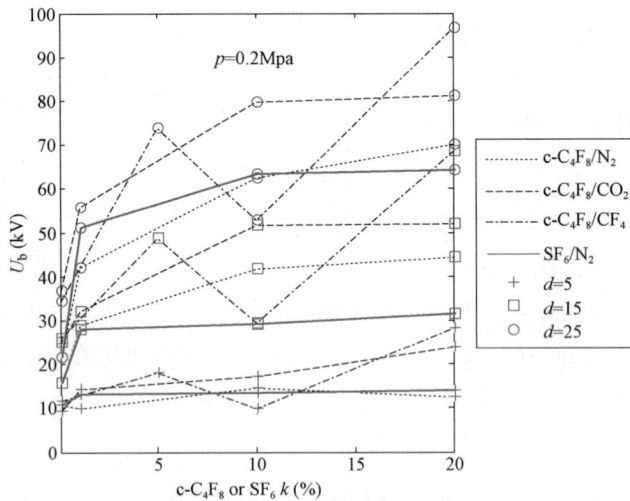

图 4-29　0.2MPa 下 $c\text{-}C_4F_8$ 和 N_2、CO_2 以及 CF_4 三种混合气体交流击穿电压随混合比变化的比较

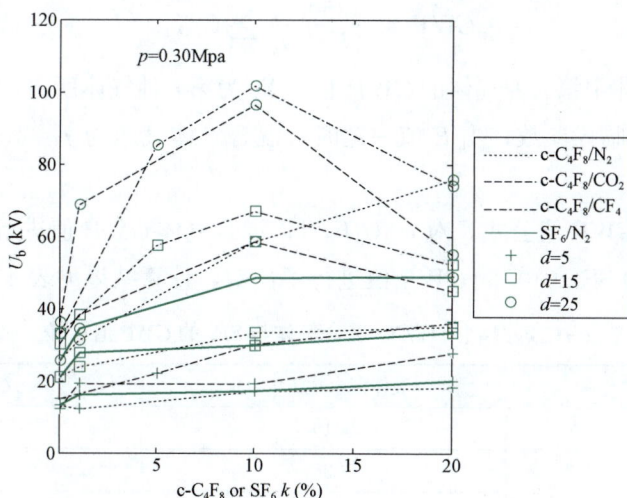

图 4 - 30   0.3MPa 下 c - C$_4$F$_8$ 和 N$_2$、CO$_2$ 以及 CF$_4$
三种混合气体交流击穿电压随混合比变化的比较

4.9   c - C$_4$F$_8$ 混合气体的液化温度

c - C$_4$F$_8$ 气体的液化温度较高（为 −8℃）。为降低 c - C$_4$F$_8$ 的液化温度，通常在 c - C$_4$F$_8$ 气体中添加缓冲气体（如 N$_2$）。实验证明，混合气体组分和气压对混合气体的液化温度有影响。混合气体的液化温度计算公式如下

$$T_{mb} = \frac{T_b}{1 - \dfrac{\ln(10kP_v)}{10.5}} \qquad (4-1)$$

式中：T_{mb} 为混合气体液化温度；P_v 为缓冲气体蒸气压；k 为气体混合比；T_b 为缓冲气体的沸点。

由图 4 - 31 可知，若要电气设备在 −20℃ 时正常工作，即混合气体在 −20℃ 下不液化，则混合气体的中 c - C$_4$F$_8$ 的含量最多在 15% 左右。

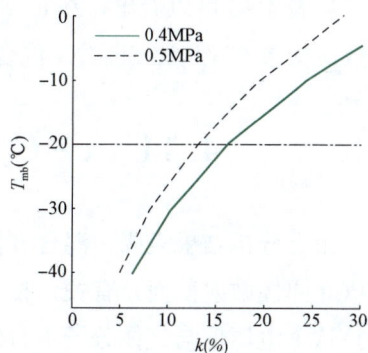

图 4 - 31   气体混合比与
液化温度的关系

4.10   混合气体中 *GWP* 值的计算方法

把混合气体的耐电强度作为 *GWP* 评价函数，在 $(E/N)_{cr} = 200Td$ 时，混合气体的 *GWP* 值可以表示为

$$GWP = \frac{359.3}{(E/N)_{cr}} \sum_{i=1}^{s} G_i X_i \qquad (4-2)$$

式中：G_i 为混合气体中第 i 种气体的 GWP 值，X_i 为第 i 种气体所占比例。

$(E/N)_{cr}$ 是一个临界参数，当 E 值一定时，混合气体气压为 $p=0.9MPa$ 时折算的 E/N 值。

根据上述计算 GWP 值公式，对 c-C_4F_8/N_2 混合气体 GWP 值进行了计算，并且与相同含量的 SF_6/N_2 和 SF_6/CO_2 的 GWP 值进行了比对，计算结果见表 4-3。

表 4-3　　　c-C_4F_8/N_2、SF_6/N_2 混合气体与 SF_6 的 GWP 值比较

气体种类	气体混合比 k（%）	GWP（10^4）
c-C_4F_8/N_2	10	0.0871
	25	0.2176
	33.6	0.2924
	50	0.4350
SF_6/N_2	10	0.2391
	25	0.5976
	33.6	0.8031
	50	1.1950
SF_6	100	2.39

从表 4-3 可以看出，在 c-C_4F_8 与 SF_6 相同百分比含量下，c-C_4F_8/N_2 混合气体的温室效应指数 GWP 比 SF_6/N_2 混合气体的 GWP 约低 63.6%。

4.11　c-C_4F_8 及其混合气体的应用发展

由上分析结果表明，混合气体的击穿电压不仅与气体 pd 值有关，而且与气体截面数据（非弹性散射截面）有关。换而言之，对于给定混合比的气体，有一个确定的击穿电压，这个电压值与气体分子本身的特性有关。理论计算还表明，混合气体中的 c-C_4F_8 含量较低时的击穿温度较高，随着 c-C_4F_8 含量的增加，混合气体的击穿温度会降低，但是混合气体的击穿电压随着 c-C_4F_8 含量的增加逐渐增大。这一结果与实验得出的结果是相一致的。

研究 c-C_4F_8 及混合气体绝缘时，综合考虑绝缘强度、液化温度和 GWP 三个指标时，混合气体中的 c-C_4F_8 含量有一个最佳混合比。

c-C_4F_8 和 N_2、CO_2，两种混合气体击穿电压随含量几乎线性增长，而对应的 SF_6 混合气体在 SF_6 含量小时增加比较快，当混合比增加时趋向于饱和。因此在混合比 k 小于60% 时，c-C_4F_8/N_2、c-C_4F_8/CO_2 混合气体的绝缘强度分别小于 SF_6/N_2、SF_6/CO_2 混合

气体，但随着混合比的增加，越来越大于 SF_6 混合气体，在混合比为 100％时为 SF_6 的 1.25 倍。$c\text{-}C_4F_8\text{-}CF_4$ 混合气体绝缘强度只在混合比小于 15％时稍稍小于 SF_6/CF_4 混合气体。三种 $c\text{-}C_4F_8$ 混合气体所需增加的气体压强和对应的 SF_6 混合气体差不多，但温室效应却大大降低，甚至是 SF_6 气体的十分之一。

$c\text{-}C_4F_8/N_2$ 混合气体交流绝缘强度随压强变化不是很大，稍小于或稍大于 SF_6/N_2 混合气体；$c\text{-}C_4F_8$ 和 CO_2、CF_4 混合气体交流绝缘强度尽管在低压强时小于 SF_6/N_2 混合气体。但由于这两种混合气体随压强增加比较快，在中压时达到最大，高压时趋于饱和，两者的绝缘强度高压时都大于 SF_6/N_2，尤其是在出现最大值的压强下，差不多是后者的 1.6 倍。

从分析可以看出，$c\text{-}C_4F_8$ 和 N_2、CO_2、CF_4 三种混合气体均匀电场下的绝缘强度和相应 SF_6 混合气体相差不多，甚至在高混合比时越来越大于后者。两种混合气体，尤其是 $c\text{-}C_4F_8$ 和 CO_2，混合气体不均匀电场下交流和雷电冲击绝缘强度高压时分别大于 SF_6/N_2 混合气体、SF_6 气体。

从绝缘强度考虑，$c\text{-}C_4F_8$ 和 N_2、CO_2、CF_4 三种混合气体优于现有的 SF_6/N_2 混合、纯净 SF_6 绝缘介质。并且 $c\text{-}C_4F_8$ 混合气体能够缓解甚至解决纯净 $c\text{-}C_4F_8$ 气体容易液化和碳分解的问题。传统的气体绝缘开关设备广泛用于中压范围，主要安装在变电站或户内。内部的真空断路器、接地开关等都安在一个小的气体腔体中，里面充满了压强为 0.1—0.3MPa 的气体。因此，$c\text{-}C_4F_8$ 混合气体在工作压强和电压相对低、不需要电流中断能力的气体开关设备中用作绝缘介质，不仅能保证其绝缘强度，而且大大减少了绝缘气体对环境的影响，有很大潜力取代 SF_6 或 SF_6/N_2 混合气体作为绝缘介质。

另外，对于气候比较温和的南方，电力变压器、高压传输线等电气设备有望用 $c\text{-}C_4F_8$ 混合气体作为绝缘介质，构成气体绝缘变压器（GIT）、气体绝缘管道输电线（GIL）和中低压的柜式气体绝缘金属封闭开关设备（C-GIS）等电气设备。

5 CF_3I 及其混合气体的绝缘特性研究

c-C_4F_8 已经被多方建议为 SF_6 的潜在替代气体，国内外研究者也对其进行了长期的研究和分析，随着工作的不断深入，最新的研究发现，新一代环保气体 CF_3I 比 c-C_4F_8 更具有替代 SF_6 潜能。CF_3I 是最近十几年才被重点关注的气体，最开始是由于对环境的友好性，因此主要被考虑用作制冷剂替代物，而对其绝缘性能的研究工作在国际上是最近几年才刚刚开始的。墨西哥的 de Urquijo J 课题组和日本的 Nakamura Y 课题组从 2007 年开始大量在 Dielectrics and Electrical Insulation、IEEE Transactionson 和 J. Phys. D：Applied Physics 等刊物上发表相关研究论文并建议将 CF_3I 作为 SF_6 的替代物进行重点研究。

5.1 CF_3I 气体的物理性质

三氟碘甲烷（Trifluoroiodomethane，分子式 CF_3I）通常为无色无味的气体。CF_3I 对臭氧层没有破坏，其臭氧破坏潜能 *ODP* 为 0，温室气体效应 *GWP* 几乎和 CO_2 相当，根据不同的文献报道，CF_3I 的 *GWP* 为 CO_2 的 1～5 倍，并且在大气中的存在时间很短（小于 2 天）。由于 CF_3I 无毒不燃，油溶性和材料相容性很好，目前 CF_3I 主要被考虑作为灭火剂 Harlon 的替代物以及新一代长期绿色制冷剂的主要组元，联合国环保署已将其列入了有希望的替代制冷剂目录。正是由于其环境友好性，许多学者从 20 世纪末开始才对 CF_3I 的热学和化学性质展开深入的研究，而其在电气设备中作为绝缘介质则是最近几年才在国际上引起关注的新课题。

尽管 CF_3I 中含有 F 和 I，二者都属于卤族元素，从化学角度上来看会对环境和绝缘材料造成损害，但是最新的研究表明，CF_3I 对臭氧层和温室效应都不会产生影响。

根据文献的报道，所有到达大气同温层的碘都会加剧臭氧层的破坏，但是由于 CF_3I 容易在太阳辐射（甚至是可见光）的作用下发生光致分解，因此其在大气中的存在时间极短，这就限制了泄漏在大气中的 CF_3I 往同温层的移动，尤其是在中纬度地区。从全球角度来看，人为释放的 CF_3I 远远少于大自然本身所产生的碘代碳化物，如 CH_3I 等。因此，有理由相信，从地表稳定释放的 CF_3I 的臭氧破坏潜能小于 0.008，甚至小于 0.0001，通常情况下可忽略不计。另外，根据对 CF_3I 红外吸收光谱的研究发现，其 20 年的温室气体效应（*GWP*）不足 CO_2 的 5 倍，远小于 SF_6（100 年 *GWP* 为 23900），也小于 c-C_4F_8（100 年 *GWP* 为 8700）。因此，CF_3I 是一种环保绿色的气体，*ODP* 和 *GWP* 都不是推广其使用的主要障碍。表 5-1 是 CF_3I 和 SF_6 的主要物理化学性质。

表 5 - 1　　　　　　　**CF₃I 与 SF₆ 在部分物理、环境特性上的参数比较**

物理或化学性质	CF₃I	SF₆
分子量	195.1	146.06
熔点（℃）	-110	-50.8
沸点（℃）	-22.5	-63.8
密度（kg/m³）（液体）	20℃，1400	-32.5℃，2360
临界温度（℃）	122	45.6
临界压力（MPa）	4.04	3.78
声速（气体，20℃，m/s）	117	134
C - I 键裂解能	226.1kJ/mol	—
GWP	$\leqslant 5$	23900
ODP	$\leqslant 0.0001$	0
在大气中的存在时间（年）	0.005	3200

5.2　CF₃I 气体的绝缘性能的研究

正是由于 CF₃I 对环境的友好性，引起了研究人员广泛的兴趣，许多国家都展开了对 CF₃I 的全面研究，而作为气体绝缘介质的研究只是其中一个方面。幸运的是，CF₃I 在绝缘性能方面也有着极为出色的表现。

我们从气体输运参数角度对纯 CF₃I 及其与 N₂ 的混合气体进行了研究，通过脉冲汤生放电实验（Pulse Townsend Discharge, PT）测得了 CF₃I 在 $100\sim850$Td 范围内的电离系数 α、吸附系数 η、漂移速度 V_e 及径向扩散系数 NDT。通过实验结果所得到的混合气体临界场强随 CF₃I 比例的变化趋势如图 5 - 1 所示。对比发现，CF₃I 的临界场强（E/N）$_{\text{lim}}$＝437Td，远大于 SF₆ 的 361Td。表明 CF₃I 在绝缘性能上要优于 SF₆，同时

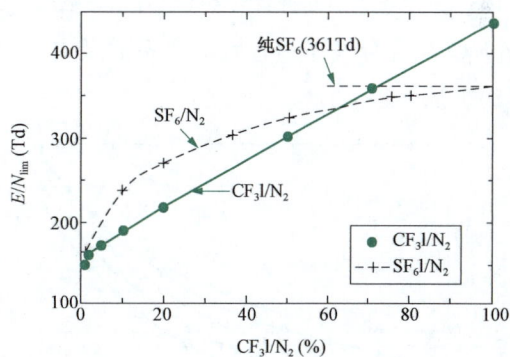

图 5 - 1　CF₃I/N₂ 混合气体（E/N）$_{\text{lim}}$

在与 N₂ 混合比例达到 70％时，CF₃I/N₂ 混合气体的绝缘强度基本上和纯 SF₆ 气体相当。同时，我们得到了不同的 CF₃I 摩尔分数 k（％）时 CF₃I/N₂ 混合气体的有效电离系数及电子漂移速度和约化电场强度的关系，如图 5 - 2 和图 5 - 3 所示。

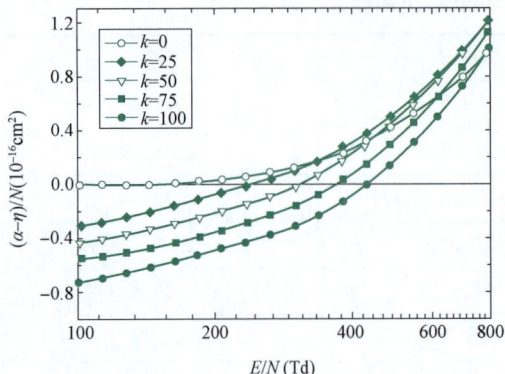

图 5-2 不同 CF_3I 摩尔分数时 CF_3I/N_2 混合
气体有效电离系数和约化电场强度的关系

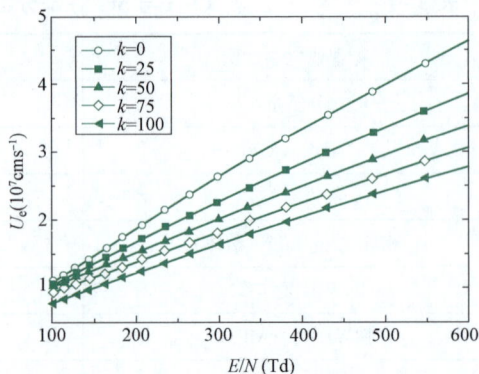

图 5-3 不同 CF_3I 摩尔分数时 CF_3I/N_2 混合
气体电子漂移速度和约化电场强度的关系

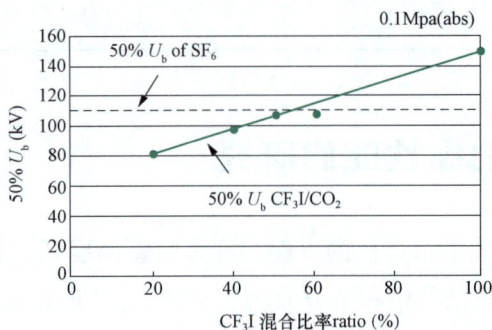

图 5-4 CF_3I/CO_2 混合气体正极性击穿电压

我们用实验的方法测取了 CF_3I 与 CO_2 混合气体的击穿电压，对 CF_3I 气体的绝缘性能进行了分析，并与 SF_6 进行了对比。实验结果表明，纯 CF_3I 的击穿电压为 SF_6 的 1.2 倍以上，CF_3I/N_2 绝缘强度与气体混合比例呈线性关系，CF_3I/CO_2 则是非线性增长。当与 CO_2 的混合气体比例达到 60% 左右时，击穿电压达到纯 SF_6 水平，如图 5-4 所示。同时，我们得到了不同的 CF_3I 摩尔分数 k（%）时 CF_3I/CO_2 混合气体的有效电离系数及电子漂移速度和约化电场强度的关系，如图 5-5 和图 5-6 所示。

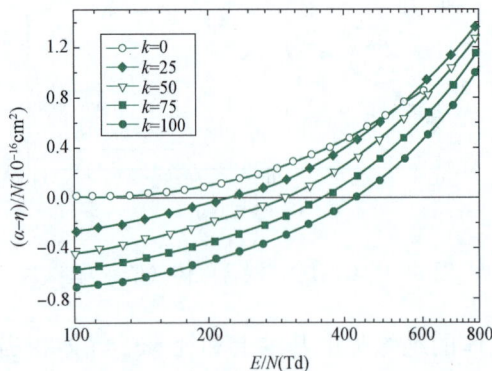

图 5-5 不同 CF_3I 摩尔分数时 CF_3I/CO_2 混合
气体有效电离系数和约化电场强度的关系

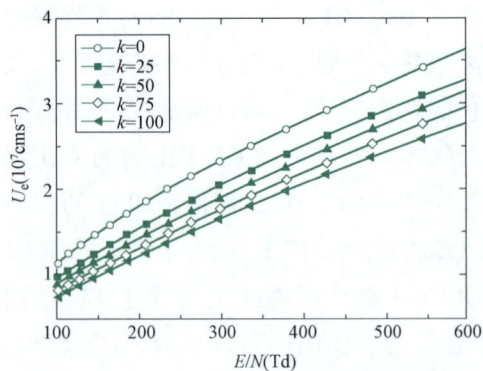

图 5-6 不同 CF_3I 摩尔分数时 CF_3I/CO_2 混合
气体电子漂移速度和约化电场强度的关系

我们从实验、Monte Carlo 模拟和 Boltzmann 方程等多个角度对 CF$_3$I 的输运参数进行计算对比，修正了部分碰撞截面数据。所得到的结果与文献基本一致。我们还对 CF$_3$I 与 SF$_6$ 混合气体的临界场强和电子群参数进行了研究，同样显示了 CF$_3$I 极好的绝缘性能。

虽然纯 CF$_3$I 已经表现出对 SF$_6$ 良好的替代潜能，但我们仍要对 CF$_3$I 混合气体进行研究，一方面是由于目前市场上 CF$_3$I 的价格仍然还比较高，与普通气体混合之后，在保证绝缘的基础上能降低价格，更主要的原因则是 CF$_3$I 的液化温度太高，希望混合缓冲气体之后能降低液化温度，增加 CF$_3$I 的适用范围。

图 5-7 所示为 CF$_3$I、c-C$_4$F$_8$ 及 SF$_6$ 的饱和蒸气压强曲线。从图中可以看出，CF$_3$I 的沸点（Boiling Point，0.1MPa 下所对应的温度）为 -22.5℃，略低于 c-C$_4$F$_8$（-6 或 -8℃）。尽管 CF$_3$I 的沸点低于 c-C$_4$F$_8$，但是在实际应用中，仍然过高。通常情况下，用于 GIS 中的 SF$_6$ 的气压大概在 0.5MPa 左右，在此压强环境中，CF$_3$I 的沸点高达 25℃，在常温下就已经液化。因此，纯净的 CF$_3$I 气体在 GIS 中没有实际应用价值，只能考虑通过混合缓冲气体来降低液化温度。一般在室

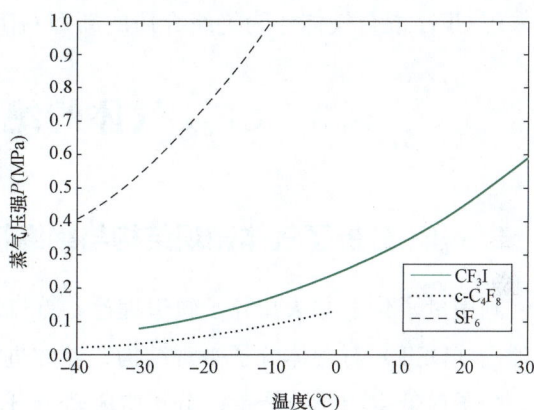

图 5-7 CF$_3$I、c-C$_4$F$_8$ 及 SF$_6$ 饱和蒸气压强曲线

内条件下，由于可以人为对温度进行调节，只要求气体的沸点低于 -5℃即可。文献指出 CF$_3$I/CO$_2$ 混合比例在 30%~70% 时，绝缘强度为纯 SF$_6$ 的 0.75~0.8 倍。同时混合气体的液化温度在 0.5MPa 的情况下能达到 -12℃，可以用于放置于室内的 GIS。但是 -12℃的液化温度仍满足不了常规放置于户外环境下 GIS 的使用要求。因此，纯 CF$_3$I 及其混合气体和 c-C$_4$F$_8$ 一样，在高压 GIS 中面临着适用范围太窄的问题，我们只能将应用范围转向中低压领域。

目前对 CF$_3$I 主要研究内容包含三个方面。

（1）理论部分，主要包括分析研究 CF$_3$I 的分子结构及对其绝缘性能的影响，研究了 CF$_3$I 及其混合气体应用于高压电气设备中所关注的环境指标以及物化性质。建立 CF$_3$I 及其混合气体的电子崩放电参数理论计算模型。通过玻尔兹曼（Boltzmann）方程深入研究气体放电的微观进程。计算了 CF$_3$I 及其混合气体在较宽的 E/N 范围（100Td$<E/N<$1000Td）以及宽范围的 CF$_3$I 百分比（0%~100%）条件下的放电参数，包括电离系数 α、吸附系数 η、漂移速度 V_e 等，并求取它们在不同混合比下的临界场强 $(E/N)_{\text{lim}}$。从分子运动角度分析 CF$_3$I 及其混合气体的放电特性，通过比较 CF$_3$I 混合气体的耐电强度值，分析了缓冲气体对 CF$_3$I 的影响，研究 CF$_3$I 混合气体取代 SF$_6$ 的可行性。

（2）实验部分，通过气体放电试验研究了 CF_3I 及其混合气体（N_2、CO_2 和空气）的放电机理及发展过程；研究 CF_3I 及其混合气体在不同气体压强、电场均匀程度及不同电压波形作用下的放电特性。进行电极材料、电压极性对 CF_3I 混合气体放电特性的影响试验。研究气固绝缘沿面放电特性，掌握了不同混合气体条件下，气固界面的电荷输运、集聚特性及散流特性。

（3）应用实验部分，可构建以 CF_3I 绝缘气体的电气设备。这里以 GIL 为试验设备（见第 9 章）。按照 GIL 实际安装运行要求，设计了 GIL 标准直线段，建立了实验室模型，对采用 CF_3I 混合气体作为绝缘介质的新型 GIL 进行现场型式试验，检验其实际运行效果。

5.3　CF_3I 气体的绝缘性能的理论研究

5.3.1　分析了气体微观结构与绝缘特性的关系

利用量子化学方法和分子轨道理论，首先以最基础的有机烃类气体为例，采用密度泛函理论（DFT）对气体分子微观结构、参数进行仿真计算，分析了气体分子垂直电子亲和能、分子最低空闲轨道能量、分子空闲轨道分布、分子电子云排布概率体积与气体绝缘特性的规律，并逐步将规律拓展至氟代烃、氟代腈及其他绝缘气体。利用从头计算方法和密度泛函理论对气体分子的微观参数进行计算，整个计算流程可以分为四个部分，分别是第一步初步构建分子模型，确定元素及原子坐标；第二步确定计算方法和基组，生成计算源文件代码；第三步通过计算检查点，实现多步优化和计算，得到分子实际状态模型；第四步计算所需参数，计算流程如图 5-8 所示。根据计算流程，CF_3I、SF_6、N_2 及 CO_2 气体的微观特性参数见表 5-2。

表 5-2　　　　　　　　　气体微观特性参数

气体种类	LUMO 能量（eV）	HOMO 能量（eV）	垂直电子亲和能（eV）	垂直电离能（eV）	等效分子体积（Bohr³）
SF_6	−2.412	−11.630	−1.421	14.652	562.987
CF_3I	−2.961	−8.528	−1.934	11.092	687.400
N_2	−0.656	−11.616	2.610	15.759	240.613
CO_2	0.814	−10.067	3.488	13.663	293.769

研究结果显示气体分子的 LUMO 能量在很大程度上决定了气体分子的垂直电子亲和能，垂直电子亲和能可以直接影响气体分子对自由电子吸附倾向的大小，具有较低垂直电子亲和能的气体大多在宏观上表现出极强的电负性。同类型的化合物中，不饱和化学键能够提供更低的 LUMO 轨道能量和垂直电子亲和能，不饱和三键化学键能够提供 2 个具有

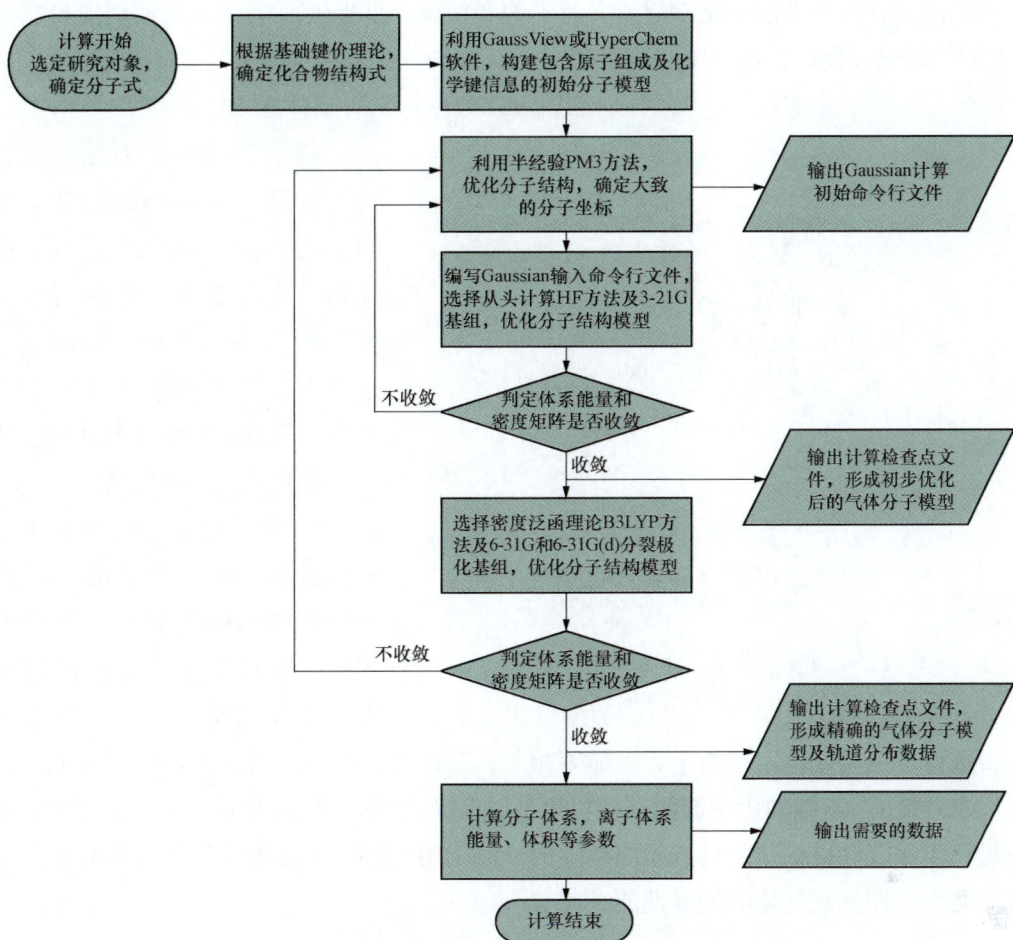

图 5-8 气体分子微观结构及参数计算流程图

相同能量的低能空闲轨道，从而提高气体分子吸附自由电子的几率。HOMO 轨道能量可以决定分子的垂直电离能，垂直电离能与气体分子激发能的相互关系可以作为筛选多元混合气体组分搭配的重要参考因素。等效分子体积可以描述气体分子系统势场所能影响的空间范围，在绝缘过程中，较大的等效分子体积可以使气体分子与自由电子发生碰撞作用、出现能量交换过程的几率提高，同时对限制电子在电场中的自由行程有重要作用。

微观参数对气体的宏观绝缘表现具有显著的影响，垂直电子亲和能较低、等效分子体积较大的气体具有明显更高的绝缘强度，通过数据拟合，得到了气体分子微观参数与宏观相对绝缘强度的计算公式，对于不含有不饱和三键的，即仅有一个低能空闲轨道 LUMO 的化合物，其相对 N_2 的绝缘强度可以通过下式拟合进行大致判断

$$ES_r = -0.007\log(E_v + 0.58)S + 0.007S + 0.06 \quad (5-1)$$

式中：ES_r 为气体相对 N_2 的绝缘强度；E_v 为分子垂直电子亲和能；S 为气体分子等效截面积。

对于由含有两个不饱和化学键或含有不饱和三键，可提供两个相同或近似能量空闲轨道 LUMO 的化合物，则通过下式进行拟合

$$ES_r = -0.14\log(E_v + 0.58)S + 0.007S + 0.06 \qquad (5-2)$$

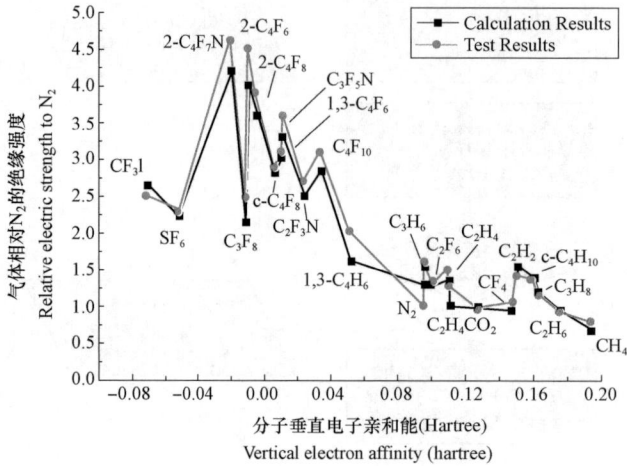

图 5-9　气体相对绝缘强度的计算拟合
结果与试验测试结果对比

CF$_3$I 等气体相对绝缘强度的计算结果与实验测试结果对比如图 5-9 所示，从图中可以看出气体相对绝缘强度的拟合结果与试验测得结果具有很好的一致性。这提供了快速判断气体宏观绝缘表现，筛选新型绝缘气体的方法。

气体分子的低能空闲轨道 LUMO 能量决定了气体分子的垂直电子亲和能，垂直电子亲和能可以直接影响气体分子对自由电子吸附倾向的大小，较低的垂直电子亲和能是气体具有强电负性

的必要条件，其与气体宏观绝缘表现显著相关。有机化合物中，卤代元素可以降低气体分子 LUMO 能量，不饱和化学键能够提供更低的 LUMO 轨道能量和垂直电子亲和能，不饱和三键化学键能够提供 2 个具有相同能量的低能空闲轨道，从而提高气体分子对自由电子的吸附几率，即提高气体的绝缘性能。

5.3.2　计算分析了 CF$_3$I 及其混合气体电子输运参数

为求解 CF$_3$I 及其混合气体微观参数，从直观的物理含义角度推导了 Boltzmann 方程，建立了适用于求解电负性气体中电子输运参数的放电模型，并推导了电离系数 α、附着系数 η、电子漂移速度 V_e、扩散系数 D 等电子输运参数的表达式。为了准确求解 CF$_3$I 及其混合气体的电子群参数与输运参数，根据已有研究结果总结和整理了一组较为完整的 CF$_3$I 电子碰撞截面，类型涵盖了动量转移截面、电离截面、附着截面以及电离截面等。CF$_3$I 气体主要碰撞过程见表 5-3，经过修正后的 CF$_3$I 碰撞截面如图 5-10 所示。

表 5-3　　　　　　　　　　　CF$_3$I 气体主要电子碰撞过程

碰撞类型	碰撞过程
弹性碰撞	e+CF$_3$I→e+CF$_3$I
电离碰撞	e+CF$_3$I→2e+CF$_3$I+
附着碰撞	e+CF$_3$I→I−+CF$_3$
	e+CF$_3$I→F−+CF$_2$I

碰撞类型	碰撞过程
激发碰撞	$e+CF_3I \rightarrow CF_3I+I+e$
	$e+CF_3I \rightarrow CF_3I+I+e$
	$e+CF_3I \rightarrow CF_2I+F+e$
	$e+CF_3I \rightarrow CF_2+IF+e$
	$e+CF_3I \rightarrow e+CF_3I$

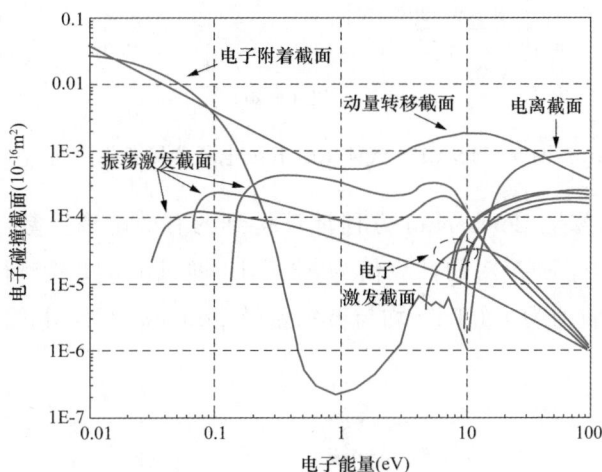

图 5 - 10　CF₃I 碰撞截面

在此基础上，采用两项近似的玻尔兹曼 Boltzmann 方程计算了 CF₃I 气体中的电子群参数与输运参数，图 5 - 11 为 CF₃I 在约化电场强度为 100～1000Td 下电子能量分布函数中各向同性分量 f_0 随电子能量的变化情况。从图中可以看出随着电子能量的增大，电子能量分布函数各向同性部分呈减小趋势。随着 E/N 的增大，处于低能区间的电子数量逐渐减少，而具有较高能量的电子则逐渐增多。

通过玻尔兹曼 Boltzmann 方程计算得到的 CF₃I 气体的电离系数 α/N、附着系数 η/N 及有效电离系数 $(\alpha-\eta)/N$ 如图 5 - 12（a）、（b）所示。从图 5 - 12（a）中可以看出，E/N 较小时，CF₃I 的电离系数小于附着系数，这是由于此时电子能量较小，因此 CF₃I 气体的附着过程较为强烈。随着 E/N 的增大，电子能量逐渐增大，CF₃I 的附着作用也逐渐减弱，电离过程逐渐增强，因而电离系数随着 E/N 的增大而增大，同时附着系数逐渐减小。图 5 - 12（b）是 CF₃I 气体有效电离系数计算值与已有实验值的对比。对于有效电离系数 $(\alpha-\eta)/N$ 来说，当 $(\alpha-\eta)/N=0$ 时，即 $\alpha/N=\eta/N$，附着系数等于电离系数，此时为气体放电的临界条件，该 E/N 为气体发生击穿的临界电场强度，记为 $(E/N)_{cr}$。从

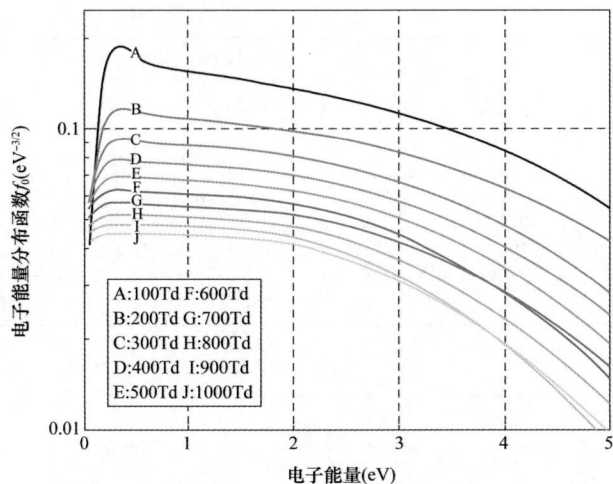

图 5-11　CF_3I 气体 EEDF 随电子能量变化情况

图中可以看出经玻尔兹曼 Boltzmann 方程计算得到的有效电离系数与实验测量值较为接近，$(\alpha-\eta)/N=0$ 时 $(E/N)_{cr}$ 的计算值为 430Td。通过 PT 实验测得的临界电场强度为 437Td，SST 实验测量值为 440Td，均与玻尔兹曼 Boltzmann 计算值相近，说明计算结果较为准确。

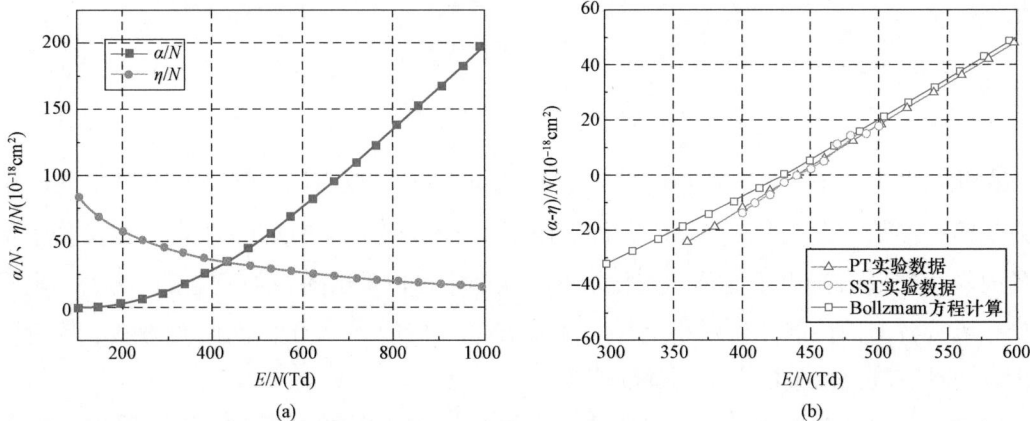

图 5-12　CF_3I 气体电离、附着系数及有效电离系数
（a）电离和附着系数；（b）有效电离系数

　　基于求解得到的 CF_3I 气体电子输运参数数据，可以进一步对 CF_3I 混合气体的电子输运参数进行计算分析。图 5-13 为 CF_3I 与 N_2、CO_2 混合气体在 300Td 下不同混合比例时电子分布函数的变化情况。从图中可以看出，对于不同 CF_3I 混合气体，随着 CF_3I 在混合气体中含量的增加，低能电子逐渐增多，高能电子比例逐渐降低。这主要与 CF_3I 气体强强电子吸附能力有关，CF_3I 气体含量不断增大从而导致大量电子被 CF_3I 气体分子吸附。

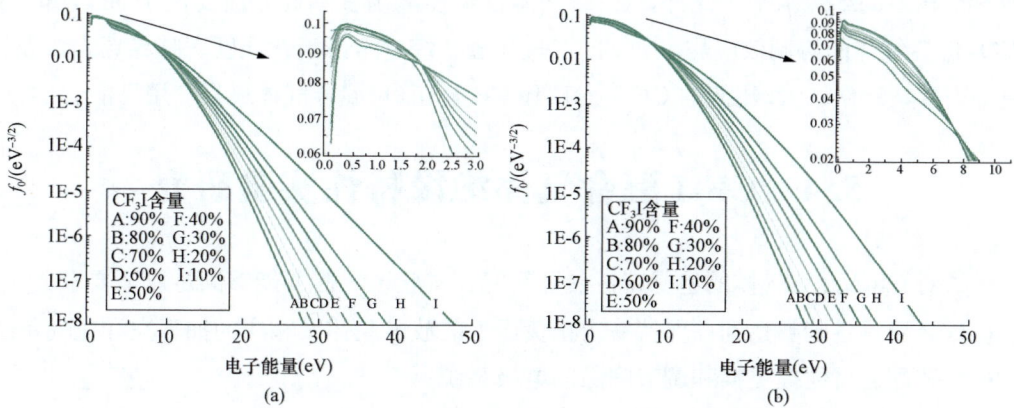

图 5 - 13　CF$_3$I混合气体电子能量分布函数

(a) CF$_3$I/N$_2$；(b) CF$_3$I/CO$_2$

CF$_3$I混合气体的有效电离系数如图 5 - 14 所示。从图中可以看出，CF$_3$I与不同缓冲气体组成的混合气体的有效电离系数均随着CF$_3$I气体含量的增大而减小，这是由于CF$_3$I是强电负性气体，随着其含量的增加，混合气体的吸附过程得到加强，而电离过程逐渐减弱，因此有效电离系数随着CF$_3$I气体含量的增加而呈减小趋势。

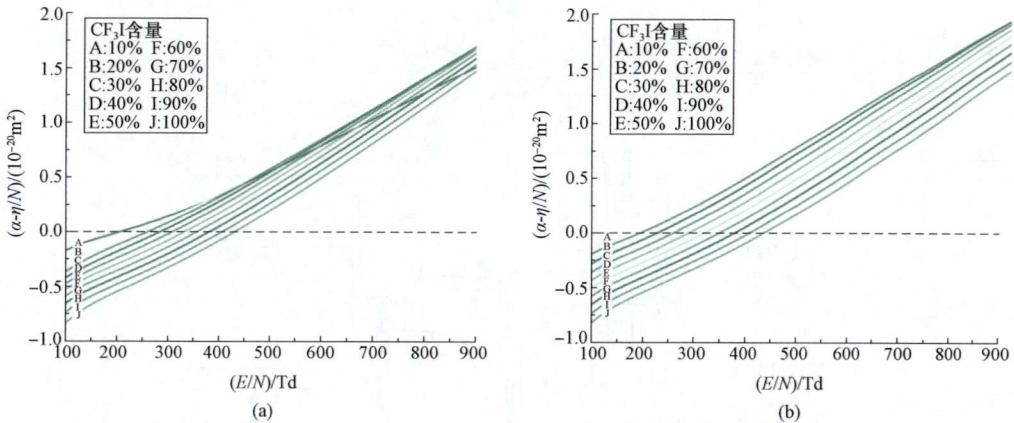

图 5 - 14　不同CF$_3$I混合气体有效电离系数比较

(a) CF$_3$I/N$_2$；(b) CF$_3$I/CO$_2$

通过玻尔兹曼方程计算了CF$_3$I - N$_2$ 和CF$_3$I - CO$_2$ 二元混合气体在稳定汤逊放电情况下的电子群参数与输运参数，其中包括电离系数 α、附着系数 η、电子漂移速度 V_e、横向扩散系数 ND_T 以及电子平均能量等，并获得了反映电负性气体绝缘强度的临界场强 $(E/N)_{lim}$。纯 CF$_3$I 气体的临界场强为 431Td，表明其在均匀电场中的绝缘强度为 SF$_6$ 的 1.19 倍。在所有混合气体中，CF$_3$I - N$_2$ 的绝缘强度要高于 CF$_3$I 与 CO$_2$ 或者与 Ar、He、Xe 等惰性气体的组合，并且当CF$_3$I所占比例达到 70％时，CF$_3$I - N$_2$ 混合气体能够达到

与纯 SF_6 相当的绝缘水平。此外，CF_3I 气体自身在电场敏感性方面要优于 SF_6，但与 N_2 或 CO_2 混合气体的协同效应均不如 SF_6-N_2 显著。综合考虑液化温度、临界场强以及协同效应等因素，5%～30%比例的 CF_3I－N_2 和 CF_3I－CO_2 混合气体最具应用潜能。

5.4 CF₃I 混合气体绝缘特性实验研究

为了对 CF_3I 混合气体的绝缘特性展开研究，实验系统需要能够满足以下要求：
(1) 必须具备能够达到并保持一定正负压力的放电腔体及相应的抽真空和充气系统；
(2) 装配有可便捷更换和调节间隙的电极系统；
(3) 满足试验用的工频交流和雷电冲击电源；
(4) 能够准确测量击穿电压数值的测量系统等。

CF_3I 混合气体绝缘特性实验系统主要包括气体放电腔体、电极系统、抽真空及充放气系统、工频电源及测量系统等。所有的绝缘特性实验都要在气体放电腔体中进行，因此要求放电腔体不仅能够承受一定的正负压力，还要能够在其中进行一系列的操作，同时还能观测试验时所发生的现象。气体放电腔体如图 5-15 所示。

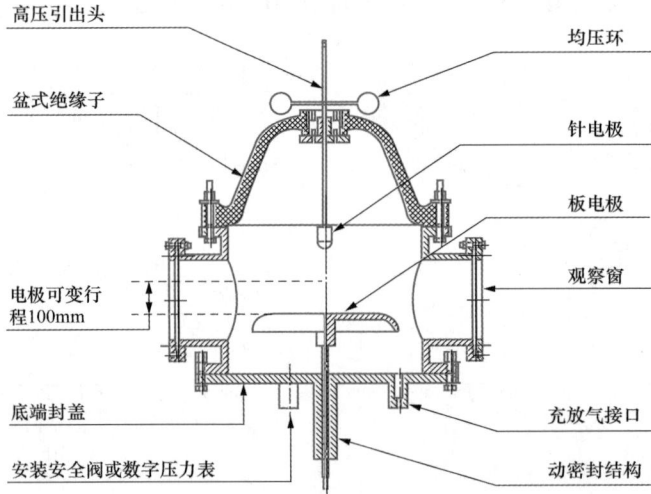

图 5-15 CF₃I 实验腔体示意图

气体放电腔体为一个内径 600mm、高 760mm 的全铝镁合金压力容器。该压力容器采用上下贯通式结构，上端和盆式绝缘子紧固后连接高压电源，下端与底端封盖连接用于调节放电间隙的距离。与高压电源相连部分，放电腔体采用固体绝缘方案，以直径 25mm，长度 120mm 的铜棒作为高压引线，并采用环氧树脂将其浇注于盆式绝缘子上，同时外表硫化处理以增加爬电距离。底端封盖上设有两个充气接口，用于充放试验气体以及安装监视仪表。放电腔体侧壁上开有两个直径为 100mm 的观察窗用于观察容器内部的放电现象。

放电腔体满足试验压力范围为 0.1～1MPa，并可通过一个微调真空阀来调节气压的大小，调节精度达 0.01MPa。为了节约试验气体，同时提高试验效率，本项目在底端封盖上采用动密封结构，可在不开罐条件下实了放电间距在 0～100mm 连续变化。

电极系统由上下两个电极组成，涉及电极的形状、材质以及表面粗糙度等因素。在实验研究中，需要构建极不均匀场和稍不均匀场以模拟电气设备中常见的电场环境。在研究气体介质的耐电强度问题时，针—板电极是各种间隙电场中最不均匀的一种，而球板电极则是形成稍不均匀电场最为常见的电极结构之一。采用镁铝合金材料，分别加工了一套针—板电极和球板电极用于本试验，其尺寸及实物如图 5-16 所示。其中，针电极尖端曲率半径为 1mm，端部渐进角为 30°。平板电极采用罗果夫斯基电极结构，表面近似为直径 400mm 的圆盘，厚度为 20mm，与直径 100mm 的球电极相配合，可以在 0～50mm 间隙距离下形成稍不均匀电场。所有电极表面均经过仔细的抛光和打磨处理，使表面光洁度达到▽6 等级以上，即表面粗糙度小于 1.6μm。

在充入混合气体之前，需要先将放电腔体抽至真空状态。根据试验的要求，本项目选用复合分子泵机组来对放电腔体进行抽真空。该机组由前级机械泵、后级分子泵、真空测量计以及控制电源等部分组成，能够达到的极限真空度为 6×10^6 Pa。

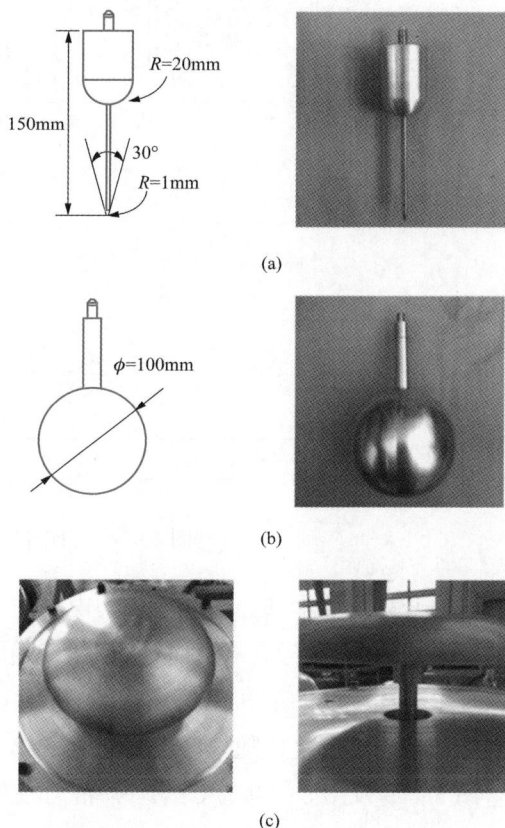

图 5-16 实验电极示意图
（a）针—板电极示意图；（b）球—板电极示意图；（c）板电极示意图

试验所采用的工频电源其电路原理及实物如图 5-17 所示。其中，T1 为调压变压器；T2 为试验变压器，其额定容量为 300kVA，额定一次电压为 420V，二次电压为 300kV；电阻 R1 和电容 C1 构成阻容分压器用于测量击穿电压值，测量不确定度小于 3%。冲击电压发生器的最高输出电压为 400kV，串联级数 4 级，单级能量为 2.5kJ，所产生的典型波形如图 5-18 所示，符合 IEC 及国家标准中的规定。

对 CF₃I 体积分数为 5%、10%、20% 和 30% 的 CF₃I/N₂ 与 CF₃I/CO₂ 混合气体在稍不均匀电场和极不均匀电场中的工频击穿特性进行了试验研究。结果表明，在稍不均匀电场中，CF₃I/N₂ 和 CF₃I/CO₂ 混合气体的工频击穿电压均随放电间距的增大而增大，同时

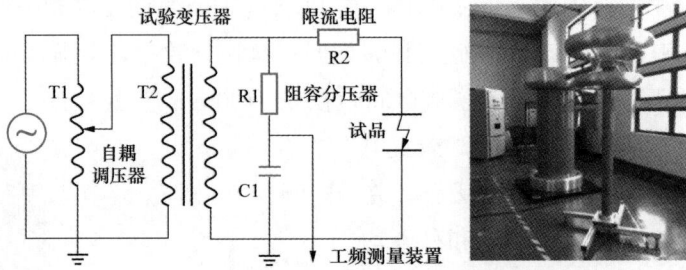

图 5-17　工频试验电路原理及实物图

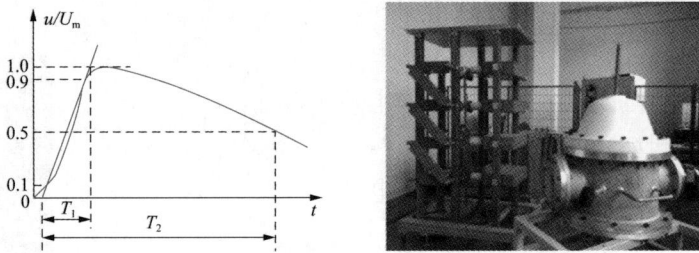

图 5-18　雷电冲击波形及装置示意图

随气压的升高线性增加。在极不均匀电场中，CF_3I/N_2 混合气体的工频击穿电压随放电间隙的变化保持了较好的一致性，都近似于随间隙的增大线性增加，但击穿电压随气压的变化出现了不同程度的饱和现象。对于 CF_3I/CO_2 混合气体而言，由于受到 CF_3I 及 CO_2 电负性的影响，击穿电压随气压的变化表现出了明显的"驼峰"效应。

图 5-19 及图 5-20 为 CF_3I/N_2 混合气体在稍不均匀电场及极不均匀电场下的工频击穿特性，从图中可以看出在稍不均匀电场下 CF_3I/N_2 混合气体随着气压及电极距离的增大基本呈线性增大趋势，但是在针—板电极下即极不均匀电场下，混合气体随电极间隙距离的增大仍呈线性增大趋势，但是随着气压的增大，CF_3I 混合气体出现了明显的饱和现象，击穿电压随气压的变化出现了明显的非线性特征。

图 5-21、图 5-22 分别为 CF_3I/CO_2 混合气体在不同电场下的工频击穿特性。在稍不均匀电场中，CF_3I/CO_2 混合气体的工频击穿电压始终保持着较为一致的变化规律。但在极不均匀电场中，由于 CF_3I 和 CO_2 均具有电负性，二者的混合气体表现出明显的击穿异常现象。

电气设备在运行中除了要长期耐受正常的工作电压外，还可能受到雷电冲击过电压的影响。雷电冲击作用在输电线路或电气设备上，可能造成幅值和陡沿都很高的过电压，对电气设备的绝缘造成严重的破坏。因此，有必要对 CF_3I 混合气体在雷电冲击电压波作用下的击穿特性进行详细的研究。

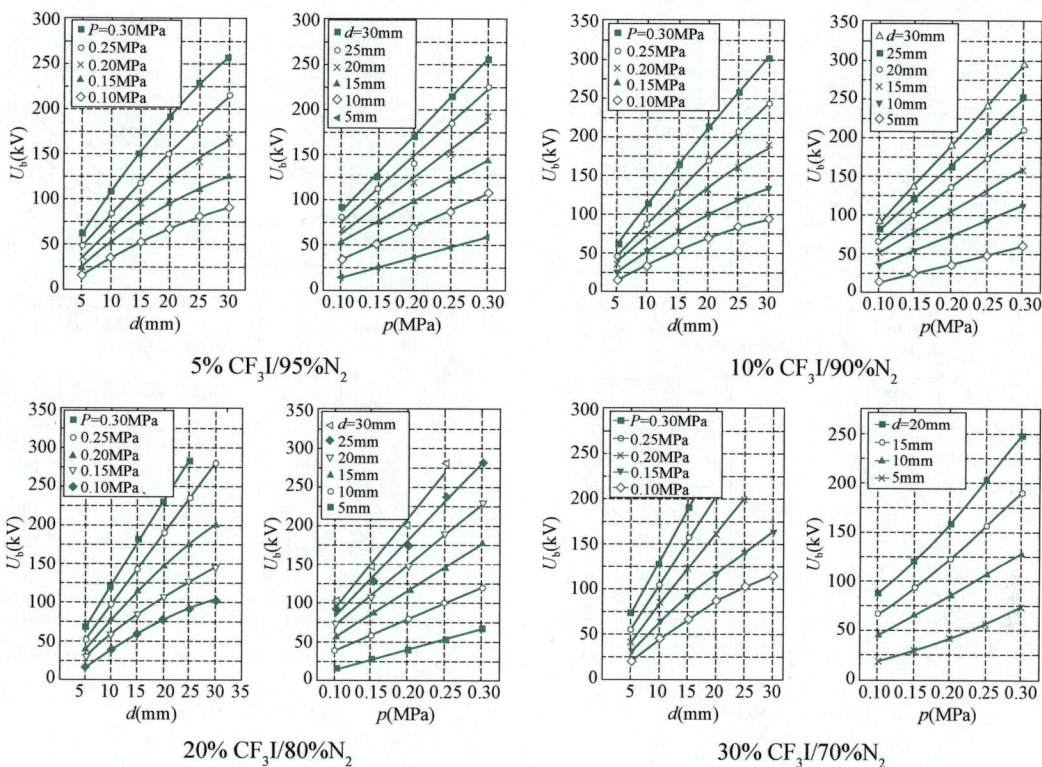

5% CF₃I/95%N₂   10% CF₃I/90%N₂

20% CF₃I/80%N₂   30% CF₃I/70%N₂

图 5-19 不同间距及气压下 CF₃I/N₂ 混合气体在稍不均匀电场中的工频击穿电压

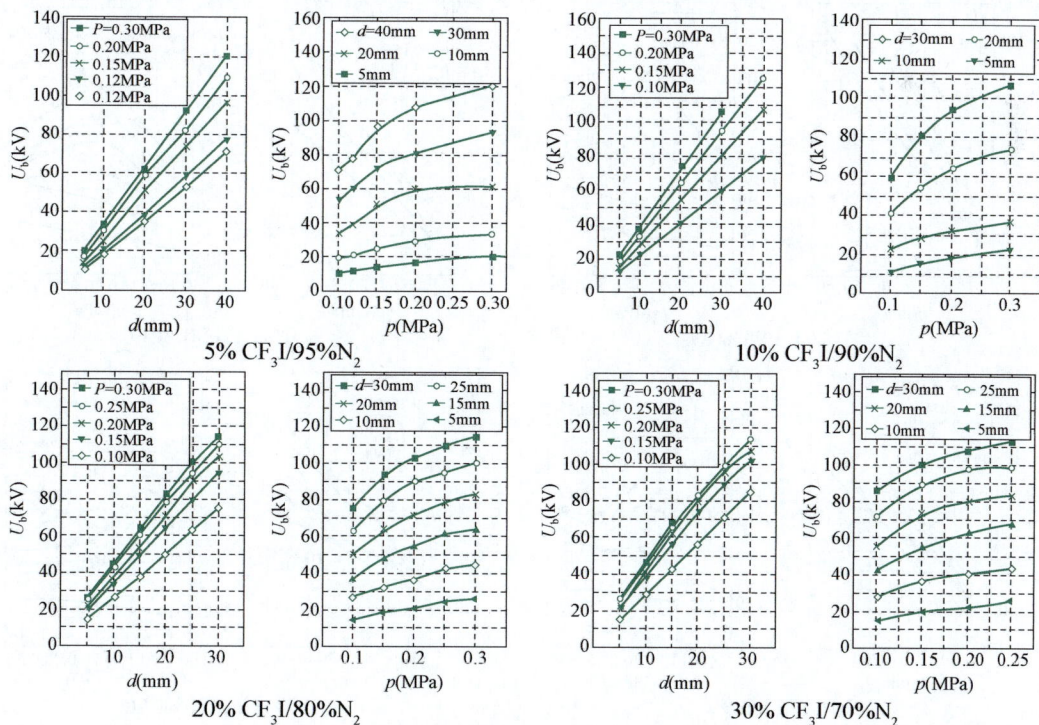

5% CF₃I/95%N₂   10% CF₃I/90%N₂

20% CF₃I/80%N₂   30% CF₃I/70%N₂

图 5-20 不同间距及气压下 CF₃I/N₂ 混合气体在极不均匀电场中的工频击穿电压

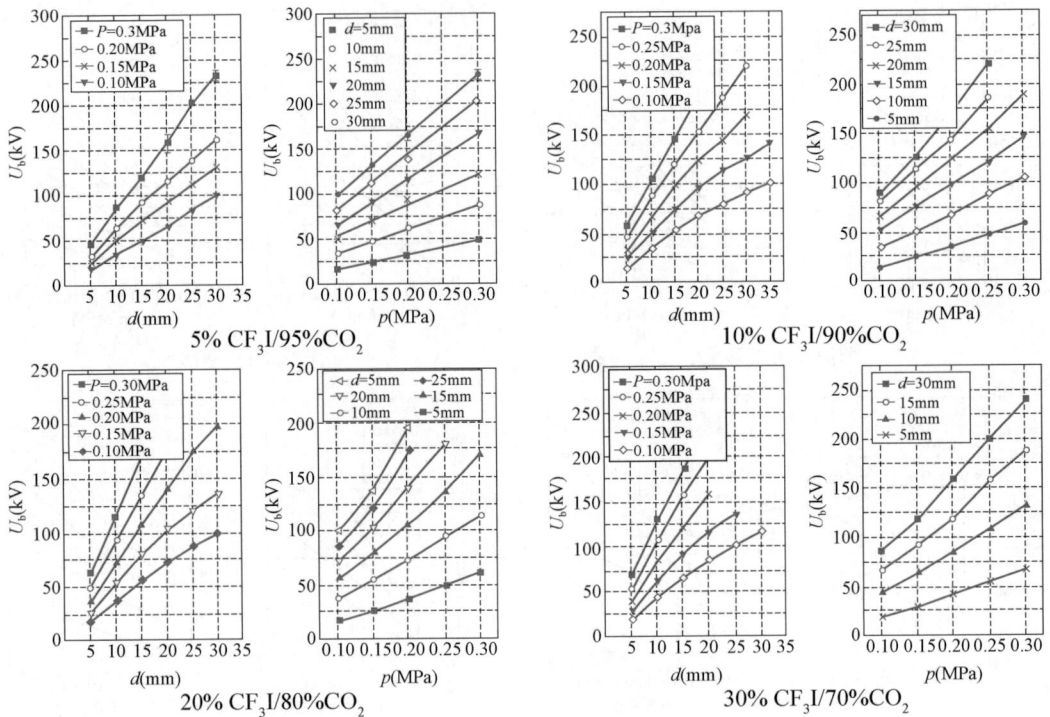

图 5-21　不同间距及气压下 CF_3I/CO_2 混合气体在稍不均匀电场中的工频击穿电压

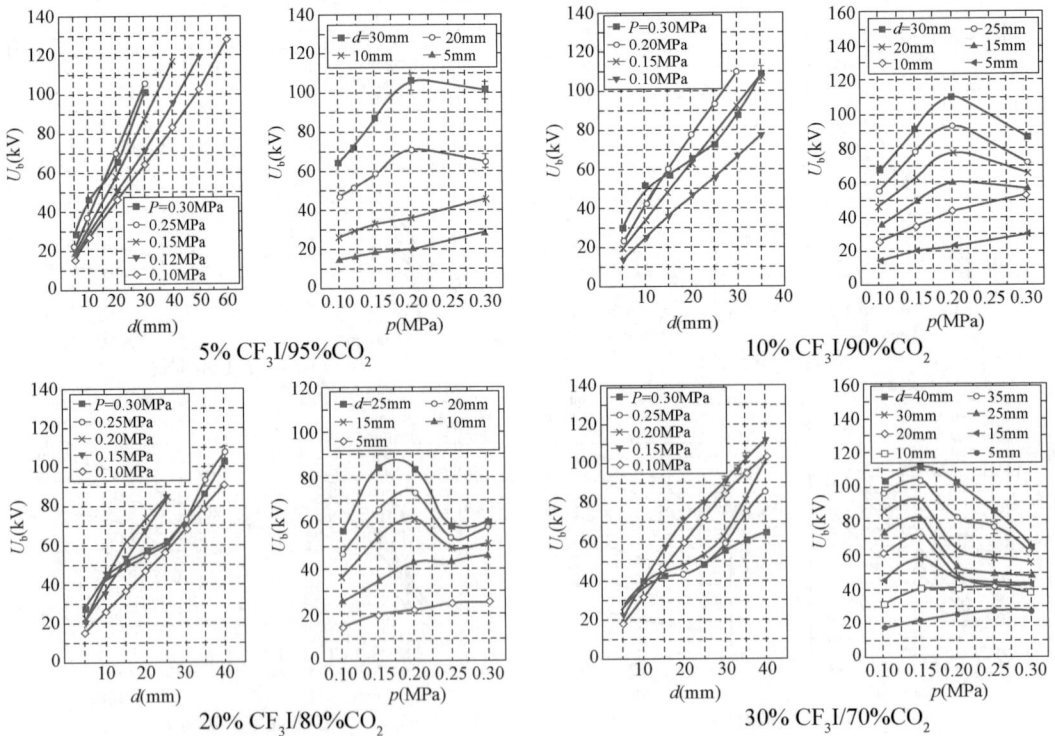

图 5-22　不同间距及气压下 CF_3I/CO_2 混合气体在极不均匀电场中的工频击穿电压

通过标准雷电冲击试验，研究了 5％、20％和 30％混合比例的 CF_3I/N_2 和 CF_3I/CO_2 混合气体在稍不均匀场和极不均匀电场中击穿特性。试验结果表明，在球—板电极环境下，CF_3I 混合气体的 50％冲击击穿电压 $U_{b50\%}$ 均随间隙和气压的增大而不断升高。其中，随间隙的变化表现出了不同程度的饱和现象，而随气压则始终保持了线性增长的趋势。此外，在稍不均匀电场中，负极性下的冲击击穿电压要低于正极性，且冲击系数 $\beta \approx 1$。在针—板电极形成的极不均匀电场中，$U_{b50\%}$ 随间隙饱和的趋势更加明显，且气压升高对绝缘性能的提升效果也不如稍不均匀场时显著。在极不均匀场中，绝大多数情况下负极性时的 $U_{b50\%}$ 要高于正极性，但在 5％和 20％比例的 CF_3I/CO_2 混合气体中，当间隙距离较小时，出现了极性反转的情况。相比于工频时的击穿表现，CF_3I 混合气体在雷电冲击作用下也表现出了击穿异常现象，即在"驼峰"区段内，正极性下的雷电冲击击穿电压明显低于工频时的稳态击穿电压，其冲击系数 β 最低可到 0.6 左右。

图 5-23 所示为 5％CF_3I/95％N_2 混合气体在球—板电极形成的稍不均匀电场中，于不同气压下的 $U_{b50\%}$ 随间隙距离 d 的变化曲线。在非对称结构的稍不均匀电场中，电负性气体的雷电冲击特性表现出了明显的极性效应。在研究间隙范围内（10～40mm），5％CF_3I/95％N_2 混合气体在正极性下的 $U_{b50\%}$ 都要高于负极性，且二者之间的差距随放电间隙的增大而不断增加。

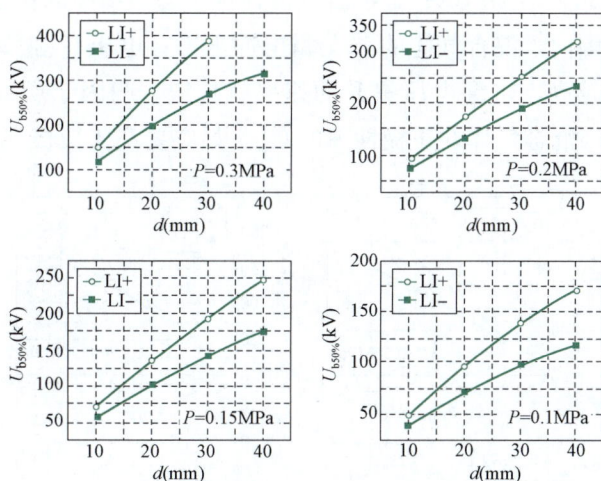

图 5-23 不同间距及气压下 5％CF_3I/95％N_2 混合
气体在稍不均匀电场中的 50％击穿电压

图 5-24 所示为 20％CF_3I/80％N_2 混合气体在稍不均匀场中的 50％雷电冲击击穿电压 $U_{b50\%}$ 随间隙距离 d 的变化情况。限于试验条件，该比例下间隙距离调节的范围为 5～20mm。从图中可以看到，正、负极性下的 $U_{b50\%}$ 都随间隙距离的增大而增大。在 0.2MPa 和 0.3MPa 气压下，$U_{b50\%-}$ 表现出了一定的饱和现象。而在 0.1MPa 时，$U_{b50\%-}$ 则始终近

似于随间隙距离的增大线性增加。从与气压的关系上来看，$U_{b50\%+}$ 和 $U_{b50\%-}$ 均随气压的升高线性增加，但 $U_{b50\%+}$ 增加的速度要快于 $U_{b50\%-}$。

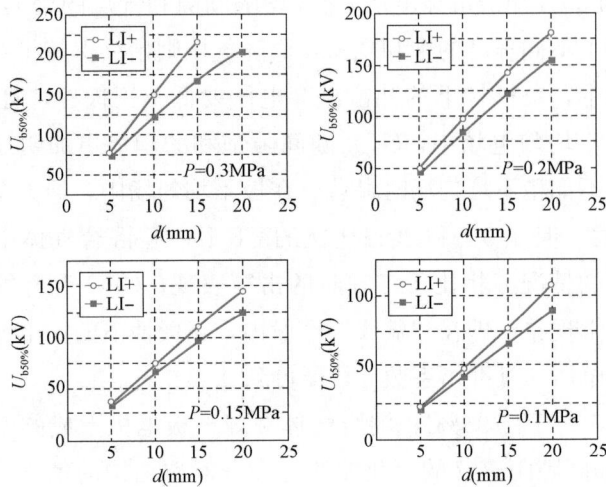

图 5-24 不同间距及气压下 20%CF_3I/80%N_2 混合
气体在稍不均匀电场中的 50%雷电冲击击穿电压

图 5-25 所示为 30%CF_3I/70%N_2 混合气体在稍不均匀场中的雷电冲击特性曲线。在本文所研究的气压范围内，混合气体的 50%雷电冲击击穿电压 $U_{b50\%}$ 始终随间隙距离 d 的增大而增大，且气压越高，击穿电压提升的速率就越快。归因于所处的稍不均匀电场环境，30%CF_3I/70%N_2 混合气体在正极性下的 $U_{b50\%}$ 始终要高于负极性。

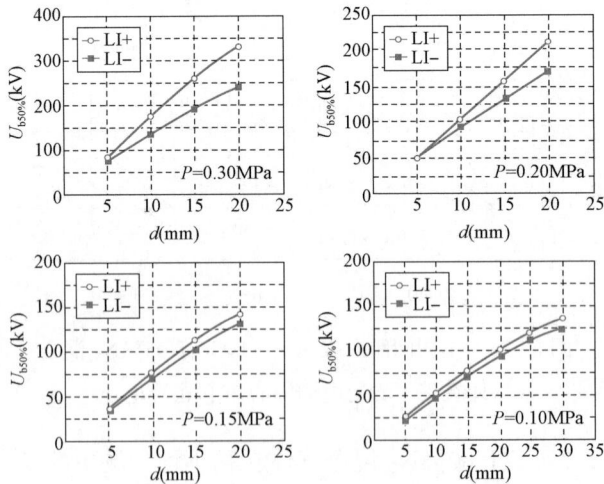

图 5-25 不同间距及气压下 30%CF_3I/70%N_2 混合
气体在稍不均匀电场中的 50%击穿电压

图 5 - 26 所示为 5％CF₃I/95％N₂ 混合气体在极不均匀场中的雷电冲击特性曲线。由于 CF₃I 具有强电负性，因此 CF₃I 混合气体的冲击击穿电压也表现出了电负性气体所具有的一些常见特征。在所有气压下，$U_{b50\%-}$ 都要高于同等条件下的 $U_{b50\%+}$，这与稍不均匀场时的情况正好相反。但当击穿间隙较小时，二者之间的差异微乎其微。从图 5 - 26 中可以看到，当 $d=10mm$，$P=0.1\sim0.2MPa$ 时，正、负极性下的冲击击穿电压几乎相同。但随着放电间隙的增大，$U_{b50\%-}$ 也随之快速升高。尽管表现出趋向于饱和的态势，但由于增加的速度远远超过 $U_{b50\%+}$，因此二者之间的差距被不断拉大。

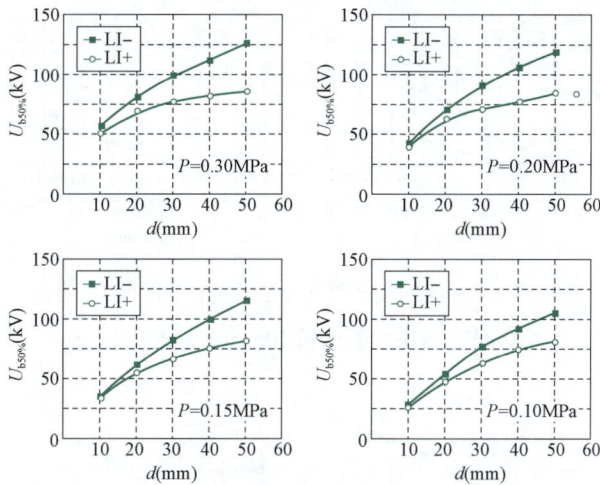

图 5 - 26　不同间距及气压下 5％CF₃I/95％N₂ 混合
气体在极不均匀电场中的 50％击穿电压

图 5 - 27 所示为 20％CF₃I/80％N₂ 混合气体在极不均匀场中的 50％雷电冲击击穿电压 $U_{b50\%}$ 随放电间距 d 的变化情况。可以看出，在所有气压和间距下，20％CF₃I/80％N₂ 混合气体在负极性下的 $U_{b50\%}$ 都要高于正极性。在本文所研究的气压范围内，正、负极性下的 $U_{b50\%}$ 都随间隙距离的增加而增大，并呈现出逐渐饱和的趋势。

图 5 - 28 所示为 30％CF₃I/70％N₂ 混合气体在极不均匀场中的 50％冲击击穿电压 $U_{b50\%}$ 随间隙距离 d 的变化情况。在所有气压下，30％CF₃I/70％N₂ 混合气体的负极性 $U_{b50\%}$ 都要高于正极性。在负极性雷电冲击作用下，$U_{b50\%-}$ 随放电间隙的增大而增加，但二者关系并不线性，而是呈现出逐渐饱和的趋势。

图 5 - 29 所示为 5％CF₃I/95％CO₂ 混合气体在稍不均匀场中的雷电冲击特性曲线。与 CF₃I/N₂ 混合气体类似，正极性下的 50％冲击击穿电压 $U_{b50\%}$ 均要高于负极性，且间隙距离越大，两者之间的差异就越明显。在本文所研究的气压范围内，正、负极性下的 $U_{b50\%}$ 均随间隙距离的增大而增大，但也都表现出了不同程度的饱和趋势，这可能是由于电场不均匀系数改变所造成的。表现在气压上，随着气压的升高，正、负极性下的 $U_{b50\%}$ 均随之

环保型气体绝缘技术

线性增加。这样的变化特征表明，提高 5%CF₃I/95%CO₂ 混合气体的工作压力将能够有效地提升其耐受雷电冲击的水平。

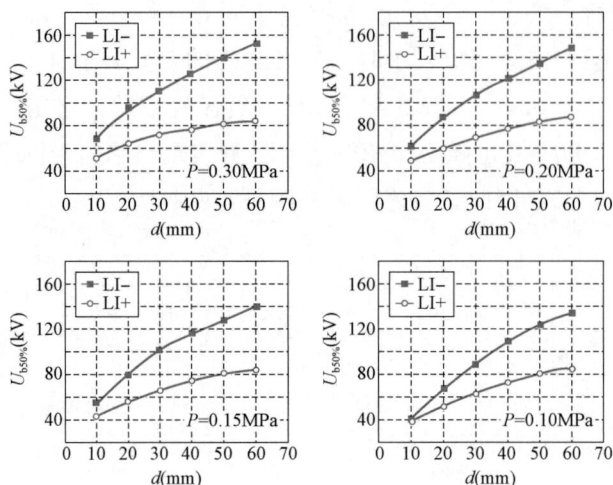

图 5 - 27　不同间距及气压下 20%CF₃I/80%N₂ 混合
气体在极不均匀电场中的 50%击穿电压

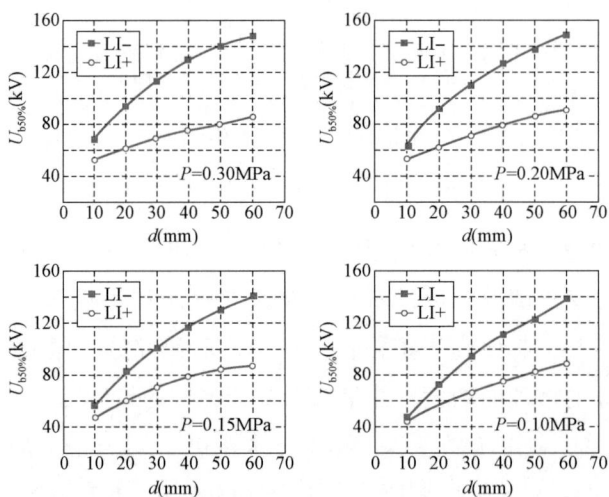

图 5 - 28　不同间距及气压下 30%CF₃I/70%N₂ 混合
气体在极不均匀电场中的 50%击穿电压

进一步提高 CF_3I 的比例至 20%，得到了 20%CF₃I/80%CO₂ 混合气体在稍不均匀场中 50%雷电冲击击穿电压 $U_{b50\%}$ 随间隙和气压的变化曲线，如图 5 - 30 所示。可以看到，混合气体的 $U_{b50\%}$ 均随间隙距离的增大而增大，且表现出程度不同的饱和现象。此外，正极性下的 $U_{b50\%}$ 始终高于负极性，但在 5mm 和 10mm 间隙下，两者之间的差异微乎其微，这与 CF_3I/N_2 混合气体中的情况类似。

90

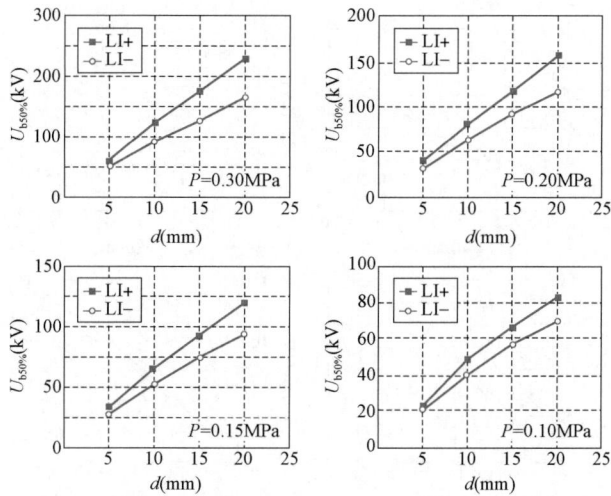

图 5 - 29　不同间距及气压下 5%CF_3I/95%CO_2 混合
气体在稍不均匀电场中的 50%击穿电压

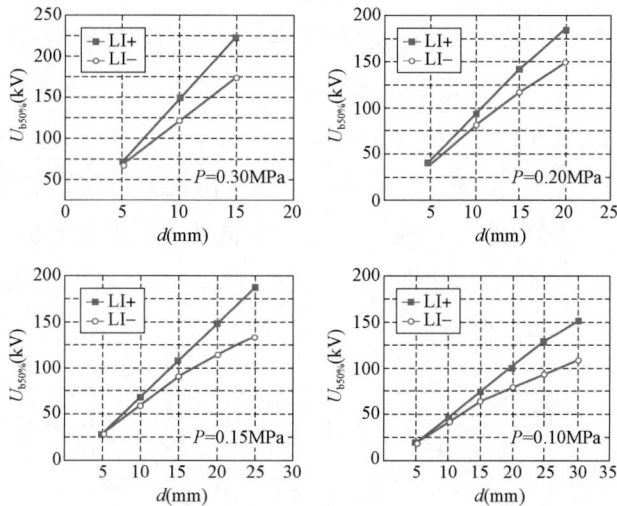

图 5 - 30　不同间距及气压下 20%CF_3I/80%CO_2 混合
气体在稍不均匀电场中的 50%击穿电压

图 5 - 31 所示为 30%CF_3I/70%CO_2 混合气体在稍不均匀场中的雷电冲击特性曲线。与 CF_3I/N_2 时的情况类似，当 CF_3I 比例较高时，尽管混合气体在正极性下的冲击击穿电压始终高于负极性，但在气压较低的情况下，极性效应并不显著。例如 $P＝0.1MPa$、$d＝30mm$ 时，$U_{b50\%+}$ 仅比 $U_{b50\%-}$ 高出 8%左右；而当 $P＝0.1MPa$、$d＝10mm$ 时，两者的数值几乎相等。正、负极性下的冲击击穿电压均随间隙距离的增大而增大，并表现出明显的饱和现象。

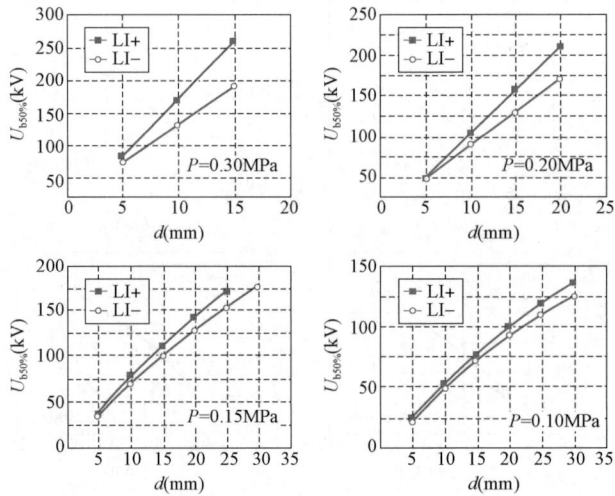

图 5-31 不同间距及气压下 $30\%CF_3I/70\%CO_2$ 混合
气体在稍不均匀电场中的 50% 击穿电压

图 5-32 所示为 $5\%CF_3I/95\%CO_2$ 混合气体在极不均匀场中的雷电冲击特性曲线。在所有气压下，正、负极性 50% 冲击击穿电压 $U_{b50\%}$ 都随近似于随间隙距离的增大而线性升高。在较小的放电间隙下（10mm 和 20mm），$U_{b50\%}$ 出现了极性反转的情况，即负极性时的 $U_{b50\%}$ 反而要低于正极性。在 SF_6 气体中，也曾有研究人员观察到类似的现象。其余情况下，负极性时的 $U_{b50\%}$ 都要高于正极性，且气压越高，二者之间的差距就越大。当 $P=0.1MPa$，$d=50mm$ 时，$U_{b50\%-}$ 仅比 $U_{50\%+}$ 高出 20% 左右。但当气压提高到 $0.3MPa$ 时，$U_{b50\%-}$ 几乎达到了 $U_{b50\%+}$ 的两倍。

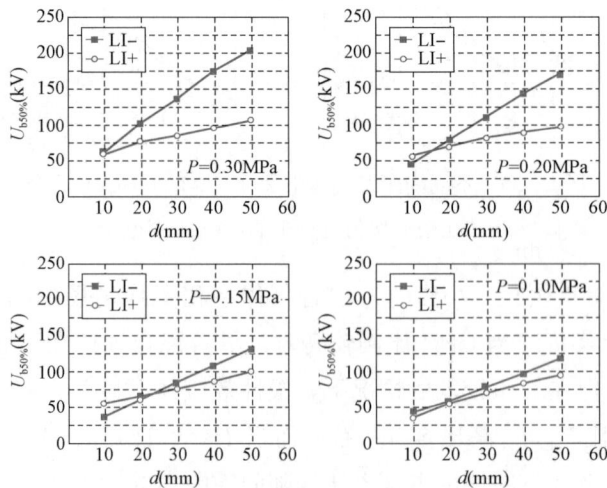

图 5-32 不同间距及气压下 $5\%CF_3I/95\%CO_2$ 混合
气体在极不均匀电场中的 50% 击穿电压

图 5-33 所示为 20%CF₃I/80%CO₂ 混合气体在极不均匀场中的 50%冲击击穿电压 $U_{b50\%}$ 随间隙距离 d 的变化曲线。可以看出，正、负极性下的 $U_{b50\%}$ 始终随间隙距离的增大而增大，其中正极性下近似于线性关系，负极性下则逐渐趋于饱和。当 $P=0.1\text{MPa}$，$d=10\text{mm}$ 时，$U_{b50\%}$ 出现了极性效应的反转现象。此时，正极性下的 $U_{b50\%}$ 约比负极性高出 8%。而在其他的间隙和气压下，负极性下的 $U_{b50\%}$ 始终高于正极性。

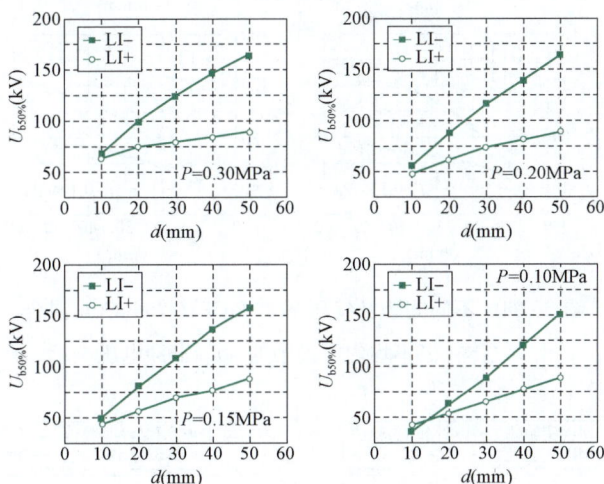

图 5-33　不同间距及气压下 20%CF₃I/80%CO₂ 混合
气体在极不均匀电场中的 50%击穿电压

继续提高 CF₃I 所占的比例至 30%，得到了 30%CF₃I/70%CO₂ 混合气体在极不均匀场中的雷电冲击特性曲线，如图 5-34 所示。在 30%CF₃I/70%CO₂ 混合气体中，10~50mm 间隙范围内并没有出现极性反转的情况，始终是负极性下的 $U_{b50\%}$ 高于正极性。从图中还可以看到，在不同气压下，$U_{b50\%-}$ 均随间隙距离的增大而增大，但饱和的趋势较其他混合比例时更为明显。正极性情况下，$U_{b50\%+}$ 随间隙距离的增加同样表现出了快速饱和的趋势，尤其是在较高的气压下。增大气压对于提高 $U_{b50\%-}$ 效果明显，但同样也会受到间隙距离的影响。

CF₃I 混合气体在稍不均匀电场不同气压下的协同效应如图 5-35 所示（施加电压为工频电压）。从图中可以直观看出三种 CF₃I 混合气体实际击穿电压与按照混合比加权计算的理论击穿电压间的变化关系。对于 CF₃I/N₂ 混合气体，从图中可以看出其实际击穿电压与理论击穿电压的电压差值随着气压的增大也呈增大趋势。对于 CF₃I/CO₂ 混合气体，其随气压的变化情况与 CF₃I/N₂ 有很大不同，从图中可以看出在 0.1MPa 下 CF₃I/CO₂ 混合气体呈现协同效应现象，但是随着气压的增加，混合气体逐渐从协同变为线性最终出现负协同效应。

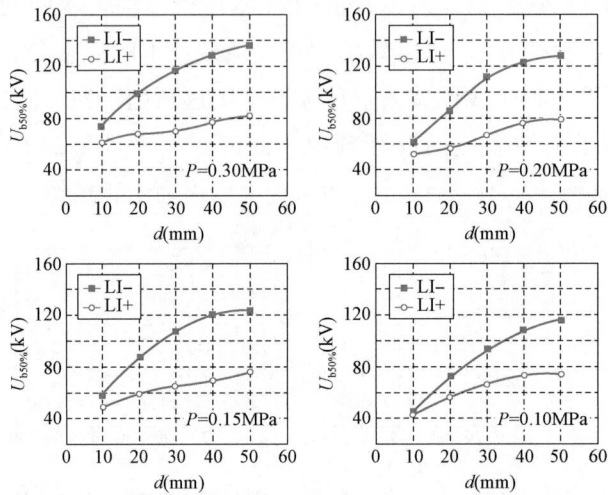

图 5-34 不同间距及气压下 30％CF_3I/70％CO_2 混合
气体在极不均匀电场中的 50％击穿电压

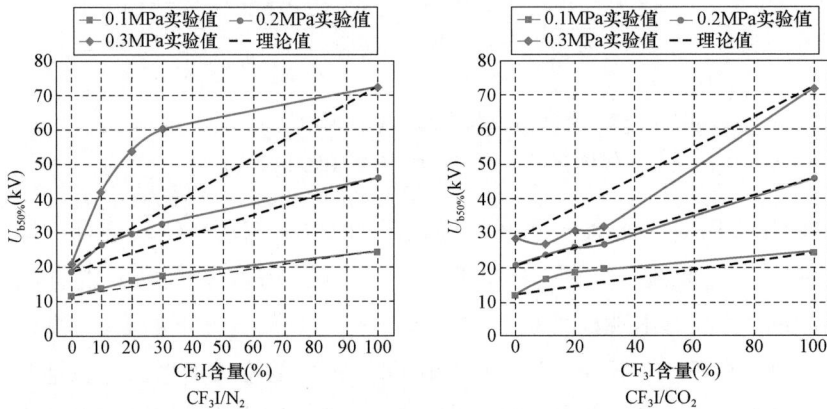

图 5-35 工频电压下 CF_3I 混合气体协同效应对比

稍不均匀场冲击电压作用下的 CF_3I 混合气体协同效应随气压的变化如图 5-36 所示。从图中可以看出对于 CF_3I/N_2 混合气体，随着气压的增加，在正负冲击电压下混合气体的 50％击穿电压与按混合比例的理论值差距逐渐增大，即混合气体的协同效应随着气压的增大逐渐变强。对于 CF_3I/CO_2 混合气体，在冲击电压下出现了与工频电压作用下相似的情况，即在 0.1MPa 下混合气体出现协同效应现象，但是随着气压的增加，混合气体从协同逐渐变为负协同现象，但是混合气体整体的绝缘强度仍基本随着气压的增加而增加。

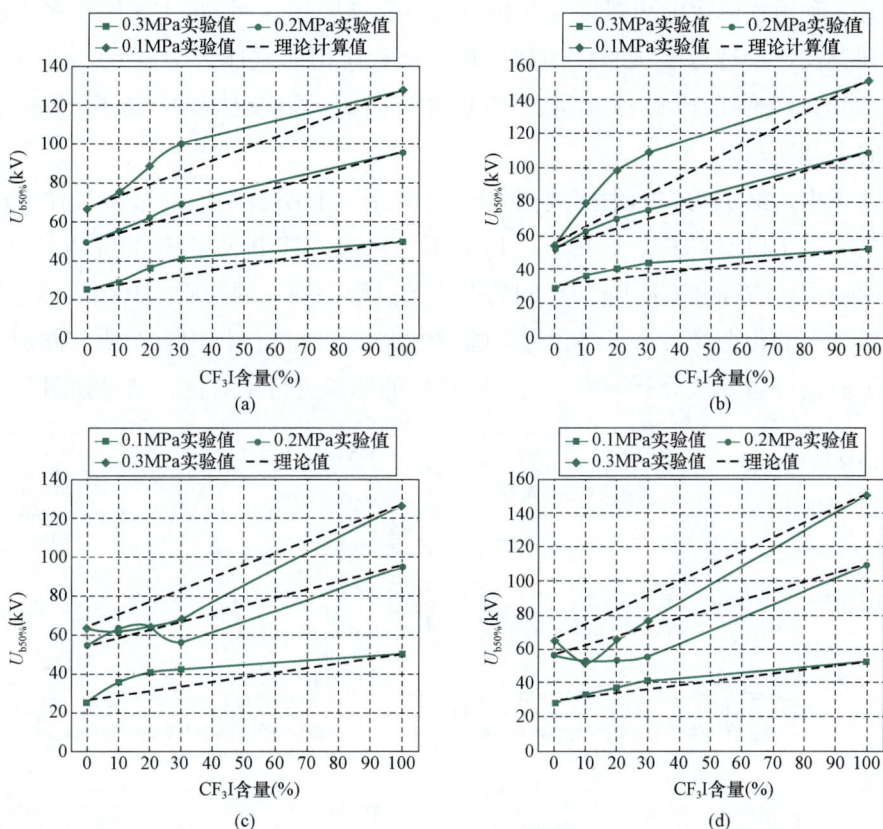

图 5 - 36 冲击电压下 CF$_3$I 混合气体协同效应对比

(a) CF$_3$I/N$_2$-L$_I$; (b) CF$_3$I/N$_2$+L$_I$; (c) CF$_3$I/CO$_2$-L$_I$; (d) CF$_3$I/CO$_2$+L$_I$

可以看出，无论是在稍不均匀电场还是在极不均匀电场中，CF$_3$I/N$_2$ 混合气体的绝缘性能都要优于同等条件下的 CF$_3$I/CO$_2$ 组合。其中，20％比例的 CF$_3$I/N$_2$ 混合气体的绝缘强度约为纯 SF$_6$ 的 50％。当 CF$_3$I 比例为 30％时，CF$_3$I/N$_2$ 混合气体能够达到纯 SF$_6$ 气体 55％以上的绝缘水平。对于 CF$_3$I/CO$_2$ 组合，30％比例的 CF$_3$I/CO$_2$ 混合气体在稍不均匀场中能达到纯 SF$_6$ 气体 53％以上的绝缘水平，但在极不均匀场中，相对绝缘强度依赖于气压变化，仅能达到 SF$_6$ 的 42％～67％。CF$_3$I/N$_2$ 混合气体随着气压的增大协同效应增大，CF$_3$I/CO$_2$ 混合气体随着气压增大会出现负协同现象。综合考虑绝缘性能、环境指标以及液化温度等多方面因素，可以采用 20％～30％比例的 CF$_3$I/N$_2$ 混合气体作为 SF$_6$ 替代介质应用于中低压电气设备中。

5.5 CF$_3$I 混合气体放电产物的分析测试

为了在电气设备中得到应用，CF$_3$I 及其混合气体在放电击穿后的分解产物问题也需

95

要全面研究。利用气体放电装置以及气相色谱—质谱联用仪对 CF_3I 气体在多次放电后的气体产物种类及含量进行了试验检测和分析。试验所用的气体为纯度 99.49% 的 CF_3I 气体，其中已知的气体杂质包括微量的 CO_2 和 CF_3Br，以及体积比低于 18ppm（1.8×10^{-3}%）的水蒸气。

检测结果中，除了气体的主要成分 CF_3I，其余具有明显响应的杂质气体或气体分解物主要包括 N_2、CO_2、C_2F_6、C_2F_4、C_3F_8 以及 CF_3Br，其中 N_2 为检测气体时因为混入空气而带有的杂质，CO_2 和 CF_3Br 为已知的在生产过程中混入的杂质。其余气体为击穿后气体样本中所含有的化合物。为了将含量不随放电次数变化的气体固有杂质与随放电次数增加而含量上升的分解物区分开，将5组采样数据的图像进行了对比，结果如图5-37所示。

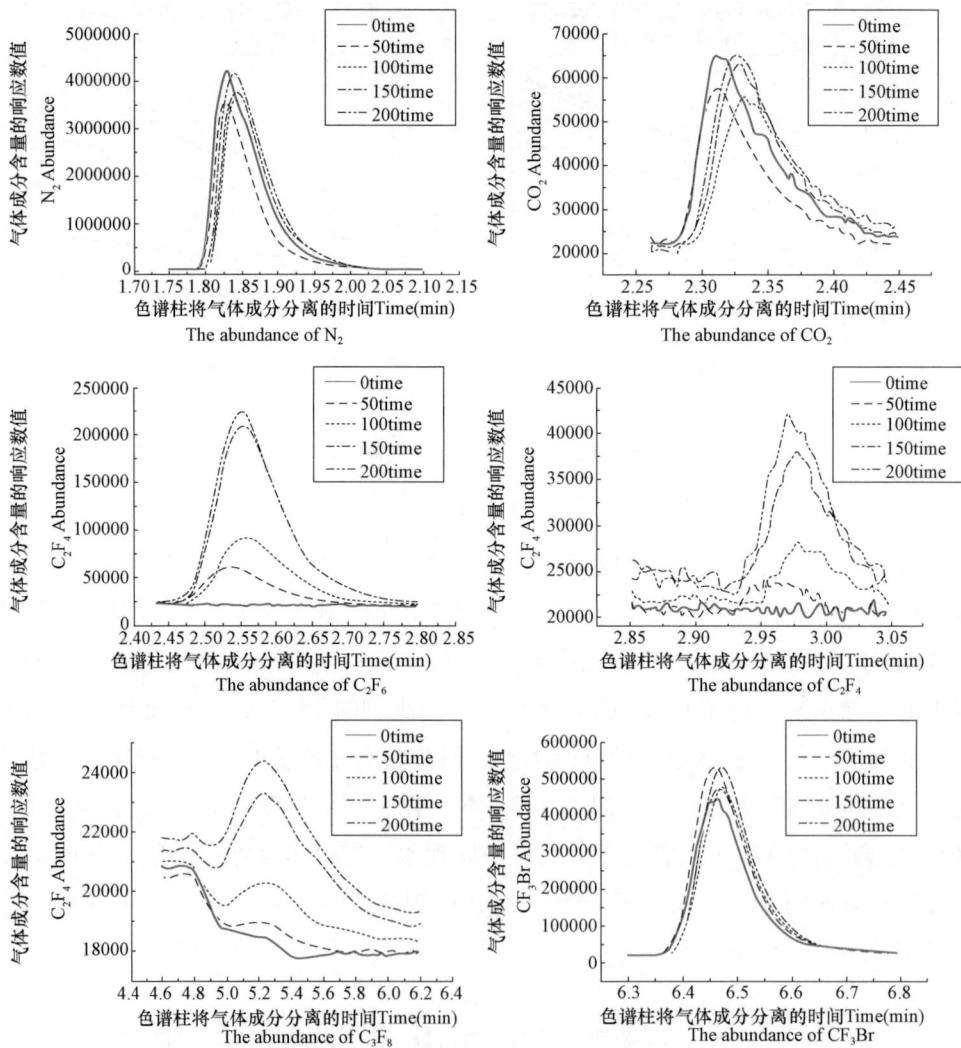

图 5-37　CF_3I 气体分解产物检测结果

从检测结果中可以明显看出，C_2F_6、C_2F_4、C_3F_8 是主要的分解产物，而 C_2F_6 的产物含量是 C_2F_4 和 C_3F_8 的 10 倍以上，是 CF₃I 在放电过程中的主要产物。因此很容易得出，CF₃I 在放电过程中发生的最主要反应是

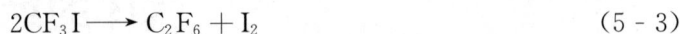

$$2CF_3I \longrightarrow C_2F_6 + I_2 \tag{5-3}$$

这与放电过程中电极上析出的微量碘颗粒的现象相吻合，该检测结果也与国外相关的研究基本一致。在经历 200 次击穿过后，CF₃I 气隙的击穿电压基本没有显著变化，一方面是分解产生的气体含量比较低，其分解量仅为气体总量的 1% 左右，由此证明 CF₃I 在放电过程中的分解并非极为严重；另一方面，其分解气体同样为氟代有机气体，具有较好的绝缘特性，不会使整个气隙的气体绝缘出现显著的下降。部分国外学者提出，析出的固体碘单质会附着在固体绝缘材料表面，由于碘单质具有一定的导电性，因此会影响固体材料的绝缘效果，测试结果表示当碘单质析出后，固体绝缘材料的击穿电压会下降 10% 左右。

CF₃I 混合气体稍不均匀电场与极不均匀电场下放电分解特性基本一致。其主要的工频放电产物有 CF_4 和 C_2F_6，CF₃I 的分解率在 10% 左右。雷冲放电时，CF₃I 气体几乎不发生分解，没有含氟生成物检出。

综上所述，CF₃I 及其混合气体具有很高的替代 SF₆ 应用到电气设备的潜力，但还有许多相关的应用基础研究仍需进行。CF₃I 及其混合气体在不同电场均匀程度环境中，在直流、工频交流、雷电冲击波和操作过电压作用下的击穿特性以及灭弧特性还需要继续研究。

气体绝缘设备通常由电极系统、绝缘气体和支撑绝缘条件三部分构成。气体的绝缘性能受到很多因素的影响，研究电极表面粗糙度、电极材料、电极极性和沿面放电对 CF₃I 及其混合气体绝缘强度的影响。研究 CF₃I 及其混合气体的绝缘性能对电场均匀程度、气体压强、电极系统及电压类型的依赖关系，更充分认识 CF₃I 混合气体的放电机理及其电气绝缘特性。

研究 CF₃I 及其混合气体作为优良环境指标的绝缘气体，将 CF₃I 及其混合气体应用于高压电气设备，同时考虑环保特性、绝缘特性和液化温度，可以优先考虑采用 CF₃I 混合气体用于中低压系统的 C-GIS、高压系统的 GIL、GIT 等不涉及灭弧的电气设备中。

6 C₄（C₄F₇N）及其混合气体的绝缘性能

随着研究的深入，研究者发现了多种环境友好并且电气性能更加优异的绝缘气体。2014年，阿尔斯通（ALSTOM）公司和3M公司联合推出一种新型环保SF_6替代混合气体g^3。2015年阿尔斯通公司研制出使用g^3气体的高压断路器。g^3气体是3M公司生产的名为Novec4710的制冷剂气体及CO_2气体的混合气体，而Novec4710气体则是由4个C原子，7个F原子，1个N原子组成的氟代腈化合物C_4F_7N，该气体液化温度很高，常压下为−4.7℃，也必须与N_2或CO_2等缓冲气体进行混合使用。

6.1 C₄F₇N 气体的自然性质

6.1.1 C₄F₇N 气体的物理化学性质

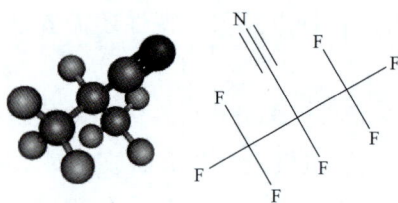

图 6-1 C₄F₇N气体分子结构

C_4F_7N气体分子的结构如图6-1所示。其分子结构由12个原子组成，外部共有94个电子。分子键主要包括C-C、C-F以及一个C≡N结构。

C_4F_7N气体属于氟化腈类，该气体无色无味且在700℃以下化学性质稳定，其常压下液化温度为−4.7℃，饱和蒸气压为252kPa，1个大气压时密度为7.9kg/m³。C_4F_7N气体与其他常见绝缘气体的性能参数对比见表6-1。

表 6-1   C₄F₇N 气体与其他常见绝缘气体的性能对比

气体	GWP	ODP	大气寿命（years）	毒性 LC50，（ppmv）	液化温度（℃）	介电强度，（相对 SF₆）
SF₆	23900	0	3400	—	−63	1
Dry Air	0	0	—	—	—	0.33
N₂	0	0	—	—	−195.8	0.3～0.4
CO₂	1	0	—	＞300000	−78.5	0.3～0.4
CF₄	6500	0	5000	895000（0.25h）	−128	0.39

气体	GWP	ODP	大气寿命 （years）	毒性 LC50, （ppmv）	液化温度 （℃）	介电强度, （相对 SF₆）
c-C₄F₈	8700	0	3200	780000 （2h）	−6.04	1.25
CF₃I	0.45	0	<2 天	160000	−22.5	1.3
C₄F₇N	2210	0	30	12000 ～15000	−4.7	2.0～2.2
C₅F₁₀O	1	0	0.014	>20000	26	2
C₆F₁₂O	1	0	0.014	>10000	49	2.8

由表 6-1 看出，大多数的环保型绝缘气体，其液化温度较高，很难实际应用于气体绝缘电气设备当中，往往需要与缓冲气体（N_2 或者 CO_2 等）配合使用。而混合后的气体液化温度（露点温度）与其中的 C_4F_7N 气体含量具有直接关系。通过计算了 C_4F_7N 二元混合气体的饱和蒸气压和露点温度，结果表明 C_4F_7N 含量为 2%～20% 的 C_4F_7N 二元混合气体的液化温度能够满足一般气体绝缘电气设备的工作环境要求，适合于 −10～−30℃ 等不同低温环境条件下 C_4F_7N 二元混合气体的配比方案，如图 6-2 和表 6-2 所示。以目前的气体绝缘电气设备的运行气压（0.4～0.5MPa）作为参考标准，从混合气体液化温度的角度分析，若要 C_4F_7N 气体满足低温环境下使用，混合气体中 C_4F_7N 气体的含量不宜超过 20%。

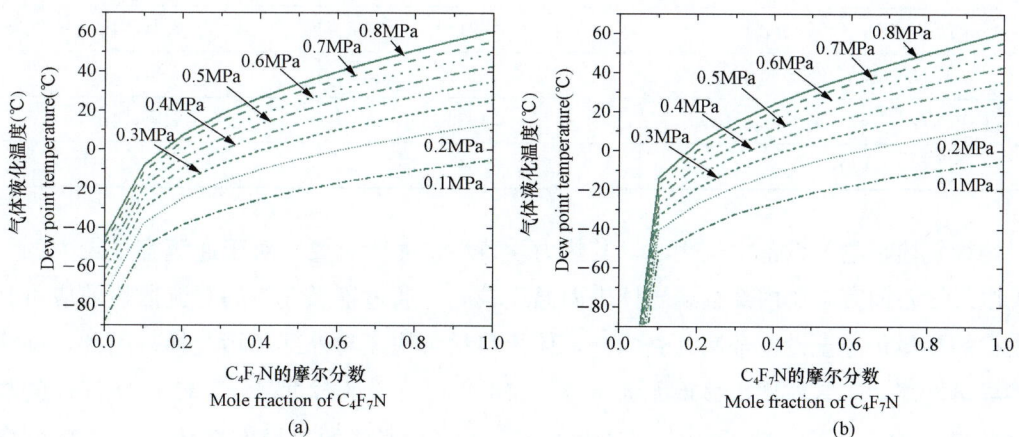

图 6-2 C_4F_7N 二元混合气体的液化温度

（a）C_4F_7N/CO_2 混合气体；（b）C_4F_7N/N_2 混合气体

表 6-2 基于液化温度的 C_4F_7N 二元混合气体的配比方案

温度	缓冲气体	气压（MPa）							
		0.10	0.20	0.30	0.40	0.50	0.60	0.70	0.80
−10℃	N_2	0.844	0.435	0.296	0.232	0.187	0.162	0.143	0.126
	CO_2	0.839	0.415	0.277	0.203	0.156	0.137	0.113	0.096
−20℃	N_2	0.555	0.287	0.197	0.155	0.125	0.103	0.098	0.097
	CO_2	0.537	0.267	0.176	0.131	0.098	0.088	0.078	0.069
−30℃	N_2	0.350	0.183	0.127	0.099	0.096	0.094	0.092	0.090
	CO_2	0.331	0.165	0.101	0.085	0.072	0.061	0.051	0.042

3M 公司提供的 C_4F_7N 气体材料安全手册中指出，C_4F_7N 气体的毒性 LC50<1.5%。经合发展组织 412 提供的 C_4F_7N 气体亚急性吸入毒性 28 天测试结果表明，C_4F_7N 气体的职业接触限制（Occupational Exposure Limits，OEL）为 0.0065%。人体应当尽量避免吸入 C_4F_7N 气体，而现有关于 SF_6 毒性生物检测的行业标准无法适用于 C_4F_7N 气体。表 6-3 给出了几种比例 C_4F_7N 混合气体的毒性，其中 ATE 值。目前国内外研究 C_4F_7N 气体毒性的结果表明，若按照国际通用《全球化学品统一分类和标签制度》（Globally harmonized system，GHS）推荐的评价标准，C_4F_7N 气体属于 4 级（LC50 值范围为 0.25%～2%），而 C_4F_7N 混合气体的毒性低于纯 C_4F_7N 气体。

表 6-3 C_4F_7N 及其混合气体的毒性

气体	LC50 值	ATE 值
C_4F_7N	1～1.5	大鼠，4h
C_4F_7N/CO_2（4%：96%）	16～21.2	大鼠，4h
C_4F_7N/CO_2（10%：90%）	9.55～10	大鼠，4h
C_4F_7N/Air（57.7%：42.3%）	<1.73	大鼠，4h
CO_2	>30	—

绝缘气体在电气设备中应用时，其热力学特性也尤为重要。对于通流容量较大的气体绝缘电气设备而言，其内部金属导体表面温度较高，通过绝缘气体的对流散热效应可将导体表面的热量传导至设备金属外壳内壁，使得热量可快速与外部环境交换。因此，绝缘气体的导热性能对于其应用也显得尤为重要。3M 公司公布的数据显示，C_4F_7N 气体的热导率系数为 1.24，比 SF_6 略低一些，但优于 N_2 和 CO_2 气体的热导率系数。当 C_4F_7N 含量小于 8% 或 10% 的时候，C_4F_7N 对混合气体的定压比热容贡献较大，对黏度贡献不大，有利于导热和散热。根据已公布的 C_4F_7N 气体热力学物性参数计算了 C_4F_7N、SF_6 和 CO_2 等气体的维米尔对流换热系数，其中 C_4F_7N 气体的维米尔对流换热系数为 13.8，SF_6 气

体的维米尔对流换热系数为 11.3，而 CO_2 的维米尔对流换热系数为 6.10，这表明在对流换热方面，C_4F_7N 气体比 SF_6 和 CO_2 的传热性能更优异；而研究 C_4F_7N/CO_2 混合气体的极限通流容量表明，在导体允许最大温升 65K 的情况下，C_4F_7N 含量为 4% 的 C_4F_7N/CO_2 混合气体极限通流容量为 2250A，SF_6 气体的极限通流容量为 2398A，CO_2 气体的极限通流容量为 2179A，如图 6-3 所示。这表明，低含量的 C_4F_7N/CO_2 混合气体在电气设备的导热和散热方面已经具备了工业应用价值。

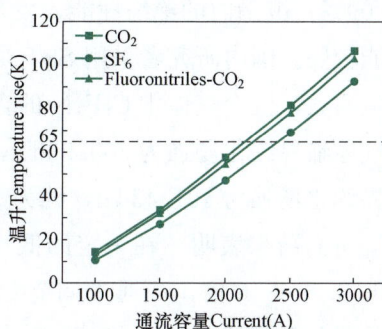

图 6-3　三种气体中的通流容量与温升的关系

C_4F_7N 及其混合气体的理化特性研究分析表明，在环境适应性、环境友好性和热力学特性方面，C_4F_7N 及其混合气体已经满足了电气设备的基本要求，具备了在电气设备中应用的前景。

6.1.2　C_4F_7N 及其混合气体的绝缘性能

绝缘性能是气体在电气设备中应用需满足的最基本条件。目前研究人员广泛认可的两种评价气体绝缘性能优劣方法。

（1）通过试验和计算方法获得均匀电场中气体的临界约化场强 $(E/N)_{lim}$，其中 E 表示电场强度，N 表示单位体积内的气体分子数。当气体的电离系数 α 与吸附系数 η 相等时，表示此时的气体处于非自持放电向自持放电转变的临界状态，此时的 $(E/N)_{lim}$ 可以被用来表征气体绝缘强度。这种方法可以获得气体理论上的绝缘强度，但有适用条件的限制，试验普遍在低气压条件开展。

（2）通过试验方法获得高气压环境下均匀电场中的气体击穿电压或击穿场强，以击穿电压或击穿场强的数值来评价气体绝缘强度。这种方法的优点是获得的结果可直接用于评价，缺点是对试验条件要求较高，试验工作量较大。

1. C_4F_7N 及其混合气体的临界约化场强

气体的汤逊放电过程和临界条件判断依据是获得气体临界约化场强 $(E/N)_{lim}$ 的理论基础。试验中常常采用稳态汤逊法（SST）和暂态汤逊法（PT）两种方法。法国学者 Nechmi 等人采用 SST 法，在 200～1066Td 范围内测量了 C_4F_7N/CO_2 混合气体的 $(E/N)_{lim}$，其结果与宏观击穿数据相符，发现 C_4F_7N 含量为 20% 的 C_4F_7N/CO_2 混合气体的电气强度与纯 SF_6、58%C_4F_8/42%CO_2 和 70%CF_3I/30%CO_2 相当，液化温度却比其他环保混合气体要低。苏黎世联邦理工的 Franck 等人通过 PT 法，测量了低配比（40% 以下）C_4F_7N/CO_2、C_4F_7N/N_2 的微观参数，得到了混合气体的 E/N_{lim} 值，发现两种混合气体均存在协同效应。Long 等人测量了 C_4F_7N/N_2 混合气体在 200～500Td（C_4F_7N 浓度低于

19.09％）范围内的绝缘性能，发现 C_4F_7N 浓度为 19.09％，E/N 值达到 395Td 时，绝缘性能较好。国内研究者采用 SST 法试验研究了 200～500Td 条件下 C_4F_7N/N_2 混合气体的放电参数，混合气体中 C_4F_7N 的含量分别为 9％和 20％，结果发现 C_4F_7N 含量为 9％的混合气体临界约化场强为 305.93Td，约为 SF_6 气体的 85％，C_4F_7N 含量为 20％的混合气体临界约化场强为 407.43Td，约为 SF_6 气体的 115％。

研究结果表明，在一定的低气压范围内，C_4F_7N 气体的临界约化场强相当于 SF_6 气体的 2.0～2.6 倍，而通过调节 C_4F_7N 的含量，可以使 C_4F_7N 混合气体的微观放电参数和临界约化场强达到或优于 SF_6 气体。这也为 C_4F_7N 混合气体的宏观绝缘性能测试提供了理论依据，但是在高气压条件下，电子崩的发展过程中阴极效应减弱，碰撞电离过程中还会出现光电离和空间电荷效应。这些因素使得在高气压条件气体产生自持放电的条件与低气压条件下是不相同的。同时由于高气压条件下气体的临界条件即为其击穿电压，击穿过程为一个流注放电过程，电子崩电流难以检测，因此这方面的研究还要深入进行。

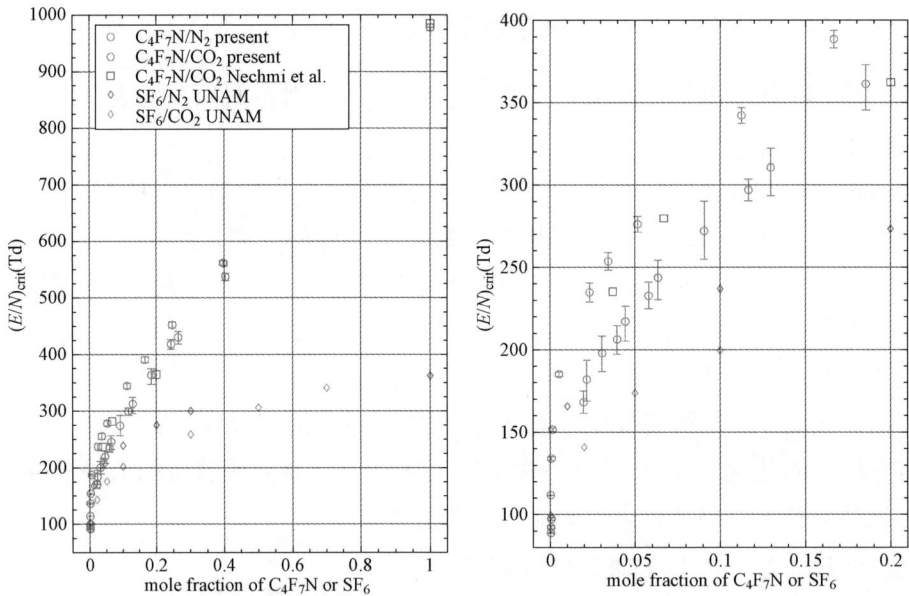

图 6-4　几种混合气体临界约化场强的对比[19]

2. C_4F_7N 及其混合气体的宏观绝缘特性

作为电气设备中应用的气体绝缘介质，仅仅依靠低气压下微观放电参数的结果是无法实现工业化应用。电气设备绝缘设计过程中需要依靠大量的气体绝缘基础数据，例如击穿场强、沿面闪络最大场强和灭弧性能等，即要开展 C_4F_7N 及其混合气体的宏观绝缘性能测试。

　　法国学者 Nechmi 等人在 1～10 个大气压范围内采用不同电场结构对 C_4F_7N/CO_2 混合气体的工频击穿和正、负极性雷电冲击击穿特性进行了研究。结果表明，0.1MPa 时含 20％C_4F_7N 的混合气体的工频击穿电压与 SF_6 相当；0.55MPa 时，含 3.7％C_4F_7N 的混合气体在均匀电场下的工频击穿电压相当于同气压 SF_6 的 72％，若要达到 SF_6 的绝缘水平，需要提高混合气体的气压至 0.88MPa；在不均匀电场中，含 3.7％C_4F_7N 的混合气体的雷电冲击实验结果表明，随着气压升高（或不均匀系数增大），正、负极性击穿电压曲线之间存在交叉点，并提出混合比 3.7∶96.3 的 C_4F_7N/CO_2 混合气体具有替代 SF_6 的能力。

　　Kieffel 等人利用 145kV GIS 平台对 0％～20％含量 C_4F_7N/CO_2 混合气体的工频击穿特性和负极性雷电冲击击穿特性分别进行了测试，结果表明 0.1MPa 下 18％～20％含量的 C_4F_7N/CO_2 混合气体的工频击穿电压相当于 SF_6；0.67～0.82MPa 气压范围内 4％～10％含量 C_4F_7N/CO_2 混合气体的负极性雷电冲击击穿电压相当于 0.55MPa 时纯 SF_6 气体的 87％～96％。

　　3M 公司的 John Owens 在 0.1～1.0MPa 气压范围内对均匀电场下 0％～20％含量 C_4F_7N/CO_2、C_4F_7N/N_2、C_4F_7N/Air 混合气体的工频击穿电压进行了测量。结果表明，相同气压相同配比条件下，三种混合气体的工频击穿电压从高到低依次为 C_4F_7N/CO_2 混合气体、C_4F_7N/Air 混合气体、C_4F_7N/N_2 混合气体。

　　德国达姆施塔特工业大学的 J. Wiener 等人在 0.5MPa 和 0.7MPa 条件下，采用板—板电极、球—板电极和同轴圆柱电极的方式研究了 C_4F_7N/CO_2 与 C_4F_7N/N_2 的工频和雷电冲击的击穿特性，C_4F_7N 的含量分别为 15％和 20％，结果表明，C_4F_7N/CO_2 气体的工频与负极性雷电冲击击穿性能与 SF_6/N_2（20％∶80％）混合气体相当，而正极性雷电冲击击穿性能优于 SF_6/N_2（20％∶80％）混合气体；而高含量的 C_4F_7N/N_2 混合气体在不同电压下的击穿性能与 C_4F_7N/CO_2 气体接近。国内的研究者也研究了 C_4F_7N/CO_2 混合气体的临界击穿场强，在 −25℃温度下，含 5％C_4F_7N 的混合气体约在 0.65MPa 时可达到 0.5MPa 下 SF_6 气体的绝缘强度；C_4F_7N 含量为 2％～8％的 C_4F_7N/CO_2 混合气体工频击穿电压达到相同气压下 SF_6 气体击穿电压的 50％～75％，同时 C_4F_7N 与 CO_2 气体之间存在一定的协同效应；C_4F_7N 含量为 10％的 C_4F_7N/CO_2 混合气体，其绝缘性能能够达到 SF_6 气体绝缘性能的 80％以上，具备替代 SF_6 气体的潜力。

　　国内研究者通过理论计算和试验相结合的方法研究了 C_4F_7N/CO_2 混合气体对不均匀电场的耐受能力，C_4F_7N/CO_2 混合气体的优异值随着 C_4F_7N 含量的降低而增大，当 C_4F_7N 含量低于 20％的时候，C_4F_7N/CO_2 混合气体的优异值比 SF_6 气体的优异值大；采用 C_4F_7N/CO_2 混合气体为绝缘的电气设备，其金属导体表面粗糙度控制值也满足现有 SF_6 气体绝缘设备中表面粗糙度控制值为 6.3μm 的标准。

　　在研究电弧等离子体热力学参数方面，国内研究者指出 C_4F_7N 含量为 10％的 $C_4F_7N/$

CO_2 混合气体电弧开断性能优于 C_4F_7N/N_2 混合气体及 C_4F_7N/Air 混合气体，随着 C_4F_7N 含量的增加，C_4F_7N/CO_2 混合气体熄弧电压峰值以及电弧电导与 SF_6 气体接近，具有较强的灭弧能力。

目前国内外关于 C_4F_7N 及其混合气体绝缘性能的研究进展表明，C_4F_7N 及其混合气体可作为一种绝缘性能优异的气体绝缘介质。通过调控 C_4F_7N 在混合气体中的含量，可以实现 C_4F_7N 混合气体的绝缘性能达到甚至优于 SF_6 气体。

6.1.3 C_4F_7N 及其混合气体的分解特性和相容性

C_4F_7N 及其混合气体作为一种新型环保绝缘气体，其分解特性及分解后形成产物的理化性质也受到了研究人员的普遍关注。通过分析气体分解的路径可以获得气体的化学稳定性以及抑制某种有毒有害产物的方法，而通过研究产物的理化性质，可以获得产物与设备内其他金属或固体材料的相容性。因此，研究 C_4F_7N 及其混合气体的分解特性，可以从化学性质方面判断其是否具备替代 SF_6 气体的可行性。

3M 公司的 John Owens 通过试验的方式研究了纯 C_4F_7N 气体在高温下的分解过程，结果表明，C_4F_7N 在陶瓷试管和铬镍合金试管中的起始分解温度分别为 700℃ 和 625℃，其完全分解温度约为 825℃。

国内研究者采用量子化学计算和试验的方法研究了 C_4F_7N/N_2 混合气体放电分解特性以及 C_4F_7N/CO_2 热分解特性，结果表明放电分解产物主要为 CF_4、C_2F_6、C_3F_8、CF_3CN、C_2F_4、C_3F_6 和 C_2F_5CN，并利用 Material Studio 仿真软件对 C_4F_7N 气体及其分解产物在铜、铝和银等金属材料表面的解离吸附进行了理论研究，结果表明 C_4F_7N 气体与铜、铝和银都具有良好相容性。国内研究者对 C_4F_7N/CO_2 混合气体在工频击穿和过热条件下的分解特性进行了研究，C_4F_7N/CO_2 混合气体大约在 700℃ 左右产生明显分解，主要产物为 CO、C_2F_6、C_3F_6、C_3F_8、CF_3CN 和 C_2N_2。同时指出 C_4F_7N/CO_2 混合气体在较高的气体压力更稳定。

国内研究者研究了 C_4F_7N 气体在热加速作用下与三元乙丙橡胶（EPDM）和环氧树脂材料的化学反应，结果表明 EPDM 表面 F 元素含量大幅增加，拉伸应力应变性能严重下降；而环氧数值材料与 C_4F_7N 气体的相容性较好，C_4F_7N 气体并不影响环氧树脂的绝缘性能；只有当温度达到 160℃ 时，两者才会发生化学反应，并发现 EPDM 橡胶材料与 C_4F_7N 之间存在相互作用，导致 C_4F_7N 气体分解，同时 C_4F_7N 气体分解产生的 C_3F_6、CF 和 C_2F_5H 会对 EPDM 材料产生腐蚀作用。

综上所述，由于 C_4F_7N 气体尚未到工业应用阶段，因此国内外关于 C_4F_7N 及其混合气体分解特性的研究工作开展较少。目前已有的研究工作主要围绕其分解路径、反应过程和材料相容性方面，C_4F_7N 气体分解和相容的机制也尚不明确，还应深入研究。

6.2 C$_4$F$_7$N 放电特性分析

6.2.1 C$_4$F$_7$N 气体放电参数的分析

C$_4$F$_7$N 气体的电子崩电流测试结果如图 6-5 所示，计算了 α/N、η/N 随 E/N 变化的曲线如图 6-6 所示。由此可以看出 C$_4$F$_7$N 气体的耐电强度 $(E/N)_{lim}$ 约为 962.7Td，与 SF$_6$ 相比，其抑制气体电子崩发展的性能更加优异。

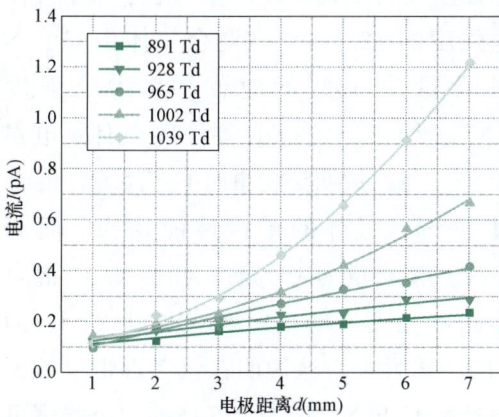

图 6-5　C$_4$F$_7$N 的电子崩 $I-d$ 曲线

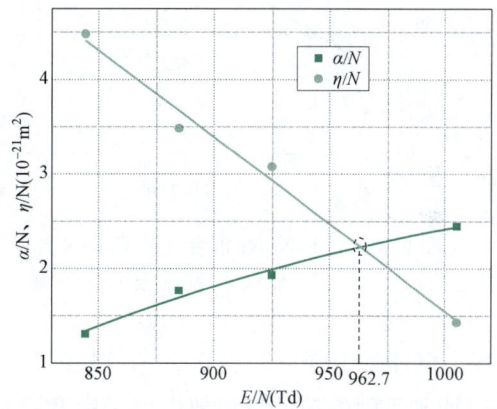

图 6-6　C$_4$F$_7$N 的 α/N、η/N 与 E/N 的关系曲线

6.2.2 C$_4$F$_7$N/N$_2$ 的放电参数

图 6-7 为 C$_4$F$_7$N/N$_2$ 混合气体的有效电离系数 $(\alpha-\eta)/N$ 随 E/N 的变化曲线。混合气体中 C$_4$F$_7$N 的含量分别为 0%、5%、10%、15%、20%、40%、60%、80% 和 100%。

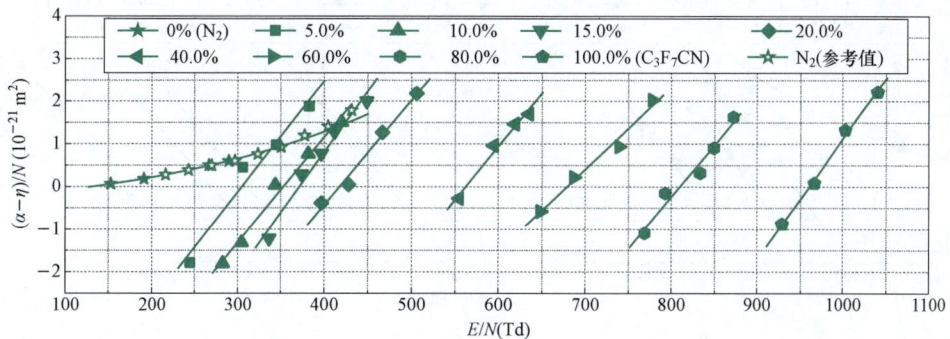

图 6-7　不同含量 C$_4$F$_7$N/N$_2$ 混合气体的 $(\alpha-\eta)/N$ 随 E/N 的变化曲线

由图 6-7 可以看出，N_2 气体的 $(E/N)_{lim}$ 约为 134.4Td，当加入少量 C_4F_7N 气体后，其耐电强度将显著提高，证明了 C_4F_7N 气体是一种强电负性气体，具有较强的吸附电子能力。

图 6-8 为 C_4F_7N/N_2 混合气体的耐电强度 $(E/N)_{lim}$ 随 C_4F_7N 气体含量变化的规律。

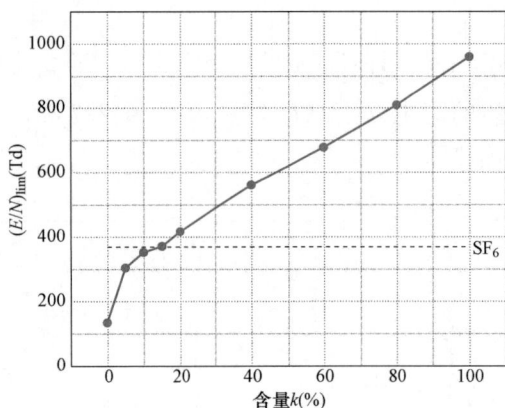

图 6-8 C_4F_7N/N_2 混合气体 C_4F_7N 含量与 $(E/N)_{lim}$ 的关系

由图 6-8 可以发现随着 C_4F_7N 气体含量的增加，混合气体的耐电强度呈现线性增加趋势。加入 5% 的 C_4F_7N 气体后，混合气体的 $(E/N)_{lim}$ 值增加到了约 304.5Td，其耐电强度约为 N_2 的 2.3 倍，约为 SF_6 气体耐电强度的 82.5%。当混合气体中 C_4F_7N 气体含量为 10% 的时候，其耐电强度 $(E/N)_{lim}$ 约为 352.8Td，为 SF_6 气体耐电强度的 95.6%，说明该含量时 C_4F_7N/N_2 混合气体与 SF_6 气体的绝缘性能相当。而当 C_4F_7N 气体含量为 15% 时，C_4F_7N/N_2 混合气体耐电强度 $(E/N)_{lim}$ 约为 371.2Td，为

SF_6 气体耐电强度的 100.5%，已经优于 SF_6 气体的绝缘性能。这说明在仅考虑带电粒子碰撞和吸附效应的气体放电电子崩发展阶段，一定比例 C_4F_7N/N_2 混合气体的耐电强度可以与 SF_6 气体的耐电强度相同。

6.2.3　C_4F_7N/CO_2 的放电参数

图 6-9 为 C_4F_7N/CO_2 混合气体的有效电离系数 $(\alpha-\eta)/N$ 随 E/N 的变化曲线。混合气体中 C_4F_7N 的含量分别为 0%、4.9%、9.7%、15%、20%、39%、60%、80% 和 100%。

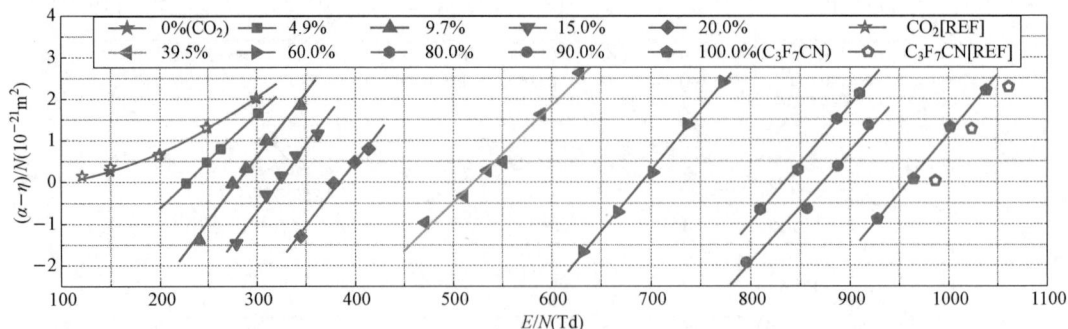

图 6-9 不同含量 C_4F_7N/CO_2 混合气体的 $(\alpha-\eta)/N$ 随 E/N 的变化曲线

由图 6-9 可以看出，CO_2 气体的 $(E/N)_{lim}$ 约为 134.9Td。当加入少量 C_4F_7N 气体后，其耐电强度将显著提高。

图 6-10 为 C_4F_7N/CO_2 混合气体的耐电强度 $(E/N)_{lim}$ 随 C_4F_7N 气体含量变化的规律。

可以发现随着 C_4F_7N 气体含量的增加，C_4F_7N/CO_2 混合气体的耐电强度基本呈现线性增加趋势。加入 4.9％的 C_4F_7N 气体后，混合气体的 $(E/N)_{lim}$ 值增加到了约 228.5Td，其耐电强度约为 CO_2 的 1.69 倍。当混合气体中 C_4F_7N 气体含量为 15％的时候，其耐电强度 $(E/N)_{lim}$ 约为 322.9Td，为 SF_6 气体耐电强度的 87.5％，说明该含量时 C_4F_7N/CO_2 混合气体与 SF_6 气体的绝缘性能相接近。而当 C_4F_7N 气体含量为 20％时，C_4F_7N/CO_2 混合气体耐电强度 $(E/N)_{lim}$ 约

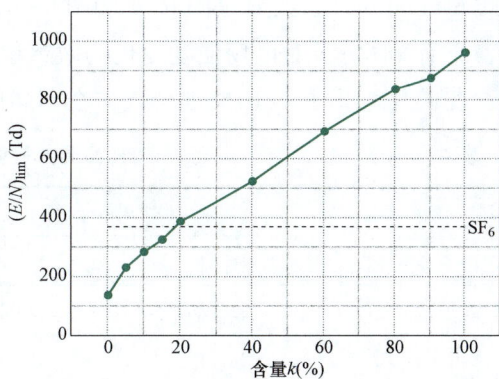

图 6-10 C_4F_7N/CO_2 混合气体 C_4F_7N 气体含量与 $(E/N)_{lim}$ 的关系

为 385.2Td，为 SF_6 气体耐电强度的 104.3％，已经优于 SF_6 气体的绝缘性能。这说明在仅考虑带电粒子碰撞和吸附效应的气体放电电子崩发展阶段，C_4F_7N 气体含量为 20％的 C_4F_7N/CO_2 混合气体，其耐电强度优于 SF_6 气体的耐电强度。

6.2.4 C_4F_7N 混合气体放电参数的分析

图 6-11 给出了国内外研究者测试 C_4F_7N 混合气体的 C_4F_7N 含量与 $(E/N)_{lim}$ 的关系，图中多条曲线分别是国内外研究者的测试结果，显示差别较小。

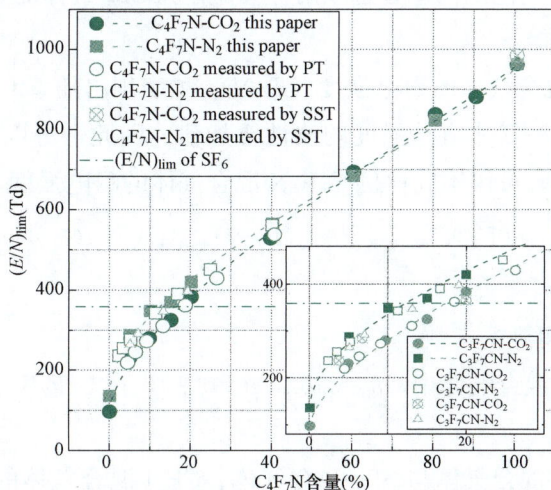

图 6-11 C_4F_7N 混合气体 C_4F_7N 含量与 $(E/N)_{lim}$ 的关系[11]

从图 6-11 可以看出，C_4F_7N 分别与 CO_2 和 N_2 混合后的气体的耐电强度 $(E/N)_{lim}$ 与其有效电离系数 $(\alpha-\eta)/N$ 之间满足线性关系。其关系可表示为

$$\frac{\alpha-\eta}{N}[10^{-21}m^2] = A \times \left(\frac{E}{N}[T_d] - B\right) \tag{6-1}$$

从式 6-1 可知，参数 B 是图 6-7 和图 6-9 上 E/N 轴上的截距。参数 A 是拟合线的斜率，它表征了气体分子对电场强度变化的敏感程度。

表 6-4 列出了 C_4F_7N 混合气体在不同比例下的 A 和 B 值。

表 6-4 C_4F_7N 混合气体的参数 A 和 B 值

k	$C_3F_7CN+CO_2$		$C_3F_7CN+N_2$	
	B	A	B	A
4.9%/5.0%	228.363	0.022419	304.482	0.022024
9.7%/10.0%	281.160	0.030893	352.783	0.024731
15.0%	322.752	0.031724	371.120	0.028483
20.0%	385.092	0.030474	417.223	0.024561
39.5%/40.0%	521.687	0.023315	561.957	0.025052
60.0%	691.184	0.029118	678.507	0.019200
80.0%	834.865	0.028264	809.382	0.024272
90.0%	872.918	0.026693	—	—
100.0%	959.830	0.024422	959.830	0.024422

从表 6-4 可以看出，两种混合气体的 A 值基本呈现先升高后降低的趋势，A 的最大值出现在 10%～20% 比例范围内。若选取两种气体作为 SF_6 气体的替代，可重点考察该比例范围内气体的绝缘性能。

可以看出 C_4F_7N 混合气体的耐电强度 $(E/N)_{lim}$ 均表现出随着 C_4F_7N 含量的增加而增大，但并不等于两种单一气体耐电强度的线性叠加值。因此，可以预测出 C_4F_7N 混合气体耐电强度的经验公式，可用不同比例 C_4F_7N 混合气体的耐电强度，则有

$$(E/N)_{lim,C_4F_7Nmixtures} = (E/N)_{lim,C_4F_7N} + \left[(E/N)_{lim,CO_2/N_2} - (E/N)_{lim,C_4F_7N}\right](1-k^\delta)^{\frac{1}{\beta}}$$

$$\tag{6-2}$$

式中：δ 和 β 均为拟合得到的常数。

其中在 C_4F_7N/N_2 混合气体中，$\delta=0.62$，$\beta=0.90$，在 C_4F_7N/CO_2 混合气体中，$\delta=0.51$，$\beta=1.32$。

图 6-12 是 C_4F_7N 混合气体与 SF_6 混合气体、CF_3I 混合气体的耐电强度比较。由图中可以看出，当两种单一气体以相同比例混合时，C_4F_7N/CO_2 和 C_4F_7N/N_2 混合气体的

耐电强度均优于 SF_6/CO_2、SF_6/N_2、CF_3I/CO_2 和 CF_3I/N_2 混合气体的耐电强度。同时可以发现，随含量的增加，C_4F_7N 混合气体的 $(E/N)_{lim}$ 增长速率显著地大于 SF_6、CF_3I 混合气体的 $(E/N)_{lim}$。

表 6-5 给出了这三种气体的结构参数。可以发现，在一种中性气体中加入一种电负性气体，若这种电负性气体的范德华体积 V_m、静电势表面积 A_s、静电势正值约化表面积 A_{so}^+ 和正负静电动势平衡参数 ν 值越大，最低已占据轨道能量 E_{LUMO} 越低，那么混合气体的耐电强度越大，抑制电子崩发展的性能越优异。

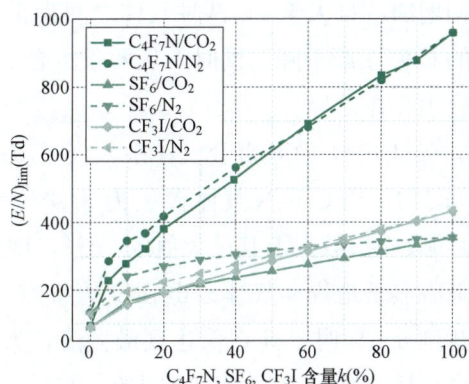

图 6-12 SF₆、C₄F₇N、CF₃I 三类混合气体耐电强度的比较

表 6-5 SF₆、C₄F₇N 和 CF₃I 的结构参数

气体	V_m	A_s	A_{so}^+	E_{LUMO}	ν
SF₆	94.79	107.95	67.46	−0.14	0.0043
CF₃I	101.20	114.03	50.69	−0.09	0.03
C₄F₇N	151.41	157.84	117.43	−0.07	0.23

6.2.5 C₄F₇N 混合气体耐电强度的协同效应

为了定量描述两种混合气体耐电强度与气体含量之间的关系，引入了协同效应指数 C 作为评价指标。其表达式为

$$C = \frac{(E/N)_{lim,mixtures}}{k(E/N)_{lim,C_3F_7N} + (1-k)(E/N)_{lim,CO_2/N_2}} - 1 \qquad (6-3)$$

式中：$(E/N)_{lim,mixtures}$ 为混合气体耐电强度；$(E/N)_{lim,C_3F_7N}$ 为 C_4F_7N 的耐电强度；$(E/N)_{lim,CO_2/N_2}$ 为 CO_2 或 N_2 的耐电强度；k 为 C_4F_7N 气体的含量。

两种气体相互协同的效应，可以用 C 值范围来评价。当 $C=1$ 时，混合气体的耐电强度等于两种气体按照配比的耐电强度线性加权，即两种气体分子之间并没有产生相互作用。当 $0<C<1$ 时，混合气体之间为正协同效应，混合气体的耐电强度大于两种单一气体耐电强度的线性加权。当 $C<0$ 时，混合气体之间为负协同效应，即混合气体耐电强度小于两种单一气体的耐电强度线性加权。

根据式（6-3），计算了两种 C_4F_7N 混合气体的协同效应指数 C，如图 6-13 所示。

由图 6-13 可知，随着 C_4F_7N 气体含量的增加，两种混合气体的协同效应指数 C 的变化规律基本相似：未加入 C_4F_7N 时，CO_2 或 N_2 的 C 值为 0；混入 C_4F_7N 气体后，其 C 值急剧增加，且大于 0，两种气体之间为正协同效应；随着 C_4F_7N 气体含量的增加，混合气体的 C 值逐渐下降。同时，从两条拟合曲线中可以观察到，C_4F_7N 气体与不同气体之间的混合也存在差异。

在 C_4F_7N/CO_2 混合气体中，当 C_4F_7N 气体的含量为 6.9% 时，其 C 值达到最大值，为 0.546。当 C_4F_7N 气体含量为 $3.2\% \sim 14.0\%$ 时，混合气体表现出很强的正协同效应（协同效应指数大于其最大值的 90%，即 $C>0.491$ 时），说明混合气体中少量的 C_4F_7N 气体具有显著地提高气体耐电强度的特点。而在 C_4F_7N/N_2 混合气体中，当 C_4F_7N 气体含量达到 6.6% 时，其 C 值达到最大值，为 0.560。当 C_4F_7N 气体含量为 $2.9\% \sim 13.4\%$ 时，混合气体表现出很强的正协同效应 $C>0.504$。

图 6-14 为 C_4F_7N/CO_2 实验值与计算值之间的比较，其中的 C_4F_7N 气体含量范围为 $4.9\% \sim 90\%$。实验值为 C_4F_7N/CO_2 与 SF_6 的耐电强度实验值的比值。表 6-6 中给出了实验值与计算值的偏差。

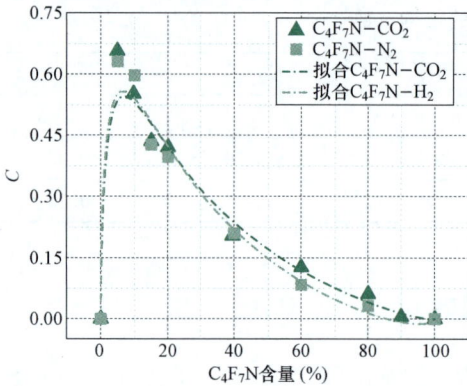

图 6-13 两种 C_4F_7N 混合气体的
协同效应指数 C

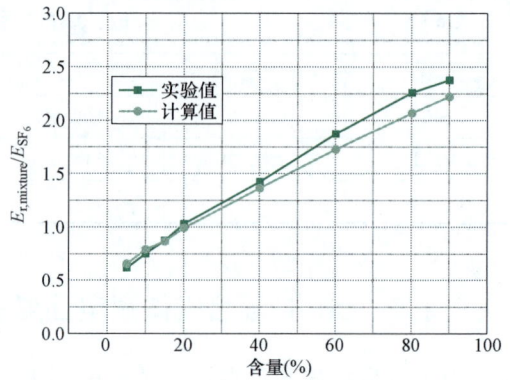

图 6-14 基于 QSPR 模型的 C_4F_7N
混合气体绝缘性能

表 6-6   实验值与计算值的偏差

C_4F_7N 含量（%）	实验值	计算值	偏差（%）
4.9	0.62	0.66	6.41
9.7	0.75	0.79	5.16
15	0.88	0.87	0.74
20	1.03	0.99	3.69
40	1.43	1.37	4.17
60	1.87	1.73	7.79
80	2.26	2.07	8.48
90	2.38	2.22	6.50

由图 6 - 14 和表 6 - 6 可以看出，以实验值为参考值，计算值与之偏差最大为 8.48%，最小为 0.74%，混合气体的实验值与理论计算值基本相一致。

6.3　C_4F_7N/CO_2 混合气体绝缘性能的研究

6.3.1　C_4F_7N/CO_2 混合气体在均匀电场的击穿特性

图 6 - 15 是 0.3～0.7MPa 范围内，均匀电场中 C_4F_7N/CO_2 的直流击穿场强随气压变化的规律。C_4F_7N 的含量分别为 4%、6% 和 8% 三种。

由图 6 - 15 中可以看出，在均匀电场中，不同配比 C_4F_7N/CO_2 混合气体的击穿场强均随气压升高而基本呈现出线性增长的趋势。而在相同气压下，C_4F_7N 为 4% 和 6% 两种混合气体的正极性击穿场强都略高于其负极性击穿场强，且均在 0.7MPa 时变得显著。而 C_4F_7N 含量为 8% 的混合气体的正极性击穿场强略低于负极性击穿场强，同时在随着气压升高过程中，呈现出一定的"饱和"趋势。

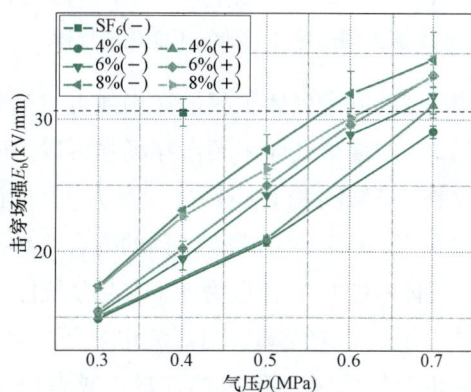

图 6 - 15　均匀电场中 C_4F_7N/CO_2 的直流击穿场强随气压变化的规律

图中给出了 0.4MPa 时 SF_6 气体的负极性直流击穿场强作为参考值，可以发现，而与 SF_6 气体参考值相同的气压（0.4MPa）时，C_4F_7N 含量为 6% 的混合气体负极性击穿场强仅为 SF_6 的 62.30%，C_4F_7N 含量为 8% 的混合气体负极性击穿场强也仅为 SF_6 的 75.08%。

在 0.6MPa 时，C_4F_7N 含量为 6% 的混合气体负极性击穿场强可以达到 SF_6 的 91.94%，接近于 SF_6 气体；C_4F_7N 含量为 8% 的混合气体负极性击穿场强可以达到 SF_6 的 106.56%，略优于 SF_6 气体。

在 0.7MPa 时，C_4F_7N 含量为 4% 的混合气体负极性击穿场强可以达到 SF_6 的 95.28%，与之相当；C_4F_7N 含量为 6% 的混合气体负极性击穿场强可以达到 SF_6 的 104.26%，略优于 SF_6 气体；C_4F_7N 含量为 8% 的混合气体负极性击穿场强可以达到 SF_6 的 113.20%，较 SF_6 气体有了显著地提高。这说明，适当地提高 C_4F_7N/CO_2 混合气体中 C_4F_7N 的含量，或者提高混合气体的压力，其直流击穿性能接近甚至可以优于 SF_6 气体。

图 6 - 16 是 0.3～0.7MPa 范围内，均匀电场中 C_4F_7N/CO_2 的交流工频击穿场强随气压变化的规律。C_4F_7N 的含量分别为 4%、6% 和 8% 三种。

由图 6 - 16 可以看出，在均匀电场中，不同配比 C_4F_7N/CO_2 混合气体的交流工频击

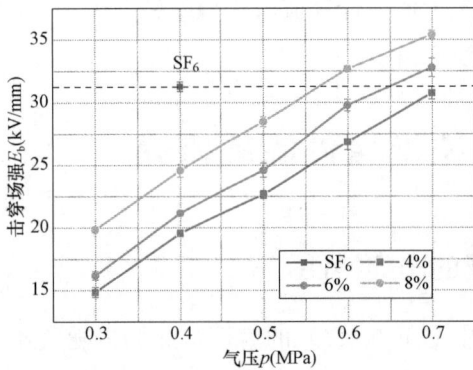

图 6-16 均匀电场中 C_4F_7N/CO_2 的
交流工频击穿场强随气压变化的规律

穿场强均随气压升高而基本呈现出线性增长的趋势,与直流电压下较为相似。同样以 0.4MPa 时的 SF_6 气体工频击穿场强作为参考值。在 0.4MPa 时,C_4F_7N 含量为 4% 的混合气体的击穿场强仅为 SF_6 气体工频击穿场强的 56.86%,C_4F_7N 含量为 6% 的混合气体的击穿场强为 SF_6 气体工频击穿场强的 67.73%,C_4F_7N 含量为 8% 的混合气体的击穿场强为 SF_6 气体工频击穿场强的 74.44%。在 0.6MPa 时,C_4F_7N 含量为 4% 的混合气体工频击穿场强为 SF_6 工频击穿场强的 83.43%;C_4F_7N 含量为 6% 的混合气体工频击穿场强可以达到 SF_6 的 95.21%,接近于 SF_6 气体;C_4F_7N 含量为 8% 的混合气体工频击穿场强可以达到 SF_6 的 102.88%,略优于 SF_6 气体。

在 0.7MPa 时,C_4F_7N 含量为 4% 的混合气体工频击穿场强可以达到 SF_6 的 96.17%,与之相当;C_4F_7N 含量为 6% 的混合气体工频击穿场强可以达到 SF_6 的 104.79%,略优于 SF_6 气体;C_4F_7N 含量为 8% 的混合气体工频击穿场强可以达到 SF_6 的 112.46%,较 SF_6 气体有了显著地提高。与直流电压下气体击穿场强的结果相似,通过适当地提高 C_4F_7N/CO_2 混合气体中 C_4F_7N 的含量,或者提高混合气体的压力,其交流击穿性能接近甚至可以优于 SF_6 气体。

图 6-17 为 0.4~0.7MPa 气压范围内,雷电冲击电压下均匀电场中 C_4F_7N/CO_2 气体击穿场强随气压变化的规律。C_4F_7N 的含量分别为 4% 和 8% 两种。

由图 6-17 可以看出,在均匀电场中,不同配比 C_4F_7N/CO_2 混合气体的雷电冲击击穿场强均随气压升高而基本呈现出线性增长的趋势,与直流电压和交流电压下较为相似。同样以 0.4MPa 时的 SF_6 气体雷电冲击击穿场强作为参考值。可以发现在 0.4MPa 时,C_4F_7N 含量为 4% 的混合气体负极性雷电冲击击穿场强为 SF_6 气体负极性雷电冲击击穿场强的 80.71%,C_4F_7N 含量为 4% 的混合气体正极性雷电冲击击穿场强为 SF_6 气体负极性雷电冲击击穿场强的 71.79%;C_4F_7N 含量为 8% 的混合气体负极

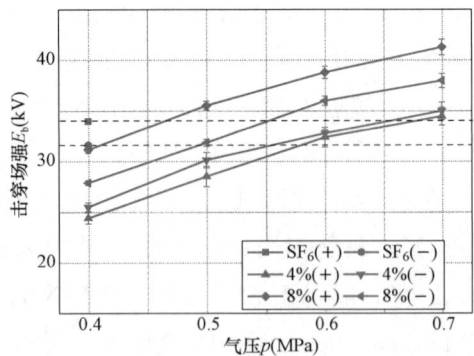

图 6-17 均匀电场中 C_4F_7N/CO_2 的
雷电冲击击穿场强随气压变化的规律

性雷电冲击击穿场强为 SF_6 气体负极性雷电冲击击穿场强的 88.26%,C_4F_7N 含量为 8% 的混合气体正极性雷电冲击击穿场强为 SF_6 气体正极性雷电冲击击穿场强的 91.65%。

0.6MPa 时，C_4F_7N 含量为 4％的混合气体负极性雷电冲击击穿场强为 SF_6 气体负极性雷电冲击击穿场强的 103.69％，C_4F_7N 含量为 4％的混合气体正极性雷电冲击击穿场强为 SF_6 气体负极性雷电冲击击穿场强的 95.23％；C_4F_7N 含量为 8％的混合气体负极性雷电冲击击穿场强为 SF_6 气体负极性雷电冲击击穿场强的 113.86％，C_4F_7N 含量为 8％的混合气体正极性雷电冲击击穿场强为 SF_6 气体正极性雷电冲击击穿场强的 114.11％。

0.7MPa 时，C_4F_7N 含量为 4％的混合气体负极性雷电冲击击穿场强为 SF_6 气体负极性雷电冲击击穿场强的 110.70％，C_4F_7N 含量为 4％的混合气体正极性雷电冲击击穿场强为 SF_6 气体负极性雷电冲击击穿场强的 101.36％；C_4F_7N 含量为 8％的混合气体负极性雷电冲击击穿场强为 SF_6 气体负极性雷电冲击击穿场强的 120.14％，C_4F_7N 含量为 8％的混合气体正极性雷电冲击击穿场强为 SF_6 气体正极性雷电冲击击穿场强的 121.39％。

与直流电压和交流电压下气体击穿场强的结果相似，通过适当地提高 C_4F_7N/CO_2 混合气体中 C_4F_7N 的含量，或者提高混合气体的压力，其雷电冲击击穿性能接近甚至可以优于 SF_6 气体。

6.3.2 C_4F_7N/CO_2 混合气体在不均匀电场的击穿特性

在均匀电场中，气体的击穿电压基本不存在极性效应问题。然而，在稍不均匀和极不均匀电场中，往往气体的击穿特性与电压的极性有着密切的关系。

图 6-18 为 C_4F_7N/CO_2 混合气体在正极性和负极性直流电压作用下的击穿电压对比，C_4F_7N 含量为 4％，电极形式为棒—板和针—板，气压范围为 0.3～0.7MPa。

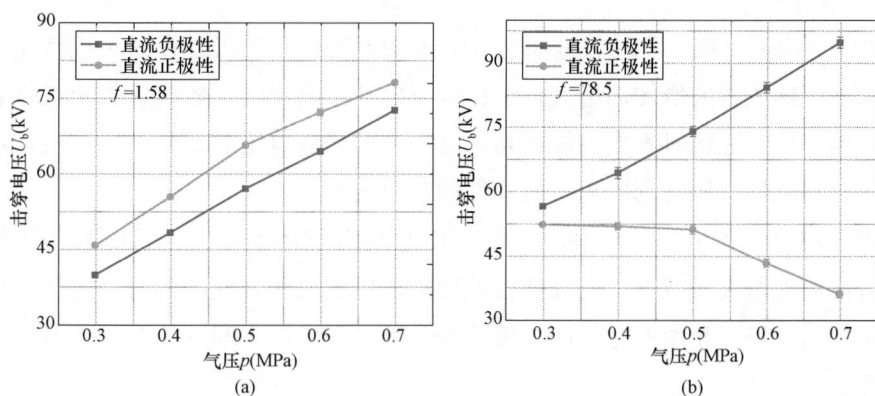

图 6-18 直流电压时气体击穿电压的极性效应

(a) 稍不均匀电场；(b) 极不均匀电场

由图 6-18 中可以看出，在稍不均匀电场 $f=1.58$ 中，不论是正极性还是负极性直流击穿电压都随着气体压力的增加而增大。但与均匀电场时不太一样的是，这种上升趋势过程中，正极性直流击穿电压始终高于负极性直流击穿电压，且两者之间呈现出较为明显的极性效应特点。

而在极不均匀电场 $f=78.5$ 中，C_4F_7N/CO_2 混合气体的负极性直流击穿电压随着气压的升高而增大，但正极性直流击穿电压随着气压的升高反而降低。两个极性条件下击穿电压之间的差距随着气压升高而逐渐变大，0.7MPa 时，正、负极性直流击穿电压之间的差距达到了 60.8kV。

图 6-19 是 C_4F_7N/CO_2 混合气体在正极性和负极性雷电冲击电压作用下的击穿电压对比。C_4F_7N 含量为 4%，电极形式为棒—板和针—板，气压范围为 0.4~0.7MPa。

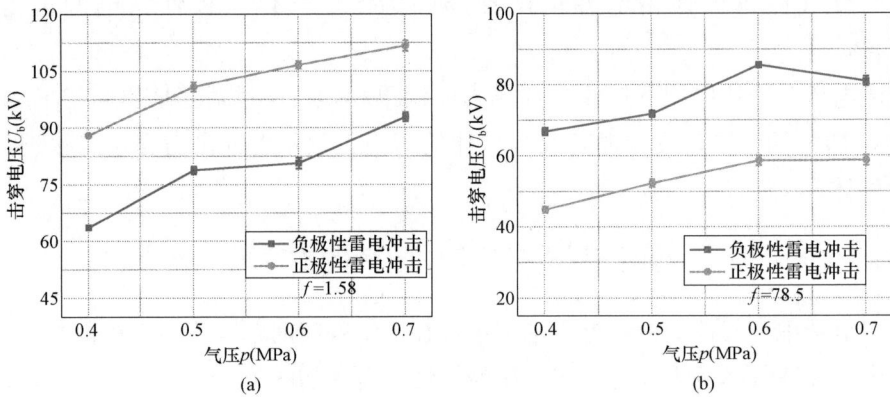

图 6-19 雷电冲击电压时气体击穿电压的极性效应
(a) 稍不均匀电场；(b) 极不均匀电场

由图 6-19 中可以在稍不均匀电场 $f=1.58$ 中，不论是正极性还是负极性雷电冲击击穿电压都随着气体压力的增加而增大，正极性雷电冲击击穿电压始终大于负极性雷电冲击击穿电压。但与均匀电场时不太一样的是，这种上升趋势也是非线性的。与直流电压下不太相同的是，在试验气压范围内正、负极性的击穿电压差距较为接近。

而在极不均匀电场 $f=78.5$ 中，C_4F_7N/CO_2 混合气体的负极性雷电冲击击穿电压随着气压的升高而先增大后减小，正极性雷电冲击击穿电压随着气压的升高先增大后保持不变。与稍不均匀电场下相似的是，两个极性条件下击穿电压之间的差距随着气压升高而基本保持不变。

从图 6-18 和图 6-19 中可以发现，在稍不均匀电场中，无论是直流还是雷电冲击电压，C_4F_7N/CO_2 混合气体的正极性击穿电压始终高于负极性击穿电压。分析其原因可能是在稍不均匀电场中正极性电压下，空间中被电离出来的电子运动方向是朝着正极板方向，运动过程中极易被 C_4F_7N 捕获，抑制了电子数量的增加。而 C_4F_7N 分子捕获电子后形成的负离子，体积尺寸较大，运动速度较慢，只有提高电场强度后可使这部分负离子运动速度增加，从宏观上来看即电流增大过程。同时，空间内向负极板运动的主要是失去电子的正离子，相对于电子而言，正离子的运动速度较慢，难以在两个电极间形成稳定的运动轨迹。而在负极性电压下，电子由负极板方向向正极板运动，电子很容易被加速成高能粒子，对 C$_4$F$_7$N 分子产生碰撞，在空间内形成更多自由电子，形成电子崩，诱使放电的进一步发展。因此，在稍不均匀电场中 C$_4$F$_7$N/CO$_2$ 混合气体的正极性击穿电压普遍要高于负极性击穿电压。

而在极不均匀电场中，C$_4$F$_7$N/CO$_2$ 混合气体的击穿电压与稍不均匀电场中正好相反，负极性击穿电压高于正极性击穿电压。分析主要的原因是由三方面因素造成的。一是无论直流或冲击电压下，针尖处为负极性电压时，针电极的尖端附近聚集了大量的正离子，堆积的正离子较易与针尖处电离出来电子发生复合，降低了空间内的电子数；若需要产生足够维持放电的电子数，需要提高电压，增加电离出来的电子数量；二是针尖处聚集的正离子对空间电场产生了畸变效应，降低了局部电场强度，抑制了电子的电离；三是当针尖为正极性时，空间内气体分子电离出来的电子更容易向针尖处运动，引起空间内电子崩电流可以快速发展，因此正极性击穿电压容易随着气压变化而出现饱和甚至跌落的趋势。

C$_4$F$_7$N/CO$_2$ 混合气体的极性效应对比结果表明，在稍不均匀电场中，气体的绝缘性能主要由其负极性击穿电压决定，而在极不均匀电场中，气体的绝缘主要由其正极性击穿电压决定。

6.3.3 电场均匀程度对 C$_4$F$_7$N/CO$_2$ 混合气体放电的影响

SF$_6$ 等绝缘气体击穿特性的研究表明，电场的均匀程度对气体击穿电压或击穿场强的影响较为显著。研究了 C$_4$F$_7$N/CO$_2$ 混合气体在不同电场均匀程度下的击穿特性可供应用参考。由于几种电极之间的距离不同，为了方便比较，将棒—板电极和针—板电极情况下的击穿电压转换为最大击穿场强 $E_{max}=U/d$。

图 6-20 为直流电压作用下 C$_4$F$_7$N/CO$_2$ 混合气体在不同电场结构中的最大击穿场强对比，C$_4$F$_7$N 含量为 4%，气压范围为 0.4～0.7MPa。

由图 6-20 可知，在直流电压作用下，C$_4$F$_7$N/CO$_2$ 混合气体的最大击穿场强均随着电场不均匀系数 f 的增大而降低，其中正极性直流击穿场强在从稍不均匀电场向极不均匀电场转化过程中的下降趋势更为显著。而负极性直流击穿场强在从均匀电场向稍不均匀电场转化过程中，下降较为明显，随着不均匀系数的继续增大，其降低的趋势并不显著。

图 6-21 为工频交流电压作用下 C$_4$F$_7$N/CO$_2$ 混合气体在不同电场结构中的最大击穿场强对比，C$_4$F$_7$N 含量为 4%，气压范围为 0.4～0.7MPa。

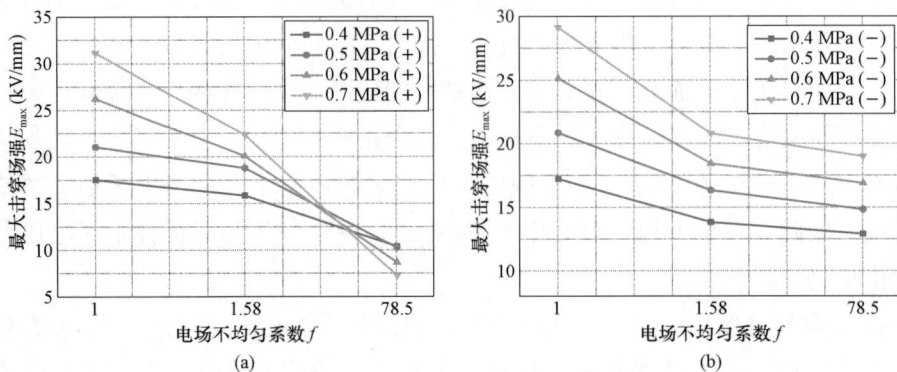

图 6-20 直流电压下击穿场强与电场均匀程度间的关系

(a) 正极性直流；(b) 负极性直流

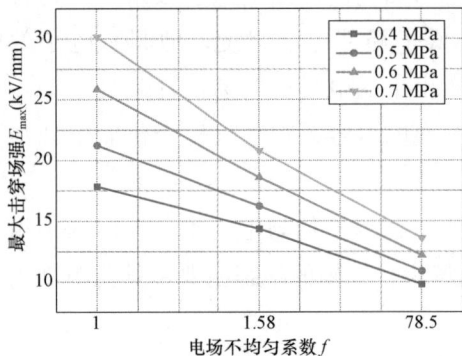

图 6-21 工频交流电压下击穿场强与
电场均匀程度间的关系

由图 6-21 可知，在交流电压作用下，C_4F_7N/CO_2 混合气体的最大击穿场强均随着电场不均匀系数 f 的增大而降低，且气压越高，其下降趋势越显著。

图 6-22 为雷电冲击电压作用下 C_4F_7N/CO_2 混合气体在不同电场结构中的最大击穿场强对比，C_4F_7N 含量为 4%，气压范围为 0.4～0.7MPa。

由图 6-22 可知，在雷电冲击电压作用下，C_4F_7N/CO_2 混合气体的最大击穿场强均随着电场不均匀系数 f 的增大而降低，其中正极性雷电冲击击穿场强在从均匀电场向稍不均匀电场

转变的过程中，其最大击穿场强降低的并不显著，与正极性直流电压情况下类似，说明此时由于电场中未出现气体电晕过程，电场形式对气体击穿电压的影响并不显著；而在从稍不均匀电场向极不均匀电场转化过程中击穿场强的下降趋势更为显著，与正极性直流电压情况下类似，说明此时的气体击穿过程受到了电子形成电晕的影响。负极性雷电冲击击穿场强随电场不均匀系数 f 增大而基本呈现线性降低的情况，说明此时 C_4F_7N/CO_2 混合气体的放电主要取决于不同电场结构下所能够产生的初始电子数量情况。

6.3.4 电极粗糙度对 C_4F_7N/CO_2 混合气体放电的影响

在气体绝缘性能的研究过程中，常常使用金属电极材料加工成放电电极，然而在加工工艺过程中，金属电极表面容易出现表面周期性轮廓和零星缺陷等情况，造成电极表面的粗糙度增大。电极表面的粗糙度过大或不一致的情况下，容易造成电极表面局部场强集中，导致气体电离，诱发气体放电流注的形成。目前国内外开展了很多 C_4F_7N/CO_2 混合

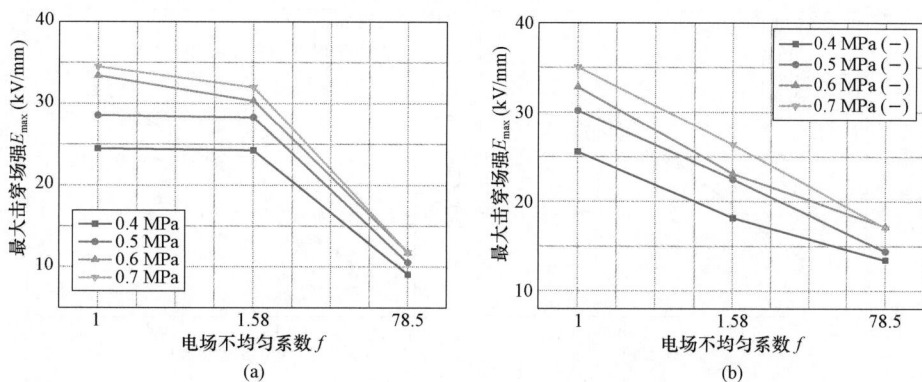

图 6-22　雷电冲击电压下击穿场强与电场均匀程度间的关系
（a）正极性雷电冲击电压；（b）负极性雷电冲击电压

气体绝缘性能的研究工作，但鲜见针对 C_4F_7N/CO_2 混合气体与电极表面粗糙度的研究。现采用试验研究的方式，研究了不同电极表面粗糙度条件下 C_4F_7N/CO_2 混合气体的直流击穿特性。

　　选用的放电电极为板—板电极结构，结构尺寸与上文中一致，气体间隙为 3mm。采用车削、研磨和抛光的加工方式，构建了四组表面粗糙度不一致的放电电极，其粗糙度分别为 $0.4\mu m$、$1.3\mu m$、$2.1\mu m$ 和 $3.8\mu m$。充入的 C_4F_7N/CO_2 混合气体中 C_4F_7N 气体的含量为 6%，研究的气压范围为 0.3~0.7MPa。

　　图 6-23 是不同电极表面粗糙度条件，C_4F_7N/CO_2 混合气体直流击穿场强与气压之间的关系。

　　由图 6-23 中可以发现，不同电极表面粗糙度条件时，C_4F_7N/CO_2 混合气体的直流击穿场强均随着气压的升高而增大。在气压较低的 0.3MPa 时，粗糙度对气体的击穿场强影响非常小，而随着气压升高，电极表面粗糙度的影响开始增大。0.7MPa 时，四种粗糙度电极条件下的 C_4F_7N/CO_2 混合气体的击穿场强已经有了较为显著的差异。

　　图 6-24 是各个气压时击穿场强的增长率。由图可知 C_4F_7N/CO_2 混合气体的正、负极性击穿场强在电极表面在各粗糙度等级下均呈现出"饱和"的趋势，并且随着电极表面粗糙度的增大，饱和趋势更加明显。这是由于气压升高会使电子的平均自由行程减少，电子积累能量变得困难，低能电子数增加，电子被电负性气体分子吸附概率变大，而当压强继续升高，电负性气体分子已吸附足够多的电子，不会明显提高吸附概率，从而出现"饱和"趋势，电极表面粗糙可以等效为电极表面存在突出物，在突出物附近电场发生畸变导致该处电子数目增多，在该区域起到了与气压升高相同的效果，使得随着电极表面粗糙度的增大饱和效果越明显。

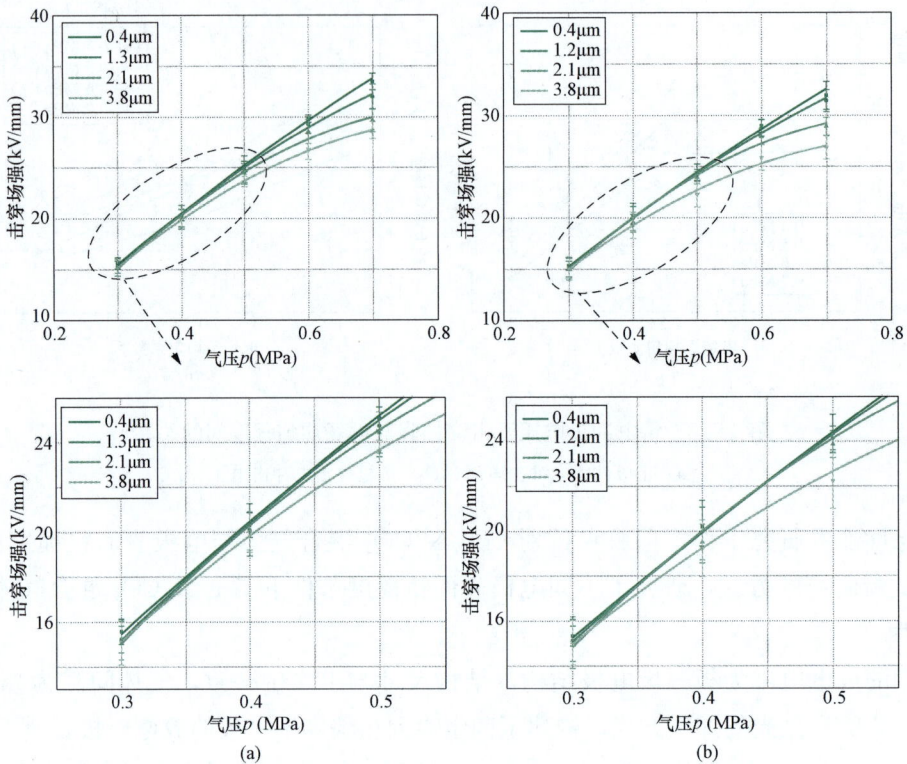

图 6-23 不同粗糙度时 C_4F_7N/CO_2 气体直流击穿场强与气压的关系

(a) 正极性直流击穿场强；(b) 负极性直流击穿场强

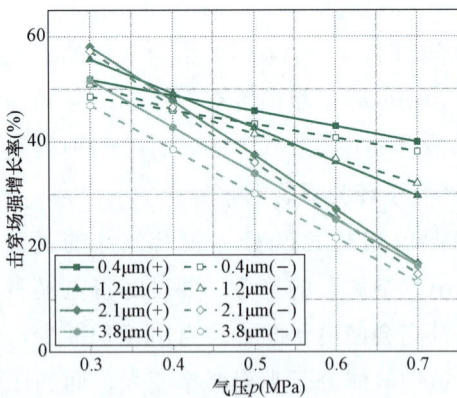

图 6-24 C_4F_7N/CO_2 混合气体
击穿场强随气压变化的增长率

表 6-7 中列出了不同极性直流电压下，C_4F_7N/CO_2 混合气体对电极表面粗糙度的敏感性，此处用正、负极性直流击穿场强之差与负极性直流击穿场强的比值来表征

$$\Delta E = \frac{E_{b+} - E_{b-}}{E_{b-}} \times 100\% \qquad (6-4)$$

表 6-7 中的 ΔE 均大于 0，说明此时的 C_4F_7CN/CO_2 混合气体的直流击穿性能具有一定的极性效应。随着粗糙度的增大，气体击穿特性的极性效应变得更显著，这是由于表面粗糙度增大以后，电极表面对电场的畸变程度增加，造成了正、负带电粒子运动过程的差异更为显著，这种情况下容易抑制正极性直流电压下的放电发展，而促进负极性之路电压下的放电发展过程。

表 6 - 7　　　　　0.3～0.7MPa 时 C_4F_7N/CO_2 混合气体对粗糙度的敏感性

气压（MPa）	ΔE			
	$0.4\mu m$	$1.2\mu m$	$2.1\mu m$	$3.8\mu m$
0.3	1.50	0.59	0.86	0.27
0.4	0.40	0.65	2.80	3.10
0.5	2.90	2.50	2.40	6.10
0.6	1.70	1.80	2.40	3.60
0.7	1.80	1.80	2.60	6.90

图 6 - 25 给出了 0.4MPa 时，C_4F_7N/CO_2 混合气体与 SF_6 气体在不同电极表面粗糙度时击穿场强的对比。由图可知，在直流电压作用下，无论何种极性，C_4F_7N/CO_2 混合气体对电极表面粗糙度的敏感性均要弱于 SF_6 气体。

由图 6 - 23 和图 6 - 25 可知，当电极表面为 $0.4\mu m$ 时 C_4F_7N/CO_2 混合气体击穿场强随气压呈线性增加的趋势，对正、负性击穿场强分别做线性拟合，可以获得

$$E_{b+} = 45.07P + 2.239 \qquad (6 - 5)$$
$$E_{b-} = 41.82P + 3.188 \qquad (6 - 6)$$

式中：E_{b+} 为正极性直流击穿场强；E_{b-} 为负极性直流击穿场强；P 为气压值。

拟合后的相关系数 R^2 分别为 0.9979 和 0.9940，说明该粗糙度下直流击穿场强与气压之间的线性相关度很高。

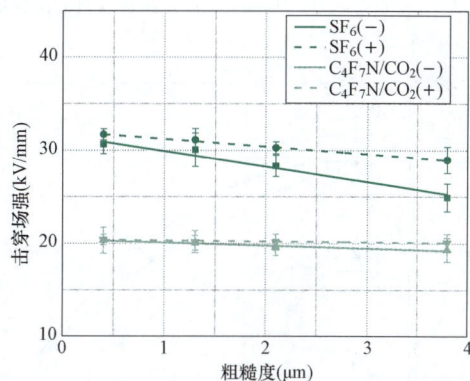

图 6 - 25　不同电极表面粗糙度时 C_4F_7N/CO_2 混合气体和 SF_6 气体的击穿场强

图 6 - 26 给出了不同气压下 C_4F_7N/CO_2 混合气体直流击穿场强与粗糙度的关系。结果表明，在相同气压下，气体的击穿场强随表面粗糙度呈线性变化。将图 6 - 26 中的每一条直线的衰减斜率定义为 k，每个气压下的 k 值如图 6 - 27 所示，并将其做多项式拟合。拟合后的相关系数 R^2 分别为 0.9949 和 0.9955，说明拟合效果符合数据 k 的分布情况。

拟合后获得的多项式即为 k 值与气压 P 之间的关系式

$$k_+ = -5.9307P^2 + 2.2498P - 0.2313 \qquad (6 - 7)$$
$$k_- = -10.59P^2 + 6.9952P - 1.2452 \qquad (6 - 8)$$

其中式（6 - 7）为正极性直流电压时 k 值与气压 P 之间的关系式，式（6 - 8）为负极性直流电压 k 值与气压 P 之间的关系式。

将式（6 - 7）与式（6 - 5）结合，将式（6 - 8）与式（6 - 6）结合，同时将电极表面的粗糙度定义为 h，可以获得

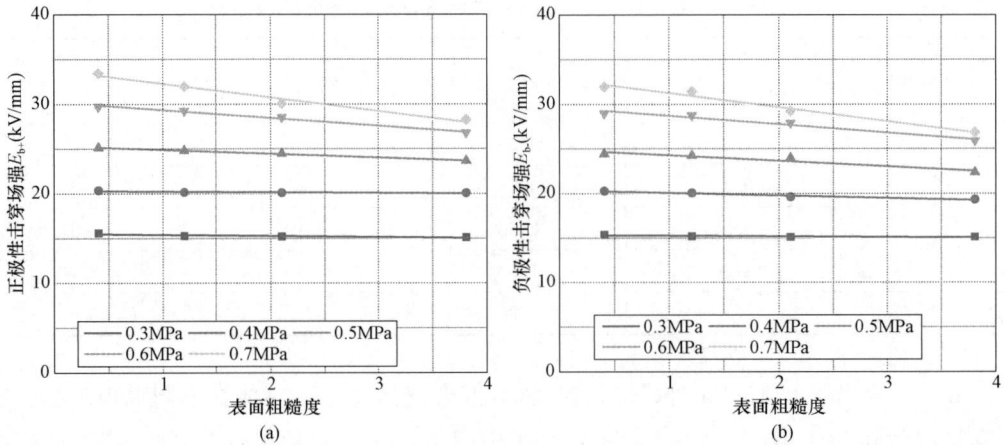

图 6-26 不同气压下 C_4F_7N/CO_2 混合气体直流击穿场强与粗糙度的关系

（a）正极性直流击穿场强；（b）负极性直流击穿场强

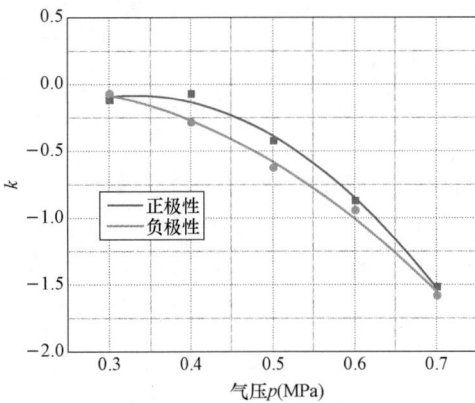

图 6-27 k 值与气压之间的关系

$$E_{b+} = 45.207P + 2.239 - k(0.4 - h)$$
$$= (2.372 - h)P^2 + (44.170 +$$
$$2.250 \cdot h)P - 0.231h + 2.332$$

$$(6-9)$$

$$E_{b-} = 41.28P + 3.188 - k(0.4 - h)$$
$$= (4.236 - h)P^2 + (38.483 +$$
$$6.993h)P - 1.245h + 3.686$$

$$(6-10)$$

提出用于计算 C_4F_7N/CO_2 混合气体直流击穿场强与粗糙度及气压的计算模型适用范围粗糙度 $0.4 \sim 3.8\mu m$。电极表面粗糙度的对

C_4F_7N/CO_2 混合气体击穿场强的研究结果表明，直流电压下，电极表面粗糙度对击穿场强的影响较为显著，随着气压的变化，呈现出极性效应。同时 C_4F_7N/CO_2 混合气体对电极表面粗糙度的敏感性不如 SF_6 气体。

6.3.5 C_4F_7N/CO_2 混合气体放电析出物的分析

对 C_4F_7N/CO_2 混合气体多次工频放电击穿分解后，对腔体气室内的气体混合物进行采样，并通过气相色谱质谱联用仪（GC/MS）进行分析。在气相色谱图中出现大量特征峰，如图 6-28 所示。通过在全扫描 SCAN 模式下分析特征峰的质谱并与 NIST（美国国家标准技术研究院）数据库进行核对，可以检测到 CO、CF_4、C_2F_6、C_3F_6、C_3F_8、C_2F_4、CF_3CN、C_4F_{10}、C_2N_2、C_4F_6、C_2F_5CN、HCN 和 C_2F_3CN。值得一提的是，图 6-28 的色谱图中还有几个比较小的特征峰，由于含量比较小，可以认为在工频放电击穿下是几乎不产生的。

需要注意的是，由于 CO_2 在初始混合气体中的占比非常高，导致其在保留时间轴上持续的时间比较久，而此时间段又刚好是其他气体出峰的时间，无法避免的使某几种气体的特征峰混合在 CO_2 中。因此，仅使用全扫描 SCAN 模式无法在气相色谱图中区分 C_2F_4、C_2F_6 和 CO_2。在这种情况下，可以选用单通道离子检测 SIM 模式来区分这些气体。通过将在 SCAN 模式下检测到除了 CO_2 的所有碎片离子输入到 SIM 模式的通道中进行检测，获得了这些碎片离子随时间的变化，在 1.2～1.8 分钟内除了 CO_2 之外，还有 C_2F_4 和 C_2F_6 两种物质（见表 6-8）。

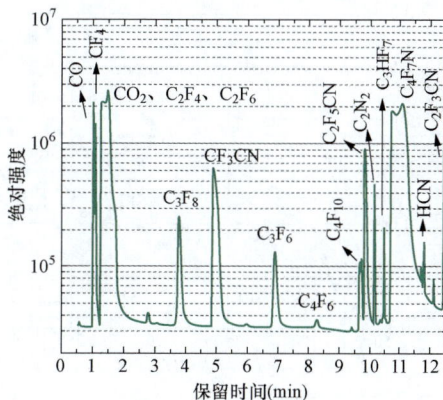

图 6-28　多次击穿后的混合气体色谱图

表 6-8　C₂F₄ 和 C₂F₆ 的特征离子

分解产物	特征离子	保留时间
C_2F_4	31（CF^+），50（CF_2^+），81（$C_2F_3^+$），100（$C_2F_4^+$），	1.635min
C_2F_6	31（CF^+），50（CF_2^+），69（CF_3^+），119（$C_2F_5^+$），	1.485min

由于无法通过 GC/MS 准确检测到氟化氢（HF），因此在击穿后使用了专用的 HF 检测管（日本 GASTEC）。指示剂立即从黄色变为深紫色，表明在分解过程中产生了 HF。HF 的产生与气室中不可避免的微量水的水解反应有关，具有腐蚀性并且可能对设备有害，因此在应用中需要严格控制设备中的微水含量。

由检测结果可知，C_4F_7N/CO_2 混合气体在工频击穿下的分解产物有 CO、CF_4、C_2F_6、C_3F_6、C_3F_8、C_2F_4、CF_3CN、C_4F_{10}、C_2N_2、C_4F_6、C_2F_5CN、HCN、C_2F_3CN 以及 HF。

通过色谱图分析，发现全氟化碳类气体是主要的分解产物，包括 CF_4、C_2F_4、C_2F_6、C_3F_8、C_3F_6、C_4F_6 和 C_4F_{10}。而带有－CN 基团的腈类物质在分解产物中也不少，包括 CF_3CN、C_2F_5CN、C_2F_3CN、C_2N_2 和 HCN。在图 6-29 中给出了一些分解产物的电气强度（相对于 SF_6）和沸点的数据，可以看到所有这些分解产物的沸点都低于 C_4F_7N 的沸点，这说明它们在实验条件下都是气态。同时，可以发现击穿产生的全氟腈类气体 CF_3CN 和 C_2F_5CN 的绝缘强度低于 C_4F_7N 的绝缘强度，但仍高于 SF_6 的绝缘强度。除 CF_4 之外，大多数产生的全氟化碳类气体具有与 SF_6 相当或略高的绝缘强度。而 CO_2 的分解产物 CO，它的绝缘强度略高于 CO_2，却远低于 C_4F_7N。因此，可以说明分解后的 C_4F_7N/CO_2 混合气体的总绝缘强度应比初始的 C_4F_7N/CO_2 混合气体的差一些。混合气体的绝缘强度在随着击穿次数的增加逐渐下降，但并没有大幅下降，说明分解量较小，气体绝缘强度劣化程度并不严重。

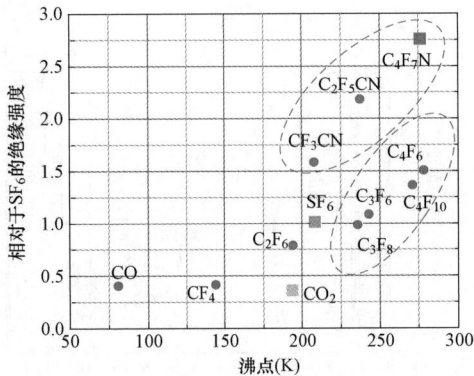

图 6-29 分解产物的绝缘强度和沸点

C_4F_7N/CO_2 混合气体及其分解产物的毒性也需要关注，首先 C_4F_7N 是无毒的，它的 4h 啮齿动物（大鼠）LC50（死亡率为 50% 时的致死浓度）为 10000～15000ppm，低于 SF_6 的浓度（500000ppm/4h）。考虑到混合气体中 C_4F_7N 的含量很少，C_4F_7N/CO_2 的安全性与广泛使用的 SF_6 气体几乎相同。但是发现 C_4F_7N/CO_2 混合气体的某些分解产物有毒，这些产物的毒性列于表 6-9 中。例如，C_3F_6 的 LC50 为 750ppm/4h，如果短时间内大量吸入，会导致头晕，无力，睡眠不良等症状；三氟乙腈 CF_3CN 是一种急性有毒气体，如果孕妇吸入一定量会导致胎儿死亡；而 CO、C_2N_2、HF、HCN 都是比较常见的有毒气体。因此，从人身安全的角度出发，排放后处理 C_4F_7N/CO_2 混合物时必须格外小心。

表 6-9　　　　　　　　　　　　分解产物的毒性参数

分解产物	生物化学识别码 CAS	死亡率为 50% 时的致死浓度 LC50
CO	630-08-0	1807ppm/4h
C_3F_6	116-15-4	750ppm/4h
C_2F_4	116-14-3	40000ppm/4h
C_2F_6	76-16-4	20pph/2h
C_4F_6	692-50-2	82ppm/4h
C_2N_2	460-19-5	350ppm/1h
CF_3CN	353-85-5	500ppm/1h
HF	7664-39-3	484ppm/4h
HCN	74-90-8	160ppm/30m

通过 GC/MS 的 SIM 模式来分析 C_4F_7N/CO_2 混合气体的分解产物含量变化，表 6-10 列出了所选分解产物的参考离子和保留时间。

表 6-10　　　　　　　　　　分解产物的参考离子和保留时间参数

分解产物	特征离子	保留时间
CF_4	69（CF_3^+）	0.97min
CO	12（C^+）	1.05min
C_3F_6	150（$C_3F_6^+$）	1.48min
CF_3CN	76（CF_2CN^+）	3.72min

分解产物	特征离子	保留时间
C_3F_8	169（$C_3F_7^+$）	4.86min
C_2F_5CN	126（$C_2F_4CN^+$）	6.82min
C_2F_6	119（$C_2F_5^+$）	9.76min
C_2N_2	52（$C_2N_2^+$）	10.07min
C_3HF_7	82（$C_2F_3H^+$）	10.41min
HCN	27（HCN^+）	11.74min

图 6-30 示出了 CO、CF_4、C_2F_6 和 C_3F_8 的浓度随击穿时间的增加而变化的情况。在 200 次击穿之后，腔室内 CF_4 和 CO 的浓度约为 550ppm。C_3F_8 和 C_2F_6 的浓度分别为 20ppm 和 44ppm。可以看出，这些气体的浓度大约与击穿次数成正比。随着击穿次数的增加，CO 的浓度增加最快，在击穿 2000 次后达到 4200ppm。这是因为 CO 源自 CO_2 的分解，CO_2 的含量在室内最高。而 CF_4 是第二主要分解产物，经过 2000 次击穿，其浓度达到 2500ppm。C_3F_8 的浓度最低，经过 2000 次击穿，仅产生 180ppm。

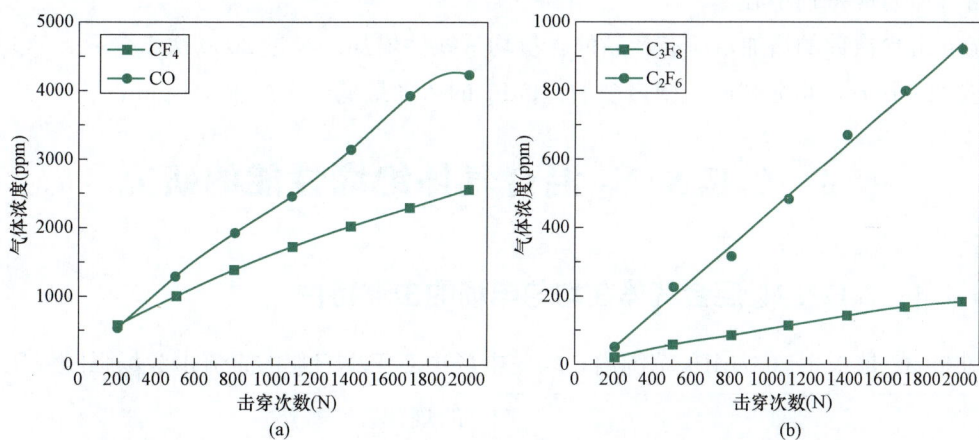

图 6-30 CO、CF_4、C_2F_6 和 C_3F_8 的浓度随击穿次数的增加而变化

(a) CO 和 CF_4；(b) C_2F_6 和 C_3F_8

C_2F_5CN、C_2N_2、CF_3CN、HCN、C_3F_6 和 C_3HF_7 的相对含量变化示于图 6-31。这些产品的含量也随着分解时间的增加几乎呈线性增加，但 C_3HF_7 的浓度逐渐降低。这是因为 C_3HF_7 是原始 C_4F_7N 的杂质，并且在放电过程中也会分解。

综上所述，C_4F_7N/CO_2 混合气体在工频放电击穿下的分解产物包括 CO、CF_4、C_2F_4、C_2F_6、C_3F_6、C_3F_8、C_4F_6、C_4F_{10}、C_2N_2、CF_3CN、C_2F_3CN、C_2F_5CN、HCN 和 HF，主要是全氟化碳和全氟腈。由于大多数产品的电气强度都低于 C_4F_7N，因此多次击穿后 C_4F_7N/CO_2 混合物的绝缘性能可能会逐渐下降。此外，某些分解产物是有毒的，因此处

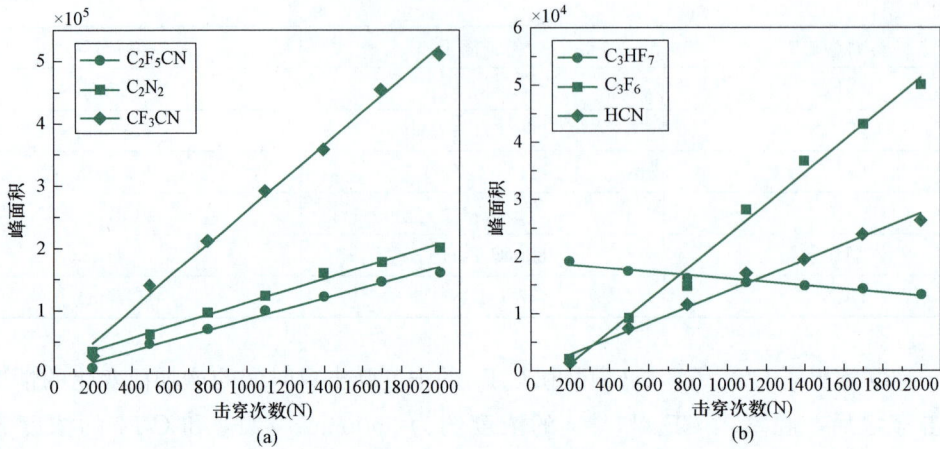

图 6-31 C_2F_5CN、C_2N_2、CF_3CN、HCN、C_3F_6 和 C_3HF_7 的
相对含量随击穿次数的增加而变化

（a）C_2F_5CN、C_2N_2 和 CF_3CN；（b）HCN、C_3F_6 和 C_3HF_7

理分解气体时应特别小心。

随着击穿次数的增加，所有产品的含量均呈线性增加。经过 2000 次击穿后，CO 的浓度高达 4200ppm，是分解物中最多的；C_3F_8 的浓度最低，仅产生 180ppm。

6.4 C_4F_7N/N_2 混合气体绝缘性能的研究

6.4.1 C_4F_7N/N_2 混合气体在均匀电场的击穿特性

图 6-32 是 0.3～0.7MPa 范围内，均匀电场中 C_4F_7N/N_2 的直流击穿场强随气压变化的规律。

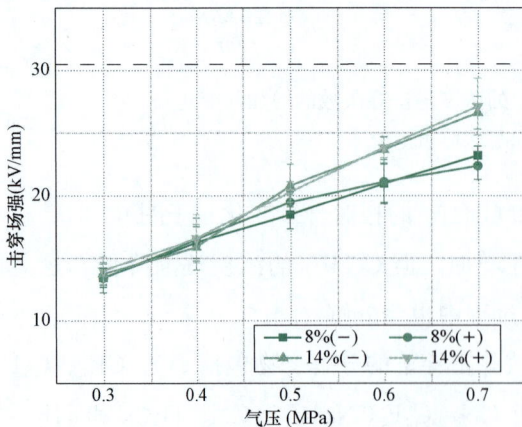

图 6-32 均匀电场中 C_4F_7N/N_2 的直流
击穿场强随气压变化的规律

由图 6-32 可以看出，在均匀电场中，C_4F_7N 含量为 8％和 14％的两种混合气体的直流正、负极性击穿场强虽然存在差异，但是均在标准差范围之内，因此可以不考虑极性效应。C_4F_7N/N_2 混合气体的直流击穿电场强度均呈现出随着气压升高而线性增大的趋势。当气压为 0.3MPa 和 0.4MPa 时，两种含量混合气体的直流击穿场强基本一致，且正负极性的击穿场强也较为一致。但随着气压升高，两种含量

的 C_4F_7N/N_2 混合气体的直流击穿电场强度差距开始增大。以 0.4MPa 下 SF_6 气体的负极性直流击穿电场强度作为参考值，对比可以发现，0.4MPa 时，C_4F_7N 含量为 8% 的混合气体负极性击穿场强仅为 SF_6 气体的 52.88%，C_4F_7N 含量为 14% 混合气体负极性击穿场强仅为 SF_6 气体的 53.13%；在 0.7MPa 时，C_4F_7N 含量为 8% 的混合气体负极性击穿场强可以达到 SF_6 气体的 76.2%，而 C_4F_7N 含量为 14% 的混合气体负极性击穿场强可以达到 SF_6 气体的 87.3%。

为了进一步验证 C_4F_7N/N_2 混合气体的绝缘性能是否能够随 C_4F_7N 含量的提高而显著增加，增加了一组 C_4F_7N 含量为 16% 的 C_4F_7N/N_2 混合气体击穿数据。图 6-33 为 0.6MPa 时，C_4F_7N 含量分别为 8%、14% 和 16% 的混合气体直流击穿场强的对比。

从图 6-33 可知，在 C_4F_7N 含量为 16% 时，C_4F_7N/N_2 混合气体的直流击穿场强均比 C_4F_7N 含量为 8% 和 14% 时有所提升。相比于 C_4F_7N 含量为 14% 时，C_4F_7N 含量为 16% 时 C_4F_7N/N_2 混合气体的击穿场强仅仅提高了 8.09%；相比于 C_4F_7N 含量为 8% 时，虽然 C_4F_7N 含量提升了一倍，但 16% 时 C_4F_7N/N_2 混合气体的击穿场强也仅仅提高了 21.35%。说明增加混合气体中的 C_4F_7N 含量，对于 C_4F_7N/N_2 混合气体击穿性能的提升并不显著。

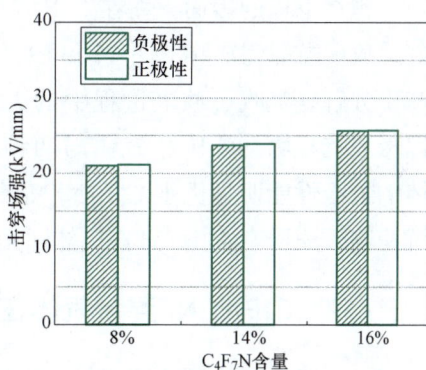

图 6-33 不同含量 C_4F_7N/N_2 混合气体的直流击穿场强

图 6-34 为 $0.3\sim0.7$MPa 气压范围内，均匀电场中 C_4F_7N/N_2、C_4F_7N/CO_2 和 SF_6/N_2 混合气体的负极性直流击穿电场强度的对比，其中 C_4F_7N 的含量都为 8%，SF_6 的含量为 20%，图中虚线为 0.4MPa 下 SF_6 气体的直流负极性击穿电场强度，作为参考值。

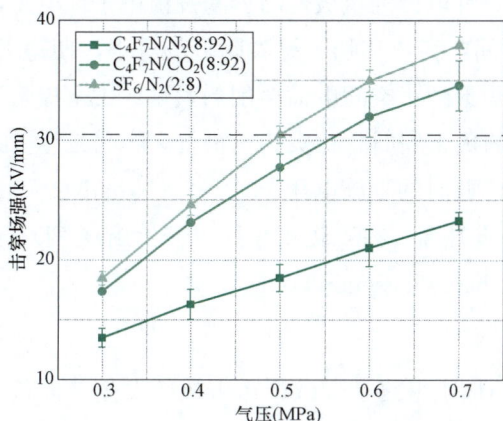

图 6-34 三种混合气体直流击穿场强的对比

由图中可以看出在相同气压下，C_4F_7N/N_2 的击穿场强显著低于 C_4F_7N/CO_2 和 SF_6/N_2 混合气体。即便是在 0.7MPa 时，C_4F_7N/N_2 气体的负极性直流击穿场强也仅为 C_4F_7N/CO_2 和 SF_6/N_2 混合气体的 67.3% 和 61.4%，仅为纯 SF_6 气体的 76.2%。0.7MPa 时 C_4F_7N/N_2 气体的绝缘性能仅仅与 0.4MPa 时 C_4F_7N/CO_2 和 SF_6/N_2 混合气体绝缘性能相当。

同时，在 C_4F_7N/N_2 的气体击穿试验结束之后，可以发现平板电极表面附着了大量深色物质。图 6-35 为三种混合气体中电极表面的对比，放电次数均为 100～120 次。

图 6-35　混合气体直流击穿试验后的电极表面
(a) C_4F_7N/CO_2；(b) C_4F_7N/N_2；(c) SF_6/N_2

根据 X 射线光电子能谱（X-ray Photoelectron Spectroscopy，XPS）分析结果显示，C_4F_7N/N_2 气体放电后，电极表面物质的 C、N 和 O 元素的相对含量分别为 67%、4.68% 和 5.58%。这说明在放电过程中，由于 C_4F_7N 和 N_2 的相溶性较差，N_2 无法对 C_4F_7N 气体分子周边形成保护，导致大量的 C_4F_7N 气体产生了分解，并与 Fe 结合，生成了含 Fe、C、N、O 和 F 的化合物，沉积在电极的表面。而在 C_4F_7N/CO_2 气体放电时，由于 C_4F_7N 和 CO_2 气体的相溶性较好，放电首先需破坏 C_4F_7N 和 CO_2 气体分子之间的弱作用力，并导致 CO_2 气体分子先行产生分解，吸收了放电过程中的大部分能量，使得被破坏的 C_4F_7N 的分子数量较少，难以形成沉积物。C_4F_7N 气体与两种常见的缓冲气体 CO_2 及 N_2 进行混合，C_4F_7N/CO_2 气体的绝缘性能明显优于 C_4F_7N/N_2 气体，且 C_4F_7N/CO_2 气体在放电击穿后无明显的固体沉积物，说明 C_4F_7N/CO_2 气体适用于电气设备的绝缘。

6.4.2　C_4F_7N/N_2 混合气体在极不均匀电场下的局部放电特性

气体绝缘设备在制造、运输、安装、运行及检修等过程中不可避免地会引起设备内部出现不同程度和类型的绝缘缺陷，在运行过程中受电应力的作用，这些绝缘缺陷会引发不同程度的局部放电（PD）。PD 会加快对设备内部绝缘的进一步破坏，最终导致绝缘故障造成停电事故，对运行中的气体绝缘设备是一种潜在的隐患；PD 也会引发气体绝缘介质发生分解，产生诸多分解产物，进而可能改变气体绝缘介质的成分组成。因此，研究环保型气体绝缘介质局部放电特性，是决定其在极不均匀电场下的放电性质。

由于在极不均匀电场中存在明显的极性效应，针电极为负极性时容易发射电子，电子迅速向板电极运动，在针电极附近积聚大量正的空间电荷，加强了针尖附近的场强，使得 PD 更容易发生，而当针电极为正极性时，针尖附近积聚的正空间电荷会削弱紧贴针尖电极附近的电场，使得 PD 不易发生。当外施电压在工频的负半周时，针尖为负极性，容易发生 PD，开始发生放电时，放电集中在工频的负半周，记录此时的外施电压 PDIV－（Negative partial discharge inception voltage）值。随外施电压进一步升高，在工频正半周也开始出现 PD，记录此时的外施电压为 PDIV＋（Positive partial discharge inception voltage）值。

1. C_4F_7N/N_2 混合气体的 PDIV－特性

电气设备的故障最初一般表现为 PD，PD 的加剧最终会导致严重事故的发生，而负半周局部放电起始电压（PDIV－）是工频交流 PD 的早期表现形式，是故障产生及重要的预警标志。

图 6-36 给出了 C_4F_7N/N_2 混合气体及 SF_6 在 $0.1\sim0.6MPa$ 下的 PDIV－随气压的变化情况。定义 C_4F_7N/N_2 混合气体与相同条件下 SF_6 绝缘性能的比值为相对绝缘性能，图 6-36（b）给出了混合气体相对 SF_6 气体在相同条件下相对 PDIV－随气压的变化情况。

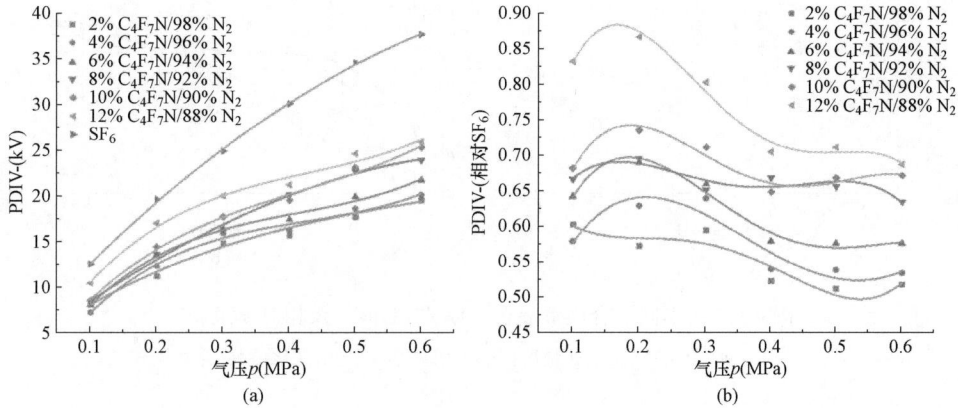

图 6-36　不同气压下混合气体的 PDIV－及相对 PDIV－
（a）PDIV－的变化情况；（b）相对 PDIV－的变化情况

可以看到含 $2\%\sim12\%C_4F_7N$ 的 C_4F_7N/N_2 混合气体的 PDIV－均低于相同气压下的 SF_6。$0.3MPa$ 下 $12\%C_4F_7N/88\%N_2$ 混合气体的 PDIV－可以达到 $0.2MPa$ 下纯 SF_6 的水平；$0.6MPa$ 下 $10\%C_4F_7N/90\%N_2$ 混合气体的 PDIV－可以达到 $0.3MPa$ 下纯 SF_6 的水平。随着气压的升高，混合气体的 PDIV－呈饱和增长趋势。当气压低于 $0.3MPa$ 时，混合气体的 PDIV－随气压增长的速率（斜率）高于 $0.4\sim0.6MPa$，表明低气压下升高气压对混合气体绝缘性能的提升效果较为理想。

根据图 6-36（b）的结果，混合气体的相对 PDIV－随气压的变化呈现三个阶段。当气压低于 $0.2MPa$ 时，提升气压能够有效提升混合气体的相对 PDIV－，例如 C_4F_7N 含量为 4%、6%、8%、10%、12% 的混合气体在 $0.2MPa$ 下的相对 PDIV－均高于其他气压条件。随着气压的进一步升高，混合气体的相对 PDIV－明显降低，并在 $0.4MPa$ 时达到最小值；$0.4\sim0.6MPa$ 区间内，混合气体的相对 PDIV－趋于稳定。另外，可以看到 C_4F_7N 含量为 8% 的混合气体在 $0.1\sim0.6MPa$ 气压范围内的相对绝缘强度波动较小。

C_4F_7N/N_2 混合气体的 PDIV－随 C_4F_7N 含量的变化情况如图 6-37 所示。可以看到各气压下混合气体的 PDIV－随 C_4F_7N 含量的增大而增大。其中低气压条件下（$0.1\sim0.3MPa$）含 $C_4F_7N6\%\sim10\%$ 的混合气体的相对 PDIV－值基本一致，当 C_4F_7N 的含量增加至 12% 时，混合气体的相对 PDIV－显著增长。如 $0.3MPa$、$0.2MPa$ 下 $12\%C_4F_7N/88\%N_2$ 混合气体的 PDIV－可以达到纯 SF_6 的 80% 和 86%。因此，对于低气压设备，建议应用 C_4F_7N 含量为 10% 以上的混合气体，该方案能够兼顾工程应用液化温度限制和优良的绝缘性能需求。

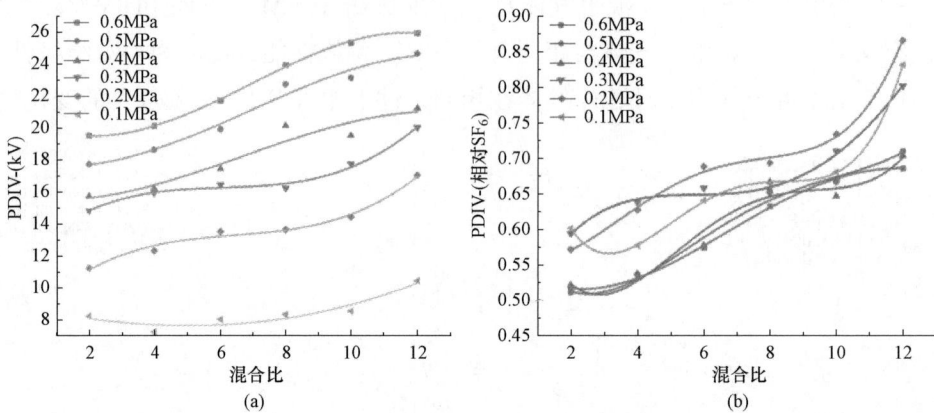

图 6-37　不同混合比下混合气体的 PDIV－及相对 PDIV－

(a) PDIV－的变化情况；(b) 相对 PDIV－的变化情况

高气压条件下（0.4～0.6MPa）混合气体的 PDIV－随混合比增加呈现饱和增长趋势。C_4F_7N 含量为 4％～8％的混合气体的相对 PDIV－随混合比的增大而增大；当 C_4F_7N 的含量达到 10％以上时，相对 PDIV－趋于饱和。0.5MPa、0.6MPa 下 10％C_4F_7N/90％N_2 混合气体的 PDIV－可以达到相同条件下纯 SF_6 的 66.9％和 67.2％。由于 C_4F_7N 含量越高，混合气体在满足液化温度限制条件下的最高应用气压越低，因此高气压应用环境下建议使用 C_4F_7N 含量在 8％～10％左右的混合气体，以兼顾绝缘性能和液化温度。

2. C_4F_7N/N_2 混合气体的 PDIV＋特性

随着外施电压幅值的提升，工频正半周开始出现放电信号。正半周局放起始电压（PDIV＋）介于负半周局放起始电压（PDIV－）与击穿电压之间，是流注产生过程中的重要物理量，标志着气体绝缘劣化程度转为严重的关键阶段。

图 6-38 给出了 C_4F_7N/N_2 混合气体的 PDIV＋随气压的变化情况。与 PDIV－类似，混合气体的 PDIV＋随气压增加而增大。随着气压的升高，混合气体 PDIV＋的增长率有所减缓，即呈现饱和增长趋势。相同条件下混合气体的相对 PDIV＋均低于 PDIV－。如 0.2MPa 下含 12％C_4F_7N 混合气体的 PDIV－达到了 SF_6 的 86.8％，而 PDIV＋仅为 SF_6 的 66.9％；0.5MPa 下含 10C_4F_7N 混合气体的 PDIV－达到了 SF_6 的 66.8％，而 PDIV＋仅为 SF_6 的 57％。

随着气压的增加，C_4F_7N/N_2 混合气体的相对 PDIV＋呈现先增加后降低，随后再增加的变化趋势。各混合比的 C_4F_7N/N_2 气体在 0.2MPa 条件下的相对 PDIV＋均达到了最高值，随后随气压增加呈现下降趋势；当气压达到 0.6MPa 时，C_4F_7N/N_2 混合气体的相对 PDIV＋有所上升。实际上，混合气体的 PDIV＋随气压变化的饱和增长临界点为 0.3MPa，而 SF_6 气体的 PDIV＋随气压变化的饱和增加临界点为 0.5MPa，因此相对 PDIV＋随气压呈现图 6-38（b）的变化规律。综合来看，对于中低气压设备，0.2MPa 条

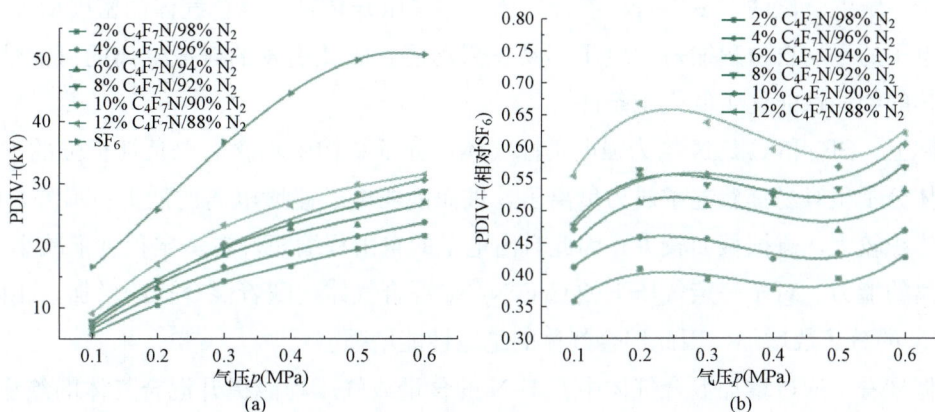

图 6-38　不同气压下混合气体的 PDIV＋及相对 PDIV＋

（a）PDIV＋的变化情况；（b）相对 PDIV＋的变化情况

件下 C$_4$F$_7$N/N$_2$ 混合气体的相对绝缘性能最优；对于高气压设备，0.5～0.6MPa 下混合气体的相对绝缘性能较优。

　　图 6-39 给出了混合气体的 PDIV＋随混合比的变化情况。与 PDIV－不同，0.1～0.3MPa 下 C$_4$F$_7$N/N$_2$ 混合气体的 PDIV＋随混合比的增加呈现线性增长趋势；0.5～0.6MPa 下混合气体的 PDIV＋随混合比增加呈线性饱和增长趋势。当气压低于 0.4MPa 时，C$_4$F$_7$N 含量小于 6％的混合气体的相对 PDIV＋随混合比增加而增加；C$_4$F$_7$N 含量为 6％～10％混合气体的相对 PDIV＋随混合比增加保持稳定；继续增加 C$_4$F$_7$N 的含量后，混合气体的 PDIV＋再次增长。因此，中低气压应用场合可以通过提升混合比的方法达到更为优异的绝缘性能。高气压条件下 0.5～0.6MPa，C$_4$F$_7$N/N$_2$ 混合气体的相对 PDIV＋随混合比的增加呈现饱和增长趋势。

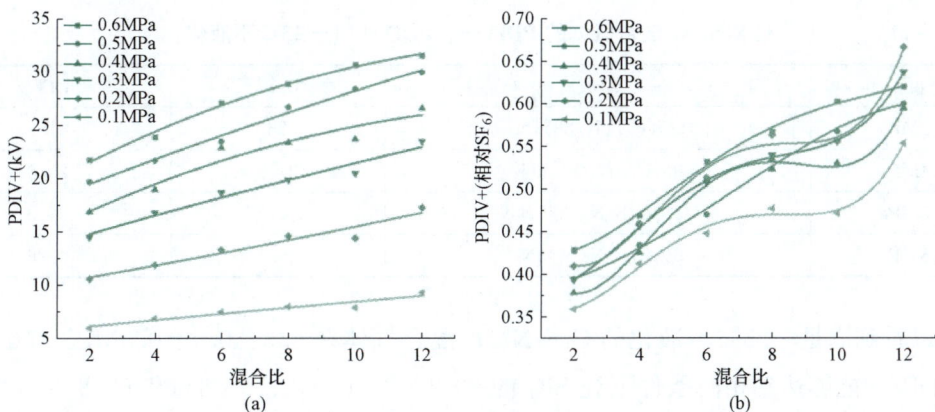

图 6-39　不同混合比下混合气体的 PDIV＋及相对 PDIV＋

（a）PDIV＋的变化情况；（b）相对 PDIV＋的变化情况

对于一定混合比的 C_4F_7N/N_2 混合气体，当气压升高时，混合气体的密度增加，气体中自由电子的平均自由程缩短，电子不易积累动能，因此引发的碰撞电离的可能性降低，混合气体的绝缘性能优于低气压条件。

实际上，SF_6 和 C_4F_7N 均为强电负性气体，分子结构中均含有电负性极强的 F 原子，因此气体分子很容易捕获电子成为负离子，进而削弱电子碰撞电离的能力；另外，C_4F_7N 的分子体积较大，碰撞截面较大，因此自由电子的自由程缩短，在一定程度上减小了电子碰撞电离的能力。对于一定气压下的 C_4F_7N/N_2 混合气体，随着混合比的增加，相同条件下 C_4F_7N 的分子数增加，因此混合气体的绝缘性能增强。

整体来看，通过增加混合气体中 C_4F_7N 的含量或气压均能提升混合气体的绝缘性能，但上述两种方案均受到液化温度这一条件的制约，因此实际工程应用中需要满足相关液化温度需求的基础上，合理选择最优混合比及气压。

6.4.3 C_4F_7N/N_2 混合气体的应用分析

综合考虑液化温度、混合比及气压三个限制因素，对 C_4F_7N/N_2 混合气体在各类气体绝缘设备的应用潜力进行分析。要满足混合气体在 $-25℃$ 不液化，$0.2\sim0.6MPa$ 下混合气体中 C_4F_7N 的含量不能超过 6%、7.5%、9%、12% 和 18%。对于低压电气设备（气压小于 0.2MPa），由于其受液化温度的限制较低，因此建议通过增加混合比的方式提升混合气体的绝缘性能。含 18%~20% C_4F_7N 的混合气体的绝缘性能能够达到相同条件下纯 SF_6 的水平，因此 C_4F_7N/N_2 混合气体在中低压电气设备中具备完全替代 SF_6 的潜力。

对于高压气体绝缘设备，混合气体的液化温度受混合比和气压的限制较大。表 6-11 给出了满足 $-25℃$ 不液化条件下的 C_4F_7N/N_2 混合气体的 PDIV−、PDIV+。图 6-40 给出了混合气体的相对绝缘性能。

表 6-11　　　　C_4F_7N/N_2 混合气体的 PDIV−、PDIV+（$-25℃$ 不液化）

气压	组成	PDIV−	PDIV+
0.3MPa	12%C_4F_7N/88%N_2	26	31.7
0.4MPa	9%C_4F_7N/91%N_2	21.8	25.8
0.5MPa	7.5%C_4F_7N/92.5%N_2	20.2	24.2
0.6MPa	6%C_4F_7N/94%N_2	20.1	23.6

可以看到满足 $-25℃$ 不液化的 C_4F_7N/N_2 混合气体在 0.3、0.4、0.5MPa 和 0.6MPa 下的 PDIV− 能够达到相同条件下纯 SF_6 的 80.4%、66.9%、62.8% 和 68.8%；PDIV+ 能够达到相同条件下纯 SF_6 的 63.9%、54.1%、51.6% 和 62.3%。综合来看，C_4F_7N/N_2 混合气体在高气压条件 $0.3\sim0.6MPa$ 下的绝缘性能弱于相同条件下纯 SF_6 气体的水平。

综合其他原因，由于 C_4F_7N 和 N_2 的相溶性较差，C_4F_7N/N_2 的击穿场强显著低于

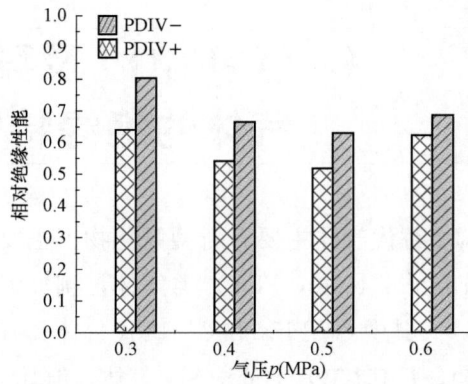

图 6-40　混合气体的相对 PDIV－、PDIV＋（－25℃不液化）

C_4F_7N/CO_2 和 SF_6/N_2 混合气体，且 C_4F_7N/N_2 的气体优异值低于 C_4F_7N/CO_2 的气体优异值，因此，在实际工程应用中，建议首选 C_4F_7N/CO_2 混合气体。

<table>
<tr><td>7</td><td>C₅（C₅F₁₀O）及其混合
气体的绝缘特性</td></tr>
</table>

7 C_5（$C_5F_{10}O$）及其混合气体的绝缘特性

目前，被广泛研究的 SF_6 替代气体主要有新型氟化物，主要包括氟化腈（Perfluoronitriles，PFN）、氟化酮（Perfluoroketones，PFK）类气体，例如 C_4-PFN［$(CF_3)_2CFCN$］、C_5-PFK［$CF_3COCF(CF_3)_2$］。其中 C_4-PFN 和 C_5-PFK 气体具有极高的绝缘强度（分别约为 SF_6 气体的 2.2 倍和 2 倍），且其 GWP 远低于 SF_6 气体，但其沸点较高，需要与其他气体混合使用。

$C_5F_{10}O$，即 3-三氟甲基-1,1,1,3,4,4,4-七氟丁-2-酮，CAS 号为 756-12-7，是一种具有极低 GWP 的新型六氟化硫替代品。其分子量为 266g/mol，沸点 26.9℃，凝固点 −110℃，临界温度 146℃，常压下气体密度为 10.73kg/m³。与六氟化硫对比，$C_5F_{10}O$ 主要的优点在于它具有极低的 GWP，与二氧化碳相当，对环境友好，可以显著缓解六氟化硫带来的温室效应。但其缺点在于沸点过高，容易液化。

$C_5F_{10}O$ 的大气寿命很短，只有 15 天左右，故具有极低的全球变暖潜能值，甚至要小于 1，即温室效应影响低于 CO_2；由于分子中不含溴和氯元素，故臭氧消耗潜值为零；$C_5F_{10}O$ 为不易燃气体，且毒性很小。由于 $C_5F_{10}O$ 分子的自由度较高，故 $C_5F_{10}O$ 具有很强的能量吸收能力；且分子中氟的含量较高，使得 $C_5F_{10}O$ 的绝缘性能极为优异，约为 SF_6 的两倍以上。然而，由于 $C_5F_{10}O$ 的液化温度较高，常压下约为 24℃，故无法作为单一气体使用。不过，由于 $C_5F_{10}O$ 的饱和蒸气压较高（25℃下约为 94kPa），故通过与液化温度较低的气体混合，如传统气体 CO_2、N_2 等，可以使混合气体的液化温度达到 −15℃甚至更低。

7.1 $C_5F_{10}O$ 气体的物理化学性质

$C_5F_{10}O$ 中文名称为全氟五碳酮，其臭氧消耗潜能值 ODP 为 0，全球变暖潜能值 GWP 为 1，在大气中气体平均寿命为 15d，$C_5F_{10}O$ 性质及其分子构型如图 7-1 所示。

$C_5F_{10}O$ 分子由 5 个碳原子，10 个氟原子，以及 1 个氧原子所组成。其中，碳原子与氧原子之间以双键相连接，其余原子之间皆以单键相连。

氟化酮有常用的有 C_5-PFK、C_6-PFK 气体，但 C_6-PFK 气体的沸点极高，不适宜用于高压电气设

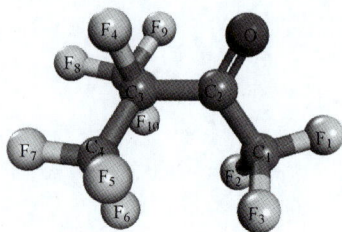

图 7-1 $C_5F_{10}O$ 分子结构

备。C_5-PFK 具有较高的绝缘性能和极低的 GWP 值，且液化温度也相对较低，具有一定的应用前景。表 7-1 给出了 C_5-PFK 等气体的基本物理性质的比较值。

表 7-1   **PFN 和 PFK 类气体的基本物理性质**

名称	C_4-PFN	C_4-PFK	C_5-PFK	C_6-PFK
分子结构				
摩尔质量/$g \cdot mol^{-1}$	195	216	266	316
相对绝缘强度	2.2	1.6	2	>2
沸点/℃	−4.7	0	26.9	49
GWP	2210	4100	1	1

1962 年，Smith 等人在研究酰氟类化合物的反应性过程中，尝试了以六氟丙烯和酰氟化合物为原料，通过加成反应制备了不同取代基的 $C_5F_{10}O$，如图 7-2 所示。

在 200℃高温，无溶剂，氟化铯为催化剂条件下以六氟丙烯和三氟乙酰氟为原料得到了目标产物 $C_5F_{10}O$，转化率为 65%。之后在极性溶剂，氟氢化钾催化剂条件下，反应在 100～125℃就可以顺利进行，转化率也提高到了 75%。

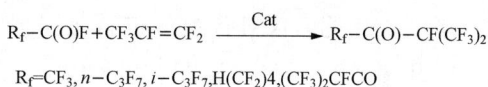

图 7-2 $C_5F_{10}O$ 加成反应制备路线

2003 年，美国的 3M 公司公开了一种新的氟化酮合成路线，其使用酰卤和六氟丙烯作为原料。3M 公司已完成 $C_5F_{10}O$ 的工业化生产，其商品名为 3M™ Novec™ 5110 绝缘气体。

2013 年，Fenichev 等人报道了利用六氟环氧丙烷为原料在高温条件下发生热分解生成三氟乙酰氟，与六氟丙烯在金属氟盐催化下继续反应，获得 $C_5F_{10}O$，如图 7-3 所示。

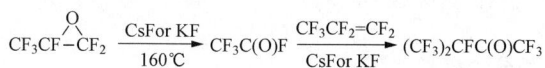

图 7-3 $C_5F_{10}O$ 催化反应制备路线

2017 年，中化蓝天集团公开了一种在液相催化剂的作用下，六氟丙烯和三氟乙酰氟反应制备全氟－3－甲基－2－丁酮的方法。

1. $C_5F_{10}O$ 的定性分析

采用气相色谱质谱联用仪 GCMS 对 $C_5F_{10}O$ 进行定性，质谱分析得到关键碎片 $m/z=265.8[M]^+$，$m/z=196.9[M\text{-}CF_3]^+$，$m/z=169.0[CF(CF_3)_2]^+$，$m/z=97.0[M\text{-}CF(CF_3)_2]^+$，$m/z=69.1[CF_3]^+$，证明合成的化合物为 $C_5F_{10}O$，如图 7-4 所示。

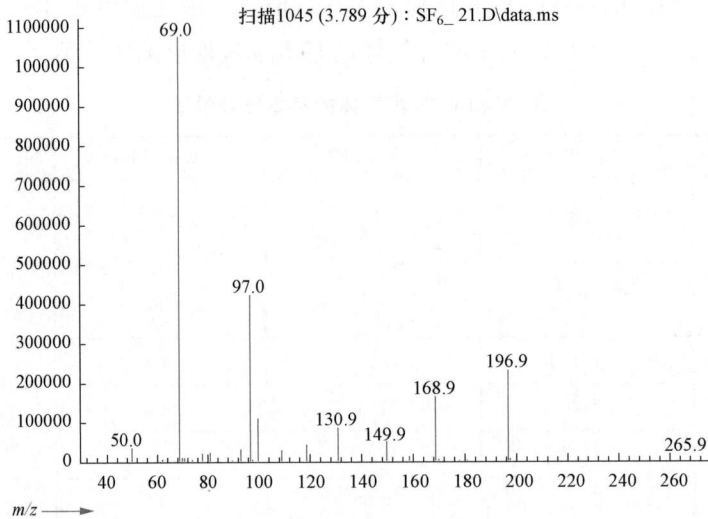

图 7-4 $C_5F_{10}O$ 的气相色谱质谱分析（GCMS）的质谱图（MS）

2. $C_5F_{10}O$ 的定量分析

采用气相色谱仪对各组分进行定量分析，所得 $C_5F_{10}O$ 纯度 99.77%，主要杂质为全氟-4-甲基-2-戊烯，谱图结果如图 7-5 和表 7-2 所示。

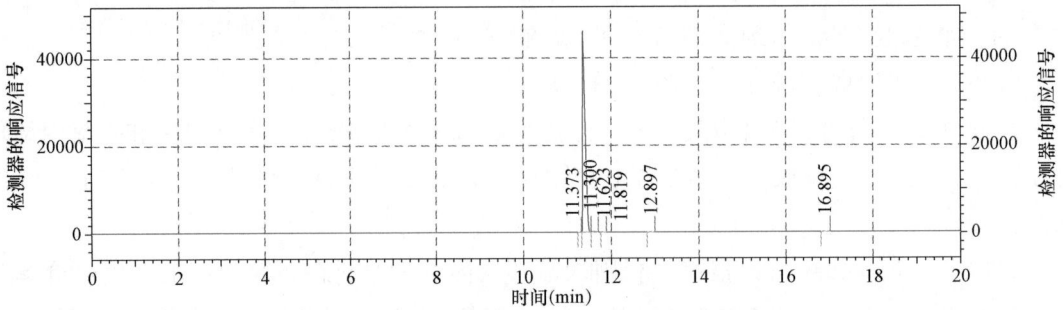

图 7-5 $C_5F_{10}O$ 的气相色谱法 GC 谱图

表 7-2 $C_5F_{10}O$ 组分含量

峰序	保留时间（min）	面积百分含量（%）	组分名
1	11.300	0.01	—
2	11.373	99.77	$C_5F_{10}O$
3	11.623	0.20	全氟-4-甲基-2-戊烯

新型环保气体 C_4F_7N、$C_5F_{10}O$ 与 SF_6 的基本性质对比见表 7-3。

表 7 - 3   新型环保气体与 SF₆ 对比

气体简称	C_4F_7N	$C_5F_{10}O$	SF_6
CAS 号	42532−60−5	756−12−7	2551−62−4
分子式	C_4F_7N	$C_5F_{10}O$	SF_6
分子量（g/mol）	195	266	146
沸点（℃）	−4.7	26.9	−68.3
凝固点（℃）	−117.8	−110	−50.7
饱和蒸气压（psia）	36.5	13.6	312
密度（g/cm³，@20℃）	1.35	1.56	1.56
常压下气体密度（kg/m³）	7.85	10.73	5.93
闪点（℃）	无	无	无
常压下绝缘强度（kV）	27.5	18.4	14.0
LC50（ppm）（大鼠，4h）	10000−15000	≈20000	—
TWA（ppm）	65	225	1000
消耗臭氧潜能值（ODP）（CFC−11＝1）	0	0	0
全球变暖潜能值（GWP）（100−yr，IPCC 5）	2210	＜1	23500
大气寿命（年）	61	0.04	3200

7.2 $C_5F_{10}O$（C_5-PFK）在雷电冲击电压下的放电特性

研究雷电冲击电压下 C_5-PFK 混合气体间隙击穿特性，采用 Marx 发生器作为电压源提供±1.2/50μs 的标准雷电冲击过电压，间隙采用板—板电极、棒—板电极、针—板电极和同轴电极。

1. 间隙板—板电极下（均匀电场）

图 7-6 所示为液化温度分别为−25℃和−5℃的 $C_5F_{10}O$ 分别与空气（Air）和 CO_2 混合气体在 5mm 间隙板—板电极下的 50％击穿电压 $U_{b50\%}$ 随气压的变化曲线。从图 7-6（a）可以看出，随着气压的提高，$C_5F_{10}O$ 混合气体的 $U_{b50\%}$ 逐渐提高，且 $C_5F_{10}O/CO_2$ 混合气体的 $U_{b50\%}$ 的增长速率明显高于 $C_5F_{10}O$ 与空气混合气体，从而导致 $C_5F_{10}O/CO_2$ 混合气体的绝缘强度高于 $C_5F_{10}O$/空气混合气体。当充气压力为 0.1MPa 时，$C_5F_{10}O$ 的混合比例大约为 10.5％，$C_5F_{10}O/CO_2$ 和 $C_5F_{10}O$/空气混合气体的 $U_{b50\%}$ 分别为 45.2kV 和 30.3kV，相差约 33％。从图 7-6（b）可以看出，在−5℃液化温度限制下的 $C_5F_{10}O/CO_2$ 混合气体的绝缘性能也高于 $C_5F_{10}O$/空气混合气体，但二者之间的差距比−25℃温度限制下小，这可能是因为当 $C_5F_{10}O$ 比例较高的情况下，混合气体的协同效应比 $C_5F_{10}O$ 比例较低时弱。当气压为 0.1MPa 时，$C_5F_{10}O$ 的摩尔分数约为 28％，$C_5F_{10}O/CO_2$ 和 $C_5F_{10}O$/空气混合气

体的 $U_{b50\%}$ 分别为 51.6kV 和 50.2kV，仅相差约 2.7％。

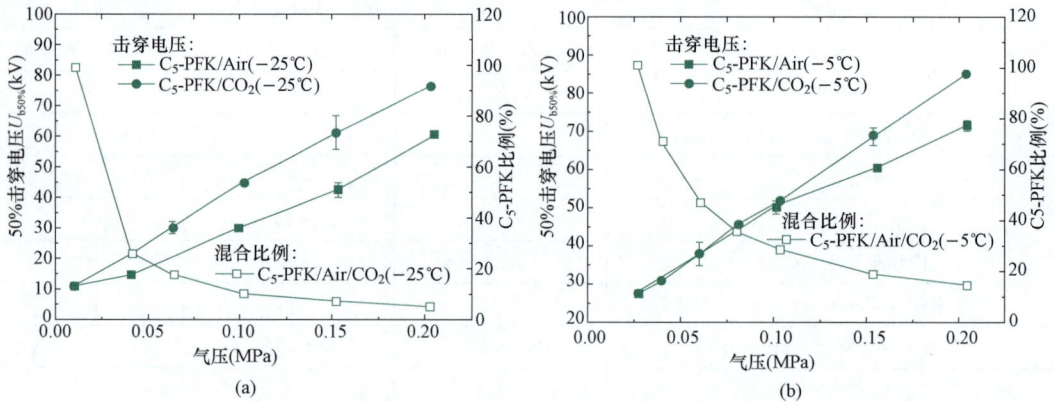

图 7-6　不同液化温度的 $C_5F_{10}O$ 的在 5mm 间隙板—板电极下的 50％击穿电压 $U_{b50\%}$ 随气压变化曲线

（a）－25℃；（b）－5℃

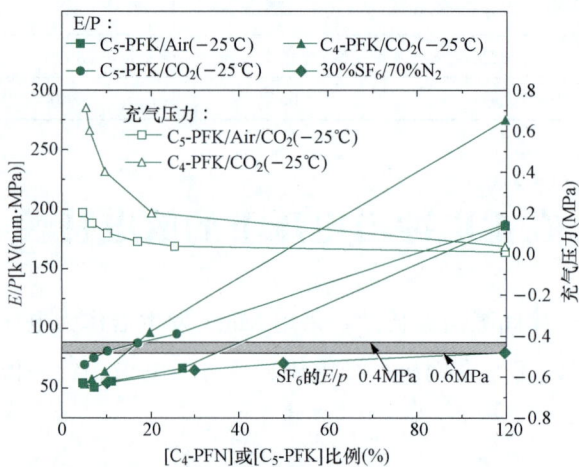

图 7-7　液化温度－25℃的 $C_5F_{10}O$ 的折合击穿场强

图 7-7 所示为液化温度－25℃的 $C_5F_{10}O$ 分别与空气和 CO_2 混合气体以及 C_4F_7N/CO_2 和 SF_6/N_2 混合气体的折合击穿场强。由于随着气压的提高，C_4F_7N 和 $C_5F_{10}O$ 的比例逐渐降低，C_4F_7N 和 $C_5F_{10}O$ 混合气体的 E/p 随气压的提高逐渐降低。纯 C_4F_7N 和 $C_5F_{10}O$ 气体的折合击穿场强远高于纯 SF_6 气体。当 $C_5F_{10}O$ 混合比例在 10％～30％内时，$C_5F_{10}O$/空气混合气体的 E/p 与相同比例下的 SF_6/N_2 混合气体非常接近。当混合比例低于 18％时，$C_5F_{10}O/CO_2$ 混合气体的 E/p 高于相同比例下的 C_4F_7N/CO_2 混合气体，表明 $C_5F_{10}O$ 与 CO_2 之间的协同效应比 C_4F_7N 与 CO_2 之间的协同效应更强。同理，由 $C_5F_{10}O/CO_2$ 混合气体在不同比例下的 E/p 高于 $C_5F_{10}O$ 空气混合气体可知，$C_5F_{10}O$ 与 CO_2 之间的协同效应强于 $C_5F_{10}O$ 与空气。协同效应之间的差别可能是受到其分子的碰撞截面引起的。从图中可以看出，对于 $C_5F_{10}O$/空气混合气体，当 $C_5F_{10}O$ 比例分别为约 40％和 35％时，混合气体的 E/p 分别于 0.4MPa 和 0.6MPa 充气压力下的 SF_6 气体相等，而当缓冲气体换为 CO_2 后，$C_5F_{10}O$ 仅需在 13％和 10％的比例下，混合气体的 E/p 即可分别达到 0.4MPa 和 0.6MPa 气压下的 SF_6 的 E/p。对于 C_4F_7N/CO_2 混合气体，当 C_4F_7N 比例超过 18％时，混合气体的折合击穿场强高于 SF_6 气体。

2. 棒—板电极 （稍不均匀电场）

研究棒—板电极下 C₅- PFK - 空气混合气体的绝缘性能，则棒—板电极采用直径为 5mm 圆柱形电极，总长为 37.5mm，端部为半径为 2.5mm 的球形，以保证该处电场的均匀性，棒板电极的间隙为 4～20mm。对 C₅- PFK/空气混合气体在雷电冲击电压下不同气压下的绝缘性能进行分析，固定 C₅- PFK 分压分别为约 0.1MPa 和 0.028MPa，研究在不同的充气压力下混合气体的绝缘性能。

图 7 - 8 所示为雷电冲击电压下 C₅- PFK/Air 混合气体在棒—板电极下的击穿电压随气压的变化，从图中够可以看出，在实验的气压和间距条件下，C₅- PFK/Air 混合气体的正极性击穿电压高于负极性击穿电压。负极性和正极性击穿电压下，击穿电压随气压的上升率分别为 75kV/MPa 和 98kV/MPa。如图 7 - 9 所示为负极性雷电冲击电压下不同气体在棒板电极下的 50％击穿电压随气压的变化，从图中够可以看出，C₄- PFN/CO₂ 混合气体在该条件下的 50％击穿电压略高于 C₅- PFK/Air 混合气体。当气压低于 0.19MPa 时，C₄- PFN/CO₂ 混合气体的 50％击穿电压高于 SF₆ 气体，当气压高于 0.19MPa 时，则相反。

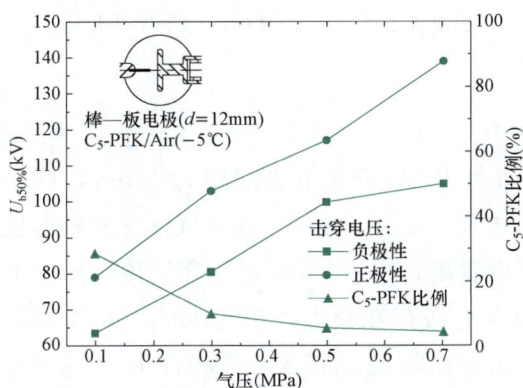

图 7 - 8　雷电冲击电压下 C₅- PFK/Air 混合气体在棒—板电极下的 50％击穿电压随气压的变化

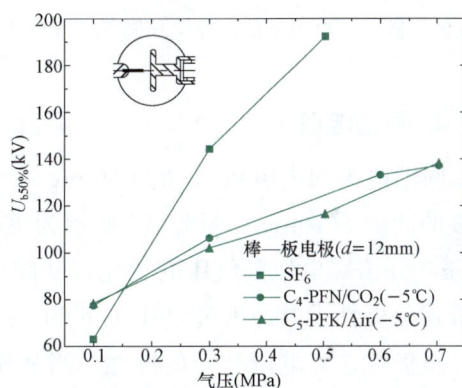

图 7 - 9　负极性雷电冲击电压下不同气体在棒板电极下的 50％击穿电压随气压的变化

3. 针—板电极 （不均匀电场）

图 7 - 10 所示为雷电冲击电压下 C₅- PFK/Air 混合气体在针—板电极下的 50％击穿电压随气压的变化，从图中够可以看出，在实验的气压和电极条件下，C₅- PFK/Air 混合气体的负极性击穿电压明显高于正极性击穿电压。负极性和正极性击穿电压下，击穿电压随气压的上升率分别为 65kV/MPa 和 5kV/MPa。C₅- PFK/Air 混合气体的正极性 50％击穿电压几乎不随气压变化，而仅在 51kV 附近波动。如图 7 - 11 所示为负极性雷电冲击电压下不同气体在针板电极下的 50％击穿电压随气压的变化，从图中够可以看出，C₄- PFN/

CO_2 混合气体在该条件下的 50%击穿电压明显高于 C_5- PFK/Air 混合气体。当气压低于 0.21MPa 时，C_4- PFN/CO_2 混合气体的 50%击穿电压高于 SF_6 气体，当气压高于 0.21MPa 时则相反。SF_6 与 C_5- PFK/Air 混合气体的 50%击穿电压随充气压力变化曲线均有一定的上凸现象，表明其击穿电压随充气压力的上升存在一定饱和效应，而 C_4- PFN/CO_2 混合气体则近似呈线性上升。

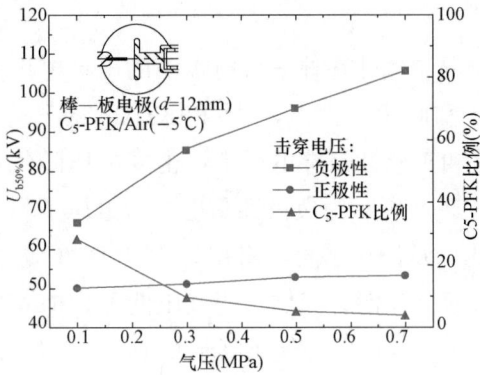

图 7 - 10   雷电冲击电压下 C_5- PFK/Air 混合
气体在针—板电极下的击穿电压随气压变化图

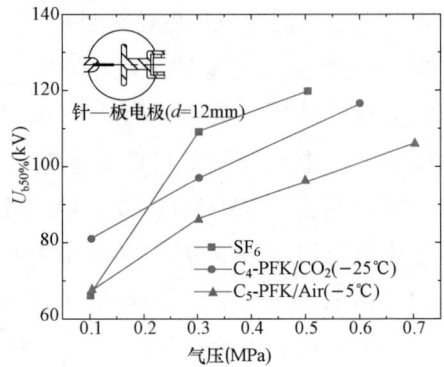

图 7 - 11   雷电冲击电压下几种气体在针—
板电极下的 50%击穿电压随气压变化图

4. 同轴电极

同轴电极的内电极直径为 60mm，外电极直径为 80mm，电极间距为 10mm，同轴电极的间隙为 10mm。图 7 - 12 所示为雷电冲击电压下 C_5- PFK/Air 混合气体在同轴电极下的 50%击穿电压随气压的变化，从图中够可以看出，C_5- PFK/Air 混合气体在同轴电极下正负极性雷电冲击过电压下的 50%击穿电压曲线存在交点，当气压低于 0.45MPa 时，正极性击穿电压高于负极性，当气压高于 0.45MPa 时则相反。正极性下 50%击穿电压随气压的上升率为 187kV/MPa，远低于负极性下 50%击穿电压随气压的上升率为 238kV/MPa。C_5- PFK/Air 混合气体正极性下 50%击穿电压随气压升高存在明显的饱和效应。如图 7 - 13 所示为负极性雷电冲击电压下不同气体在同轴电极下的 50%击穿电压随气压的变化，从图中够可以看出，C_4- PFN/CO_2 混合气体在该条件下的 50%击穿电压明显高于 C_5- PFK/Air 混合气体。当气压低于 0.33MPa 时，C_4- PFN/CO_2 混合气体的 50%击穿电压高于 SF_6 气体，当气压高于 0.33MPa 时则相反。同轴电极下几种气体得到击穿电压随气压几乎呈线性上升，且 SF_6 气体的上升率高达 503kV/MPa，远高于其他两种混合气体。

5. C_5- PFK 混合气体绝缘性能的分析

图 7 - 14 所示为 -25℃和 -5℃液化温度下的 C_5- PFK 混合气体和 SF_6 气体的临界击穿场强对比图。在 -25℃液化温度下，当 C_5- PFK 摩尔比例分别超过 61% 和 18% 时，

C$_5$-PFK/Air 和 C$_5$-PFK/CO$_2$ 混合气体的绝缘强度分别与相同充气压力下的 SF$_6$ 相当，其对应的饱和蒸气压分别为 0.027MPa 和 0.06MPa；在−5℃液化温度下，当 C$_5$-PFK 摩尔比例分别超过 27％和 25％时，C$_5$-PFK/Air 和 C$_5$-PFK/CO$_2$ 混合气体的绝缘强度分别与相同气压下的 SF$_6$ 相当，其对应的饱和蒸气压大约为 0.1MPa。

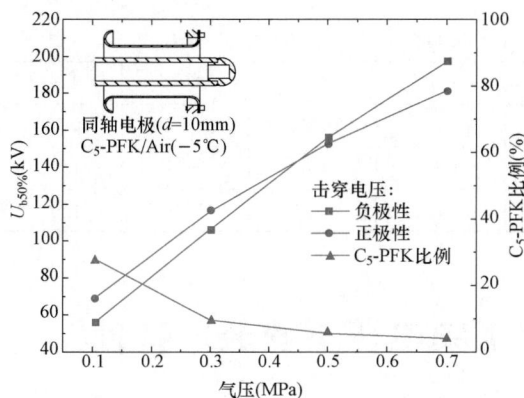

图 7-12　雷电冲击电压下 C$_5$-PFK/Air 混合气体在同轴电极下的 50％击穿电压随气压的变化

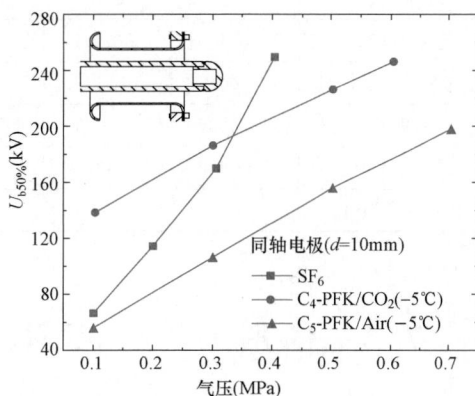

图 7-13　负极性雷电冲击电压下不同气体在同轴电极下的 50％击穿电压随气压的变化

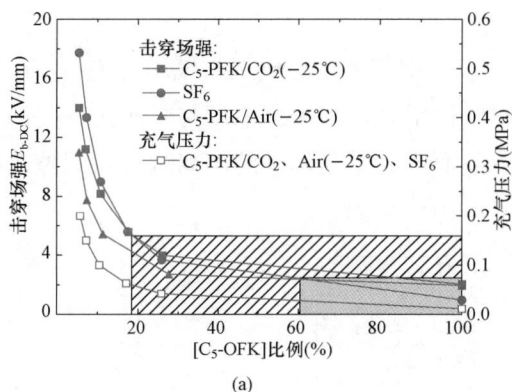

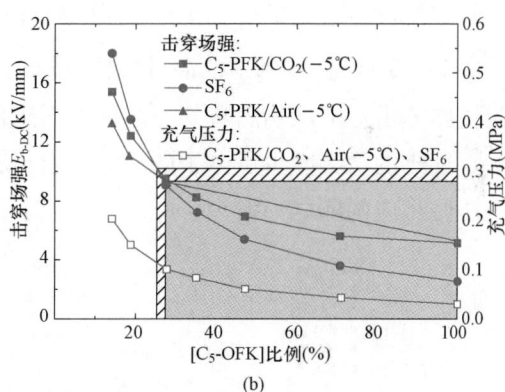

图 7-14　不同液化温度下的 C$_5$-PFK 混合气体和 SF$_6$ 气体的临界击穿场强对比图

（a）−25℃；（b）−5℃

表 7-4 给出了几种适用于电气设备的气体配方及相应的绝缘强度和 R-GWP。从表中可以看出，C$_4$-PFN/CO$_2$ 混合气体在−25℃液化温度和 0.6MPa 气压下的绝缘强度可达到 0.4MPa 气压下 SF$_6$ 气体的 95％以上，而对于环境的温室效应仅为约为其 1.3％。对于 C$_5$-PFK 混合气体，在−5℃液化温度和 0.1MPa 气压下的绝缘强度高于相同压力下的 SF$_6$ 气体，而其 R-GWP 值低于 SF$_6$ 的万分之一。因此，可以看出，以 C$_4$-PFN 和 C$_5$-PFK 为主的新型环保 SF$_6$ 替代气体在分别在高压和中压电气设备中具有较好的应用前景。

表 7 - 4 几种适用于高压及中压设备的气体配方

应用背景	高压		中压				
高绝缘气体	SF$_6$	C$_4$-PFN	SF$_6$	C$_5$-PFK			
液化温度（℃）	−36	−25	−69	−25		−5	
缓冲气体	无	CO$_2$	无	CO$_2$	Air	CO$_2$	Air
充气压力/（MPa）	0.4	0.6	0.1	0.114	0.166	0.1	0.1
高绝缘气体比例（%）	100	6.68	100	9.6	6.5	28.2	28.2
GWP	23500	533	23500	1	0.389	1	0.783
R−GWP	311909	3931	77977	1.69	0.65	2.42	1.70
相对绝缘强度	4	3.85	1	1	1	1.06	1.04

7.3 C$_5$F$_{10}$O（C$_5$-PFK）在工频电压下的放电特性

以球-球电极模拟准均匀电场，测试了 C$_5$F$_{10}$O 分别与空气、N$_2$ 组成的混合气体的工频击穿特性，对比分析了气压、C$_5$F$_{10}$O 分压及缓冲气体类型对 C$_5$F$_{10}$O 绝缘性能的影响情况。

1. 气压对 C$_5$F$_{10}$O 混合气体击穿电压的影响

图 7-15 给出了 C$_5$F$_{10}$O 混合气体、SF$_6$、N$_2$ 以及空气的击穿电压与气压的关系，以上各类气体的击穿电压均随着气压的增大而近似呈线性增大，即击穿电压与气压正相关。实际上，气压的增大减少了电子的平均自由行程，故而削弱了气体中的电离过程，间隙的击穿电压便相应的随之增大。

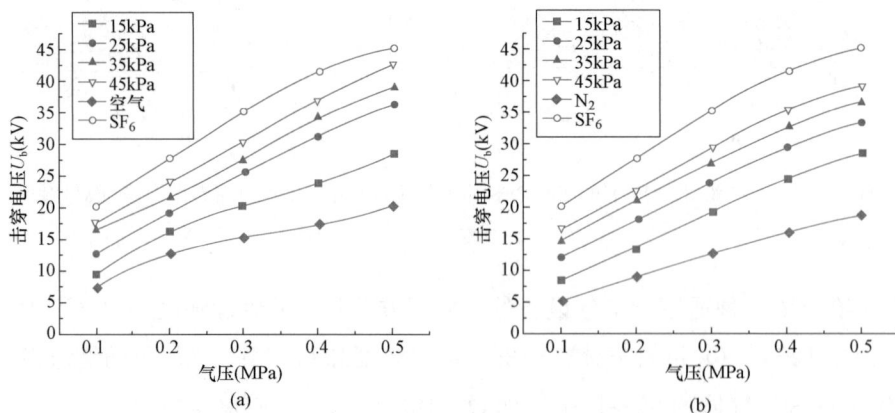

图 7-15 C$_5$F$_{10}$O 混合气体击穿电压与气压的关系

（a）C$_5$F$_{10}$O/Air 击穿电压与气压的关系；（b）C$_5$F$_{10}$O/N$_2$ 击穿电压与气压的关系

另外随着气压的不断增大，$C_5F_{10}O/N_2$ 的击穿电压在气压达到 0.4MPa 时出现饱和趋势；同样的，SF_6 的击穿电压也在该气压时表现出饱和趋势；与之不同的是 $C_5F_{10}O/Air$ 的击穿电压在实验气压范围内尚未出现饱和趋势。

即便 $C_5F_{10}O$ 的加入将空气与 N_2 的绝缘强度最大分别提升了 2.4092 倍和 3.1689 倍，但相同条件下 $C_5F_{10}O$ 混合气体的绝缘强度仍低于 SF_6，但通过适当提高 $C_5F_{10}O$ 混合气体的气压便有希望替代低气压下的 SF_6，例如气压为 0.2MPa，$C_5F_{10}O$ 分压为 25kPa 时，$C_5F_{10}O/Air$ 的绝缘强度是 0.2MPa 的 SF_6 的 0.69 倍，当气压提升至 0.3MPa 时，$C_5F_{10}O/Air$ 的绝缘强度是 0.2MPa 的 SF_6 的 0.94 倍；以上两种条件下 $C_5F_{10}O/N_2$ 的绝缘强度分别是 0.2MPa 的 SF_6 的 0.65 倍和 0.85 倍。

2. $C_5F_{10}O$ 分压对 $C_5F_{10}O$ 混合气体的影响

图 7-16 给出了 $C_5F_{10}O$ 混合气体的击穿电压与 $C_5F_{10}O$ 分压的关系，随着 $C_5F_{10}O$ 分压的逐渐增大，$C_5F_{10}O$ 混合气体的击穿电压随之增大。与通过增大气压削弱气体电离过程从而增大绝缘强度不同的是，$C_5F_{10}O$ 作为强电负性物质，其在低能范围内附着截面较大，其分子在电场内做布朗运动时容易吸附电子而形成负离子，同时 $C_5F_{10}O$ 作为全氟酮类气体，其分子量较大，达 266.03，体积、气压等条件一致的情况下，分子量的大小与分子密度正相关，大分子量决定了由 $C_5F_{10}O$ 组成的带电粒子的自由行程较小，因而其在电场内的运动速度较小，故更容易与电场内的正离子进行复合，从而使得电场内的带电粒子大量减少。一定范围内，$C_5F_{10}O$ 在混合气体内的分压越大，上述对电场内带电粒子在数目上的削减作用越明显，间隙的绝缘强度亦越高。

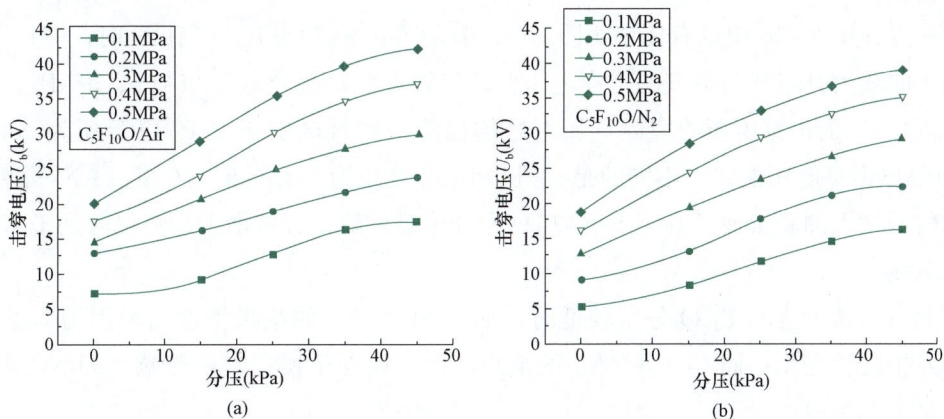

图 7-16 $C_5F_{10}O$ 混合气体击穿电压与 $C_5F_{10}O$ 分压的关系
（a）$C_5F_{10}O$ 分压对 $C_5F_{10}O/Air$ 击穿电压的影响；（b）$C_5F_{10}O$ 分压对 $C_5F_{10}O/N_2$ 击穿电压的影响

另外注意到两类 $C_5F_{10}O$ 混合气体的击穿电压随着 $C_5F_{10}O$ 分压的增大均趋近饱和，这是因为间隙内自由带电粒子数量有限，再继续增大 $C_5F_{10}O$ 的含量对提升 $C_5F_{10}O$ 混合气体的绝缘强度效果不大，反而会升高 $C_5F_{10}O$ 混合气体的液化温度。

3. N_2 与空气对 $C_5F_{10}O$ 的敏感度比较

为便于分析，定义缓冲气体对 $C_5F_{10}O$ 敏感度：加入 $C_5F_{10}O$ 后，$C_5F_{10}O$ 混合气体相对缓冲气体绝缘强度的提升比例。同时定义 t 为加入 $C_5F_{10}O$ 后空气或 N_2 绝缘强度的提升系数，并定义 c 为同一条件下氮气相对干燥空气的相对系数，则缓冲气体对 $C_5F_{10}O$ 的敏感度有

$$c = \frac{t_{N_2}}{t_{Air}}, \quad t_{Air} = \frac{V_{C_5F_{10}O/Air}}{V_{Air}}, \quad t_{N_2} = \frac{V_{C_5F_{10}O/N_2}}{V_{N_2}} \tag{7-1}$$

式中：$V_{C_5F_{10}O/Air}$、V_{Air} 分别为同气压下 $C_5F_{10}O/Air$ 和空气的击穿电压值；$V_{C_5F_{10}O/N_2}$、V_{N_2} 分别为 $C_5F_{10}O/N_2$ 和 N_2 的击穿电压值。

各气压与分压下，表 7-5 中 c 值基本全部大于 1，即 $C_5F_{10}O$ 的加入对 N_2 绝缘强度的提升比例大于空气，也即 N_2 比干燥空气对 $C_5F_{10}O$ 的敏感度高。

表 7-5 N_2 与空气的相对系数 c

气压 \ 分压	15kPa	25kPa	35kPa	45kPa
0.1MPa	1.2459	1.3114	1.2437	1.3154
0.2MPa	1.1862	1.3556	1.4024	1.3468
0.3MPa	1.0954	1.0421	1.1279	1.1153
0.4MPa	1.1225	1.0565	1.0537	1.0429
0.5MPa	1.0735	0.9852	1.0096	0.9893

这一点在图 7-15 中也有体现。图 7-15 中，当 $C_5F_{10}O$ 分压为 15kPa 时，$C_5F_{10}O/Air$ 击穿电压曲线上升趋势与空气的击穿电压上升趋势类似，而分压为 25kPa、35kPa、45kPa 的 $C_5F_{10}O/Air$ 的击穿电压曲线随气压上升的趋势一致且区别于 $C_5F_{10}O$ 分压为 15kPa 的 $C_5F_{10}O/Air$ 击穿电压曲线。不同的是，当 $C_5F_{10}O$ 分压为 15kPa 时，$C_5F_{10}O/N_2$ 击穿电压曲线随气压增大的趋势便已与 $C_5F_{10}O$ 在更大分压时一致，且该增大趋势仅区别于 N_2 的击穿电压曲线。

因此可以认为当 $C_5F_{10}O$ 分压较低时，如 15kPa，N_2 的绝缘特性已经因为 $C_5F_{10}O$ 的加入而发生较大变化；而 $C_5F_{10}O/Air$ 的绝缘特性主要受干燥空气的影响。即 N_2 对 $C_5F_{10}O$ 在数量上更敏感。

4. $C_5F_{10}O$ 混合气体替代 SF_6 的可行性分析

如图 7-17 所示，当气压为 0.5MPa，$C_5F_{10}O$ 分压为 15kPa（混合气体液化温度为 $-17.78℃$）时，$C_5F_{10}O/Air$ 的绝缘强度仅为同气压下 SF_6 的 0.63 倍，同等条件下 $C_5F_{10}O/N_2$ 为 0.63 倍。而当，$C_5F_{10}O$ 分压为 45kPa（液化温度为 5.56℃）时，$C_5F_{10}O/Air$ 的绝缘强度可达同气压下 SF_6 的 0.94 倍，同等条件下 $C_5F_{10}O/N_2$ 为 0.87 倍。可见通过增大

C₅F₁₀O 分压的方式可使 C₅F₁₀O 混合气体的绝缘强度接近同气压下 SF₆ 的绝缘强度，但应用此类气体时，气体绝缘设备需增设加热设备从而导致制造成本的提高。

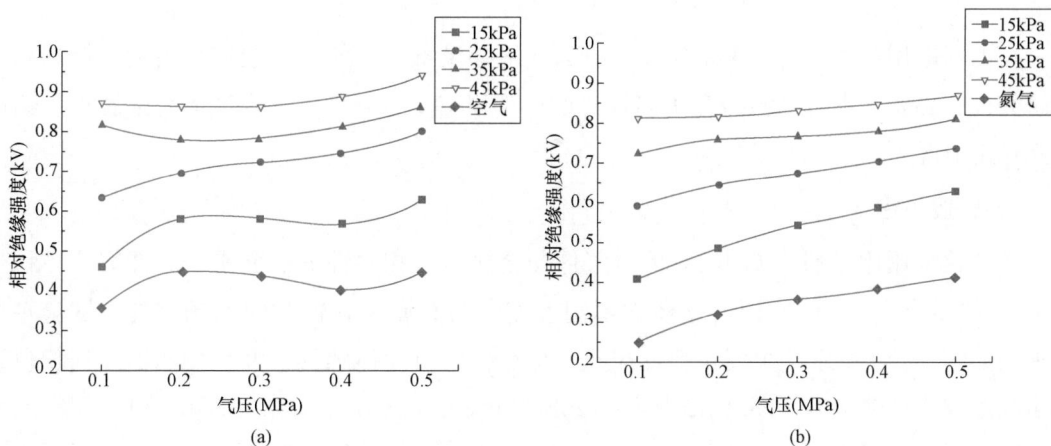

图 7-17 C₅F₁₀O 混合气体相对 SF₆ 的绝缘强度

（a）C₅F₁₀O/Air 相对 SF₆ 的绝缘强度；（b）C₅F₁₀O/N₂ 相对 SF₆ 的绝缘强度

即便通过增大气压能够将 C₅F₁₀O 混合气体的绝缘强度提升至足够替代中低压设备内的 SF₆，如气压为 0.5MPa，C₅F₁₀O 分压为 15kPa 的 C₅F₁₀O/Air，其绝缘强度是 0.2MPa 下 SF₆ 的 1.03 倍，同等条件下 C₅F₁₀O/N₂ 为 1.03 倍。但随着充气压强的增大，设备在密封性等方面的要求将会更加严格，在经济性方面依然不具备可行性。

综合考虑 C₅F₁₀O 混合气体应用温度限制和设备制造成本、气体成本等经济性因素，可以考虑将气压为 0.3MPa，C₅F₁₀O 分压为 25kPa（液化温度分别为 −8.22℃）的 C₅F₁₀O/Air 以及 C₅F₁₀O/N₂（绝缘强度分别是 0.2MPa 下 SF₆ 绝缘强度的 0.93 倍和 0.85 倍）应用于工作环境温度相对较高的室内中低压电气设备中。

另外在实验时注意到 C₅F₁₀O/N₂ 所用电极经多次放电击穿后，表面析出大量黑色固体微粒，不同的是，C₅F₁₀O/Air 所用电极（见图 7-18 左）除因多次放电击穿导致的球电极表面烧蚀外，并未发现黑色固体微粒的存在。

经物质成分分析，发现 C₅F₁₀O/N₂ 所用球电极（见图 7-18 右）表面的黑色固体微粒主要成分为碳，这也从间隙内导电微粒方面解释了为什么 C₅F₁₀O/Air 的绝缘强度大于 C₅F₁₀O/N₂。

图 7-18 C₅F₁₀O 混合气体多次击穿后球电极表面对照

实际工程应用中的气体绝缘设备应确保设备内部不存在导电微粒，以防止间隙绝缘强度的下降，同时也可以避免内部缺陷因为导电微粒的存在而进一步加剧。若将 C₅F₁₀O 混合气体应用于工程中，应注意到 C₅F₁₀O/N₂ 放电击穿后的碳析出现象，因此建议优先考虑 C₅F₁₀O/Air 作为 SF₆ 的替代气体。

7.4 $C_5F_{10}O/CO_2$ 混合气体与金属 Cu 和 Al 的相容性

在工程应用前对 $C_5F_{10}O$ 混合气体与电气绝缘设备中所使用的金属材料铜、铝的相容性研究很有必要，本节试验研究了多种温度条件下 $C_5F_{10}O/CO_2$ 混合气体与金属铜、铝的相互作用情况。

1. 试验平台

本试验采用用于研究 $C_5F_{10}O$ 混合气体与金属材料相容性的试验平台，探究了体积分数为 5％$C_5F_{10}O$/95％CO_2 混合气体在不同温度下与金属材料铜和铝的相容性。试验平台原理图如图 7-19 所示，主要包括反应釜、加热棒、温度传感器、温度控制器、气相色谱质谱联用仪（GC/MS，Gas Chromatography Mass Spectrometer）、SEM、XPS 等。反应釜为圆柱形，内径 126mm，外径 134mm，高度 130mm，体积约为 1.2L。反应釜材质为不锈钢，由于热源不与反应釜直接接触，反应釜外壁温度较低，避免了反应釜外壁参与反应造成试验误差。热源放置在反应釜内部中心位置，放置在热源上的温度传感器和控制器相连接用于测量和监控热源温度，控制试验进程。反应釜非加热区域放置的温度传感器用于监测反应釜内部气体温度。气压表用于监测反应釜内部的气体压力。在金属存在的情况下，某些化学反应可能会引起 $C_5F_{10}O$ 发生分解，这些反应产物可以通过气相色谱质谱联用仪（GCMS，Gas Chromatog-raphy Mass Spectrometer）（SHIMADZU 生产的 GCMS-QP2010 Ultra 型气相色谱质谱联用仪）进行检测分析。SEM 用于表征样品表面形貌的变化，SEM 选用卡尔蔡司公司（Carl Zeiss）生产的 Zeiss SIGMA 型场发射扫描电子显微镜（Field Emission Scanning Electron Microscope，FESEM）。XPS 选用 Thermo Fisher Scientific 公司生产的 ESCALAB250Xi 型 X 射线电子能谱仪，用于分析样品表面元素含量变化。

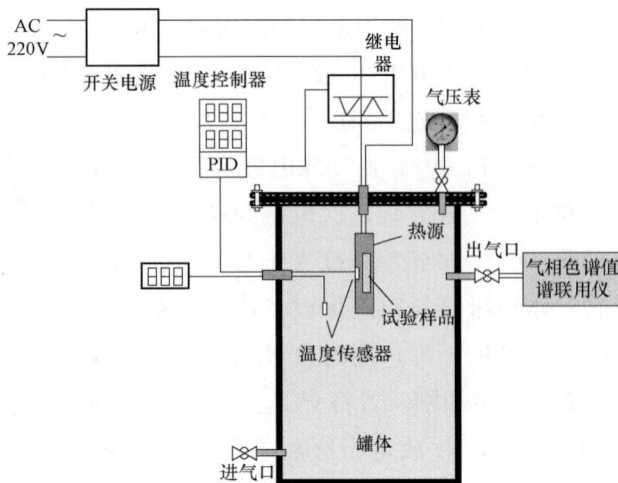

图 7-19 $C_5F_{10}O$ 混合气体与金属材料相容性的试验平台

2. 试验结果

试验结束后采集反应釜内部气体进行 GC-MS 检测以后，通过真空泵把反应釜内部剩余的气体抽出进行无害化处理。在反应釜内部充入一个大气压的 CO$_2$ 后打开反应釜，不同温度下的铜片颜色对比如图 7-20 所示。

由图 7-20 可知，在不同温度下铜表面颜色产生了显著的差异，同时铜表面散发刺鼻性气味，表明铜在 C$_5$F$_{10}$O/CO$_2$ 混合气体中被明显腐蚀。未反应的紫铜呈现紫红色，表面色泽鲜艳均匀；150℃ 条件下，接触 C$_5$F$_{10}$O/CO$_2$ 混合气体 8h 的紫铜颜色变为浅棕色，表面颜色分布稍不均匀，此时铜表面已经产生了腐蚀；温度为 200℃ 时紫铜颜色变为深棕色，且颜色分布均匀，表明腐蚀已经较为严重；温度为 250℃ 时紫铜颜色变为棕红色，颜色分布均匀，表明腐蚀更为严重。综合来看，随着温度的升高，接触

图 7-20　试验前后铜样品的照片
（a）试验前铜样品照片；（b）反应温度为 150° 时铜样品的照片；（c）反应温度为 200° 时铜样品的照片；（d）反应温度为 250° 时铜样品的照片

C$_5$F$_{10}$O/CO$_2$ 混合气体的紫铜表面会颜色由紫红色逐渐变为棕色。颜色的变化规律可以初步反映出铜材料被 C$_5$F$_{10}$O/CO$_2$ 混合气体腐蚀的严重程度。这也初步表明了铜电极在发生温升、局部过热等条件下与 C$_5$F$_{10}$O/CO$_2$ 混合气体的相容性较差。

为进一步研究 C$_5$F$_{10}$O/CO$_2$ 混合气体腐蚀铜的起始温度，增加了温度为 100℃ 和 80℃ 的两组试验试验结果如图 7-21 所示。

图 7-21　反应温度为 80° 和 100° 时的铜样品的照片
（a）反应温度为 80° 时铜样品的照片；
（b）反应温度为 100° 时铜样品的照片

由图 7-21 可知，100℃ 时铜表面发生了轻微的腐蚀，仅有部分区域颜色变化。而 80℃ 时铜表面与试验前没有明显的颜色差异。由此初步判定铜被 C$_5$F$_{10}$O/CO$_2$ 混合气体腐蚀的起始温度在 100℃ 附近。

铝样品试验结束以后的表面颜色对比如图 7-22 所示，铝表面在试验前后没有发生类似铜表面的明显变化。

综上试验现象，温度从 80～250℃ 变化时，铜表面腐蚀呈现从无到有，腐蚀逐渐加深的变化规律，表面颜色呈现逐渐变为棕色后变为棕红色的规律。铝表面在温度 150～250℃ 范围内，试验过程中未见明显的表面形态的变化。

3. 试验结果分析

（1）用 GC-MS 检测气体分解物。

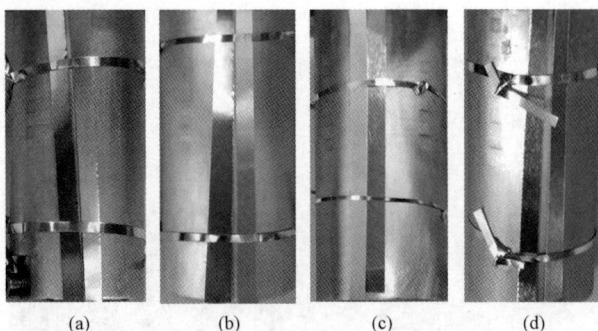

图 7-22　试验前后铝样品的照片

(a) 试验前铝样品照片；(b) 反应温度为 150℃时
铝样品的照片；(c) 反应温度为 200℃时铝样品的照片；
(d) 反应温度为 250℃时铝样品的照片

据舍弃质荷比（m/z）小于 44 的小分子物质，只检测 $45 \leqslant m/z \leqslant 350$ 的物质。CO_2 色谱分离时间为 5.15～5.57min。一般分子 10min 内即可全部通过检测器，图 7-23 绘制出了 $C_5F_{10}O/CO_2$ 混合气体与铜表面暴露在不同试验温度下 5.57～11min 的 GC-MS 色谱图。

由图 7-23 可知，5.68～5.93min 的色谱峰对应的质谱图显示基峰质荷比（$m/z=131$），分子离子 $m/z=150$，经 NIST14 数据库相似度检索匹配分子为 C_3F_6。5.98～6.34min 的色谱峰对应的质谱图显示基峰质荷比（$m/z=69$），在 NIST14 数据库中进行相似度检索未匹配到可能的分解产物组成，暂不能确定此物质的化学式，需进一步研究确定其成分，此物质为气体中含有的杂质。7.50～8.15min 的色谱峰对应的质谱图显示基峰质荷比（$m/z=69$），在 NIST14 数据库中进行相似度检索匹配分子为 $C_4F_6O_3$ [$CF_3-C(O)-O-C(O)-CF_3$]。

从图中可以看出，在试验温度升高时

由于 $C_5F_{10}O/CO_2$ 混合气体与样品接触后的分解组分未知，使用 GC-MS 的 SCAN 模式扫描全部组分的色谱和质谱。因本试验所用缓冲气体为体积分数 95% 的 CO_2，CO_2 相对分子质量为 44，低于最简单的碳氟化合物（CF_4 相对分子质量 90）的相对分子质量。MS 的检测器检测上限为几千 ppm（体积分数<1%），为保护设备检测器，避免其过饱和以及避免空气中 N_2、H_2O 和 CO_2 的干扰，故本次采集数

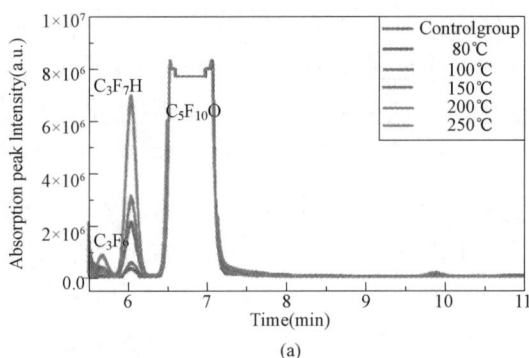

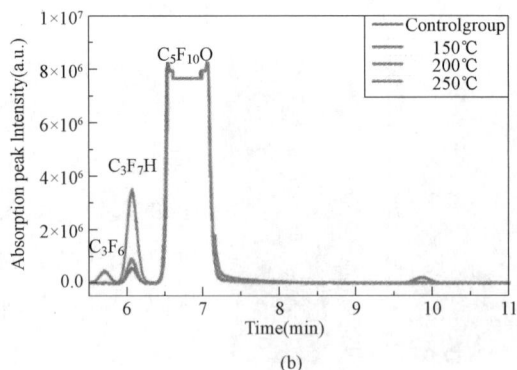

图 7-23　不同实验温度下 $C_5F_{10}O/CO_2$
混合气体气相色谱图谱

(a) 不同温度下 $C_5F_{10}O/CO_2$ 混合气体与铜表面接触的气相色谱图谱；(b) 不同温度下 $C_5F_{10}O/CO_2$ 混合气体与铝表面接触的气相色谱图谱

$C_5F_{10}O/CO_2$ 混合气体与铜表面接触发生了反应，使一小部分 $C_5F_{10}O$ 分子断键生成了 C_3F_6 和 $C_4F_6O_3$ 等分解产物。且随着温度的升高气体分解副产物浓度也逐渐升高，表明 $C_5F_{10}O$ 分解速率逐渐增大。

图 7-23（b）是 $C_5F_{10}O/CO_2$ 混合气体与铝表面暴露在不同试验温度下 5.57～11min 的 GC-MS 色谱图。图 7-23（a）和图 7-18（b）均呈现出随温度升高气体副产物浓度也逐渐升高的规律，并且也出现了同样的气体副产物。但相同温度下图 7-23（b）比图 7-23（a）峰面积要小约 50%，表明相同条件下铝与 $C_5F_{10}O/CO_2$ 混合气体的相容性要比铜好得多，这也与试验现象一致。

（2）表面结构分析。

为分析铜和铝表面的微观形貌变化，分别对试验前后的铜和铝进行场发射扫描电子显微镜（Field Emission Scanning Electron Microscope，FESEM）分析，表面结构如图 7-24 和图 7-25 所示。

由图 7-24 可知，对照组铜表面由于制造工艺限制，在显微镜下放大倍数 2000 倍时可以看到表面有细小条纹，但表面形貌上铜分布比较紧致完整，整个样品视野内没有腐蚀点存在；试验温度为 80℃时，铜表面形貌在电子显微镜下放大 50000 倍可以观察到表面开始出现一些小的腐蚀点，且腐蚀点呈不均匀分布，表面结构完整性被破坏，表明在此温度下铜与 $C_5F_{10}O/CO_2$ 混合气体接触表面开始发生腐蚀；当温度上升到 100℃时，铜表面腐蚀点逐渐扩大，整个样品表面均能看到大小和分布不均的腐蚀点，这些腐蚀点区域在显微镜下亮度较高（图中红色标记处）；当温度分别为 150、200℃和 250℃时，可以观察到腐蚀逐渐覆盖到整个铜表面，腐蚀现象逐步加重，铜表面腐蚀后呈现出有规则的立方体块状晶粒，且块状晶粒随温度升高逐渐变大，腐蚀逐步加深；当温度为 200℃和 250℃时在 2000 倍的放大倍数下已经能观察到铜表面明显的变化，腐蚀产生的块状晶粒使铜表面开始变得粗糙，以 250℃时的腐蚀最为严重，块状晶粒已经覆盖了由于制造工艺造成的表面凹槽。

从以上电子显微镜结果可以看出铜与 $C_5F_{10}O/CO_2$ 混合气体时不相容的，铜在高温下会与 $C_5F_{10}O/CO_2$ 混合气体发生强烈的化学反应，使表面形貌发生明显的变化，需特别指出在 100℃时就已出现了明显的腐蚀点，这一温度甚至低于 GIS 设备的最高温升（105℃）[23]。因此在 $C_5F_{10}O/CO_2$ 混合气体替代 SF₆ 作为绝缘介质时，应对电气设备中使用的铜材料表面进行防腐蚀处理，防止在设备在运行过程中的温度升高或因触头动作、零部件松动等造成局部过热时腐蚀设备内部铜材料，进一步恶化电气设备的运行环境，长此以往会造成电气设备绝缘故障，缩短电气设备使用寿命。

由图 7-25 可知，铝表面较为平整，反应前后在电子显微镜下没有观察到形貌变化，图 7-25（a）为试验前表面清洁处理以后的铝表面，其表面较为平整光滑，在温度分别为 150、200℃和 250℃的试验组中，其表面形貌和对照组一致，没有发现腐蚀点的存在。

理论上铝的化学性质比铜活泼，但铝表面在温度升高的情况下并没有发生与铜相似的

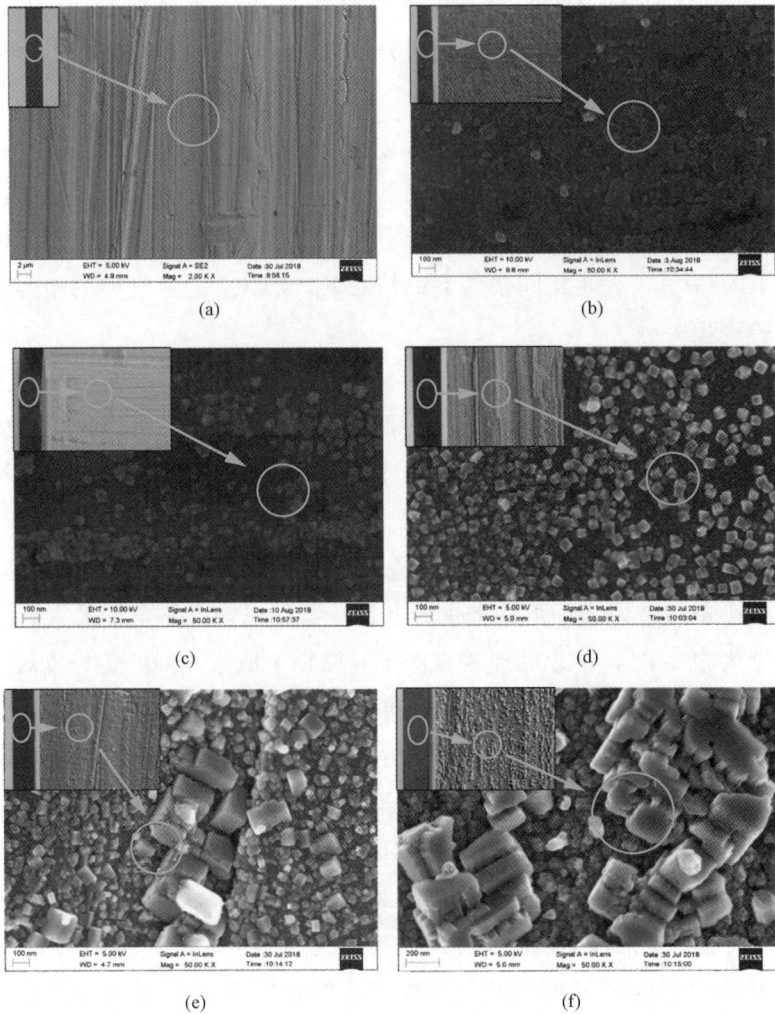

图 7 - 24　试验前后铜样品的扫描电子图 SEM 照片

（a）试验前铜样品的 SEM 照片；（b）反应温度为 80℃时铜试样的 SEM 照片；
（c）反应温度为 100℃时铜试样的 SEM 照片；（d）反应温度为 150℃时铜试样的 SEM 照片；
（e）反应温度为 200℃时铜试样的 SEM 照片；（f）反应温度为 250℃时铜试样的 SEM 照片

腐蚀现象，是由于铝在试验之前表面在空气中暴露后很快就会产生一层致密的 Al_2O_3 氧化层，由于氧化层结构致密，阻止了其进一步氧化。因此铝在化学性质上表现出比铜更好的稳定性。

（3）XPS（X 射线电子能谱仪）能谱分析。

为分析铜和铝样品表面元素成分的变化，对试验样品进行了 XPS 能谱扫描，并对 XPS 能谱曲线进行高斯（Gaussian）拟合铜表面 Cu 2p、F 1s、O 1s 和 C 1s 的能谱如图 7 - 26 所示。

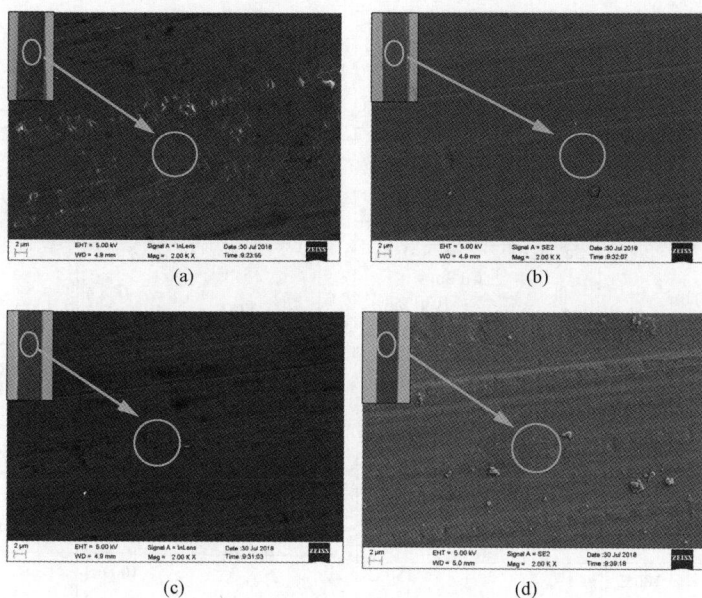

图 7 - 25　试验前后铝样品的扫描电子图 SEM 照片

（a）试验前铝铜样品的 SEM 照片；（b）反应温度为 150℃时铝试样品的 SEM 照片；

（c）反应温度为 200℃时铝试样的 SEM 照片；（d）反应温度为 250℃时铝试样的 SEM 照片

图 7 - 26（a）为 Cu 2p 轨道的能谱曲线，图中可以看出铜元素在 2p 轨道的能谱主要在电子结合能为 932.62eV、934.60eV、944.80eV、952.45eV 的四个峰，分别代表 Cu 2p3/2、CuO 2p3/2、CuO 2p3/2、Cu 2p3/2。由铜元素的能谱可以看出铜样品表面的铜元素主要为铜单质和氧化铜（CuO），随着温度的升高铜单质的相对含量有上升的趋势，结合图 7 - 26（c）O 元素的能谱曲线进和图 7 - 24 中表面的形貌的变化，铜单质含量的升高是由于铜样品表面呈现出了凹凸不平的腐蚀面，使其表面上原来覆盖的 Cu、C 和 O_2 参与反应相对含量变少。

图 7 - 26（b）为 F 1s 轨道的能谱曲线，不同温度试验组的铜样品表面氟元素的 1s 轨道在电子结合能分别在 688.80eV 和 684.70eV 处检测到 C - F 和 CuF_2。对照组铜表面没有检测到 F 元素，表明样品表面没有 F 元素的残留；试验温度为 80℃时，样品表面检测到了 C - F 和 CuF_2，当试验组温度进一步升高，样品表面已没有 CuF_2，且 C - F 的相对含量逐渐降低，直至 250℃时氟元素的含量与对照组一样，没有检测到氟元素。由以上检测结果可知，在试验组温度升高的过程中 $C_5F_{10}O$ 首先与铜发生反应生成 CuF_2 吸附在铜样品表面，C - F 可能是有部分 $C_5F_{10}O$ 吸附在铜样品表面；XPS 能谱表明含氟化合物只在试验温度为 250℃以下时才会吸附在铜材料表面，温度过高会抑制含 F 化合物的吸附。

图 7 - 26（c）为 O 1s 轨道的能谱曲线，在电子结合能分别为 530.80eV 和 532.00eV 处检测到 O_2/Cu（oxygen on copper）和 CuO 的存在。O_2/Cu 可能是由于铜样品在试验前

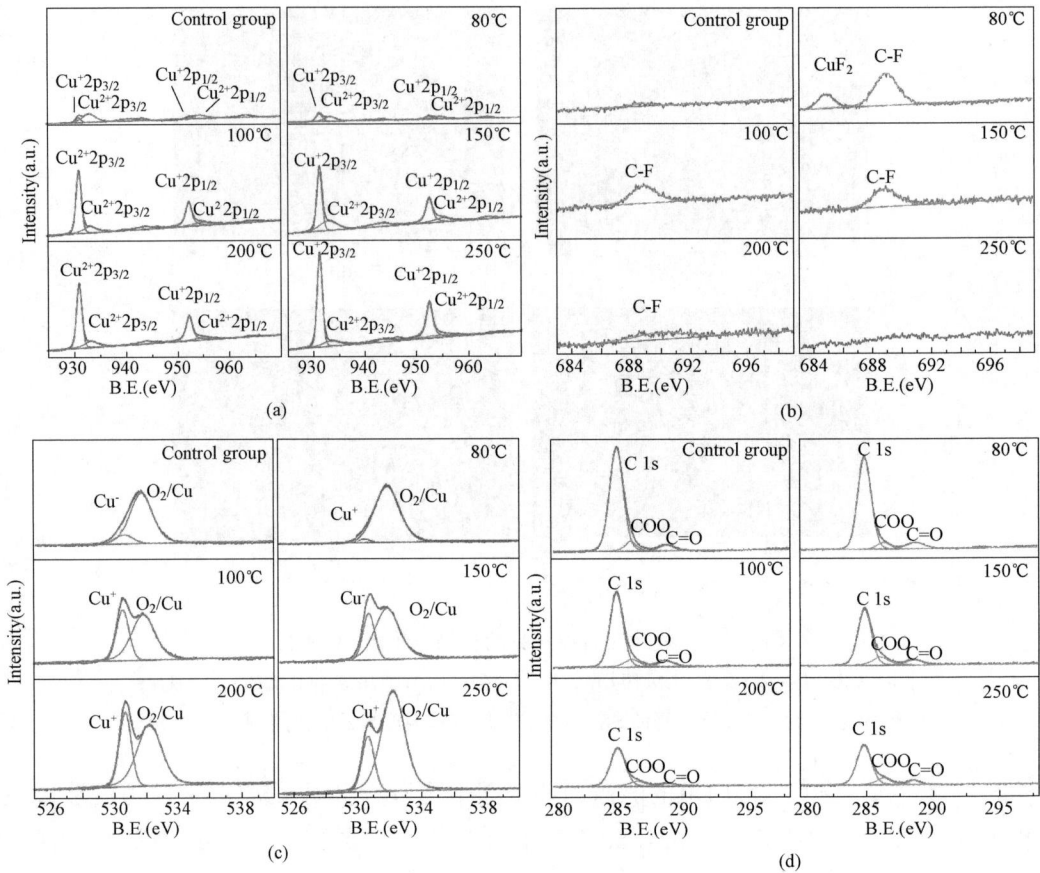

图 7 - 26　铜表面元素 XPS 能谱

(a) Cu 2p；(b) F 1s；(c) O 1s；(d) C 1s

暴露在空气中，空气中的氧气吸附在铜表面。

图 7 - 26 (d) 为 C 1s 轨道的能谱曲线，在电子结合能分别为 284.70、286.30eV 和 286.60eV 处检测到 C、COO 和 C＝O。随着试验温度的升高 C 单质相对含量有逐渐下降的趋势，这是由于铜元素的相对含量升高所致。

图 7 - 27 为铝样品表面的 XPS 能谱曲线，Al 2p 轨道的能谱在电子结合能分别为 74.30eV 和 71.40eV 处检测到 Al_2O_3 2p 和 Al_2O_3 2p3/2。这也表明铝样品表面的铝主要以 Al_2O_3 态存在。铝样品表面氟元素的含量表现出了与铜样品不同的趋势，在试验温度升高的过程中氟元素吸附在铝样品表面，且温度越高氟元素的含量也越高，氟元素在铝表面只有 C - F 这一种键合方式。这也体现出了铝材料的稳定性，铝因为表面氧化层 Al_2O_3 的保护没有发生与铜材料相似的反应生成金属氟化物。氧和碳元素的含量表现出与铜样品表面相似的规律。

由 XPS 检测结果可以看出铝材料较铜材料表现出了更高的稳定性，铜在试验过程中

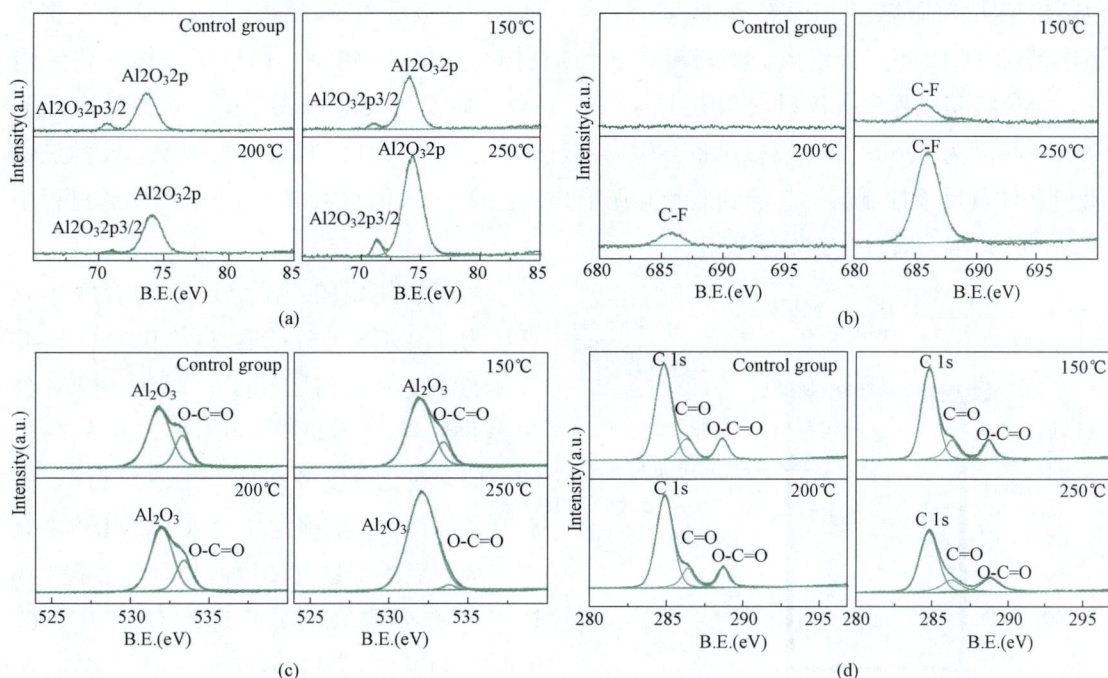

图 7-27 铝表面元素 XPS 能谱

（a）Al 2p；（b）F 1s；（c）O 1s；（d）C 1s

会与 $C_5F_{10}O/CO_2$ 混合气体反应生成金属氟化物（CuF_2 等），这也与 SEM 结果相符合；铝材料表面因氧化层（Al_2O_3）起到保护作用，阻止了铝与 $C_5F_{10}O/CO_2$ 混合气体反应。综上，铝与 $C_5F_{10}O/CO_2$ 混合气体在试验温度下的相容性优于铜与 $C_5F_{10}O/CO_2$ 混合气体的相容性。

7.5 $C_5F_{10}O/N_2$ 混合气体的过热分解特性

对 $C_5F_{10}O$ 气体的热分解途径进行计算，发现在 400℃ 下只有 4％ 的 $C_5F_{10}O$ 发生了分解，700℃ 下有 96％ 的 $C_5F_{10}O$ 发生了分解，形成了 CO、C_2F_4、C_2F_6、C_3F_6 等稳定分解产物，在对 $C_5F_{10}O$ 气体与金属材料的相容性研究表明，$C_5F_{10}O$ 与铜材料在高温下的相容性较差，而与铝材料的相容性较好。

通过模拟 $C_5F_{10}O/N_2$ 混合气体绝缘设备发生局部过热故障时的情况，研究其高温下的分解规律。通过模拟实验得到不同温度下的 $C_5F_{10}O/N_2$ 混合气体分解特性，得到其特征分解组分，为 $C_5F_{10}O/N_2$ 混合气体绝缘设备监测提供参考。

1. 实验平台

$C_5F_{10}O/N_2$ 混合气体的过热分解特性实验平台原理图如图 7-28 所示。实验平台主要包括模拟实验罐体、气压表、热源、K 性热电偶、PID 负反馈控制器、直流电源和气相色谱质谱仪（GCMS）等组成。实验罐体所使用材料是 304 不锈钢，保证了罐体的化学惰性，避免实验过程中罐体材料与 $C_5F_{10}O/N_2$ 混合气体发生反应造成干扰。热源的直径为 6mm，长度为 50mm 用于模拟设备发生局部过热性故障时发生的局部高温现象。K 性热电偶和 PID 负反馈控制器一起起到监测和调节热源温度的作用。GCMS 用于检测实验过程中 $C_5F_{10}O/N_2$ 混合气体中组分的变化。

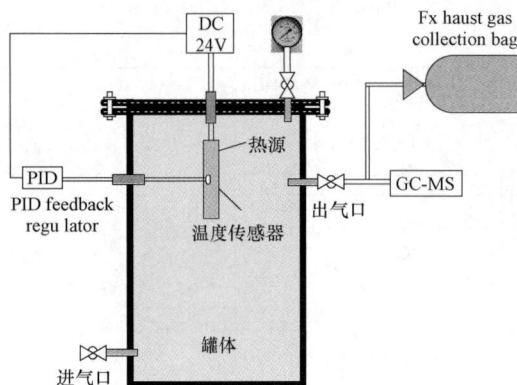

图 7 - 28　$C_5F_{10}O/N_2$ 混合气体的过热
分解特性实验平台原理图

实验中使用的 $C_5F_{10}O/N_2$ 混合气体总气压为 0.2MPa（相对压力），其中 $C_5F_{10}O$ 气体的浓度为 7.5％。$C_5F_{10}O$ 气体由 3M 公司提供，纯度不低于 99.5％。首先充入 22.5kPa 液化温度较高的 $C_5F_{10}O$ 气体，然后充入高纯 N_2 至预定压力（0.2MPa），充气完成以后为保证气体混合均匀，静置 24h 让气体充分混合。实验温度分别为 300、350、400、450℃ 和 500℃，每次实验时间 12h，每隔 2h 采气一次使用 GCMS 进行气体成分分析。

2. 实验结果与分析

实验过程中使用采样袋采集少量气体用于检测气体成分，检测气体成分使用的 GCMS 是由 SHIMADZU（岛津）公司生产的 GCMS - QP2010 Ultra 型气相色谱质谱联用仪，使用的色谱柱型号是 CP - SIL 5 CB，长度 60m，内径 0.32mm，内壁膜厚度为 8μm。首先使用 GCMS 的 Scan 模式扫描所有可能存在的离子，并参考标准气体的色谱质谱图和 National Institute of Science and Technology（NIST）Standard Reference Database 14.0 的标准质谱图进行相似度检索，得到的 $C_5F_{10}O/N_2$ 混合气体的过热分解产物定性质谱图如图 7 - 29 所示。$C_5F_{10}O/N_2$ 混合气体过热分解产物主要有 C_2F_4、CO_2、C_4F_{10}、C_3F_6、C_3F_7H、C_3F_8、CF_4、C_2F_6、$C_4F_6O_3$ 和 C_6F_{14}。

图 7 - 29（a）中可以看出 300℃ 时就已经有少量的 $C_5F_{10}O$ 发生了分解，分解产物主要是 C_3F_6、C_3F_7H 和 C_3F_8，另外还检测到微量的 C_2F_4、CO_2 和 C_4F_{10} 等，由此可以看出 C_3F_6、C_3F_7H 和 C_3F_8 这三种产物是 $C_5F_{10}O$ 发生热分解的初始分解产物。$C_5F_{10}O$ 热分解最容易形成的分解产物是 C_3F_6，随实验温度的升高，$C_5F_{10}O$ 分解产生的 C_3F_6 气体含量逐渐增大，且 C_3F_6 始终是 $C_5F_{10}O$ 热分解产物中气相色谱峰面积最大的分解产物，最易被检测到，C_3F_6 可以作为 $C_5F_{10}O$ 热分解的特征分解气体，预警 $C_5F_{10}O/N_2$ 混合气体绝缘设备发生过热性故障的早期信号。分解产物中 C_3F_7H 这一分解产物也是 $C_5F_{10}O$ 发生分解的特征产物之一，产生的含 H 元素的分解产物可能的原因主要有两个。

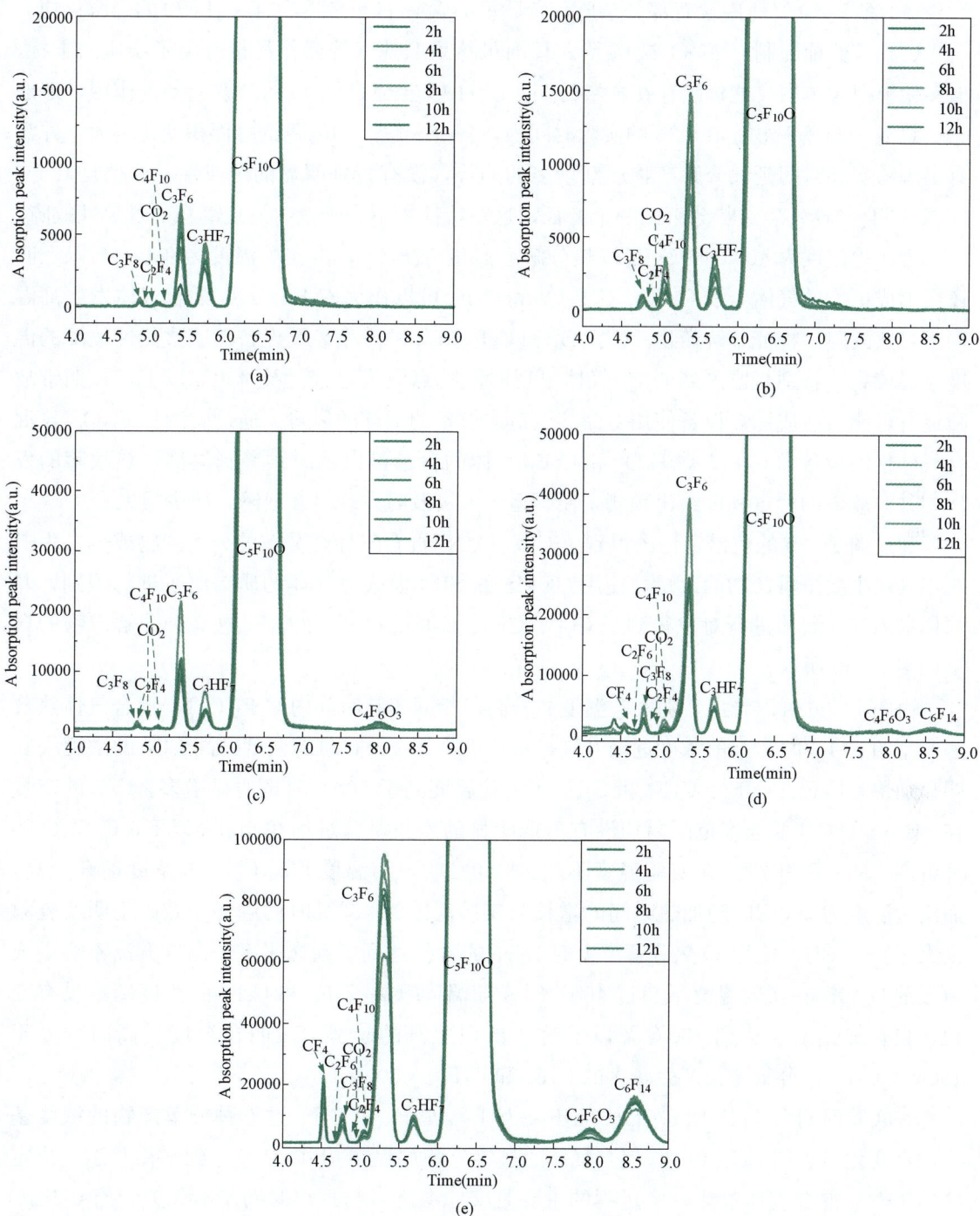

图 7-29　不同温度下 $C_5F_{10}O/N_2$ 混合气体分解产物色谱图

（a）实验温度为 300℃；（b）实验温度为 350℃；（c）实验温度为 400℃；

（d）实验温度为 450℃；（e）实验温度为 500℃

（1）$C_5F_{10}O$ 气体中含有部分杂质，杂质里面含有 H 元素参与了 $C_5F_{10}O$ 的分解反应。

（2）实验前配制 $C_5F_{10}O/N_2$ 混合气体时虽然采取洗气等操作尽量避免了杂质的干扰，但实验模拟罐体中可能仍然存在微量的 H_2O，H_2O 会对 $C_5F_{10}O$ 的分解起促进作用，形成 C_3F_7H 这一分解产物。在 12h 的实验时间内，各个分解产物的色谱峰面积变化不大，并没有出现随实验时间延长分解产物逐渐增多的趋势，没有特别明显的规律性。这也是 $C_5F_{10}O/N_2$ 混合气体发生过热分解的一个特征，这一特征将不利于及时发现潜在的过热性故障。

当实验温度为 400℃时 $C_5F_{10}O$ 热分解会产生 $C_4F_6O_3$，当实验温度为在 400℃以上时还会形成更大的气体分子 C_6F_{14}。$C_4F_6O_3$ 和 C_6F_{14} 可以作为 $C_5F_{10}O/N_2$ 混合气体发生高温局部过热故障的特征分解产物。$C_4F_6O_3$ 和 C_6F_{14} 气体的产生表明设备发生过热性故障的温度已经较高，特别是监测到 C_6F_{14} 气体出现时故障点温度已经达到 450℃以上，长期带故障运行可能会造成缩短设备使用寿命甚至造成设备的损坏的风险。通过监测 $C_5F_{10}O/N_2$ 混合气体绝缘设备中 C_3F_6、$C_4F_6O_3$ 和 C_6F_{14} 气体的含量可以及时预警到局部过热故障的发生，并对故障的严重程度给出预测，便于运维人员及时发现潜在故障，减少损失。

通过图 7-29 的色谱定性图得到了 $C_5F_{10}O/N_2$ 混合气体热分解的分解产物成分。为进一步确定主要分解产物的含量，使用 GCMS 的 SIM 模式对气体的质谱离子进行识别，并与标准浓度的气体进行对比得到了 CO_2、CF_4、C_2F_4、C_2F_6 和 C_3F_8 这 5 种分解产物的含量如图 7-30 所示。

由图 7-30 可以看出，随实验温度的升高，相同实验时间内 $C_5F_{10}O/N_2$ 混合气体热分解产生的 CO_2 和 C_3F_6 的浓度逐渐升高，且温度高于 400℃时随温度升高 CO_2 的浓度增长明显加快，C_2F_4、C_2F_6、C_3F_6 和 C_3F_8 在实验温度高于 400℃时也明显增多。CF_4 的产量在 300~500℃实验温度范围内均没有出现明显的增长，含量均在 5ppm 以下，$C_5F_{10}O$ 热分解产生的 CF_4 很少。在实验温度不超过 450℃时，随温度升高 C_2F_4 的浓度逐渐升高，而实验温度为 500℃时随加热时间的增长与实验温度为 450℃时的趋势一致，说明实验温度大于 450℃时，$C_5F_{10}O$ 热分解产生的 C_2F_4 的含量达到了动态平衡，温度升高不会生成更多的 C_2F_4。在实验温度不超过 450℃时，随温度升高 C_2F_6 和 C_3F_8 的浓度基本没有变化，只有实验温度达到 450℃及以上时才出现上升的趋势，表明在温度较高时（大于 450℃）$C_5F_{10}O$ 分解才会产生较多的 C_2F_6 和 C_3F_8。

在实验时间大于 4h 时，CO_2、C_2F_4、C_2F_6、C_3F_6 和 C_3F_8 这五种分解产物的浓度基本没有变化。表明 $C_5F_{10}O/N_2$ 混合气体的过热分解过程在 4h 内已经达到平衡状态，决定 $C_5F_{10}O/N_2$ 混合气体过热分解过程的主要是实验温度，与过热时间基本无关。当 $C_5F_{10}O$ 混合气体绝缘设备发生局部过热故障时，主要由故障温度决定故障的严重程度，与故障时间无关。在监测到设备发生局部过热后在故障温度不太高的情况下可以短时间内运行，而不会导致绝缘气体的持续分解，运维人员有充足的时间做好运维策略，这将是 $C_5F_{10}O$ 混合气体作为绝缘气体应用的一个优势。

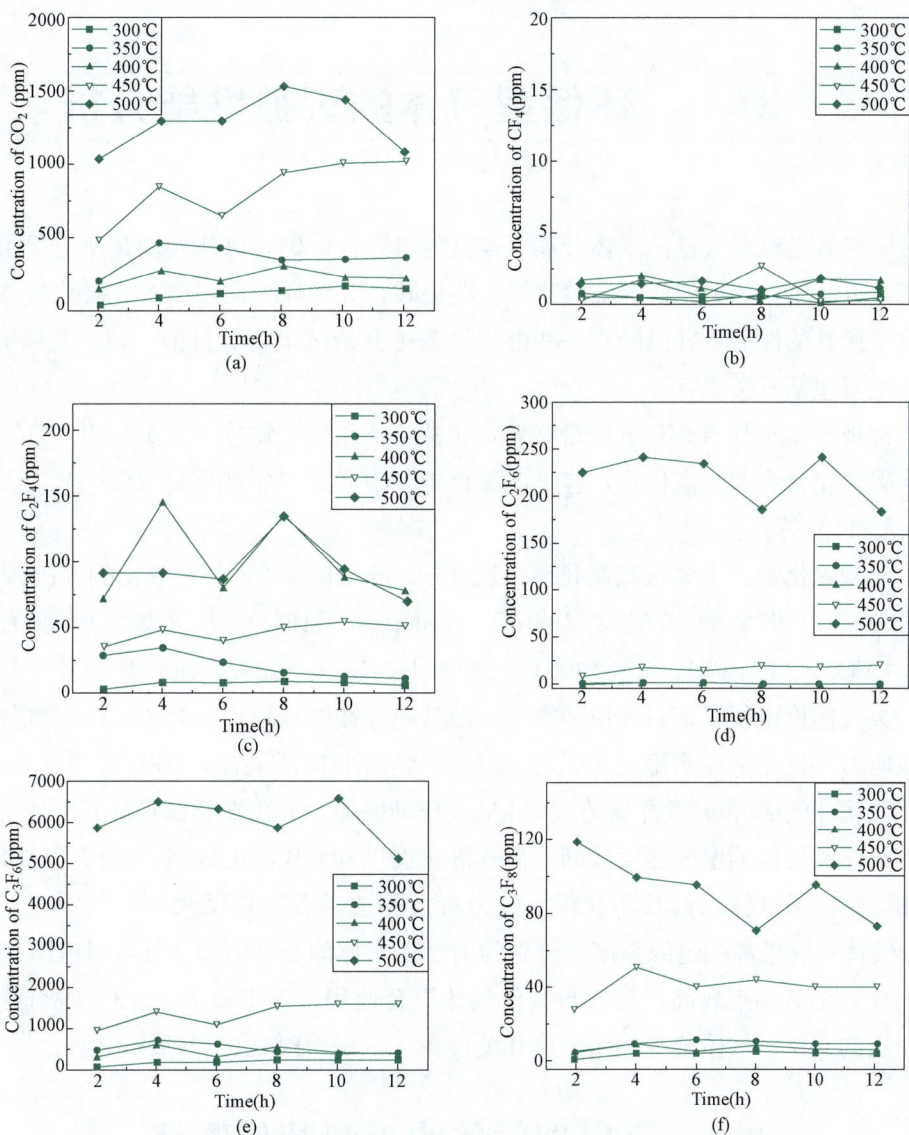

图 7-30　$C_5F_{10}O/N_2$ 混合气体主要分解产物的变化趋势

（a）CO_2 的分解图；（b）CF_4 的分解图；（c）C_2F_4 的分解图；（d）C_2F_6 的分解图；

（e）C_3F_6 的分解图；（f）C_3F_8 的分解图

　　综合考虑 $C_5F_{10}O$ 混合气体应用温度限制和设备制造成本、气体成本等经济性因素，可以考虑气压为 0.3MPa，$C_5F_{10}O$ 分压分别为 25kPa 的 $C_5F_{10}O/Air$ 的绝缘强度是 0.2MPa 的 SF_6 绝缘强度的 0.93 倍；同等条件下 $C_5F_{10}O/N_2$ 的绝缘强度分别是 SF_6 绝缘强度的 0.85 倍；从绝缘强度方面看，上述混合气体有望替代 SF_6 应用于室内中低压气体绝缘电气设备中。

8　环保型气体的灭弧性能分析

各国研究者已经对大量的气体开展了丰富的研究，但仍难以找到满足所有要求的合适替代方案。近几年，相关的研究陆续有了一些突破，几种环境友好型 SF_6 替代气体在实验中表现出了优异的性能，并已经在一些电气设备中开始试运行。目前，被广泛研究的 SF_6 替代气体主要包括三类：

（1）常规气体及其与 SF_6 的混合气体，包括干燥空气、氮气（N_2）以及 CO_2 等；

（2）碳氟化合物及其卤代物，包括四氟化碳（CF_4）、三氟碘甲烷（CF_3I）以及八氟环丁烷（c-C_4F_8）等；

（3）新型氟化物，主要包括氟化腈（Perfluoronitriles，PFN）、氟化酮（Perfluoroketones，PFK）以及氢氟烯烃（Hydrofluoroolefins，HFO）类气体，例如 C_4-PFN［（CF_3）$_2$CFCN］、C_5-PFK［CF_3COCF（CF_3）$_2$］、HFO-1234ze（E）等。

第一类气体价格便宜，对环境危害小，但其绝缘性能也较差。其中，CO_2 气体具有较好的灭弧能力，且化学性质稳定，引起了国内外学者的广泛关注，ABB 公司在 2012 年推出了以 CO_2 作为绝缘和灭弧介质的 72.5kV 高压断路器，并仍在尝试提高其电压等级和开断容量。第二类气体的电气强度较高，但其液化温度和 GWP 也较高，阻碍了这类气体的广泛应用。第三类气体在近几年获得了电力行业相关学者的广泛关注，其中 C_4-PFN 和 C_5-PFK 气体具有极高的绝缘强度（分别约为 SF_6 气体的 2.2 倍和 2 倍），且其 GWP 远低于 SF_6 气体，但其沸点较高，需要与其他气体混合使用，分别与 N_2、CO_2 混合作为绝缘和灭弧介质的 GIL、气体绝缘封闭金属开关设备（GIS）样机已经开展试运行。

8.1　环保型气体的灭弧特性概述

目前，环保型绝缘气体的探索已经取得了一些阶段性成果。表 8-1 给出了一些常见气体绝缘介质的物理和环境参数。可以看出，绝缘性能较强的气体都存在类似于 SF_6 的问题，液化温度过高或者 GWP 较高。而环境友好气体（如 N_2 和 CO_2 等）有往往绝缘强度过低，无法用于高电压设备中。环保绝缘气体三氟碘甲烷（CF_3I）具有作为绝缘介质应用于电气设备中具有较好的潜力。2014 年法国 ALSTOM 公司联合美国 3M 公司推出了商品名为 g^3 的环保型绝缘替代气体。该气体实质上是以含有氰基的氟化腈气体为主的混合气体。由于氟化腈气体（如 g^3 中使用的 C_3F_7CN）分子量过大，其沸点很高，约为 $-4.7℃$，这意味着其在加压混合气体中含量必须非常低。ABB 公司在 2014 年尝试使用氟代酮类气

体作为 SF_6 替代气体，如 $C_5F_{10}O$ 或 $C_6F_{12}O$，此类气体绝缘强度为 SF_6 两倍以上，但沸点极高，以上两种气体的沸点分别约为 24℃ 和 49℃，因此需要采用大比例的缓冲气体以降低其液化温度，且应用时所加气压会有所限制。

8.1.1 SF_6 替代气体灭弧的研究进展

寻找 SF_6 替代气体最早可以追溯到 20 世纪 70 年代，国内外科研工作者在该领域进行了广泛而深入的研究，总结出用于高压气体断路器的 SF_6 潜在替代气体应满足以下要求。

（1）对环境友好，即温室效应潜能值（GWP）和臭氧消耗潜能值（ODP）为零或远低于 SF_6。

（2）对人体无害，没有毒性或有微弱毒性且分解后没有有害的副产品。

（3）具有良好的热稳定性和化学稳定性。

（4）卓越的导热性，很高的介电强度。

（5）快速的热电介质恢复能力，以及良好的灭弧能力。

（6）低沸点，冷却能力强，与固体材料兼容性好。

SF_6 潜在替代气体的研究主要集中在 CO_2、空气、N_2、CF_3I、c - C_4F_8、全氟酮（PFK）和全氟腈（PFN）等气体及其混合气体上。表 8 - 1 为以上 SF_6 潜在替代气体的主要特性对比。这些 SF_6 潜在替代气体大致可以分为三类。第一类是天然单一气体，如 CO_2，N_2 和空气。N_2 和空气已成功用于中压开关设备，例如，12kV/24kVN_2 或干燥空气环网柜。而 CO_2 可用于高压气体断路器中，目前其应用的电压等级已达到 72.5kV。但是，由于上述气体的绝缘强度与 SF_6 的绝缘强度差别很大，因此需要较高的压力或体积来提高其电气强度，这会导致成本增加和可靠性降低，并且与电气设备小型化的设计趋势背道而驰。第二类是 SF_6 的混合气体，为解决 SF_6 在寒冷地区可能出现的液化问题，含有 CO_2，N_2，惰性气体，全氟化碳（PFCs）的 SF_6 混合物也被认为是电气设备潜在的绝缘介质。同时，使用混合物也可减少 SF_6 气体对环境的影响。GE（阿尔斯通），西门子，三菱公司已经报道了在 GIL 和 GIS 产品中使用 SF_6/N_2 混合物。CF_4 与 SF_6 的混合气体也成功用于 GIL 和 GCB 中，然而这些措施仍然不能完全解决 SF_6 引起的环境问题。近期，国内外科研人员对第三类碳氟化合物的关注程度越来越高。第三类具有代表性的潜在替代气体包括氟化气体（如 CF_3I、c - C_4F_8），全氟酮（PFK）［如 $CF_3COCF(CF_3)_2$，即 C_5-PFK］和全氟腈（PFN）［如 $(CF_3)_2CFCN$，即 C_4-PFN］。GE 和 3M 报道了他们对 g^3 气体（C_4-PFN-CO_2 混合气体）的研究及其作为绝缘和灭弧介质的应用情况。C_4-PFN 的绝缘性能约为 SF_6 气体的 2.2 倍，GWP 值约为 2200，但具有较高的液化温度，约 -4.7℃。GE 公司首先在气体绝缘管道（GIL）、气体绝缘开关（GIS）和电流互感器（TA）中使用了 g^3 气体。与此同时，ABB 专注于研究全氟酮的绝缘和灭弧性能，包括 C_5-PFK，C_6-PFK 及其混合物。其主要的研究对象包含用于高压 GIS 的 C_5-PFK/CO_2/O_2 混合气体以及用于中压 GIS 的 C_5-PFK/N_2/O_2 混合气体。由表 8-1 可知，相比较而言，CO_2 液化温度较低，同时物理化学性质稳定，不易燃且不助燃。因此，CO_2 既可单独作为气体断路器中的绝缘和灭弧介质，也可作为缓冲气体充入具有高绝缘强度的新型环保介质中，具有较好的应用前景。表 8-2 总结了目前以环境友好型气体及其混合气体作为绝缘和灭弧介质的气体断路器（GCB）和气体绝缘开关设备（GIS）的主要指标。

表 8-1 　　　　　　　　　　　SF₆ 潜在替代气体的主要特性对比

化学式	相对分子质量	相对绝缘强度[a]	液化温度（℃）[b]	GWP
SF_6	146	1	-64	23500
C5-PFK	266	~2	26.9	1
C6-PFK	316	>2	49	1
C4-PFN	195	~2.2	-4.7	2210
CF_3I	196	~1.21	-22.5	0.45
c-C_4F_8	200	1.1~1.2	-6	8700
CO_2	44	0.3	-78.5	1
N_2	28	~0.3	-196	0
Air	29		-194	0
CF_4	0.39		-186.8	6300
N_2O	0.44		-88.5	310

注：1. 以 SF_6 绝缘强度为基准的相对绝缘强度。

　　2. 0.1MPa 下各物质的液化温度。

表 8-2 　　　　　　　　　　　SF₆ 替代气体开关设备参数

开关设备	公司	型号	介质	额定电压（kV）	额定电流（A）	额定充气压力（MPa）	短路开断电流（kA）
GIS	西门子	8VN1 blue GIS[38]	空气（绝缘）/真空（灭弧）	145	3150	0.77	40
		8VM1 blue GIS[39]	空气（绝缘）/真空（灭弧）	72.5	1250	0.56	25
	三菱	HG-VA（dry-air）GIS[40]	空气（绝缘）/真空（灭弧）	72	800/1200	0.25	25/31.5
	ABB	ZX2 GIS[41]	C5-PFK/空气	24	2000	0.13	25
		GLK-14 GIS[41]	C5-PFK/CO_2/O_2	170	1250	0.7~0.8	40
	通用	B65 GIS[42]	C4-PFN/CO_2	145	3150	0.67~0.82	40
	东芝	VDZ GIS[43]	空气（绝缘）/真空（灭弧）	24	2000	0.13	16/25
GCB	ABB	LTA CB[44]	CO_2	72.5~84	2750		31.5
	阿尔斯通	PKG CB	空气	275	5000		
	日立	HSV CB[45]	空气（绝缘）/真空（灭弧）	72.5	2000		31.5/40

理想的灭弧介质除了有很好的绝缘强度以外，还需要有良好的热力学和输运参数。气体的灭弧性能是一个比绝缘击穿更复杂的、涉及多方面热力学和电学反应的过程。电气行业至今未能找出气体的灭弧能力的衡量标准，对气体灭弧能力的评估也只能通过大功率大电流的拉弧试验实现。这种实验要求的条件苛刻，既耗费大量的人力物力和时间，又无法排除实验中不同设备结构和灭弧形式等多方面外界因素对气体灭弧能力的影响，从而没法对气体介质本身的灭弧性能进行判定。为了研究电弧燃烧和熄灭过程的机理和灭弧性能影响因素，建立理论模型、模拟电弧燃烧和发展的过程是一个很好的选择。早在 20 世纪 90 年代，人们开始试图采用计算机模拟对电弧燃烧过程中的物理过程和能量输运等进行研究，并逐渐从高温高压下的气体组分和物性参数的计算，到一维甚至二维灭弧过程的模拟。目前为止，电弧理论研究主要研究的对象都是 SF_6 气体电弧。从气体的热力学参数到电弧开断性能，计算机模拟的方法都帮助人们对 SF_6 气体在灭弧过程中的过程和表现有了更加深入的认识，并帮助工程设计人员了解了喷口材料、激波和电极蒸气等对其的影响，从而对灭弧喷口结构的改进、电极材料的选择，以及操纵机构的设计提供了参考和依据，但其他气体的理论研究和电弧计算机模拟还鲜有报道。这一方面是由于气体热动力学和输运参数等数据的稀缺，另一方面也因为长久以来人们对 SF_6 作为气体灭弧介质的惯性思维。单一气体的灭弧性能研究无法为新型环保型灭弧气体介质的探索和寻找提供帮助。

在过去的几十年中，筛选出许多气体或气体混合物作为 SF_6 替代气体，其中几种天然气体（例如 N_2、CO_2、CH_4、O_2），SF_6 混合物和一些人造气体受到关注，如 CF_3I、C_4-PFN 和 C_5-PFK。在这些气体和气体混合物中，CO_2 和干空气被认为是最有前景的灭弧介质或介质的主要成分。名古屋大学的 Matsumura 等选择二氧化碳作为灭弧介质，发现当高压气体断路器的充气压力从 0.2MPa 增加到 0.6MPa，则电弧功率损失从 0.32kW 提高到 0.78kW，同时对于峰值为 1.1kA 的电流，也使电弧时间常数从 $1.3\mu s$ 下降为 $0.7\mu s$。Stoller 等人用简单的双压力测试装置将空气、CO_2 和 SF_6 的热开断性能评估为空气 $< CO_2$ $< SF_6$。72kV-31.5kA 的二氧化碳气体断路器已经设计完成并投入运行，目前其运行性能完全满足目标需求。但是，所需的填充压力较高，尺寸比 SF_6 气体断路器大。另外，压缩空气也已经应用于 24kV 和其他中压开关设备中。CF_3I 具有较低的全球变暖潜值（约等于 CO_2）和较高的灭弧能力。东京电机大学的研究人员通过实验比较了各种气体的电弧时间常数和热耗散系数，电弧时间常数大小关系为 $SF_6 < CF_3I < CO_2 < H_2 <$ 空气 $< N_2$ 和电弧热耗散系数依次为 $H_2 > SF_6 > CO_2 >$ 空气 $> N_2 > CF_3I$。Kasuya 研究了 CF_3I 与 N_2 和 CO_2 混合物对不同电流的相对开断能力。结果表明，CF_3I 与 N_2 和 CO_2 混合物不能用于气体断路器开断大电流，可用于绝缘和开断小电流。对于 1kA 或 3kA 这样的小电流，当 CF_3I 的摩尔分数超过 20% 或 30% 时，CF_3I-CO_2 混合物的近区故障开断性能接近纯 CF_3I 的近区故障开断性能。

在 SF_6 混合气体研究方面，由于 SF_6 和 N_2 的介电强度和电弧开断能力具有协同效应，其混合物引起了很多关注。Grant 等人发现向 SF_6 中添加适量的 N_2 可以提高恢复电压上升速率（RRRV）。另外，发现 $69\%SF_6$ 和 $31\%N_2$ 的混合物在相同 SF_6 分压下的介质恢复速率比纯 SF_6 高得多。Tsukushi 等人使用吹气型气体断路器检验了 SF_6 气体混合物的电流开断能力，发现对于约 15kA 的电流，$300kPa\ SF_6/200kPa\ N_2$ 混合物的 di/dt 约为纯 SF_6 的 di/dt 的 76%。西安交通大学王其平教授建立了二维磁流体动力学电弧模型，对 SF_6 及 SF_6-N_2 混合气体的灭弧性能进行了深入的研究。Hyosung 公司实验证明了 75% $SF_6/25\%N_2$ 的混合气体具有和纯 SF_6 等效的电流开断能力。此外，研究人员还分析了 SF_6 与其他气体如 He 和 CF_4 的混合物的灭弧特性。He 的热导率远远高于 SF_6，并且 SF_6 含量为 $20\%\sim75\%$ 的 SF_6/He 混合物的介质恢复强度比纯 SF_6 高约 10%。Niemeyer 也提出 SF_6/He 混合物适用于开断近区故障电流。CF_4 具有良好的灭弧能力和较低的液化温度。充有 SF_6/CF_4 混合物的气体断路器可在极低的环境温度（低于 $-40℃$）下运行，无需加热器。目前，已经有一些相当成熟的产品投入使用，例如 115kV/40kA 的气体断路器，两种 245kV/40kA 的罐式气体断路器，550kV/40kA 的气体断路器和 800kV/40kA 的 SF_6 罐式气体断路器。西安交大研究者发现 SF_6/CO_2 的开断性能随着 SF_6 浓度的增加而显著提高，并且当 SF_6 含量为 0%，20% 和 50% 时，SF_6/CO_2 混合物的电流零点处的临界 RRRV 和 di/dt 分别为纯 SF_6 的 39%、45% 和 70%。

环保型气体 CF_3I 的绝缘特性和环保特性让人们对其在电气领域灭弧方面的应用抱有很大的期待，但目前的相关报道只限于高温高压下的气体物性参数，以及有限的灭弧试验，几乎没有关于内部灭弧机理的理论研究。另外，CF_3I 气体在放电条件下的分解特性只有局部放电和放电击穿后的研究，并不能全面评估气体介质的在不同放电条件下的分解产物对其绝缘灭弧性能的影响；而大电流条件下的气体副产物对灭弧性能的影响尚有争论，妨碍了其作为绝缘气体在开关电弧设备中的应用。

Kasuya 等对 CF_3I 及其 CO_2 和 N_2 的混合气体进行了断路器模型短路灭弧实验，结果显示，纯 CF_3I 气体开断能力大约为 SF_6 气体的 85%。同样 CF_3I 比例的条件下，CF_3I/CO_2 的灭弧能力强于 CF_3I/N_2 气体。CF_3I/N_2 混合气体的灭弧能力随着 CF_3I 的混合比线性增加，30% 的混合气体约为 SF_6 灭弧能力的 0.32。而 CF_3I/CO_2 的灭弧能力随着 CF_3I 混合比非线性增加：当 CF_3I 占比达到 30% 时，其灭弧能力接近纯 CF_3I 气体的 80% 左右。综合已经得到的研究成果，CF_3I 及其混合气体在绝缘特性方面拥有良好的表现，拥有很大的运用在电气设备中作为绝缘气体介质的潜质。然而，其灭弧特性的理论性研究还非常欠缺，有限的实验结果并不能完全揭示 CF_3I 气体本身的灭弧性能。

近几年来关注的气体如 C_5-PFK 和 C_4-PFN 具有十分优异的绝缘性能，被认为是寻找 SF_6 替代气体的重大突破。最近国内外研究人员对其混合气体作为灭弧介质的开断特性进行了深入研究。结果表明，$0.7\sim0.8MPa$ 的 C_5-PFK/CO_2/O_2 混合物具有和 0.6MPa 的 SF_6 气体相当的绝缘强度以及 $80\%\sim87\%$ 的近区故障开断性能，而 C_4-PFN/CO_2 混合物在 0.67～0.82MPa 也具有和 0.6MPa 的 SF_6 气体相当的绝缘强度以及 83％～100％的近区故障开断性能。ABB 公司首先分别使用 C_5- PFK/CO_2/O_2 混合物和 C_5- PFK/空气混合物作为高压和中压断路器的灭弧介质。他们还成功地对 145kV/40kA 充有 400mbar 的 C_5- PFK，800mbar 的 O_2 和 5.8barCO_2 的混合气的自能瓷柱式断路器（LTB）进行了近区故障试验，测得了相关的弧后电流，得出 C_5- PFK 混合物的弧后电流峰值和持续时间与 SF_6 接近。与 SF_6 相比，其热开断性能降低了约 20％。另外，ABB 公司还使用模型断路器研究了 C_5- PFK/CO_2/O_2 混合物在热恢复和介质恢复阶段的性能，并指出该混合物可以达到与 SF_6 相当的绝缘强度，但电流开断性能略低。GE 公司的研究人员研究了 g^3 混合物（C_4- PFN 和 CO_2 的混合物）的灭弧能力，测试 g^3 气体开断总线转移电流能力的实验在原本充有 SF_6 气体的 420kV 隔离开关中进行，充气压力为 0.55MPa，电流和电压分别为 1600A 和 20V。在 100 次合分操作之后发现，g^3 气体电弧时间稳定，平均电弧时间（12ms）与 SF_6（15ms）相当。GE 公司还设计了 145kV GIS 样机并计划将其安装在几个欧洲国家试运行。研究人员也对 C_5- PFK/CO_2/O_2 和 C_4- PFN/CO_2/O_2 气体混合物进行了介质恢复试验，发现 C_4- PFN 混合物的介质恢复性能优于 C_5- PFK 混合物和 CO_2 混合物。当击穿时延小于 $100\mu s$ 时，CO_2 混合物的恢复性能可提高 40％～100％。同时，C_5- PFK 混合物的介电恢复性能仅略低于 C_4- PFN。

然而，目前公开的这些新气体的实验和仿真结果是基于 SF_6 气体断路器的结构获得的，而对适合于新型环保替代气体的断路器结构的研发需要建立在系统完整地掌握环保型气体的物性参数，弧后击穿特性等重要数据的基础上，从而实现新型环保断路器大容量开断和设备小型化。

8.1.2 SF_6 替代气体物性参数研究现状

随着计算机模拟技术的发展，电弧仿真已成为辅助电气设备设计和优化的有效途径。物性参数包括等离子体的粒子组成，热力学性质（包括质量密度，焓和定压比热），输运系数（包括电导率，热导率和黏性系数），是建立电弧磁流体动力学（magneto - hydro - dynamics，MHD）模型所必需的输入参数，也是理解等离子体行为的先决条件和基础。高温下电弧等离子体的这些物性参数是很难通过实验测得的，因此其理论仿真一直是该领域的一个关键的研究热点。目前，对于 SF_6 替代气体的基本物性参数已经有许多报道，通常包括 CO_2、N_2、空气、氟化气体（如 CF_3I，c - C_4F_8 和 C_3F_8）和 SF_6 混合气体等。最近，新型环保气体（如 C_5- PFK，C_4- PFN 及其与 CO_2 等缓冲气体等）混合后的物性参数和各项性能也受到了国内外研究人员的广泛关注。

1. SF_6 替代气体物性参数分析

在 CO_2、N_2、空气等常规气体研究方面，Murphy 计算了一个标准大气压下，300～30000K 的空气及其与氩气、氮气和氧气混合气体的输运系数，并提出了双气体组合扩散系数的概念，简化了扩散过程的计算，且保持了计算的准确性，得到了国内外研究人员的普遍认可。Tanaka 等人报道了 CO_2/O_2 和 CO_2/H_2 混合物的物性参数，并指出在 CO_2 中添加 O_2 和 H_2 可以提高特定温度范围内气体混合物的电导率。Yokomizu 等人介绍了 CO_2 和 CF_3I 混合的热导率和电导率，并模拟了电流零点附近电弧电导的衰减过程。研究发现在 CO_2 中加入 CF_3I 可以提高混合气体的热开断能力。Cressault 等人算了在 $300\sim50000K$ 温度范围和 $1\sim32bar$（大约 $0.1\sim3.2MPa$）的压力范围内与 CO_2，空气和 N_2 混合的 CF_3I 的物性参数，并分析了其液化温度，全球变暖潜能值（GWP），分解产物和气体混合物的绝缘性能。

在 SF_6 混合气体研究方面，Gleizes 等人给出了 $1000\sim15000K$ 温度范围内不同混合比例 SF_6/N_2 的电导率和热导率，并将计算结果代入求解电子数密度、温度等的宏观参数方程，计算得到了混合物的温度分布，并证明了反应热导率对稳态等离子体参数和暂态电弧衰减行为具有重要影响。Gleizes 等人也对 $SF_6/CF_4/C_2F_6$ 的物性参数进行了仿真计算。Haghighi 等人利用势能函数推导计算了 $SF_6/CO_2/O_2/CF_4/N_2/CH_4$ 等混合气体的黏性系数和扩散系数。

然而，目前关于 C_4-PFN 和 C_5-PFK 基本物性参数研究的报告仍然较少。已经报道了的有在局部放电（PD）和热分解情况下 C_4-PFN，C_5-PFK 及其混合物的分解产物的初步测量结果。国内研究者运用密度泛函理论探索了 C_5-PFK 可能发生的分解路径，并用 DFT-(U)B3LYP/6-311G (d, p) 基组对路径中的各粒子进行了结构优化、振动频率分析及能量计算。应用计算化学及断键分析理论初步获得了 C_5-PFK 的分解产物及其配分函数和生成焓等基础参数，并计算了纯 C_5-PFK 等离子体的热力学性质、输运系数等物性参数。另外，通过分子静电势理论分析发现，分子表面的正电位面积与其绝缘强度之间的相关系数高达 0.9，并利用该理论预测了纯 C_5-PFK 的绝缘强度。研究发现，C_5-PFK 和 C_4-PFN 在 CO_2 混合气体弧后阶段并不能完全复合，所以在燃弧前后的性质将会不同。目前用于计算等离子体粒子组成的标准方法，例如吉布斯自由能最小值原理，仅适用于弧后的组分计算。为了解决这个问题，研究人员仍需要在仿真新型环保气体分解过程及实验检测分解产物方面进行更加深入的研究。

高压气体断路器中，由于触头，器壁和喷口的烧蚀而不可避免地与金属蒸气和产气材料 PTFE 等混合电弧等离子体。目前有大量关于不同等离子体混合金属蒸气和 PTFE 的物性参数的研究，比如 Air/Fe/Cu/Ag/Al，CO_2/Cu，SF_6/Cu，$N_2/Al/Cu$ 和 Air/CO_2/SF_6-PTFE。国内研究者分别对 PTFE 对 SF_6 和 CO_2 等的物性参数的影响进行了分析，结果表明 PTFE 的烧蚀不仅有助于增加灭弧室内的压力，而且导致定压比热和热导率在低温范围内有所增加，因此可以有效地增强灭弧介质的冷却能力。与 SF_6 混合物不同的是，在 $5000K$ 以下的温度范围内，PTFE 的加入导致 CO_2 混合物中定压比热峰值的显著增大并向低温移动，这更有利于提高 CO_2 的能量耗散效率。

2. 温度等离双子体模型物性参数分析

气体断路器开断时产生的电弧在燃弧阶段，其中心区域的电弧等离子体温度可达 10^4 K 数量级甚至更高，整体对外呈现电中性。此时，电弧等离子体中电子与重粒子能量交换充分，处于或者接近局部热力学平衡（LTE）。然而，此时电弧边缘区域以及电弧与触头、器壁等接触的区域的温度梯度较大，电子密度较低，电子和重粒子由于碰撞产生的能量交换不足，将逐渐偏移局部热力学平衡。针对这种情况，研究人员建立了多种非平衡态模型用以更好地仿真预测电弧行为。这些模型中，应用最广泛的为双温度微观模型。该模型假设满足局部化学平衡（LCE），电子和重粒子分别具有统一的温度，但电子温度 T_e 远高于重粒子温度 T_h。Devoto 在 1965 年提出将碰撞过程中电子与重粒子完全解耦的方法，使得等离子体输运系数求解过程大大简化，但其计算的扩散系数无法满足质量守恒方程。Rat 随后提出的电子－重粒子完全耦合方法，虽满足了质量守恒，但计算复杂繁琐，且求得的输运系数较 Devoto 方法的结果相差甚微。因此 Devoto 方法被国内外科研人员广泛采用。Gleizes 等人应用 Devoto 的电子和重粒子完全解耦的简化 Chapman - Enskog 方法来求解双温度 SF_6 等离子体的各项物性参数，并比较了 Eindhoven 方法和 Potapov 方法推导的双温度质量作用定律方程的不同，并指出 Eindhoven 方法在计算双温度物性参数时可得到更准确的结果。2013 年，国内张晓宁等人建立了新的双温度输运系数计算模型，合理考虑了电子质量远小于重粒子质量的事实，同时保留了电子和重粒子的碰撞积分项，其在计算多原子分子的物性参数方面的应用仍在探索中。

3. SF_6 替代气体弧后电击穿特性研究现状

气体间隙放电击穿的第一阶段是气体介质中的自由电子在电场加速下形成电子崩，进而能够达到自持放电，最终导致气体击穿。因此，研究气体的电击穿特性，就要首先研究其电子崩的发展情况。这其中发生的反应主要包括粒子电离、电子吸附等。弧后阶段，断路器中介质的击穿强度与此时留存在灭弧腔体中的热态气体在外界电场作用下发生的电子碰撞过程紧密相关。

电子碰撞电离和吸附是气体电击穿过程中的重要碰撞过程，而电子碰撞电离和吸附碰撞截面是 SF_6 及其替代气体的绝缘强度数值研究的基本参数。目前，有很多种方法从实验和理论上确定电子碰撞截面。SF_6、CO_2 等气体的一些结果如图 8 - 1 和图 8 - 2 所示。SF_6 对于非常低能量的电子有比其他气体分子（CF_3I 除外）更大的吸附截面，这意味着它可以轻松地吸附低能电子并降低自由电子的密度，这也是 SF_6 具有良好绝缘性能的原因之一。使用玻耳兹曼分析或蒙特卡罗模拟法，可以通过电子碰撞电离、吸附和其他电子碰撞截面预测气体的绝缘性能。

目前，除了通过宏观击穿实验直接测量均匀场下的击穿电压以外，针对气体电击穿特性的研究，还可以通过实验测量和仿真计算电子碰撞电离和吸附反应速率这两种途径进行。一方面稳态汤逊法（SST）或脉冲汤逊法（PT）是测量气体电子输运参数（室温下电离反应速率系数 α，附着反应速率系数 η 和电子漂移速度 v_e）的两个主要实验方法。另一方面，玻尔兹曼解析法或蒙特卡罗粒子模拟法也可用于模拟电子输运参数和计算折合临界电场强度 $(E/N)_{cr}$。

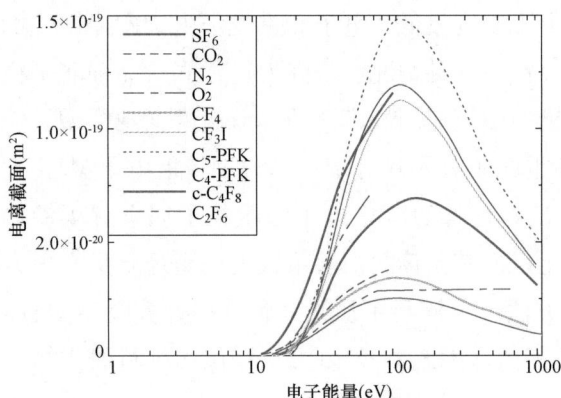

图 8 - 1　SF_6 气体及其部分替代气体的
电子碰撞电离截面

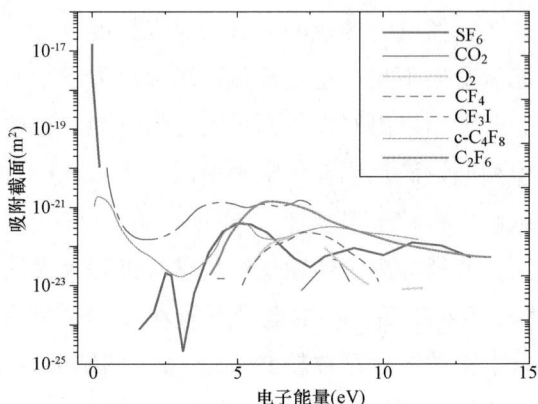

图 8 - 2　SF_6 气体及其部分替代气体的
电子碰撞吸附截面

已有的研究表明，N_2 或干燥空气适用于中压电力开关领域，而 CO_2 及其混合气体在高压电气设备领域具有巨大应用潜力。通过 Boltzmann 分析计算可以得出的几种含有 CO_2 混合物典型气体的冷态 $(E/N)_{cr}$，如图 8 - 3 所示，其中 C_4 - PFN 和 C_5 - PFK 的 CO_2 混合气体的 $(E/N)_{cr}$ 是用于对比分析的冷态实验值。在这些混合气体中，C_4 - PFN/CO_2 的

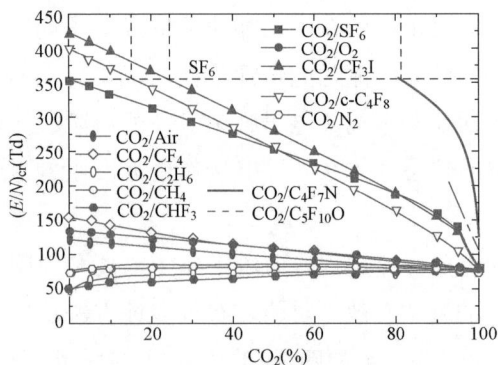

图 8 - 3　CO_2 及其混合气体冷态
折合临界击穿场强

$(E/N)_{cr}$ 在相同混合比下具有最大值，接着是 C_5 - PFK，CF_3I，c - C_4F_8 和 SF_6 与 CO_2 混合物。但是，这些气体中，C_4 - PFN，C_5 - PFK，CF_3I 和 c - C_4F_8 的沸点都相对较高。与缓冲气体混合导致绝缘强度显著降低。因此缓冲气体种类和混合比的选择至关重要，有必要了解饱和蒸气压、混合比和绝缘强度之间的关系。

气体断路器中，在电流中断几千开尔文温度后，燃烧室内两个电极之间仍存在热气。热气体的介电特性与室温下的气体的介电特性不同。图 8 - 4 比较了几种气体在高温和 0.4MPa 下的 $(E/N)_{cr}$。$(E/N)_{cr}$ 的值主要取决于气体温度，并且明显不同于冷态气体。Pinheiro 等人采用两项近似的玻尔兹曼解析法计算了 SF_6/He，SF_6/Xe，SF_6/CO_2，SF_6/N_2 混合物的折合有效电离系数以及电子漂移速率，发现在这些混合气体中 SF_6/N_2 的临界

击穿场强最高。Urquijo 等人通过脉冲
汤逊实验测量了 SF_6/CF_3I 的电子输运
特性，并对比了其与 SF_6 和 N_2/CF_3I
的绝缘强度进行了对比，结果表明，
SF_6/CF_3I 的绝缘特性明显优于另外两
种气体。Urquijo 等人也对不同混合比
例的 SF_6 与惰性气体 Xe、Ar 的二元
混合气体的电子输运参数进行了脉冲
汤逊实验测量。由于 Xe 的能量传递截
面大于 Ar，SF_6/Xe 混合物的击穿场
强高于 SF_6/Ar，但仍低于 SF_6/N_2。

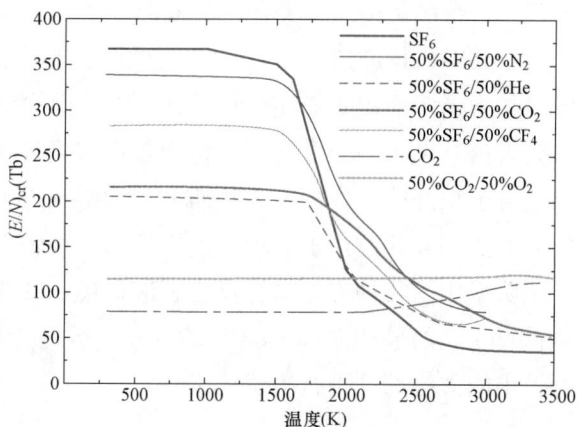

图 8-4 0.4MPa 下不同气体的热态临界击穿场强

西安交大研究者建立了热态气体弧后电击穿模型，提出了弧后电击穿特性的系统评估方
法，实现了弧后灭弧室内各区域电击穿概率的实时评估，对 SF_6/CF_4，CO_2 及其混合气
体，$c\text{-}C_4F_8$ 及其与 CO_2，N_2，O_2 和空气的混合气体等的热态气体临界击穿场强进行了计
算分析，为高压气体断路器弧后电击穿特性提供了必要的数据基础。

4. SF_6 替代气体电弧 MHD 仿真及实验研究现状

在气体断路器的电流开断过程中，气体介质通常经历燃弧阶段，热恢复和介质恢复阶
段三个典型阶段，如图 8-5 所示。热恢复时期通常发生在电流零点（current zero，CZ）
之后微秒至数十微秒，而介质恢复周期一般发生在电流零点之后数百微秒。

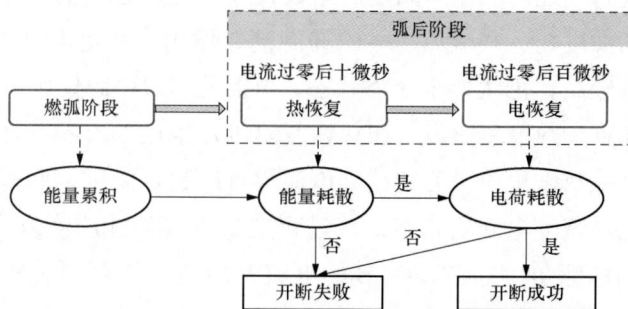

图 8-5 高压断路器的开断过程示意图

传统上，研究人员通常通过开断能力试验来评估气体断路器的开断电流的能力。近年
来，KEMA 高功率实验室开发了电流零区测量系统，可以依据电流零点之前 200ns 的电
弧电导率或弧后电流判断介质的热开断能力，该系统能够记录电流零点附近的电弧电压和
电弧电流，且具有高精度和高分辨率。介电恢复强度通常由过零之后的大量击穿实验图像
预测。然而，这些实验方法往往成本高昂且效率低下，而计算流体动力学仿真（CFD）的
快速发展提供了可行的分析方法。

建立一个满足需求的高压气体断路器电弧燃烧和熄灭数学模型是一个具有挑战性的问题，由于其对气体断路器设计的重要性而引起广泛关注。磁流体动力学（MHD）电弧模型已经越来越多地用于描述流场特性，并帮助设计和优化高压气体断路器。最近，西门子的研究人员开发了一个模型，考虑到累积的喷口烧蚀和 PTFE 蒸发焓的对压力依赖性，与实验获得了很好的一致性。利物浦大学的研究人员集中研究了不同流动模型对 SF$_6$ 喷口电弧行为的影响，并讨论了五种湍流模型和三种辐射模型的相对优点。Paul Sabatier 大学的一个团队采用了几种方法来计算自感应磁场，并找到了一种能够提供足够的精确度并大大减少计算时间的最佳方法。ABB 的研究人员将 MHD 模型与优化算法相结合，对高压气体断路器中的关键部件进行了优化设计。

8.2 气体开关电弧物理特性

高压气体断路器 GCB 是电力系统中的一种重要组成部分，它可以在正常工作条件下以及短路情况下成功分断电路，是电网安全的最重要的保障。在断路器开断短路电流的过程中不可避免地会产生电弧，而电弧必须在规定的时间内熄灭，而在电弧熄灭后，电网立即在断口之间施加高达数百千伏的瞬态恢复电压 TRV，这就对灭弧介质的灭弧能力提出了要求。

断路器开断过程通常会经历燃弧阶段，弧后热恢复阶段和电恢复阶段三个典型阶段。当断路器接到分闸指令，触头分离，电弧开始燃烧，进入燃弧阶段，燃弧阶段持续时间通常为几毫秒到几十毫秒，此阶段电弧温度高达数万开，电弧通道的气体已经完全电离，电弧内部存在着强烈的温度场、气流场、电磁场的耦合作用。在电流零点（CZ）之后不久，断口之间的气体温度较高，仍然处于导体状态，并且在 TRV 的作用下存在弧后电流流通电弧通道，这个时期称为热恢复阶段，通热恢复阶段发生在电流零点之后几微秒到几十微秒。而电恢复阶段则从热恢复阶段后持续到电流零点后数百微秒，此时，弧隙气体温度降至数千开而不再导电，恢复电介质状态，该过程主要表现为介质恢复强度与由 TRV 引起的弧隙电场强度之间的竞争。通常，GCB 的电流开断能力主要通过实验手段来评估。热开断性能可以用电流零点之前 200ns 的电弧电导或通过电流零点测量的弧后电流来评估，而弧后介质恢复强度一般是通过多次测量电流开断后的电击穿实验来测量。然而，这些实验方法通常耗费较高且效率低下，而近些年来电弧仿真技术的发展则极大地改善了这一状况。

1. 仿真计算研究

在过去的三十年中，受益于计算机技术的飞速发展，电弧模型的发展取得了极大的突破。基于磁流体动力学（MHD），已经可以对断路器开发过程需要的压力、温度、触头和喷口烧蚀及其在灭弧室中的分布进行模拟。在计算中，通常将电弧假设为单一流体，其热动和输运属性由温度、压力和气体组分决定，通过可压缩气体动力学方程（例如 Navier Stokes 方程）进行求解。在大多数计算中，采用局部热力学平衡（LTE）和二维轴对称假设，以减小计算量和计算难度。

在仿真模型的研究方面，相关学者开展了大量的研究工作。Gleizes 等人重点关注了辐射过程对于电弧温度场的影响，对净辐射系数进行了修正。Verite 等人将外部电路与断路器电磁场进行耦合，研究了双压式和旋弧式高压 SF_6 气体断路器短路开断过程中的电弧特性。Girard 等人则考虑了燃弧过程中多种粒子之间的碰撞电离、复合和化学反应过程，建立了双温度 MHD 电弧模型。国内研究者基于二维 MHD 电弧模型，研究了喷口限制电弧中温度场、气流场、电磁场之间的相互作用；建立了三维 MHD 电弧模型，对双火炬电弧等离子体进行了研究。Fujino 等人将三维 MHD 电弧模型应用于旋弧式 SF_6 气体断路器中，对外磁场作用对于短路开断过程中电弧等离子体的旋弧过程的影响进行了分析。国内研究者将二维 MHD 模型与电路方程进行了耦合，对高压直流 SF_6 气体转换开关的开断过程进行了模拟；还建立了双温度 MHD 电弧模型，对比了局域热力学平衡与非局域热力学平衡状态下电弧衰减过程中的特性差异。

喷口是气体断路器灭弧室的重要组成部件，对于开断过程中气流的控制气起到重要作用。Petchanka 等人研究了多次开断过程中的喷口累积烧蚀过程，并考虑了 PTFE 蒸发焓的压力依赖性建立了仿真模型，计算结果与实验获得了很好的一致性。利物浦大学的 Yan 等人多年来长期致力于电弧模型的研究，重点关注了不同湍流模型和辐射模型对于仿真结果的影响，并讨论了五种湍流模型和三种辐射模型的优缺点。Freton 等人采用了几种方法来计算了燃弧过程中灭弧室内的自感应磁场，提供了一种可以用较低的计算成本获得较高的磁场计算精度的方法。Dhotre 等人将 MHD 计算与数值优化算法结合，对一台 GCB 的喷口结构进行了优化设计。Kairouani 等人采用该方法计算了 SF_6 GCB 的弧后介质恢复过程，获得了电弧熄灭后灭弧室内部的击穿概率分布。

通过 MHD 仿真计算，一些研究人员正在尝试建立气体属性与其灭弧能力之间的关系。通过分析比较 SF_6、CO_2 和干燥空气的电弧特性和气体属性，提出了以质量密度和定压比热的乘积 ρC_p 作为评估气体灭弧性能的一个指标。对 SF_6、C_5- $PFK/CO_2/O_2$ 以及 CO_2/O_2 混合气体的燃弧过程分别进行了 MHD 仿真，然后提出采用虚拟质量流量作为评判气体热开断性能的指标。

2. 实验研究

在高压气体断路器开断短路电流的过程中，灭弧室内部出现高温高亮的电弧等离子体，随着短路电流、气吹等作用的变化而增强与衰减。在此过程中，存在着温度场、气流场、电磁场等多物理场的紧密耦合，也存在着喷口及触头材料的烧蚀、烧蚀蒸气的扩散、辐射、湍流等过程。通过实验手段，可以对开断过程中的一些关键参数进行测量，从而提高对于断路器开断过程以及开断性能影响因素的认识。

在电弧电压特性方面，开展了不同开距和不同电流大小下的自由燃弧实验，分析了开距和电流大小对于电弧电特性的影响，并对仿真模型进行了校验。对比了 SF_6、N_2 和 CO_2 气体在固定间距自由燃弧过程中的电弧电压特性，发现在该过程中 SF_6 气体电弧电压最低，N_2 气体电弧电压最高。在气压特性方面，采用压阻式气压传感器测量了压气式断路器在短路开断过程中压气室内部的气压变化，并结合开断电流和临界恢复电压上升率的测量结果，得到了电流过零时刻压气室内气压增量与断路器开断性能之间的关系。将传感器分别安装于压气室内、喷口上游、喷口喉部和喷口下游位置，获得了压气室断路器空载和短路电流开断过程中灭弧室内部不同位置的气压特性。在电弧光谱方面基于 FI 和 CII 的特征谱线，测量了喷口中的电弧光谱，结合 Abel 逆变换得到了 SF_6 电弧光谱沿径向的分布，得到电弧弧芯最高温度在 $16000\sim18000K$ 之间；选取了 CuI 的两条特征谱线，测量了 10A 直流电流下的 SF_6 电弧光谱，分别得到了电弧温度沿轴向和径向的分布特性。

在过去几十年来筛选的气体和气体混合物中，CO_2 和空气被认为是最有希望的灭弧介质或灭弧介质的主要成分。研究了 CO_2 作为灭弧介质的开断性能，发现对于峰值 1.1kA 的短路电流，当断路器的充气压力由 0.2MPa 提高至 0.6MPa 后，电弧能量耗散系数从 0.32kW 提高到 0.78kW，而电弧时间常数则从 $1.3\mu s$ 降至 $0.7\mu s$。通过实验测量了 SF_6、CO_2 以及 CO_2 混合气体的弧后电流，从而对这些气体的开断能力进行了比较，结果表明在 CO_2 中加入 O_2 或 CH_4 可以提高其热开断能力并降低其弧后电流，如图 8-6 所示。采用一套简单的双压实验装置对几种气体的热开断性能进行了比较，并得到空气＜CO_2＜SF_6。CF_3I 气体的绝缘强度和灭弧能力与 SF_6 接近，并且其 GWP 与 CO_2 接近，但是其沸点较低，因此通常与其他气体混合后作为绝缘与灭弧介质使用。通过实验测量了多种气体的电弧时间常数和能量耗散系数，电弧时间常数从低到高依次为 SF_6＜CF_3I＜CO_2＜H_2＜Air＜N_2，而能量耗散系数从高到低依次为 H_2＞SF_6＞CO_2＞Air＞N_2＞CF_3I。研究了 CF_3I 与 N_2 和 CO_2 混合物对不同电流的相对开断能力。结果表明，CF_3I 与 N_2 和 CO_2 混合物不能用于气体断路器开断大电流，可用于绝缘和开断小电流。对于 1kA 或 3kA 这样的小电流，当 CF_3I 的摩尔分数超过 20% 或 30% 时，CF_3I/CO_2 混合物的近区故障开断性能接近纯 CF_3I 的近区故障开断性能。

对于 SF_6 混合气体，由于 SF_6/N_2 混合气体具有良好的协同作用，大量学者针对这两种混合气体的开断能力开展了研究。其中，Grant 等人发现了在 SF_6 中添加少量

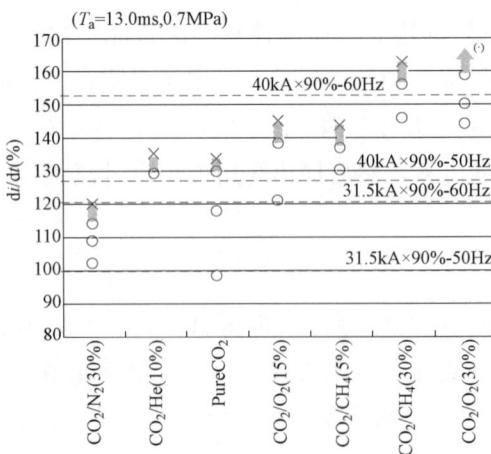

图 8-6 CO_2 及其混合气体开断性能比较

的 N_2 可以提高临界恢复电压上升率（RRRV）。当 SF_6 分压相等时，69％ SF_6/31％ N_2 混合气体的临界 RRRV 高于纯 SF_6 气体。Tsukushi 等人采用压气室断路器研究了 SF_6 混合气体的电流开断能力，发现对于 15kA 的短路电流，300kPa SF_6/200kPa N_2 混合气体的临界电流变化率 di/dt 约为纯 SF_6 气体的 76％。Hyosung 公司通过实验发现 75％ SF_6/25％ N_2 混合气体的开断性能与纯 SF_6 气体相当。采用一台 126kV 压气式高压 GCB 样机，对不同混合比例下的 SF_6/CO_2 混合气体开展了实验研究，发现当混合气体中 SF_6 的摩尔比例分别为 0％，20％和 50％时，SF_6/CO_2 混合气体的开断性能分别约为纯 SF_6 的 39％、45％和 70％。此外，也有学者对 SF_6 与 He、CF_4 以及 CO_2 等的混合气体开展了研究。He 的导热性能优于 SF_6，从而可以提高混合气体的热耗散能力，实验结果表明，当 SF_6 摩尔比例在 20％～75％之间时，SF_6/He 混合气体的开断性能比纯 SF_6 气体高约 10％。Niemeyer 等人认为 SF_6/He 混合气体适用于开断近区故障（SLF）。CF_4 气体的液化温度较低，且灭弧性能较好，在极寒地区（最低温度低于－40℃），以 SF_6/CF_4 混合气体作为灭弧介质的断路器不会发生凝露现象，SF_6/CF_4 混合气体断路器已在寒冷地区得到应用。

8.2.1 电弧的局部热力学平衡理论

电弧是在两电极之间有外界施加电流维持的高温等离子体。在电力开关设备中，气体、油和真空（广义上，实际空间中含有电极蒸汽）都是运用较广的电弧开断介质。电弧这种放电形式能够迅速从高温良导体转变为绝缘介质，这种特性在电气设备中被有效利用，比如断路器、开关柜等。然而电弧理论体系的建立却经历了一个漫长的过程。从 80 年前第一次电弧黑箱模型的建立至今，实验技术的进步和理论知识的完善提高了我们对电弧开断过程机理的认识，以及热导、辐射和湍流对电弧的影响，和电弧和流体的相互作用等。

电弧和热等离子体的基本性质、电弧与流体或磁场的相互作用等过程，都与等离子体处于什么样的热学状态密切相关。研究表明，当电弧电流很小时，电弧温度较低，等离子体处于热力学非平衡状态，其电子温度、激发温度、电离温度和解离温度各不相同。通常，电子温度总是高于其他温度。然而，随着电流的增加，电弧温度也随之升高，等离子体的热力学非平衡程度减小，各种粒子的温度差也缩小。当电弧电流足够大时，温度足够高，电弧等离子体就能趋近热力学平衡状态。热力学平衡态（CTE，Complete Thermal Equilibrium）是指在等壁温的无泄漏空腔中的均匀等离子体的状态，可用一定数量的宏观参数（温度、压力和成分浓度等）来进行表示，而不必知道等离子体内发生的微观过程的细节。对于完全热力学平衡态的等离子体，可以采用统计学的定律来确定空腔内部的物质状态和辐射状态：麦克斯韦定律规定了粒子的速度分布函数，玻尔兹曼分布确定了激发态粒子的密度，沙哈方程建立了电离度的关系式，而普朗克定律则给出了辐射的谱分布。

实际上，要达到完全热力学平衡态的条件是很苛刻的，一般只在物体内部可以找到等温的大面积等离子体。实验室等离子体中，辐射不能完全被吸收，会有部分辐射能量溢出，因而在物质和辐射之间会存在不平衡。然而当电子数密度足够高时，等离子体中的激发、去激发和电离、复合等过程中电子碰撞起决定性作用，此时称等离子体处于局部热力学平衡态（Local Thermal Equilibrium，LTE），问题就可以得到很大程度的简化。局部热力学平衡态的等离子体满足麦克斯韦分布方程、玻尔兹曼分布和沙哈方程，而不再满足普朗克定律。

在断路器和电气开关设备中，高温高压等离子体的电子密度很高，电弧中粒子间的相互作用主要受电子碰撞（包括碰撞电离和碰撞激发）的主导，相比之下，粒子和光子（包括光电离和光激发）的作用可以忽略。由于电弧是由电流维持的，电子从电场得到的平均能量远小于其随机运动产生的能量，因此可以认为处于局部热力学平衡态。它与CTE的偏移的原因来自不同方面，比如电弧辐射逃逸、由电弧参数空间分布不均引起的质量和能量交换和电弧条件的剧烈变化等。在大电流条件下，电弧的电子密度分布在 $10^{24}\,\mathrm{m^{-3}}$ 数量级（20000K，5bar），满足LTE的平衡条件；在电流零区，根据 Lewis 对 SF_6 电弧光谱的研究，电子密度在 $3\sim8\times10^{23}\,\mathrm{m^{-3}}$，也满足LTE状态条件而在弧后约 $10\mu s$ 时间范围内，电子和重粒子温度差异可以通过电子平均自由程的知识计算；在电流过零后 $10\mu s$ 时，电子温度高出重粒子的程度并不大。因此，通过实验验证和理论估测，可以断定在大电流时期、电流零区和热恢复阶段，电弧等离子体都满足局部热力学平衡状态。

8.2.2　LTE条件下电弧模型的控制方程

断路器动作期间，特别是电流零区，电弧等离子体的热学和电学特性剧烈变化。为了在放电区域定量地描述电弧特性，需要求解一系列控制重要物理过程的偏微分方程，并设置合理且符合实际情况的时间和空间的边界条件。在局部热力学平衡条件下，电弧的电学和空气动力学特性可以用一系列守恒方程描述，包括质量守恒、动量守恒和能量守恒方程，以及麦克斯韦方程。对准电中性电弧流体系统中，守恒方程列出如下。

（1）连续性方程

$$\frac{\partial \rho}{\partial t} + \nabla \cdot (\rho \vec{V}) = 0 \tag{8-1}$$

式中：t 为时间；ρ 为密度；$\vec{V}$ 为速度矢量。

（2）动量连续性方程

$$\frac{\partial}{\partial t}(\rho \vec{V}) + \nabla \cdot (\rho \vec{V}\vec{V}) = -\nabla p + \nabla \cdot \overline{\overline{\tau}} + \vec{J} \times \vec{B} \tag{8-2}$$

式中：p 为气压；$\overline{\overline{\tau}}$ 为压力张量；$\vec{J}$ 是电流密度；$\vec{B}$ 是磁感应强度。

方程等号右边最后一项是洛伦兹力，是电弧电流和它产生磁场的相互作用产生的。

压力张量可以表示为

$$\bar{\bar{\tau}} = \mu[(\nabla\vec{V} + \nabla\vec{V}^T) - \frac{2}{3}\nabla\cdot\vec{V}I] \qquad (8\text{-}3)$$

式中：μ 为黏度；I 为单位张量；上标 T 为向量张量的转置矩阵；$\bar{\bar{\tau}}$ 上的横线为张量。

（3）能量连续性方程

$$\frac{\partial}{\partial t}(\rho\in) + \nabla\cdot[\vec{V}(\rho\in + P)] = \nabla\cdot(k\nabla T - \bar{\bar{\tau}}\cdot\vec{V}) + \sigma\vec{E}^2 - q \qquad (8\text{-}4)$$

式中：k 是热导率；T 为温度；σ 为电导率；$\vec{E}$ 为电场强度；q 为单位时间和体积的净辐射损失。

对于不可压缩流体，能量方程中通常忽略压力做功和动能项；而在可压缩流体中，一般是需要考虑压力做功和动能项的。内能 E 表达为

$$\in = h - \frac{p}{\rho} + \frac{v^2}{2} \qquad (8\text{-}5)$$

式中：h 是焓值；由温度 T 和气压 p 决定。

关于能量连续性方程式（8-4），等号右边最后一项辐射源的表达，需要较大篇幅建立起较为完整可行的辐射模型，将在下面的部分单独介绍。

断路器通常是在低频电流下动作（如 50Hz 等）的，因而可以引用一些近似来简化开关电弧的电磁场关系。相比于电弧电流和其引发的磁场，变化的电场产生的位移电流和变化的磁通量产生的电场可以忽略。因此，电流密度和电场的关系可以通过简化的欧姆定律联系起来，电磁场的麦克斯韦方程组可以简化为电荷守恒和安培定律。微观欧姆定律表达为

$$\vec{J} = \sigma\vec{E} \qquad (8\text{-}6)$$

用来计算电场 $\vec{E}$ 的电荷守恒方程表达为

$$\nabla\cdot(-\sigma\nabla\varphi) = 0 \qquad (8\text{-}7)$$

式中：φ 是电动势。电场强度矢量可以表达为电动势的梯度形式

$$\vec{E} = -\nabla\varphi \qquad (8\text{-}8)$$

磁通量密度通过安培定律和电流密度相关，表达为

$$\nabla\times\vec{B} = \mu_m\vec{J} \qquad (8\text{-}9)$$

式中：μ_m 是磁导系数。洛伦兹力可以表达为磁通量密度的函数

$$\vec{J}\times\vec{B} = \frac{1}{\mu_m}(\nabla\times\vec{B})\times\vec{B} = -\nabla\left(\frac{\vec{B}^2}{2\mu_m}\right) + \frac{1}{\mu_m}(\vec{B}\cdot\nabla)\vec{B} \qquad (8\text{-}10)$$

此外，为了使电弧方程组封闭，还需要气体状态方程，表达为

$$\rho = f(p, T) \qquad (8\text{-}11)$$

当温度较高时，电离度较大，普通的理想气体状态方程不再适用；但当电离度很小时，气体状态方程仍然适用，其适用范围将在后面的章节讨论。

以上式（8-1）～式（8-11）完全确定了流体和电弧的状态，此外还需要提供偏微分

方程中求解的时间上（初始）和空间上的边界条件，这样就可以对局部热平衡态的电弧等离子体进行求解计算。

8.2.3 湍流模型的控制方程

1. 湍流对电弧的作用

流体是指在施加无论多么小的剪切应力的作用下，都会连续变形的物质。对于工程中遇到的流体，当雷诺数超过一定的值的时候，流体就会变得不稳定。雷诺数 Re 可以用来衡量黏性力是否可以忽略，表达为

$$Re = \rho \frac{VL}{\mu} \tag{8-12}$$

式中：ρ 和 μ 分别为流体密度和黏性；V 和 L 分别为特征速度和流体特征尺寸。

雷诺数很小时，流体状态为层流，流体颗粒在平缓的层面移动。雷诺数变大时，流态转变为湍流。此时，流体速度和气压随时间连续性变化，流体大范围处于混乱和随机运动的状态。湍流中，原本分开的流体颗粒可能由于涡旋运动而快速靠近，因而热、质量和动量都会有效交换。这种粒子的有效混合使得质量、动量和能量方程中的扩散系数值很高。

研究表明，要使得计算结果和实验中恢复电压上升率（RRRV，rising rate of recovery voltage）相符合，需要在电弧模型中引入湍流因素。当然，其他因素也可能带来 RRRV 测量值和基于层流的局部热平衡态的电弧模型的出入，主要是由电流零区附近快速变化的气体放电条件导致的。在微秒级的特征时间里，SF_6 气体气吹电弧温度迅速变化，电弧内部化学反应速率，特别是涉及分子的反应，远远跟不上温度的变化。这样，SF_6 气体电弧的成分就会偏离局部热平衡状态，直接影响到电导率的分布。电流零区以后，恢复电压迅速上升，电场方向的电子速度分布函数也偏离了麦克斯韦速度分布函数。由于强电场的作用，电子温度会比重离子温度更高。考虑到这些因素以后，在相同电子温度下，电子数量密度总会高于局部热力学平衡态的电子数量密度。因此，非平衡态的恢复电压上升率一般都远低于局部热平衡态下的层流模型的预测值。考虑到在湍流条件下，化学反应数量会以好几个数量级的速率上升，因此断路器中的电弧模型更适合是湍流作用下的局部热力学平衡态的高温等离子体。

湍流电弧模型建立在电弧处于局部热力学平衡态的假设上，这种假设已经被成功运用在多个喷口和断路器电弧实验模型中。

2. 湍流模型

在气体开关电弧仿真中，湍流是一个很重要的方面。特别是在低电流时，湍流会使得电弧更加不稳定，改变电弧弧柱的形状，从而加强质量和动量的传输。目前，气体电弧中的不稳定效应没有确切的理论解释。研究表明，电弧不稳定发生在喷口喉部的下游区域。用湍流仿真电弧流体的不稳定性，需要假设电弧流体的不稳定性将最终导致流场中不同尺

寸的涡流。漩涡的出现会加剧流体速度和温度梯度，以及不同区域间的质量和动量的传输。

在断路器拉弧过程中，大电流弧柱会充满大部分的喷口空间，冷流体只占用了很薄的环状层空间。湍流的冷却作用并没有对电弧特性产生很巨大的影响。而在小电流时，弧柱较细，周围有大量的冷流体，弧柱变形的空间更大。

电弧流体控制方程可以较为准确地决定湍流流体状态，但即使是现在最先进的计算机，也没办法得到这些非线性偏微分方程组的解析解，因为要求解最小涡旋和最高波动频率的网格尺寸、时间步都会导致巨大的计算成本。因此解析法只能运用在很简单的一些应用中，更多的问题需要运用离散化的方法通过迭代得到合理的结果。

湍流虽然随机而混乱，但也遵循一些基本的量化特点。比如，对于大部分湍流，时间平均化的量化方法也有一些有限的模式，然而这些守恒方程在应用刚到湍流中时常常遇到闭合性的问题，即方程数量少于未知数数量。为了解决这个问题，需要引入一些假设和方程，也就引入了很多湍流模型。

3. 基于有效湍流黏性的湍流模型控制方程

尽管有不同的湍流模型，但并没有理论化的标准去指导什么样的模型更适合超音速喷口电弧的。选择基于时间平均守恒方程的湍流模型，是因为它已经成功运用于类似流体情况的应用，计算成本较低。基于时间平均守恒方程的湍流模型，也叫基于雷诺平均化的纳维尔-斯托克斯方程（Reynolds-averaged Navier-Stokes equation，RANS），该湍流计算模型更关注平均流体，以及湍流对平均流体特性的作用，这种湍流模型在工程流体计算中占有重要地位。

在动量方程式（8-2）中，有一项是速度分量波动乘积的时间平均值，表达为

$$\overline{\tau}_{ij}^{R} = -\rho \langle u_i u_j \rangle = \text{雷诺应力} \tag{8-13}$$

式中：尖括号表示时间上的平均值；u_i 和 u_j 为速度波动。

这一项即为通常说的雷诺应力。为了使得流体守恒方程组闭合，我们需要把雷诺应力和时间平均速度联系起来。不同的湍流模型给出了不同的方法。有效湍流黏性是其中过一种方法，它把雷诺应力和主要应力通过 Boussinesq 假设联系起来。因而雷诺应力可以表示为

$$\overline{\overline{\tau}}^{R} = \mu_t \left[(\nabla \vec{V} + \nabla \vec{V}^{T}) - \frac{2}{3} \nabla \cdot \vec{V} I \right] \tag{8-14}$$

其中，μ_t 是湍流黏性，它是特征长度 λ_c 和速度 V_c 的函数；可表达为

$$\mu_t = \rho \lambda_c V_c \tag{8-15}$$

平均化动量方程的闭合需要寻找湍流特征长度和速度的计算关系。在时间平均化能量守恒方程中，有一项类似于雷诺应力的项，代表了湍流引起的热传递，表达为

$$R_{ij}^{R} = \rho \langle u_i h' \rangle = -\frac{K_t}{C_p} \frac{\partial h}{\partial x_i} = -\frac{\mu_t}{Pr_t} \frac{\partial h}{\partial x_i} \tag{8-16}$$

式中：h' 为焓值波动量；h 为时间平均化焓值；K_t 为湍流热导率；Pr_t 是湍流普朗特常量。

如果密度波动的影响可以忽略，但动量和能量方程的表达有些微的修改。

动量守恒方程与式（8-2）相同，但式（8-3）中黏性系数的表达需要加上湍流分量

$$\mu = \mu_l + \mu_t \tag{8-17}$$

式中：μ_l 是层流的分子黏性；μ_t 是湍流黏性。

在能量守恒方程中，热导率需要考虑湍流的影响，重新表达为

$$\frac{\partial}{\partial t}(\rho \in) + \nabla \cdot [\vec{V}(\rho \in + P)] = \nabla \cdot [(k_1 + k_t)\nabla T - \overline{\overline{\tau}} \cdot \vec{V}] + \sigma \vec{E}^2 - q \tag{8-18}$$

式中：k_1 是分子的热导率；k_t 是湍流热导率。

对于大部分工程运用而言，没有必要花费大量的时间和计算成本去求解湍流波动的细节。时间平均化的流体湍流模型已经达到了流体动力学中求解准确性的要求。它的建立基于假设黏性应力和雷诺应力对平均流体的影响是类似的。这两种应力都是出现在动量方程式（8-2）的等号的右边；根据牛顿定理，黏性应力和流体变形程度成正比。流体动力学的应用基于湍流黏性的湍流模型已有很多，其中普朗特混合长度模型已经成功运用在湍流 SF_6 开关电弧中，是工业中普遍运用计算湍流剪切流的模型。而超音速喷口燃弧流体属于剪切流，因而标准 k-ε 湍流模型在近年来的电弧燃烧计算中逐渐得到了更多的应用。下面将分别对这两种湍流模型进行介绍。

（1）普朗特混合模型。

普朗特混合长度模型是普朗特在 1925 年提出的最简单也最古老的湍流模型。在圆形射流环境中，轴对称开关电弧的湍流特征长度可以选择为电弧热影响区域的某个百分比，这个区域可以用电弧热半径表示

$$r_\delta = \left(\frac{\theta_\delta}{\pi}\right)^{0.5} \tag{8-19}$$

其中，θ_δ 为电弧热区域半径，定义为

$$\theta_\delta = \int_0^\infty \left(1 - \frac{T_\infty}{T}\right) 2\pi r \mathrm{d}r \tag{8-20}$$

式中：r 为半径；T_∞ 为喷口壁附近温度，此处温度径向梯度可以忽略。

湍流长度尺度表达为

$$\lambda_c = c r_\delta \tag{8-21}$$

式中：c 为根据实验结果需要调试的一个湍流参数。

湍流特征速度是长度和平均速度梯度的函数，对于轴对称电弧可以表达为

$$V_c = \lambda_c \left(\left|\frac{\partial w}{\partial r}\right| + \left|\frac{\partial v}{\partial z}\right|\right) \tag{8-22}$$

式中：w 和 v 分别为轴向和径向速度分量。

这样，可以计算出湍流黏性和湍流热导率。

运动湍流黏性 v_t 可以表达为湍流速度尺度 $v(\text{m/s})$ 和湍流长度尺度 $l(\text{m})$ 的乘积的函数。在混合长度模型（prandtls mixing length model）中，运动黏度可以表达为

$$v_t = \lambda_c^2 \left| \frac{\partial U}{\partial y} \right| \tag{8-23}$$

式中：$\dfrac{\partial U}{\partial y}$ 为平均速度梯度。

因而湍流雷诺应力表达为

$$\tau_{xy} = \tau_{yx} = -\rho \overline{u'v'} = \rho \lambda_c^2 \left| \frac{\partial U}{\partial y} \right| \frac{\partial U}{\partial y} \tag{8-24}$$

混合长度模型适用于流体的流动方向变化缓慢的二维模型。这种情况下，湍流的产生和消散相互平衡，湍流特性和平均流动长度尺寸 L 成正比。也就是说，混合长度 l_m 和 L 成比例，且可以表达成位置的代数形式的函数。然而，更多的实际情况下，由于对流和扩散过程，流动过程掺杂其他的湍流传输特性。另外，湍流的产生和消散过程自身也会发生变化。因此，混合长度模型通常不单独用在 CFD 模型中，而是嵌套在更复杂的湍流模型中用来描述壁面附近的流体特性或者边界条件。

（2）$k\text{-}\varepsilon$ 模型。

在二维薄剪切层模型中，流体方向的改变一般都比较慢，湍流可以在局部达到稳定状态；但当对流和扩散引起了湍流的剧烈变化时，混合长度的代数描述就不再适用了。相比于混合长度模型，$k\text{-}\varepsilon$ 模型进一步考虑了湍流动态过程，重点基于湍流动能的影响机理。标准 $k\text{-}\varepsilon$ 模型中在 Navier-Stokes 方程的基础上，有加入两个表征湍流特性的输运方程，分别关于湍流动能 k 和黏性扩散率 ε。

$k\text{-}\varepsilon$ 湍流模型的两个输运方程表达为

$$\frac{\partial(\rho k)}{\partial t} + \nabla \cdot [\rho k \vec{V}] = \nabla \cdot \left[\left(\mu_l + \frac{\mu_t}{\sigma_k} \right) \nabla k \right] + G_k - \rho \varepsilon \tag{8-25}$$

$$\frac{\partial(\rho \varepsilon)}{\partial t} + \nabla \cdot (\rho \varepsilon \vec{V}) = \nabla \cdot \left[\left(\mu_l + \frac{\mu_t}{\sigma_k} \right) \nabla \varepsilon \right] + C_{1\varepsilon} G_k \frac{\varepsilon}{k} - C_{2\varepsilon} \rho \frac{\varepsilon^2}{k} \tag{8-26}$$

湍流黏性可以表达为

$$\mu_t = C \rho v l = \rho C_\mu \frac{k^2}{\varepsilon} \tag{8-27}$$

式（8-25）～式（8-27）中有 5 个可调节常量。通过大量的数据分析，在较广的湍流条件范围内，这五个常量的一般取值为 $C_t = 0.09$，$\sigma_k = 1.00$，$\sigma_\varepsilon = 1.30$，$C_{1\varepsilon} = 1.44$，$C_{2\varepsilon} = 1.92$。湍流动能产生率 G_k 和应变率相关，表达为

$$G_k = \mu_t \left[2 \left(\frac{\partial w}{\partial z} \right)^2 + 2 \left(\frac{\partial v}{\partial r} \right)^2 + 2 \left(\frac{v}{r} \right)^2 + \left(\frac{\partial w}{\partial r} + \frac{\partial v}{\partial z} \right)^2 \right] \tag{8-28}$$

在电弧模型中，运用默认的常量值所得到的电弧电压并不完全符合实际实验中测量得

到的电压值，特别是在低电流情况下。这表明默认常量条件下的 $k\text{-}\varepsilon$ 模型中湍流效应并不适合所有电弧计算。为了改变模型中的湍流效应，可以改变湍流扩散率 $C_{1\varepsilon}$ 以符合实验的电压结果。

在能量方程中，湍流热导率和湍流黏性通过湍流普朗特数 Pr_t 联系起来

$$k_t = \frac{C_p \mu_t}{Pr_t} \tag{8-29}$$

其中，湍流普朗特常数 Pr_t 设置为 1。

相比于普朗特混合长度模型，$k\text{-}\varepsilon$ 湍流模型中的五个湍流常数对流体环境有很广的适用性，虽然其计算成本也要相对高很多。湍流模型的对比研究表明，$k\text{-}\varepsilon$ 湍流模型能够更好地吻合喷口电弧的实验测量结果。

8.2.4 电弧辐射模型

等离子体中的粒子包括分子、原子、电子和离子。电子围绕原子核运动，形成电子云。电子可以停留在不同的电子轨道上。由于电子和原子核的相互作用，原子、分子会由于不同的电子轨道而有不同的能级。当气体由于欧姆效应而被加热到很高的温度，一些电子获得能量，跃迁到更高能级，即其原子或分子被激发。然而，这样的电子状态是不稳定的，电子会倾向于回到低能级状态。电子回到低能态时会产生一个光子，作为能级跃迁能量释放的途径。这个过程称为自发发射。光在自然界是一种电磁波。自由电子和其他粒子相互作用的同时释放光，这将形成连续光谱的发射。

在高温等离子体中，光子和气体粒子，包括分子、原子和离子相互作用，可能会被吸收，从而提高了粒子的能级。相反，气体粒子会自发地通过发射光子而降低能级。通过管子的发射和吸收，一般有三种形式的辐射跃迁会引起气体粒子能级变化。

（1）未解离原子或分子之间的能级跃迁，称为束缚态到束缚态的跃迁；

（2）未解离态到解离态（吸收），或解离态到束缚态（发射），称为束缚态到自由态的跃迁；

（3）两个自由态之间的能级跃迁，称为解离态到解离态的跃迁。

热等离子体的重吸收过程就是这三个过程的叠加的结果。

在电弧流体系统中，辐射传输是一个很复杂的过程。弧柱的辐射连续光谱中可能存在几百甚至更多的谱线。在电弧中，某一点的辐射能量不仅是气体材料特性的函数，还和温度和气压场有关。作为高温高压状态下的等离子体，电弧的能量分布除了受到气体流动带走热量的影响，辐射也起到了很大的作用。

在大电流电弧的核心部分，辐射在能量传输中起主导作用，辐射引起的局部能量损失几乎和局部欧姆产热相当。但由于电弧中心的辐射要处于紫外光段，大部分辐射在电弧边缘温度较低的地方会被重新吸收。

1. 高压电弧的辐射传输

在能量守恒方程中，如图 8-7 所示，净辐射损失的计算需要计算辐射通量的散度，则有

$$q = \nabla \cdot \vec{F} = \int_0^\infty \int_0^{4\pi} I_v \vec{n}\, \mathrm{d}v \mathrm{d}\Omega \tag{8-30}$$

式中：I_v 为光谱辐射强度；$\vec{n}$ 为射线方向的单位矢量；v 为频率；Ω 为立体角；$\vec{F}$ 为辐射通量。

光谱辐射强度 I_v 可以通过辐射能量守恒方程在射线轨道上积分得到

$$\frac{\partial I_v}{\partial n} = \varepsilon_v - k'_v I_v \tag{8-31}$$

其中，局部热力学平衡电弧条件下辐射损失能量表达为

$$\in_v = k'_v B_v \tag{8-32}$$

普朗克函数表达为

$$B_v = \frac{2hv^3}{c^2} \frac{1}{\mathrm{e}^{\frac{hv}{kT}} - 1} \tag{8-33}$$

式中：h 为普朗特常数；c 为真空中的光速；k 为玻尔兹曼常数。

k'_v 是有效光谱吸收系数，表达为

$$k'_v = k_v(1 - \mathrm{e}^{-\frac{hv}{kT}}) \tag{8-34}$$

式中：k_v 是光谱吸收系数，其计算需要特定温度气压条件下的电弧等离子体组分和光谱数据。

因此，想要求解辐射通量 q 对计算量要求很高，需要分别进行以下计算：

（1）需要求解在特定频率下、延射线轨迹上的、从电弧边界到求解点的辐射能量守恒方程。而 k_v 的求解需要计算特定温度气压的等离子体组分和相对光吸收横截面积。

（2）射线轨迹的方向需要覆盖特定频率的 4π 的立体角，这是个三维方程。

（3）能量守恒方程的求解需要覆盖全电弧光谱。

（4）求解 k_v 的微分变化值需要频率间隔很小，这样式（8-30）辐射通量才会足够准确。

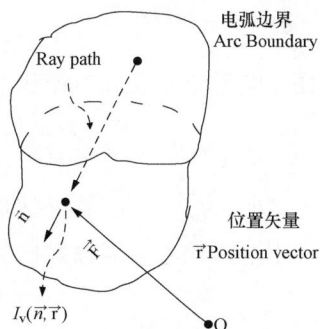

图 8-7 从电弧边界开始的光谱辐射强度

由于以上原因，q 的计算量较大，通过求解辐射传输连续性方程得到有多少辐射溢出弧柱是几乎不现实的。此外，断路器中由于电极和喷口烧蚀产生的蒸汽所带来的计算误差也会对电弧实验结果产生巨大影响。因此，在不考虑电极烧蚀的情况下，通常的做法是用净辐射系数计算电弧核心区域的辐射损失，根据温度设置一个吸收系数来计算核心区域以

外的辐射重吸收能量。

2. 半经验净辐射系数模型

半经验净辐射系数（net emission coefficient，NEC）辐射模型最开始，这个辐射模型是一维的，在轴对称的电弧结构中，辐射延径向方向传播。它适用于轴向温度相比于径向温度变化缓慢的情况，比如喷口电弧。在能量连续性方程中，q 代表单位体积单位时间的净辐射损失。对于喷口电弧，建立了一个基于净发射系数的一维近似模型，定性表示为图 8-8 所示。模型假设了径向单调下降的温度梯度，对于非单调梯度，可适当调整模型。图中最大温度是 T_{max}，在单调梯度模型中，最大温度和电弧中心温度 T_0 重合。电弧核心区域定义为从轴线到径向 $0.83T_{max}$ 的等温线形成的区域。在电弧核心区域，q 是温度、气压和辐射半径的函数。在给定的电弧横截面中，辐射传输被界定为电弧核心区域和辐射重吸收区域，如图 8-8 所示。

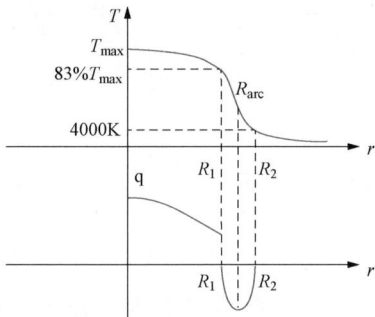

图 8-8　近似辐射
模型示意图

（1）电弧核心区域。

电弧核心区域定义为从中心对称轴到电弧核心边缘的半径的范围；根据实验结果，这个半径为中心对称轴温度的 83% 对应的半径位置。每单位体积单位时间内的电弧核心区域净辐射损失 q 和净辐射系数的关系为

$$q_e = 4\pi\varepsilon(p, T, R_{arc}) \tag{8-35}$$

基于 NEC 的辐射计算的准确性很大程度基于弧柱辐射半径 R_{arc} 的选择。在均匀温度分布的圆柱体内，但实际上不可能有理想的弧柱。基于实验，这里的辐射半径是电弧核心区域半径和电弧导电边界半径的平均值，表达为

$$R_{arc} = \frac{R_{83} + R_{4k}}{2} \tag{8-36}$$

式中：R_{83} 为 0.83 倍最高温度对应的半径；R_{4k} 为 4000K 等温线半径。

则电弧核心区域辐射损失通量可以表达为

$$Q = \int_0^{R_{833}} q_e 2\pi r \mathrm{d}r \tag{8-37}$$

（2）辐射重吸收区域。

电弧核心区域的辐射能量部分会在核心区域边界到导电区域边界，即 5000K 或 4000K 等温线的区域重新吸收，这个区域被称为重吸收区域。由于喷口中电弧被快速流动的气体所包围，约 80% 的电弧核心区域的辐射都会在电弧边界被重吸收。对于自能电弧，这个比例可能会下降。在重吸收区域的体积源分布是半径的函数，表达为

$$\frac{q_a(r)}{q_0} = 1.1 - \left(\frac{R_{4k} + R_{833} - 2r}{R_{4k} - R_{833}}\right)^2 \tag{8-38}$$

式中：q_a 为体积辐射源。

q_0 是在 R_{83} 到 R_{5k} 范围内辐射重吸收的最大体积能量源，表达为

$$q_0 = \frac{Q \times PCT}{A_{eq}} \tag{8-39}$$

8.2.5 气体物性参数

材料性质，包括热动力学和输运参数，以及高温等离子体的辐射特性决定了高气压下电弧放电特性。对于喷口中几百到上千安培的小电流燃弧，电能输入的能量和焓传递、辐射损失相互平衡。焓传递基于密度和焓值的乘积，即焓密度；电能输入基于电弧温度分布，电导率是由特定条件下的温度和气压决定的。电导率和温度密切关联，共同决定了电弧的电特性。在其他输运特性中，由于黏性应力在对流主导的电弧中可以忽略，黏性并没有那么重要。但是，如果电弧喷口的湍流本质上是流体动力的，黏性在不稳定流体的开始阶段还是起到决定性作用的。对于高气压条件下的电弧放电，热传导引起的能量损失和辐射损失相比可以忽略。因此，重点研究燃弧时焓传递能力、辐射特性和黏性等对电弧发展和灭弧机理的作用。

对于大部分气体和喷口结构，高气压电弧放电一般温度能达到 25000K 甚至更高，因此在计算机仿真喷口电弧放电特性时，需要运用在特定气压下温度范围高达 30000K 的热动力学特性、电导率和黏性。但在实验中直接测量这些气体材料特性是不可能的，现在普遍采用的方法是假设高温气体处于局部热平衡（LTE）状态，计算得到这些热动力学和输运参数。

国内外研究者对于高温 CO_2 气体物性参数的计算结果还是有一定差异的，这些差异主要来源于计算采用的不同的电子和重离子的动量碰撞截面，以及特定温度气压条件下不同的气体成分。确定 CO_2 气体在 7000～14000K 范围内、通过实验测量再推算得到的随温度变化的电导率值，用来对比不同文献中的电导率计算结果，从而在接下来的喷口电弧计算中采用最接近的物性参数，如图 8-9 所示。可以看出，Cressault 计算得到的 CO_2 电导率值和实验值很好地吻合。这说明 Cressault 采用的 CO_2 及其高温分解离子、原子和分子的电子动量碰撞截面数据比较可靠。由于热动力学和传输参数也是采用同样一套碰撞截面参数，因此可以信赖 Cressault 的计算方法和其计算出的其他物性参数数据。

CO_2 和 CF_3I 气体的密度和焓值的乘积以及分子黏度随温度变化的曲线绘于图 8-10 和 8-11。图中同时列出了 SF_6 气体的对应值做对比。可以看出，CO_2 和 CF_3I 气体的 ρh 值在 3000K 有一个明显的极小值，而 SF_6 在 2000K 附近达到一个极大值后，随着温度升高而缓慢下降。在 2000～7000K 温度范围内，CO_2 和 CF_3I 气体的 ρh 值都低于 SF_6。在 7000～20000K 范围，CO_2 高于 CF_3I 和 SF_6 的 ρh 值约三分之一；而在 2000K 以上时，三者接近

一致。由于 CO_2 的分子量大幅低于 SF_6 和 CF_3I 气体，前者的密度也必然低于后者，因此其速度在同样的压力场条件下更高。这就意味着，相比在 SF_6 和 CF_3I 气体中，焓值散热在高温 CO_2 电弧的能量传输过程中起着更显著的作用。

运动黏度在决定流体稳定性方面是一个很重要的衡量因素，如图 8-12 所示。喷口电弧类似于一个圆形自由射流，其稳定性取决于临界雷诺数。在 3000K 以下的温度范围，动量黏度从高到低分别是 SF_6、CO_2 和 CF_3I。对于同样的气压梯度，运动黏度约低，流体越高，因而 CF_3I 气体喷口电弧的临界雷诺数比 CO_2 的值要高，同理，CO_2 比 SF_6 的高。因此，CO_2 和 CF_3I 喷口电弧比 SF_6 的更趋于比温度，尤其是 CF_3I 喷口电弧。

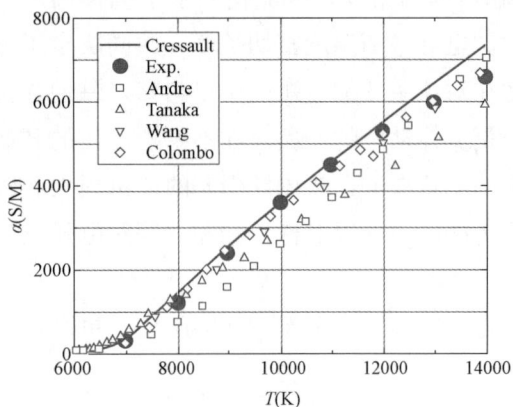

图 8-9　1atm 下不同文献（计算值与实验值）中 CO_2 电导率随温度变化[22]

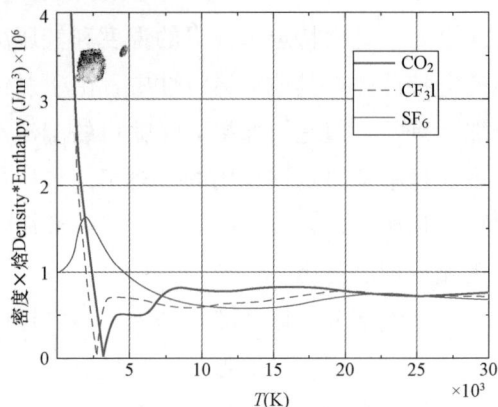

图 8-10　1atm 下 CO_2、CF_3I 和 SF_6 气体密度和焓值的乘积随温度变化曲线

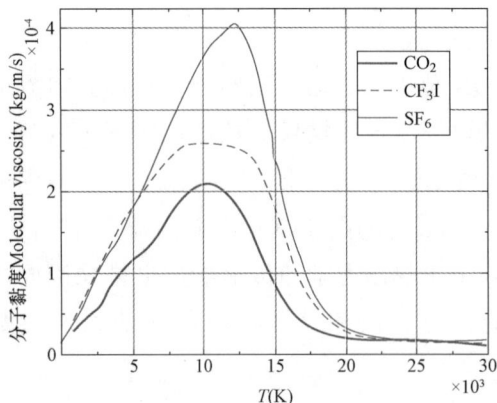

图 8-11　1atm 下 CO_2、CF_3I 和 SF_6 气体分子黏度随温度变化曲线

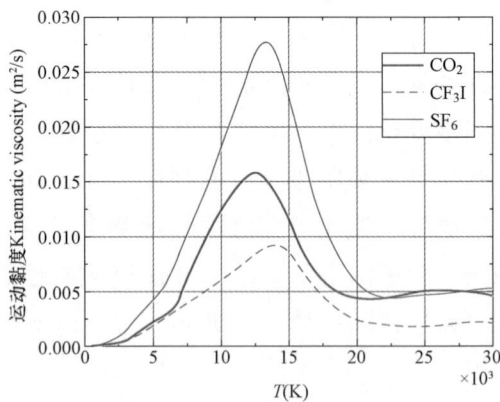

图 8-12　1atm 下 CO_2、CF_3I 和 SF_6 气体运动黏度随温度变化曲线

三种气体的 ρC_p 值绘于图 8-13 中。可以看出，不同气体在 5000K 以下的低温区域的 ρC_p 峰值对应的温度不同。如果湍流对电弧的影响很大，则气体密度和比热容的乘积很大程度上

影响了电弧径向温度分布和电弧半径的大小，从而直接影响了电弧电导率的大小。

CO_2 和 CF_3I 气体的其他热动力学参数（包括焓值、密度和比热容）和输运特性（包括电导率、热导率和黏性）也分别在图 8-14～图 8-19 中表示出来。采用的喷口电弧模型中，喉部气压集中在 2 个大气压左右，因此这些气体材料特性参数采用 2 个大气压下的进行计算。其中气体密度需要根据气体压力进行修正，其他物性参数采用固定 2 个大气压下的值进行计算。由于电弧电压测量的误差往往高于 15%。因此在喷口电弧中使用 2 个大气压下的物性参数是合理的。

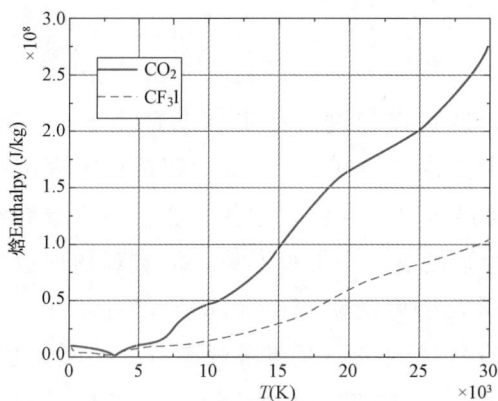

图 8-13 1atm 下 CO_2、CF_3I 和 SF_6 气体密度和比热容的乘积随温度变化曲线

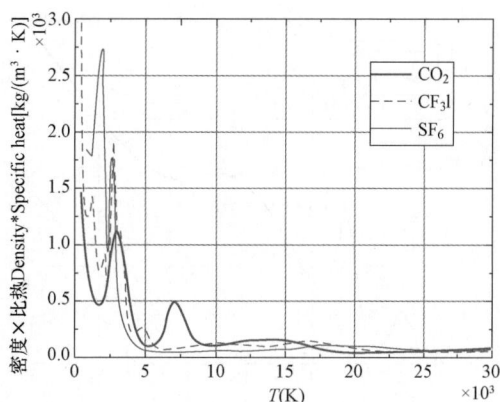

图 8-14 2atm 下 CO_2、CF_3I 和 SF_6 等离子体焓随温度变化曲线

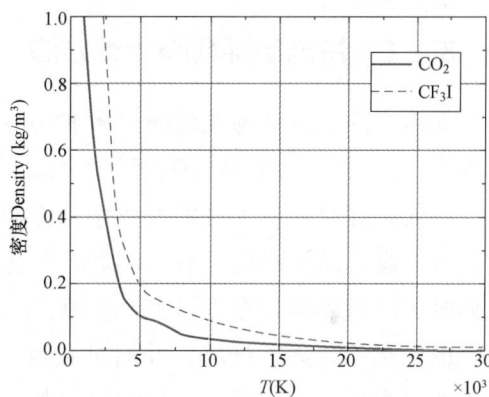

图 8-15 2atm 下 CO_2、CF_3I 和 SF_6 等离子体密度随温度变化曲线

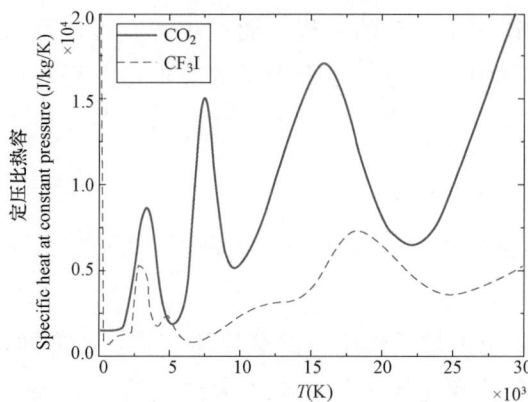

图 8-16 2atm 下 CO_2 和 CF_3I 等离子体的定压比热容随温度变化曲线

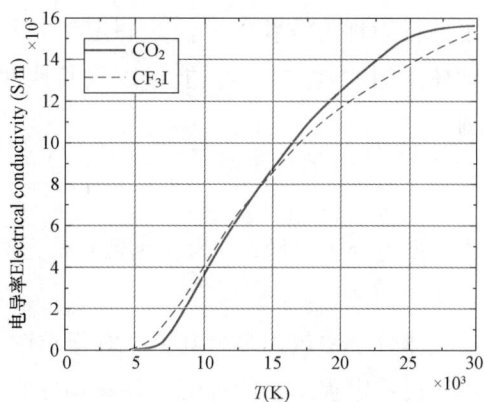

图 8-17 2atm 下 CO_2 和 CF_3I 等离子体电导率随温度变化曲线

181

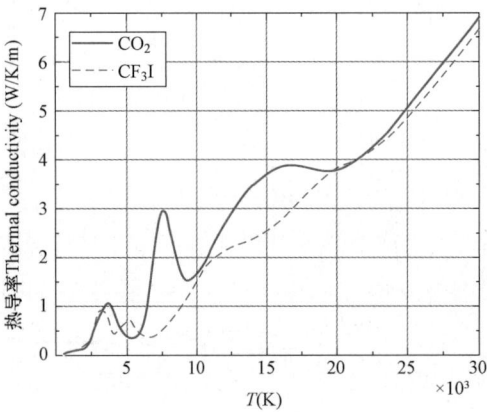

图 8-18　2atm 下 CO_2 和 CF_3I 等
离子体热导率随温度变化曲线

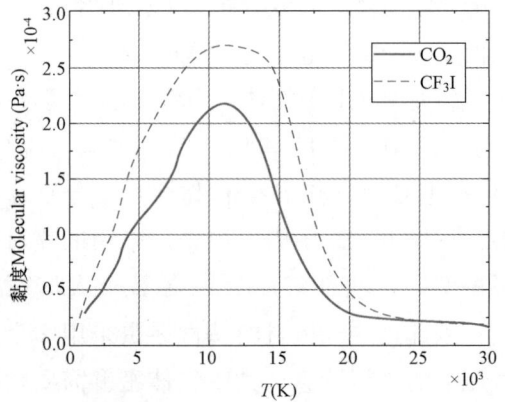

图 8-19　2atm 下 CO_2 和 CF_3I 等离子体
黏度随温度变化曲线

8.2.6　冷态击穿场强计算方法

气体的冷态击穿场强可通过多种方法获取，既可以通过击穿实验或 PT、SST 等实验方法，也可以采用流注理论经验公式、蒙特卡洛模拟法或 Boltzmann 解析法等理论计算。然而，如果要从大量的气体中筛选出绝缘强度较高的气体，这些方法就面临着周期长、成本高、缺少必要参数等问题。气体的绝缘强度是一个宏观参量，而宏观物理量与气体分子的微观参数存在着密切的关系。亦可采用密度泛函理论（DFT），对多种气体分子的微观参量进行计算，并通过数值拟合研究气体绝缘强度与微观参量的关联关系，该方法成本低，效率高，且仅需要气体分子结构，不需要碰撞截面等参数。气体微观参数可基于密度泛函理论来获得。微观粒子有明显的量子效应，量子力学理论通过波函数描述粒子的状态，但是对于某一个单独粒子来说并没有确切的具体位置状态，这样的不确定性行为称为波粒二象性。薛定谔方程是描述粒子运动的方程，通过求解方程，可以得到体系的波函数，体系能量以及其他性质。其中，一维、单个粒子的薛定谔方程表达式为

$$E\psi = -\frac{\hbar^2}{2m}\frac{d^2\psi}{dx^2} + U\psi \tag{8-40}$$

式中：E 为分子能量；ψ 为波函数；$\hbar$ 为约化普朗克常数；m 为分子质量；x 为分子的坐标；U 为外势。

气体分子中包含多个电子，对于求解考虑多电子相互作用下的薛定谔方程，一方面，可以通过一定程度上的近似，将多电子问题转化为单电子问题，这类方法包括 Hartree-Fock（HF）和半经验方法。另一方面，也可以直接求解多电子薛定谔方程，如后 HF 方法，DFT 即是一种后 HF 方法。

基于 Gaussian 软件，建立分子、正离子、负离子模型，选择合适的泛函和基组，通过 DFT 方法对若干种气体分子的多种微观参数进行计算，并对其与绝缘强度的相关性进行了分析，最终得出平均静电子极化率 α、电偶极矩 μ、绝热电离能 ε_i^a 这三个参数与绝缘强度相关性最强，并建立了这几个微观参量与绝缘强度的拟合关系式。如图 8-20 所示为对于已知绝缘强度的气体分子的计算值与实验值对比图，从图中可以看出，计算值与实验值吻合较好，说明该方法可以对气体的绝缘强度进行较为准确的评估。

表 8-3 给出了一些气体基于该方法计算的微观参数和相对绝缘强度。从表中可以看出，CO_2、N_2、CF_4 几种气体的击穿场强最低，其相对绝缘强度仅为 SF_6 的 40% 左右。CF_4、HFC-125、HFC-134a 几种气体的相对绝缘强度为 SF_6 的 60%~75%，C_2F_6、1-C_3F_6、HFO-1234yf、HFO-1234ze（E）的击穿场强则约为 SF_6 的 85%，C_4-PFK 和 HFO-1336m 气体的相对绝缘强度约为 SF_6 气体的 1.3 倍，而 C_4-PFN、C_5-PFK 以及 C_6-PFK 几种气体的击穿场强则在 SF_6 的 2

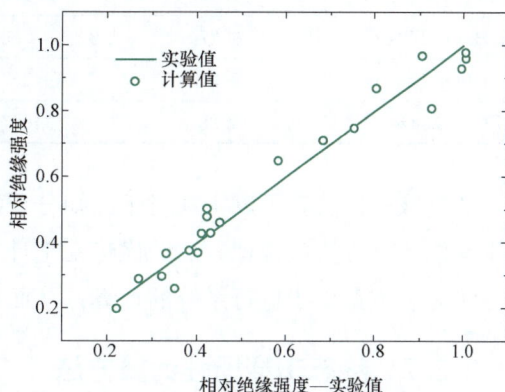

图 8-20 绝缘强度密度泛函理论
计算值与实验值对比图

倍左右。通过比较 C_4-PFK、C_5-PFK 以及 C_6-PFK 几种气体的相对绝缘强度发现，气体的冷态击穿场强随 C 原子数量的增大而提高，但另一方面，气体的相对分子质量也会随之上升，而其饱和蒸气压则会随 C 原子数量的提高而下降。

表 8-3　　　　　　　　　　若干种气体微观参数和绝缘强度计算结果

气体	$\alpha/10^{-30}$（m^3）	μ（D）	ε_i^a（eV）	相对绝缘强度
N_2	1.65	0	15.48	0.44
CO_2	2.48	0	13.73	0.45
SF_6	4.64	0	14.21	1
C_4-PFN	8.87	1.725	11.96	2.19
C_4-PFK	9.00	0.861	10.78	1.33
C_5-PFK	11.11	0.44	10.65	1.87
C_6-PFK	12.55	0.42	10.67	2.27
CF_4	2.87	0	14.74	0.61
C_2F_6	4.94	0	12.22	0.82
C_3F_8	6.91	0.045	12.10	1.20
1-C_3F_6	6.14	0.00060	10.88	0.87
c-C_4F_8	7.97	0.000755	10.87	1.17

气体	$\alpha/10^{-30}$（m³）	μ（D）	ε_i^a（eV）	相对绝缘强度
HFC-32	2.56	1.776	12.27	0.38
HFC-125	4.74	1.435	11.74	0.73
HFC-134a	4.57	1.850	11.77	0.70
HFC-227	6.73	1.412	12.23	1.19
HFO-1234ze（Z）	7.67	2.670	10.70	1.09
HFO-1234yf	6.27	1.650	10.53	0.84
HFO-1336m	8.20	2.705	11.36	1.31
HFO-1234ze（E）	6.28	0.795	10.68	0.86

通过该种方法，可以实现对于已知分子结构的单一气体的冷态击穿场强进行计算，相比于其他计算方法，该种方法的优势在于计算量小，对于相关参数的需求小，因而可采用该方法对于大量分子进行系统的计算，从而从中筛选出绝缘性能相对较优的一些气体。

8.2.7 热态击穿场强计算方法

在高压断路器弧后介质恢复阶段，灭弧室内部气体温度高达数千开尔文，而此时施加在断口间的恢复电压高达数百千伏，同时，灭弧室内部的气体存在着较高的温度和压力梯度，电场分布不均匀，在该种条件下，极有可能发生弧后电击穿而导致开断失败。因此，有必要针对气体的热态击穿场强开展研究。

对于热态气体，通常采用 Boltzmann 分析法来计算其临界击穿场强。对于 Boltzmann 方程的求解，可采用两项近似或多项近似。通常，对于电场强度较低且电子与重粒子之间的作用以弹性碰撞为主的场合，两项近似法可以达到足够的计算精度，同时计算量和计算难度远低于多相近似法。

相比于冷态气体，在热态气体中，温度的升高一方面影响了电子的平均能量，另一方面，也会导致气体分子组分发生变化，因此，热态气体的临界击穿场强与冷态存在较大的差异。考虑到弧后灭弧室内的温度分布，对 300～4000K 温度范围内的热态气体的临界击穿场强进行计算。其计算步骤为：

（1）基于最小吉布斯自由能原理，计算热态气体在局域热力学平衡下的组分；

（2）求解 Boltzmann 方程，获得电子能量分布函数（EEDF）；

（3）基于电子能量分布函数，计算电离与吸附反应速率，取电离与吸附反应速率相等条件下的电场强度为临界击穿场强。

气体是否发生电击穿，主要取决于电子与重粒子之间的相互作用，当电子与重粒子之间的电离碰撞频率超过吸附碰撞，则电子数量增长，发生电击穿，反之则不会发生电击穿。电子能量分布函数对于电子与重粒子作用的影响至关重要。根据等离子体的动力学理

论，电子的分布函数满足 Boltzmann 方程

$$\frac{\partial f}{\partial t} + \vec{\nu} \cdot \nabla f - \frac{e}{m} \vec{E} \cdot \nabla_\nu f = C[f] \tag{8-41}$$

式中：f 为电子分布函数；$\vec{\nu}$ 为电子速度；e 为电子电荷量；m 为电子质量；$\vec{E}$ 为电场；∇_ν 为速度梯度算子；C 为 f 相关的电子与重粒子作用的碰撞项。

考虑电场以及电子沿空间均匀分布，在球坐标系中，可利用二阶 Legendre 多项式展开电子分布函数

$$f(\nu, \cos\theta, z, t) = f_0(\nu, z, t) + f_1(\nu, z, t)\cos\theta \tag{8-42}$$

式中：f_0 为 f 中各向同性部分；f_1 为 f 中各向异性部分；θ 为速度与电场矢量夹角。

考虑稳态均匀场条件，则 f_0 和 f_1 仅与速度相关，而与时间和空间坐标无关，则可将 f_0 和 f_1 表示为

$$f_0(\varepsilon, z, t) = \frac{1}{2\pi\gamma^3} F_0(\varepsilon) n_e(z, t) \tag{8-43}$$

$$f_1(\varepsilon, z, t) = \frac{1}{2\pi\gamma^3} F_1(\varepsilon) n_e(z, t) \tag{8-44}$$

$$\gamma = \sqrt{\frac{2e}{m}}, \varepsilon = \left(\frac{\nu}{\gamma}\right)^2 \tag{8-45}$$

式中：ε 为电子能量；n_e 为电子数密度。

F_0 和 F_1 是电子能量的函数，与时间、空间坐标无关，且 F_0 满足归一化条件

$$\int_0^\infty F_0 \sqrt{\varepsilon} \, \mathrm{d}\varepsilon = 1 \tag{8-46}$$

电子数密度的变化率为电力反应速率与吸附反应速率的差

$$\frac{1}{n_e}\frac{\partial n_e}{\partial t} = \gamma N \int_0^\infty \left(\sum_{k=k_a} x_k \sigma_k - \sum_{k=k_\eta} x_k \sigma_k\right) \varepsilon F_0 \, \mathrm{d}\varepsilon \tag{8-47}$$

式中：x_k 为粒子的摩尔分数；σ_k 为反应 k 的碰撞截面；N 为总粒子数密度。

由此可得 F_1 满足的关系式为

$$F_1 = \frac{E}{N} \frac{1}{\widetilde{\sigma}_m} \frac{\partial F_0}{\partial \varepsilon} \tag{8-48}$$

$$\widetilde{\sigma}_m = \sum_k x_k \sigma_k + \frac{1}{n_e n_t \gamma \sqrt{\varepsilon}} \frac{\partial n_e}{\partial t} \tag{8-49}$$

通过上述推导，可将 Boltzmann 方程的求解问题转化为能量分布函数 F_0 的求解，而 F_0 的求解可采用能量空间中的对流扩散连续方程。

基于求解得到的电子能量分布函数，电子与重粒子之间的电离与吸附碰撞反应系数可通过以下积分得到

$$K_k = \gamma \int_0^\infty \varepsilon \sigma_k F_0 \, \mathrm{d}\varepsilon \tag{8-50}$$

图 8-21 和图 8-22 给出了不同比例下，0.4MPa 的 C_5-PFK-CO_2 混合气体的热态等离子体粒子组成与温度的函数关系。从图中可以看出，在热态条件下，C_5-PFK 倾向于分解重组为一些小分子。C_5-PFK 分子中分解出来的 O 原子大多数与 C 原子重组产生 CO，另外有部分结合生成 F_2CO，剩余 C 原子和 F 原子则组合形成各种碳氟化合物。随着气体温度的升高，热态气体趋向于从分子量较大的组分向分子量较小的组分转变，CO、CF_4、C_2F_6 分子的摩尔分数明显降低，而 CF_2、CF_3、C_2F_4、F_2CO 几种组分随着温度的升高出现了先增大后减小的趋势，C 原子和 F 原子的含量则随温度的升高而单调上升。

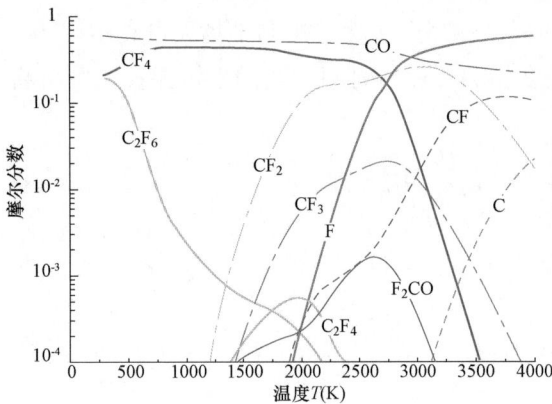

图 8-21 0.4MPa 下，50%C_5-PFK/50%CO_2
混合气体组分随温度的变化

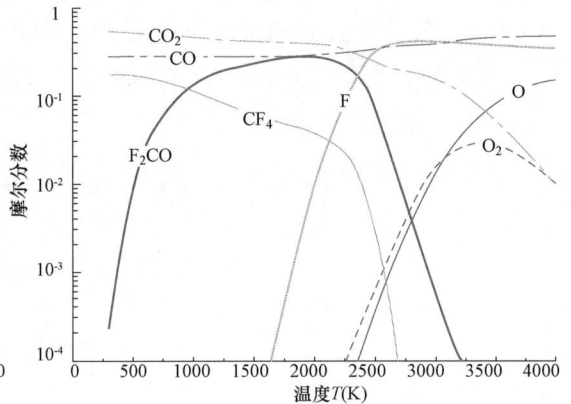

图 8-22 0.4MPa 下，10%C_5-PFK/90%CO_2
混合气体组分随温度的变化

在 50%C_5-PFK/50%CO_2 混合气体的热态组分中，存在较多的 CO，这是因为 CO_2 和 C_5-PFK 分解出来的 C 原子发生反应生成 CO。而在 10%C_5-PFK/90%CO_2 混合气体中，从图 8-22 中可以看出，CO 的摩尔分数随着温度升高呈上升趋势。在 2200～3300K 左右，O_2 的摩尔分数随温度的升高而增加，考虑到 O_2 分子具有较高的吸附碰撞截面，O_2 摩尔分数的上升会导致 10%C_5-PFK/90%CO_2 混合气体的击穿场强升高。而当温度进一步升高，O_2 进一步分解为 O 原子。

在计算得到热态气体组分后，通过求解两项 Boltzmann 方程，可以得到不同折合电场强度下的电子能量分布函数。如图 8-23 所示为 0.4MPa 压力下的 10%C_5-PFK/90%CO_2 混合气体在 100Td 折合电场强度下的 EEDF。从图中可以看出，在 2500K 以下，随着温度的升高，2eV 以下的 EEDF 逐渐降低，2eV 以上的 EEDF 逐渐上升，电子平均能量随温度的升高而升高。而在 2500K 以上，出现了相反的趋势，这是因为在该温度范围内 CO 和 O_2 摩尔分数上升，而 CO 和 O_2 有较高的激发碰撞截面，CO 和 O_2 分子的激发反应导致电子平均能量有所下降。

最终，基于 EEDF 与碰撞电离、吸附反应系数，计算得到热态气体的击穿场强，如图 8-24 所示。在 1500K 以下，10%C_5-PFK/90%CO_2 的折合临界击穿场强 $(E/N)_{cr}$ 高于纯

CO_2，而在 1500K 以上则相反。这是因为在较低温度下，在 $10\%C_5\text{-}PFK/90\%CO_2$ 混合气体组分中有较多的 CF_4 存在，而 CF_4 具有较大的吸附碰撞截面，从而会导致 $(E/N)_{cr}$ 增大。而在较高温度下，10% 的 $C_5\text{-}PFK/90\%CO_2$ 混合气体组分中产生大量的 F 原子，而 F 原子的介电强度较低，从而影响了高温下 10% 的 $C_5\text{-}PFK/90\%CO_2$ 混合气体的绝缘强度。当 $C_5\text{-}PFK$ 比例增大到 50%，低温下 C_2F_6 和 CF_4 的摩尔比例增大，这两种分子都具有较高的电子碰撞吸附截面，有助于提高 $(E/N)_{cr}$。3000K 以上，$50\%C_5\text{-}PFK/50\%CO_2$ 混合气体组分中的 CF_4 迅速降低，混合气体的 $(E/N)_{cr}$ 也明显下降。

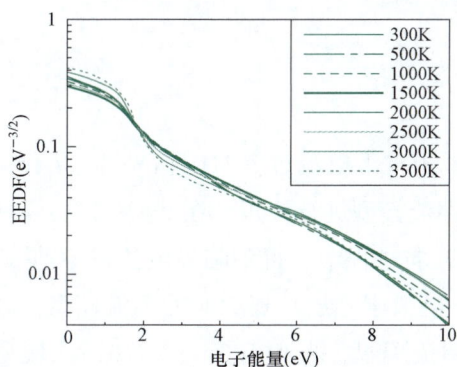

图 8-23 0.4MPa、100Td 下，$10\%C_5\text{-}PFK/90\%$ CO_2 混合气体的电子能量分布函数随温度的变化

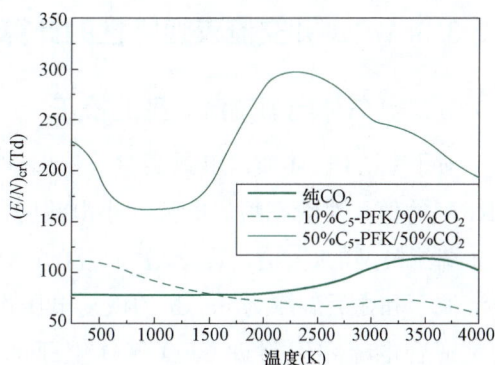

图 8-24 0.4MPa 下，不同混合比例的热态 $CO_2/C_5\text{-}PFK$ 混合气体的折合临界击穿场强

需要说明的是，Boltzmann 解析法求解气体热态击穿场强时，除了需要气体的组分外，还需要各个组分的碰撞截面，包括弹性碰撞、激发碰撞、电离碰撞以及吸附碰撞。然而，目前 $C_4\text{-}PFN$ 和 $C_5\text{-}PFK$ 的电子碰撞截面数据不足，因此对冷态 $C_4\text{-}PFN$ 和 $C_5\text{-}PFK$ 相关的气体电击穿特性的研究主要以绝缘击穿实验为主。在计算热态 $C_5\text{-}PFK/CO_2$ 混合气体击穿场强的过程中，认为热态气体已完全分解为各种小分子。然而，热态 $C_5\text{-}PFK/CO_2$ 混合气体组分中仍然含有 F_2CO 等碰撞截面未知的分子，对于这些分子，采用了 DM（Deutsch-Märk）方法计算其电离碰撞截面，忽略了其弹性、激发和电子吸附反应对于混合气体电子能量分布函数和临界击穿场强的影响。激发反应的忽略会导致电子能量被高估，而电子吸附反应的忽略会直接降低总的吸附反应系数，这两点均导致计算的 $C_5\text{-}PFK/CO_2$ 混合气体热态击穿场强低于其实际值。

8.3 CF_3I 的灭弧性能分析

气体灭弧性能起主要作用的是物性参数，气体热动力学特性和输运参数的差异引起了燃弧过程中的主导能量输运方式的不同，从而造成了气体灭弧能力的差异。探讨环保型气

体 CF_3I 的灭弧潜质，实验测量 RRRV 可以对 CF_3I 气体瞬态交流喷口电弧仿真模型进行校正，计算得到的电弧热学和电学特性可以帮助我们深入了解 CF_3I 气体在电流零区前电弧燃烧过程中的表现和作用，从气体动力学参数和输运参数的角度判断其作为潜在 SF_6 替代气体的灭弧能力。对拉弧试验后的气体进行了光谱质谱分析，得到弧后气体分解产物的组分和相对含量。对高温下的 CF_3I 电弧等离子体的分解和复合过程进行研究。这些弧后气体副产物的环保特性和毒性等，都将影响 CF_3I 气体作为灭弧介质在电气高压设备中应用的可行性。

8.3.1 CF_3I 交流灭弧特性的计算分析

1. CF_3I 气体电弧湍流模型的校正

对于 CF_3I 气体喷口电弧实验，根据 300Ω 浪涌阻抗下电流过零时的临界 di/dt 和弧后 RRRV 的值，对瞬态喷口电弧在小电流时的 k-ε 湍流模型进行校正。在 $C_{1\varepsilon}$ 从 1.44（标准 k-ε 湍流模型的 $C_{1\varepsilon}$ 值）逐渐增大、湍流效应逐渐减弱过程中，得到临界电流过零前 di/dt 电流波形和弧后斜率为 dv/dt 的恢复电压作用下、电弧刚好成功熄灭时的湍流模型，即认为是适合电流零区附近 CF_3I 气体电弧的 k-ε 湍流模型。此时，$C_{1\varepsilon}=1.76$，该模型下 100%临界 RRRV 和 115%RRRV 的弧后电流随时间的变化如图 8-25 所示。

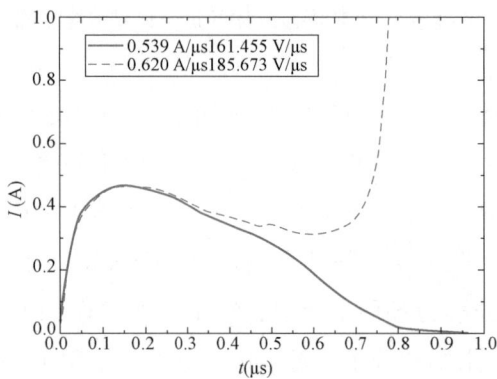

图 8-25 $C_{1\varepsilon}=1.76$ 时 100%和 115%临界恢复电压作用下的弧后电流随时间变化

由于 CF_3I 气体相关电弧实验数据非常有限，仿真模型中的一些参数需要通过与其他气体类比得到。比如，在大电流时湍流参数的选择既没有相关文献可以参考，也没有大电流电弧温度测试的相关数据或实验条件。通过 CF_3I 和 SF_6 气体的物性参数和湍流特性的对比，CF_3I 瞬态电弧模型在 $500A$ 以上的大电流时采用 SF_6 电弧相同的湍流参数，即 $C_{1\varepsilon}=0.96$。而在 $500A$ 以下采用校正得到的 $C_{1\varepsilon}=1.76$。辐射模型中的相关参数，即辐射校正系数和重吸收系数，也采用和 SF_6 气体电弧相同。CF_3I 电弧特性的分析是基于临界 RRRV 的电流电压条件，即过零时的 $di/dt=0.539A/\mu s$、弧后恢复电压斜率为 $dv/dt=161.455V/\mu s$。在整个时间段，主电流峰值为 $I_m=1000A$，电流零区附近高频短路电流峰值 $I_s=152.54952A$。

2. 动触头运动过程中电弧与流体的相互作用

选取动触头运动过程中几个典型位置，分析喷口结构随动触头运动而变化时流体和电弧之间的相互作用。这些典型位置分别为动触头头部处于静触头附近、喷口上游、喉部和喷口下游位置。在这些时刻，CF₃I 喷口电弧标有气压等压线的温度分布图和流体流线图如图 8-26～图 8-29 所示。计算结果显示，在各个时刻，电弧会随着喷口物理结构、流体场的不同而呈现出不同的形态和特性。当局部区域内有很高的气压变化率时，流体速度加快，和电弧之间有很强的相互作用。由于动触头位置在随着时间变化，喷口等效的收缩和扩张角的结构以及喷口喉部空间的大小也会随之改变，流体最大加速区域的不同，对电弧的能量输运过程的影响效果也不同。

在动静触头距离只有 2mm 时，如图 8-26 所示，上流来的冷流体在静触头斜面区域遇到了电弧高温等离子体，速度下降很快，局部形成了涡流，形成了较强的冷却作用。在静触头头部，一方面局部电场很强（静触头尖端曲率较大），另一方面周围的冷流体形成的漩涡有效压缩了局部电弧半径，使得此处电弧温度很高，达到 25kK 以上。而根据气压的等压线分布，整个喷口收缩区域气压变化很小，且数值很高，因而电弧等离子体周围的冷流体速度也极小 [见图 8-26（b）]，不能有效带走电弧表面能量，电弧体积在径向上扩张，形成很粗的电弧，电弧等离子体体积很大。该区域大部分气体滞留在喷口上游，是因为动触头堵住了喷口喉部的 60% 以上的区域，从入口进入喷口的气体只能小部分通过喉部进入喷口下游，造成了电弧周围高于入口气压的高气压区域，气体流速很慢。

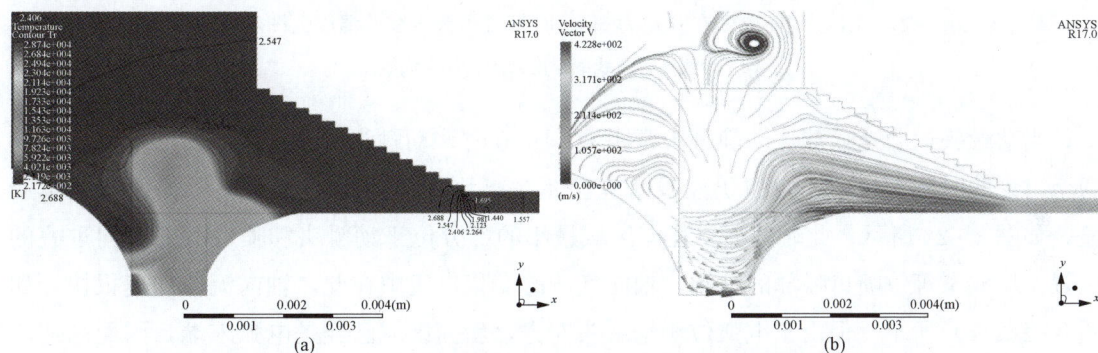

图 8-26 CF₃I 气体电弧在开距为 2mm 时带气压等压线的温度云图和流线分布
（气压单位：10⁵Pa，温度单位：K，速度单位：m/s，下同）
（a）带气压等压线的温度云图；（b）流线图

随着动触头向右运动，当运动到喷口上游收缩区域中间时，如图 8-27 所示，电弧高温等离子体的体积进一步增大，大部分区域温度有所下降。相对于开距 2mm 时，喷口上游收缩区域空间增大，局部气压数值降低；但在电弧区域，无论是中心轴，还是 2.45mm 半径上，气压数值在轴向上几乎不变。因为虽然动触头在向右运动，但是喉部区域依然被动触头堵住，部分高温流体也占据了部分喉部区域，因而低温气体在上游和喉部的轴向流动受阻。如图 8-27（b）的流线图所示，喷口上游电弧周围流体速度很低的区域面积比之前更大了。趋近于零的气压梯度使得电弧周围冷流体速度较低，带走电弧能量的能力很

189

弱。图 8-27 中静触头头部附近较高的轴向流速，也只是由于该区域气体局部温度很高，轴向温度梯度形成了密度梯度，流体为了维持质量守恒而形成的气体流动。虽然流体进入喷口喉部区域后很快加速，但此区域并不是电弧主要燃烧的区域，因而并不能和电弧相互作用。因此，在动触头处于喷口上游时（如动静触头开距为 2mm 和 6mm 时），喷口几乎是丧失了在灭弧过程中加速流体促进电弧能量输运的作用。再加上 CF_3I 分子量很大，相对很难加速到较高速度，所以这个阶段电弧能量不断积累，温度很高，电弧半径也很大，很难实现灭弧。

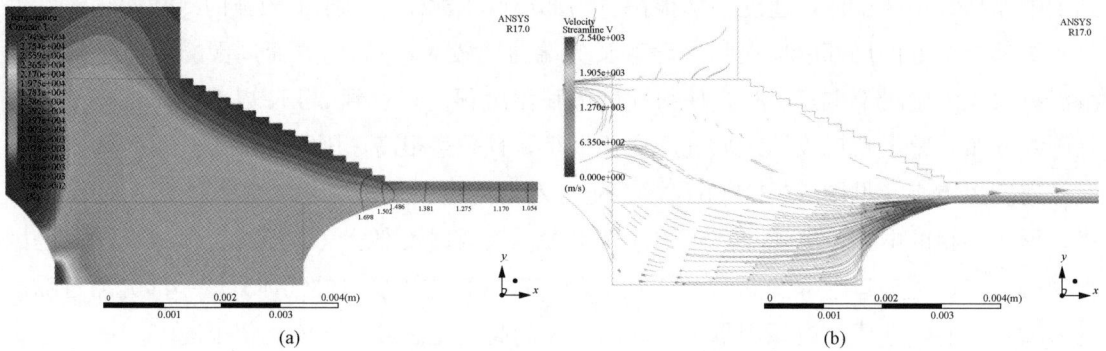

图 8-27　CF_3I 气体电弧在开距为 6mm 时带气压等压线的温度云图和流线分布
(a) 带气压等压线的温度云图；(b) 流线图

当动触头运动至喉部、动静触头开距为 11mm 时，动触头对喷口流体的堵塞作用比前两个讨论的时刻大幅减弱，但仍然没有完全消失，因而电弧区域轴向气压梯度依然不明显，如图 8-28 所示。此时，喷口径向区域最小的部分位于动触头和喷口喉部轴向重叠的位置，形成了等效喷口喉部的结构，轴向气压的变化也集中在此，轴向流体加速很快，如图 8-28 (a) 所示。但由于电弧位于动触头左方，斜面区域已经是电弧末端，因而高速流体对电弧影响有限。下游流体的加速促进了上游流体的流动，进而和电弧的相互作用逐渐加强。如图 8-28 (b) 所示，电弧周围冷流体速度已升上至 70m/s，轴向对流带走了部分电弧表面能量，电弧在流体作用下半径逐渐减小。电弧内部的能量很难快速变化，而聚集在更小的等离子体空间里，因而电弧核心温度较高。

当动触头运动至喷口下游、触头开距为 18mm 时，喷口喉部空间已完全敞开。流体通过喷口通道的收缩和扩张过程，经历了充分的加速过程，在电弧末端已经达到接近最大流速，接近 3000m/s 的速度［见图 8-29 (a)］；电弧周围的冷流体也加速至 400m/s 以上［见图 8-29 (b)］，能有效带走电弧表面的能量。喷口中流体主要加速的位置在上游收缩段靠近喉部的区域和下游扩张段，如图 8-29 (b) 所示，这两处局部气压在轴向上迅速变化，尤其是喷口扩张区域，流体速度也达到了最大。动静触头之间的电弧经历整个喷口的上游、喉部和下游，流体和电弧充分相互作用。电弧在流体流速开始明显加快的上游和喉

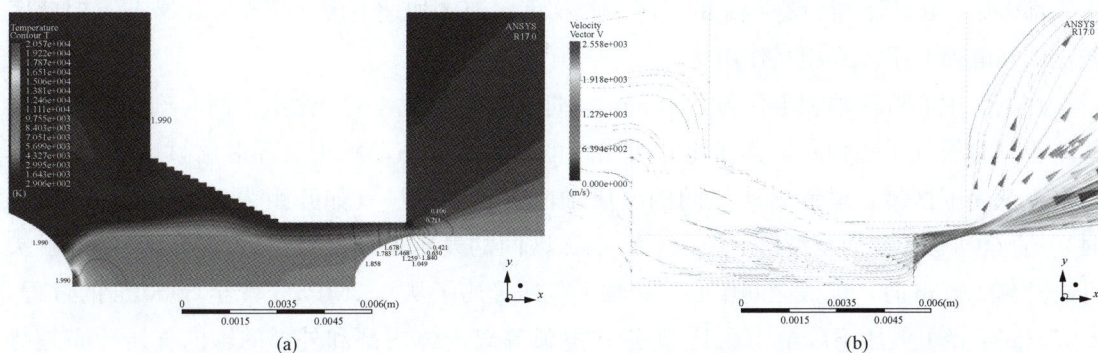

图 8-28　CF$_3$I 气体电弧在开 1 距为 11mm 时带气压等压线的温度云图和流线分布
(a) 带气压等压线的温度云图；(b) 流线图

部交接处出现明显的电弧核心区域，电弧高温等离子体的体积被高速冷流体包围，半径变小；在喷口释放区域，流体速度达到最大，电弧核心温度较高，虽然电弧半径由于喷口物理结构的原因随着流体速度方向半径有所增大，但电弧核心区域半径依然保持很小，如图 8-29 (a) 所示。被喷口加速的流体裹挟着燃弧产生的大量热量流向喷口下游直至出口，有效实现了喷口中气吹弧能量输运的作用。

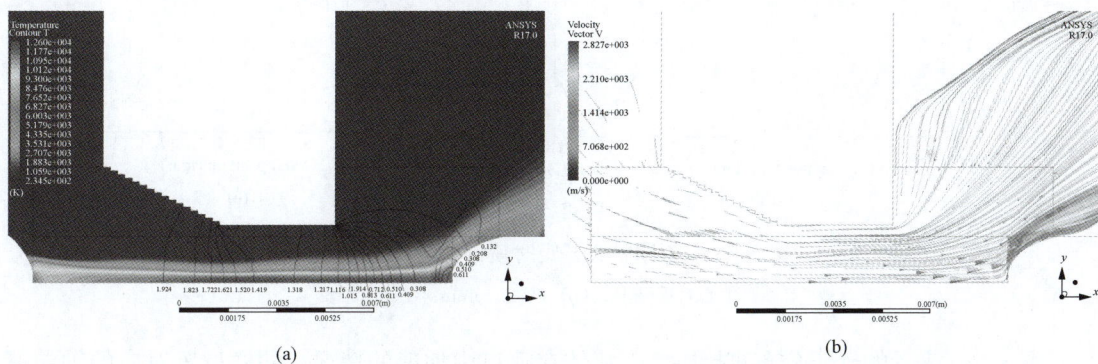

图 8-29　CF$_3$I 气体电弧在开距为 18mm 时带气压等压线的温度云图和流线分布
(a) 带气压等压线的温度云图；(b) 流线图

　　从电弧和流体相互作用的讨论可知，动触头头部附近的流体场是最复杂的，因为这个区域往往是流体和电弧相互作用区域中速度最快的部分。当动触头头部处于喷口收缩区域和喉部时，喷口喉部部分被动触头和高温等离子体堵塞，冷流体滞留在上游形成局部高气压，流体速度慢，对电弧的能量输运作用很小。电弧在这个阶段能量累积，温度很高，半径较大。当动触头运动到下游时，如图 8-29 所示，流体在喷口下游最高加速至 2827m/s，超过该温度气压条件下 CF$_3$I 气体的音速，说明该喷口为超音速喷口。对于超音速喷口，流体在收缩部分开始加速，至喷口喉部达到音速，到下游扩张部分超过音速。这样的结构有效地对电弧实现冷却和形状束缚的作用，有利于灭弧。而在喷口下游，流体离开了动触头头部以后，由于下游没有明显的气压下降梯度，流体加速变缓，直至开始减速，但此区域流体和电弧几乎没有相互作用。

在电弧中心对称轴和半径为 2.45mm 轴向直线上，图 8-30 绘出不同时刻动静触头极间距不同时候气压随轴向位置变化的曲线。可以看出，在动触头头部退出喷口喉部之前，在电弧及周围区域，动静触头之间的气压轴向变化都很小（如开距为 2、6mm 和 11mm 时）。直至动触头运动至喷口下游以后，电弧区间的气压差才慢慢体现出来。当动静触头开距达到 18mm 时，电弧区间中心对称轴上气压经历了从 0.2MPa 下降至 3000Pa 的过程，2.45mm 半径上气压下降至 1000Pa 附近；电弧等离子体内部和外部的轴向气压分布趋势大体相同，前者气压变化更加平滑，后者在喉部和上下游交接处会出现突变。其中气压随轴向坐标下降最快的区域分别为 8mm 附近和 13mm 之后的区域，正对应了喷口喉部与上游交界位置和下游释放区域。

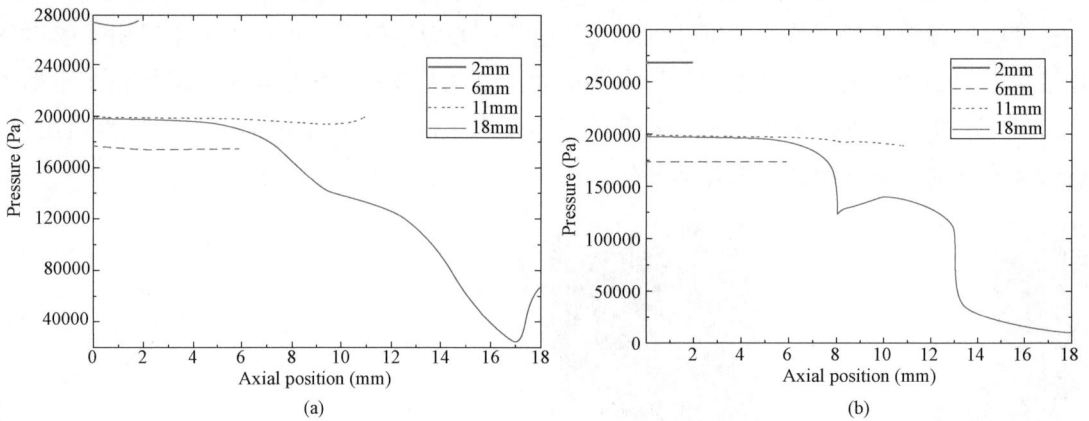

图 8-30　不同触头开距时喷口轴向气压分布
（a）中心对称轴上；（b）$r=2.45$mm 半径直线上

图 8-30 表示的气压分布直接决定了流体在喷口中加速的情况，同样位置对应的轴向速度分布如图 8-31 所示。动触头运动至喷口上游和喉部时，气压在轴向上变化不大，流体的速度很慢；当动触头运动至喷口下游，流体轴向速度随气压变化率而变化：气压变化越大，速度变化越快。除了气压梯度以外，电弧内部的温度变化引起高温气体的密度等物性参数的变化，也会对速度产生影响。当动静触头开距为 2mm 和 6mm 时，静触头前方会出现一个轴心对称轴上速度的极值，这是因为此处电弧等离子体温度很高。在 2.45mm 半径上，静触头前方附近轴向气压变化都几乎为 0，但不同开距时的速度却不相同，也是因为局部温度大小的差异。如 2mm 开距时速度最快，因为此时该处电弧温度最高；再如动触头完全打开以后（$d=18$mm），电弧内部高温气体速度可以达到 2800m/s 以上，而外部冷流体速度只有 400m/s。喷口中加速的流体使电弧形成有高温核心区域的等离子体柱，在高温核心区域内部温度在径向上变化不明显，核心区域以外径向温度下降较快［见图 8-29（b）］。

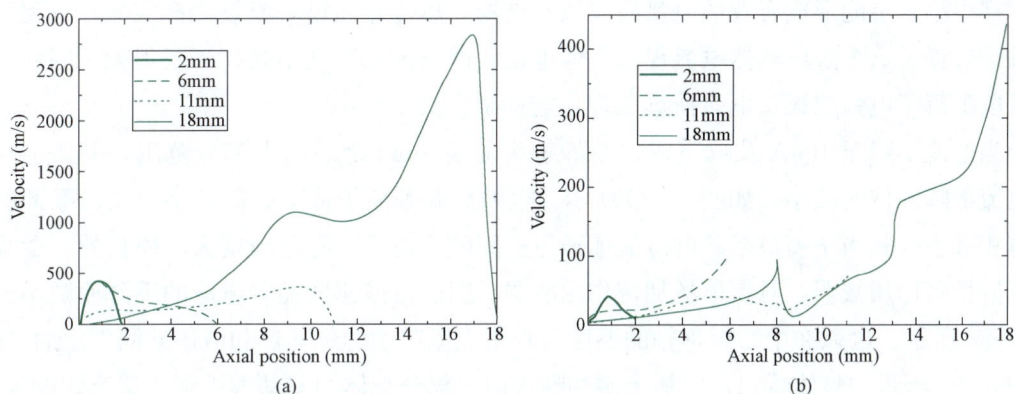

图 8-31 不同触头开距时喷口轴向速度分布

(a) 中心对称轴上；(b) $r=2.45mm$ 半径直线上

3. 喷口电弧特性

（1）一般特性。

电流过零前，电弧的热学和电学特性受到多方面因素的影响，包括电流、触头开距和流体场的变化等。对称轴上温度、电弧半径和速度在不同时刻的分布分别在图 8-32～图 8-34 中给出。图 8-33 中电弧半径值呈阶梯状是由于空间离散网格是四边形结构性网格，输出的电弧半径值是网格的中心点位置径向坐标值，两个邻近网格间并没有数值上的过度。

当电流从峰值 1000A 下降至 500A 过程中，除了静触头头部由于局部电场较大引起电弧高温以外，电弧大部分区域温度并不高，在 11000K 上下，如图 8-32 所示。其实这些时刻电流很大，焦耳产热功率也很高，但由于电弧周围气体流动较慢，因而电弧半径很大，即电弧单位体积能量较低，但电弧体积很大。如图 8-33 所示，900A 时电弧半径甚至能够达到 4mm 以上，此时电弧半径 2.5～

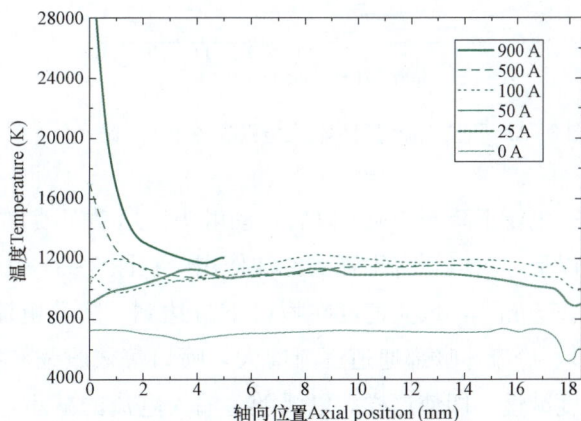

图 8-32 不同电流时电弧对称轴上温度分布对比

4.3mm 的突变是由于冷流体从上游沿静触头头部斜面流入，对电弧侧面有明显的冷却效果，此时温度分布类似于图 8-26 (a)，在冷流体未其作用的轴向方向上，电弧半径仍然很大。500A 时，电弧半径保持在 2mm 以上，喉部弧半径略有下降至，这是因为喉部冷流体速度加快的缘故。500A 之前的大电流时，无论是电弧中的高温流体还是周围的冷流体，速度都很小，不能形成有效的电弧高温核心结构，热传导和热对流效率都很低，不利于能量输运过程。这个阶段虽然电流很大，但电弧大部分区域温度不高，半径很大。因而，这个阶段阻碍了电弧熄灭，电弧持续燃烧，能量累积。

当电流下降至100A及以下时，在静触头前端3mm之后的大部分范围，电弧半径随着电流下降并依次减小，如图8-33所示。电弧高温等离子体半径的减小对喷口喉部的占用体积减小，相当于喷口喉部的冷流体通道空间随着电流下降逐渐增大，喷口的上游收缩和下游扩张作用减弱，对流体的加速作用减弱，因而流体速度随着电流的下降而减小，如图8-34所示。电弧在中心对称轴的温度分布是电流产生的焦耳热和流体共同作用的结果，如图8-32所示。整体看来，电弧上游和喉部前半部分流体的流动不规则，湍流效应较强，并影响了电弧特性，使得电弧的温度和半径没有随着电流的减小而下降；在喉部后半部分到喷口下游，高速流体运动较规则，电弧随电流下降呈现较一致的规律，即半径随着之而减小，温度随之而降低。

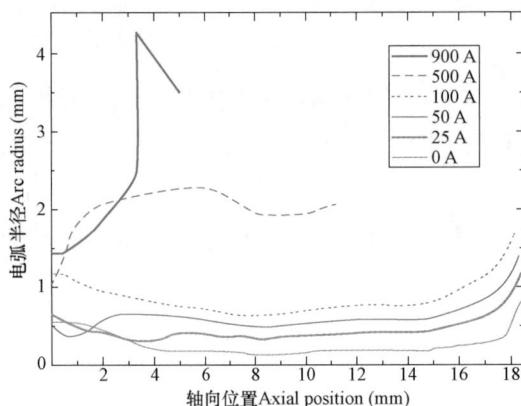

图8-33 不同电流时对称轴上电弧半径分布对比　　图8-34 不同电流时对称轴上速度大小分布对比

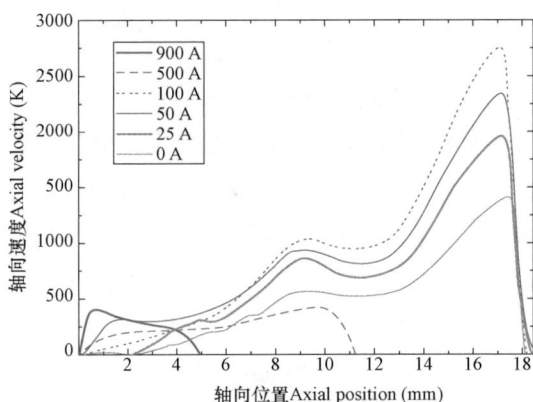

电流下降至100A以后，动触头已运动至喷口下游，电弧周围冷流体被有效加速至音速以上，对电弧有很强的冷却作用。在图8-34中可以看到，100A时轴向最大速度能够达到2750m/s，最大速度在喷口下游达到。随着电流的下降，电弧半径逐渐减小（见图8-33），冷流体喉部通道逐渐增大，喷口等效收缩和扩张角减小，流体加速效果减弱，流体速度减慢。即使这样，电弧随着输入电流的减小，半径快速减小。从图8-32和图8-33可知，在100A以下的电流零区附近，电弧的熄灭过程主要是电弧体积的缩小，但温度下降幅度较小：从100A下降至25A过程中，电弧半径从最细处0.7mm下降至0.35mm，但此处的温度依然在11000K附近，没有明显的下降。由于喷口上游流体受湍流效应影响较大，流体作用下的电弧温度和半径随时间变化较大；而喷口喉部和下游流体变化较小，电弧半径和温度都随电流的减小而逐渐下降，且随轴向坐标变化趋势也一致。

在非常接近电流零区的时间段，即电弧电流从25A下降至0的过程中，电弧温度和半径都迅速下降，喉部温度从 11000K 以上下降至 7000K 附近，最小半径下降至 0.2mm 附近。在上游和喉部交接部分，电弧中心温度最高，半径最小。流体速度也随着电弧半径减小、冷流通道增大而降低，最大值约为 1400m/s。

图 8-35 表示不同电流时中心对称轴上的电场强度大小。可以看出，电流在 900A 和 500A 时，由于高温等离子体和动触头在喷口喉部的堵塞作用，电弧半径很大，温度较低，电场强度相对较低（除了曲率较大的静触头前方附近区域），且电场强度随着电流下降变化不大。然而，电流下降至 100A 以下时，电场强度随电流下降而逐渐升高。这是由于这个时间段电弧温度和电导率随电流下降变化并不明显，但电弧半径迅速下降，电弧截面积下降速度大于电流下降速度，使得电弧密度略有升高。根据微观欧姆定律 $j = \sigma E$，电场强度随电流密度的上升而逐渐增强。而在接近电流零区的 25A 以下的时间段内，电导率随着迅速下降的温度呈指数趋势地下降，电场强度短时间内迅速增强，在电流零区前 $0.5\mu s$ 时电场强度高达 6000V/m 以上。

在整个拉弧过程中，动静触头之间的距离随时间增大，电弧的输入电流沿正弦波形下降。在这些瞬态条件下，电弧等离子体的形态、温度，以及电场强度和电导率分布都随之发生变化，而这些变化的因素对电弧影响的叠加反映在了电弧电压特性上。如图 8-36 所示，随着电流的下降，电弧电压随着时间逐渐上升；在 100A 附近叠加了高频短路电流后，电弧电压上升减缓；而在电流接近过零点前，电弧急剧上升，继而回落，电压和电流在电流零区通过零点。

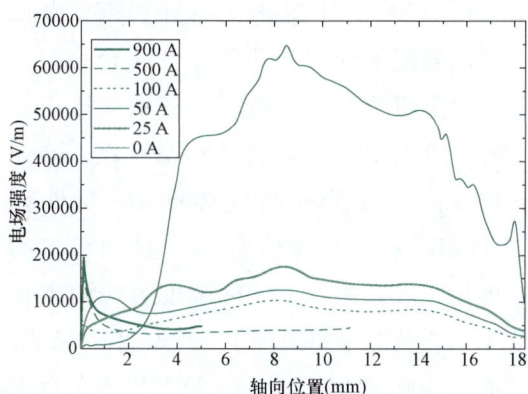

图 8-35 不同电流时电弧对称轴上电场强度分布

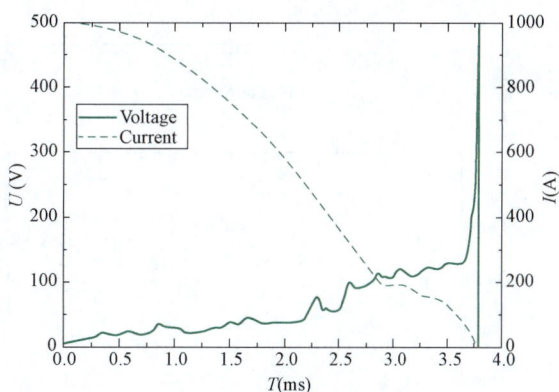

图 8-36 电弧电压随时间变化特性

（2）CF_3I 喷口电弧的径向温度分布特性和主导能量输运过程。

电弧的瞬态温度分布是由电弧能量输入、不同的能量输运过程和能量存储变化率之间的相互平衡决定的，这也反过来决定了电弧特性。对 CF_3I 电弧的热动力学特性和能量输运平均进行分析，可以从物理特性等方面总结和讨论 CF_3I 气体的灭弧特性。

选取三个典型位置的温度径向分布在不同电流时刻进行分析，这三个位置分别为喷口

上游区域 $Z=5\text{mm}$、喷口喉部 $Z=10\text{mm}$ 和喷口下游区域 $Z=15\text{mm}$，其径向温度分布如图 8-37 所示。

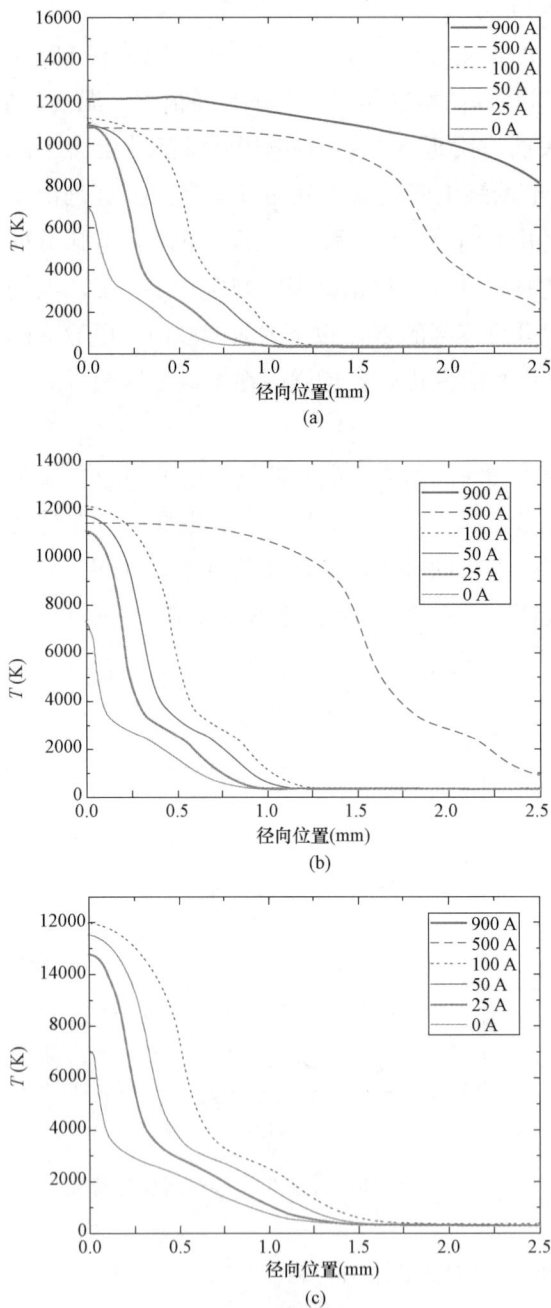

图 8-37　电流零区前不同电流时电弧径向温度分布

(a) $Z=5\text{mm}$；(b) $Z=10\text{mm}$；(c) $Z=15\text{mm}$

当电流为 900A 时，动触头头部还处在喷口上游，动静触头之间的电弧实际上还仍是一个半径很大的高温等离子体团，温度分布类似于图 8-27 (a)。因而在很大半径内电弧径向温度变化并不明显。由于能量分散在很大的空间中，虽然电流很大，但电弧温度并不高。在电弧区域电弧在径向上温度和气压变化都不大，因而电导率也几乎没有变化，保持在较低的值［见图 8-37 (a)］，因而并不能形成有效的热传导散热，进一步导致了电弧持续燃烧和能量的积累。

而当电流下降至 500A 时，动触头已经运动到喷口喉部，电弧周围冷流体在喷口上游和喉部加速，使得电弧形成了较为明显的高温核心区域。如图 8-37 (a)、(b)，在高温核心区域内部，电弧径向温度呈现出变化很小的平台；而在辐射重吸收区，电弧随半径增大迅速下降，直到 5000K 附近才稍微变缓。这样的径向温度分布与气体的 ρC_p 特性在 5000K 有一个峰值有关。在图 8-38 (a)、(b) 中，5000K 温度对应的半径上，有效电导率出现了一个较小的峰值，而在 3000K 以下对应半径上出现了很大的峰值。电导率的增大会导致电弧径向温度下降率的减小，因而 CF_3I 电弧径向温度在 5000K 附近开始变缓，而在 3000K 以下进一步变缓，形成较宽的绝缘恢复区域。

当电流进一步下降至 100A 以下时，

电弧靠近电流零区，进入电弧开断的关键时期。从图 8-37 (a) 中可以看到，在喷口上游,电弧中心温度随电弧半径变化不大,但电弧半径迅速减小。而在喷口喉部和下游,电弧中心温度和半径都随电流下降而减小。在100A以下较细的电弧中,电弧径向温度分布在5000K附近的拐点更加不明显,这是因为有效电导率在此处的峰值越来越小,甚至在25A时几乎已经不存在了(见图8-38)。因而CF₃I电弧能够形成清晰的高温核心区域,电弧半径较小。明显的径向温度下降率的变化出现在3000K附近,对应半径在图8-38中也有很大的有效热导率的峰值,从而在电弧径向末端形成一个较长的尾巴,有利于电弧周围的冷流体通过轴向对流带走能量,恢复气体绝缘性能。

在电流零区,电弧已经很细,电弧中心温度也随着半径的增大快速下降,喷口喉部区域的电弧温度高于电弧上游和下游区域,但电弧半径分布刚好相反。

有效热导率是运动粘性和 ρC_p 物性参数的乘积,不同喷口位置的径向运动黏性分布如图8-39所示,而运动黏性表征了流体内应力和流体变形速率之间的关系,很大程度上反映了湍流效应在决定喷口电弧形状的作用。对于900A和500A电流时,喷口上游和喉部区域的径向温度下降率最快的半径值对应的位置上,动态黏性系数有一个峰值。对于100A及以下的电流时,动态黏性的峰值和电弧中心很靠近,使得图8-38中有效电导率在电弧中心轴附近就有了第一个峰值。这是由于此时电弧中心轴区域温度约为11000K,这个温度上对应 ρC_p 相对较大。这样的有效热导率分布减缓了电弧核心区域温度的下降率。对比而言,动触头运动到喷口下游之前(如900A和500A时)的气体轴向速度比之后小(见图8-34)。而较小的轴向速度,叠加轴向速度在径向上的梯度,使得大电

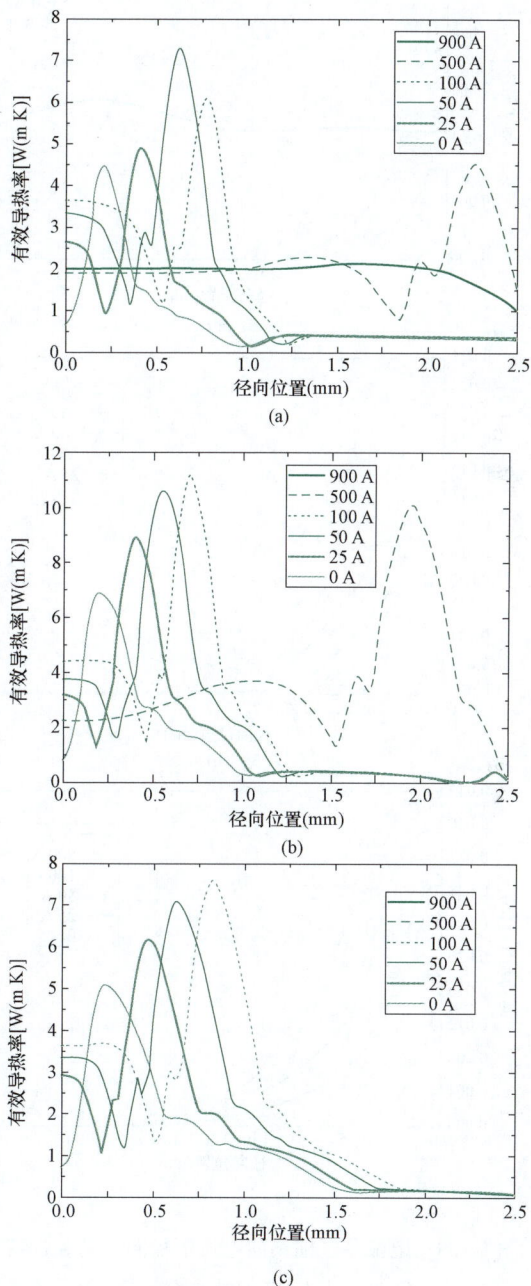

图8-38 电流零区前不同电流下径向有效热导率特性
(a) $Z=5mm$;(b) $Z=10mm$;(c) $Z=15mm$

197

流时的运动黏性要比 100A 以下时的动态黏性要小。

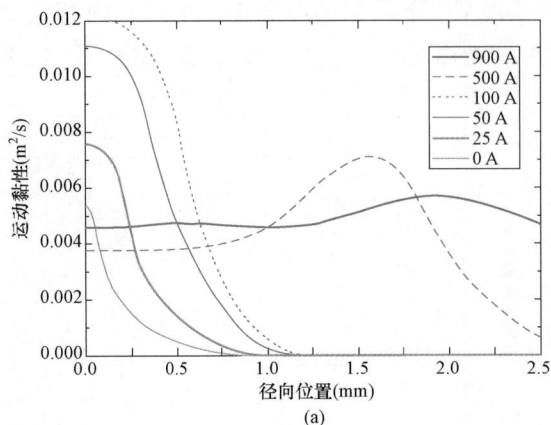

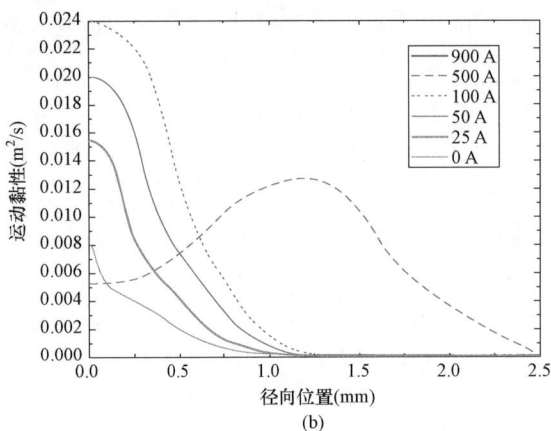

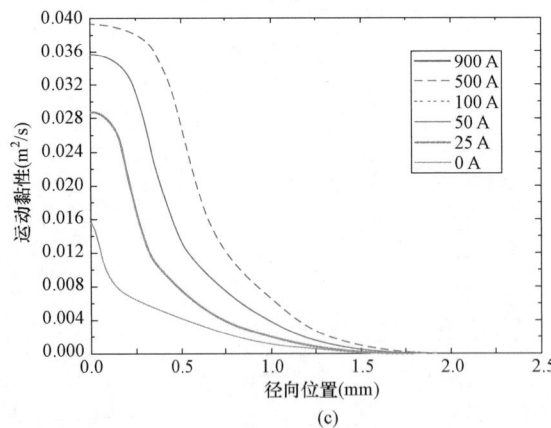

图 8-39　电流零区前不同电流下径向运动黏性特性
(a) Z=5mm；(b) Z=10mm；(c) Z=15mm

电弧等离子体的温度随时间和空间位置的变化，在本质上是由电弧焦耳热的产生和不同的能量输运过程相互作用决定的。下面分别对大电流 900A、小电流 50A 和电流零区三个时间点上电弧的核心区域（83.3％最高温度对应半径内）和导电区域（4kK 温度半径以内）的能量平衡进行计算和分析。

电弧径向温度分析可知，在动触头头部从喷口上游运动到喉部过程中，由于喉部空间很小，动触头和电弧热等离子体对流体通过喷口流到下游区域有阻碍作用，较慢的流体速度使得电弧半径很大，核心区域不明显，温度相对较低。选取其中 900A 电流时刻分析，见表 8-4。在大电流时刻，正弦电流波形在 900A 时随时间变化较缓慢，电弧核心区域储能变化率几乎可能忽略不计；而随着电弧的缓慢下降，电弧整体能量依然在下降，因而电弧半径内储能变化达到 20％以上。由于较粗电弧的内部很难受到冷流体作用的影响，电弧核心区域产生的电能通过辐射过程散失掉的能量达到 90％以上；而在电弧核心区域以外，电弧和流体相互作用更剧烈，辐射能量损失明显降低。如图 8-26（a）和图 8-27（a）的温度云图，大电流时动触头处于喷口上游，电弧等离子体集聚在喷口收缩区域，且随着动触头向右移动而轴向扩散。这种高温等离子体的在轴向的膨胀使得轴向对流成为做正功的

能量输运过程。从图 8-26（b）和图 8-27（b）的流线图中可以看到，对称轴附近轴向流体速度较快，而相对远离对称轴的区域流体速度极低，因而电弧核心区域的轴向对流对能

量输运作用相对较大，抵消掉一部分热等离子体轴向扩散做的正功。整体说来，电弧轴向对流过程做正功，且核心区域相对做功较小。而电弧的径向对流作用虽然作用很小，但也起到了带走焦耳热的作用，这是因为上游冷流体从入口方向往右下方运动，以较大的斜角接触热等离子体形成对流，特别是沿静触头斜面流入的冷流体在电弧内部甚至形成了涡流，因而径向对流在电弧边界以内起到了很好的冷却效果，特别是在辐射能量重吸收区域。

表 8 - 4　　当电流为 900A 时整个 CF_3I 电弧区间核心区域和电弧区域电能输运和
不同能量输运过程能量百分比

电弧区域边界	电能输入	辐射损失	径向热传导	轴向热对流	径向热对流	压力做功能耗	电弧储能变化率
中心区域边界处（R_{833}）	4185W	−93.9%	−14.0%	13.6%	−11.2%	−0.1%	2.4%
电弧边界处（R_{4k}）	4768W	−25.8%	−52.6%	25.8%	−68.7%	0.2%	21.9%

电流下降至 50A 时，动触头运动至喷口下游，触头距离达到 18mm 以上，电流下降至 50A 时，动触头运动至喷口下游，触头距离达到 18mm 以上，喷口喉部区域已经完全打开，喷口电弧的热学特性是由能量分布输运过程决定的，见表 8 - 5。不同于大电流时，由于电弧温度分布特点和高速冷流体的作用，辐射能量损失比例大幅下降，通过电弧边缘区域的辐射重吸收过程后，辐射能量损失比例趋近于零。电弧周围冷流体在喷口中的高速运动，使得电弧形成明显的核心高温区域，径向温度的快速变化使得径向热传导作用强烈，其在在核心区域和电弧区域内的能量输运比例都达到了 70%。相比之下，对流作用对能量的变化作用相对较小。轴向对流在电弧核心区域做正功是由于动触头依然在向右拉开，电弧等离子体在轴向上拉长；但在电弧边缘区域，电弧周围的高速冷流体有效带走了能量，对电弧有较明显的冷却作用。径向对流在核心区域已经开始做负功，这是因为电弧核心区域温度梯度很大，辐射重吸收区域温度相对较低的气体开始进入核心区域以维持电弧内部的质量守恒；但在电弧核心区域以外，径向温度下降率变缓，径向对流作用仍然是做正功。

表 8 - 5　　当电流为 50A 时整个 CF_3I 电弧区间核心区域和电弧区域电能输运和
不同能量输运过程能量百分比

电弧区域边界	电能输入	辐射损失	径向热传导	轴向热对流	径向热对流	压力做功能耗	电弧储能变化率
中心区域边界处（R_{833}）	4.179W	−46.6%	−69.4%	17.8%	−6.2%	−10.5%	11.7%
电弧边界处（R_{4k}）	5.666W	−0.1%	−79.4%	−25.7%	21.0%	−16.2%	4.7%

在电流零区，见表 8 - 6，电弧的焦耳产热为零，等离子体的温度也下降只 10000K 以下（见图 8 - 40），辐射作用也几乎为 0。电弧半径很小，热传导作用也相对较弱。主要消耗电弧能量的是对流作用，无论在核心区域，还是电弧边缘以内，径向热对流带走超过

30％的能量，而轴向则达到电弧能量变化的一半左右。

表 8 - 6　　　　电流零区时整个 CF_3I 电弧区间核心区域和电弧区域电能输运和
不同能量输运过程能量百分比

电弧区域边界	电能输入	辐射损失	径向热传导	轴向热对流	径向热对流	压力做功能耗	电弧储能变化
中心区域边界处（R_{833}）	0	−0.1％	−13.3％	−35.8％	−50.4％	−2.4％	1796W
电弧边界处（R_{4k}）	0	−0.0％	−18.0％	−30.3％	−58.6％	1.7％	1941W

注：由于电流零区电能输入为零，此时电弧储能变化为能量变化功率，且当做电弧能量输入来衡量各能量输运过程的强弱。

（3）电弧零区附近的电弧特性。

喷口电弧的热开断决定于电流零区附近的电弧温度，在接近电流零区时（25A 以下），电弧温度和电弧半径迅速下降，成为电弧开断的关键时期。电流很小时，强烈的径向热导作用使得电弧在辐射重吸收区域形成了较大的径向温度梯度，有效带走了电弧内部能量。这也进一步促进了外界冷流体进入电弧高温等离子体（以维持质量守恒），使得径向对流散热在电流近零时成为能量输运的主要形式。这两种作用的叠加解释了图 8 - 40 和图 8 - 41 在电流过零前几十微妙内电弧温度和电弧半径的迅速下降。

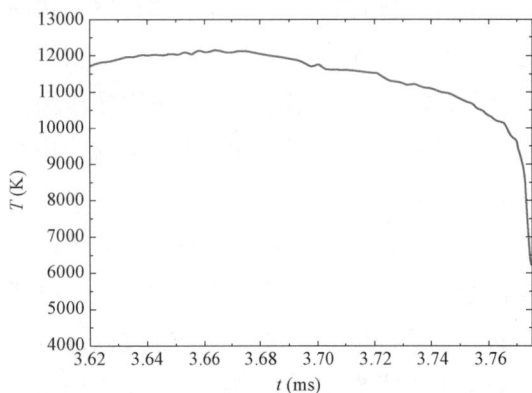

图 8 - 40　在电弧零区附近电弧喉部温度随时间的变化

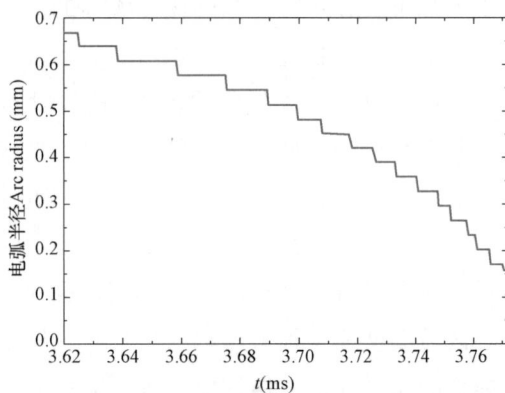

图 8 - 41　在电流零区附近电弧半径随时间的变化

CF_3I 电弧在电弧零区前的 $30\mu s$ 时间内，电弧温度呈现加速下降的趋势，并没有明显的温度关于时间下降率变小的现象。电弧半径也随时间而逐渐下降。从电弧的特征时间可以看出（见表 8 - 7），在电流过零前 $10\mu s$ 时（电弧电流约为 5A），关于电弧半径和温度的特征时间分别是 $24.75\mu s$ 和 $40.64\mu s$，与 SF_6 电弧同时刻的数值相当。在最后 $10\mu s$ 内，电流零区的 CF_3I 电弧特征时间下降至 $3\mu s$ 附近，远小于空气和 CO_2 电弧，接近 SF_6 电弧。对比表明，电流零区附近 CF_3I 电弧温度和半径下降速率和 SF_6 相当，远大于空气和 CO_2 电弧。

表 8 - 7 CF_3I 电弧在电流零区附近的特征时间

特征	关于电弧半径	关于电弧温度
电流过零前 $10\mu s$ 时刻	$24.75\mu s$	$40.64\mu s$
电流零区	$3.90\mu s$	$2.27\mu s$

8.3.2 CF_3I 的物性参数对其灭弧特性的影响

从微观角度看,等离子体在高温高压条件下表现出的热动力学特性和导电特性本质上说是由其中粒子(包括原子、分子、离子和电子等)能级变化引起的,这些能级变化可以体现在气体在高温高压条件下的物性参数变化。对于 CF_3I 气体从主导灭弧开断能力的物性参数,对比 CO_2、空气、SF_6 气体的物性参数,分析出 CF_3I 的物理特性是否适合开断电弧。

图 8 - 42 表示 CF_3I 的 ρC_p 特性随温度变化曲线,还画出了 CO_2、空气和 SF_6 气体特性作对比。可以看出,在 4000K 以上的温度范围内,CF_3I 气体的 ρC_p 特性只有一个波峰,位于 5000K 附近,这是由于 CF_3I 分子分解成的小分子(如 CF_3、CF_2 等)在该温度下分解成单原子粒子。但此波峰的峰值很小,约为 CO_2 和空气在 7000K 附近的峰值一半。因而在 5000K 附近,电弧在时间和空间上下降有所变缓,但下降率变化并不大,有些条件下甚至可以忽略。在图 8 - 37 中,电弧径向温度在 5000K 附近有一个拐点,但拐点前后的温度径向斜率变化并不是太明显;而在时间上(见图 8 - 40),电弧温度的下降也并没有受到5000K 附近 ρC_p 特性峰值的影响。而在 4000K 以下的温度范围,CF_3I 气体的 ρC_p 特性随温度下降迅速升高,在 2500K 附近回落后又继续上升。这样的分布使得 CF_3I 径向温度分布在电弧边缘形成了很缓的温度下降趋势,空间范围很宽,温度在径向上的曲线形成了长长的尾巴(见图 8 - 37)。这样的温度分布有利于电弧周围冷流体通过轴向对流带走热量,使气体恢复绝缘。

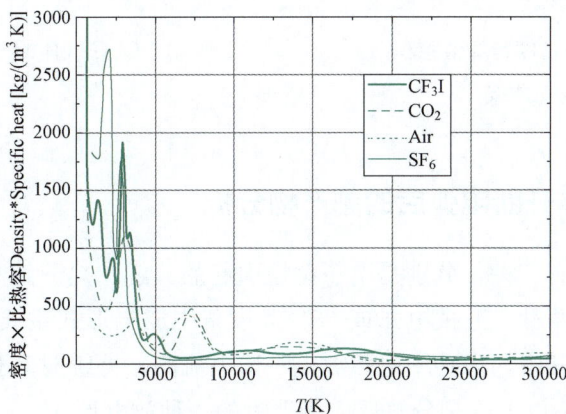

图 8 - 42 密度和比热容乘积随温度的变化曲线

气体在高温条件下的焓值密度 ρh 是电弧的热对流过程强弱的决定因素，CO_2 和空气在大部分电弧温度范围内有更大的焓值密度值，因而热对流在能量输运过程中起到了很大、甚至主导的作用，和 SF_6 形成了鲜明的对比。从图 8-43 中可以看出，在 10000K 以上的温度范围，CF_3I 气体的焓值密度比 SF_6 高，但低于 CO_2 和空气；在 4000～7000K 范围，CF_3I 的焓值密度介于 CO_2 和 SF_6 之间。可以推断，CF_3I 气体电弧中热对流作用强于 SF_6，但仍然弱于空气和 CO_2 气体。当电流为 50A 时，电弧边界范围内轴向对流过程耗散的能量占能量总输入的 25.7％（见表 8-5），强于 SF_6 的 0.5％，但远弱于空气和 CO_2 轴向对流所带走的能量。

如图 8-44，在 100S/m 电导以下时，CF_3I 气体的 ξ 特性小于 SF_6 气体；而在 100S/m 电导以上时，CF_3I 和 SF_6 气体的 ξ 特性很接近。在 20S/m 电导以下时，CF_3I 的 ξ 特性小于 CO_2，但在其他大部分电导率区间段，CF_3I 的 ξ 特性好于 CO_2 和空气。ξ 特性曲线表明，CF_3I 在气吹弧条件下的热恢复速率虽然不如 SF_6 气体，但要远高于空气和 CO_2 气体。因而，CF_3I 气体在电弧零区和之后的热恢复能力较强，能承受的恢复电压上升率也较高，有利于其在开关电弧设备中作为灭弧介质的使用。

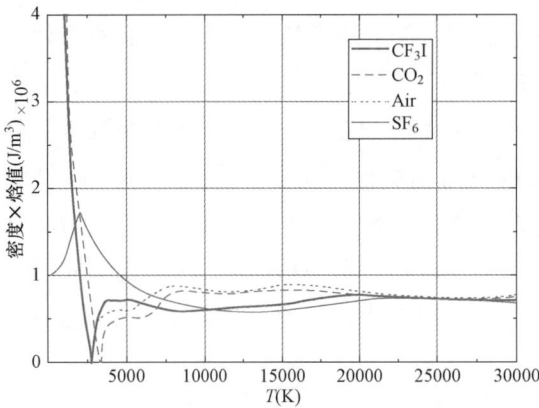

图 8-43　单位体积密度与焓值乘积
随温度的变化曲线

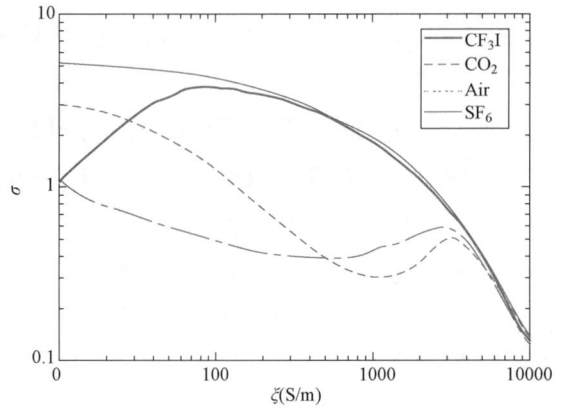

图 8-44　CF_3I 气体的 ξ 特性随温度的变化

8.3.3　CF_3I 气体开断电弧后的副产物分析

使气体分解的原因有三种，分别是电子碰撞引起的分解、热分解和光辐射分解。在高压电气设备中主要是前两种。开关电弧或 GIS 等设备中放电形式主要有大功率电弧放电、火花放电和局部放电。其中，大功率电弧放电一般电流高，持续时间长，能量在短时间内积累，温度达到 20000K 以上，是分解反应最严重的一种放电形式。

尽管 CF_3I 本身的物性参数展示出良好的热开断特性，但和 SF_6 气体一样，在高温高压条件下会发生分解反应。虽然部分分解反应是可逆反应，但在电弧开断后，仍有部分副产物产生。这些副产物可能会影响后续的气体熄弧表现，且其毒性和环保特性也可能影响 CF_3I 气体在开关电弧设备中的应用。

1. CF_3I 气体弧后成分的光谱质谱分析

拉弧实验是在额定电压为 12kV、额定电流为 630A 的 SF_6 开关柜中进行的，采用是 400A 和 630A 有效值的正弦输入电弧电流，对纯 CF_3I 气体拉弧 5 次后的弧后气体进行采样。试验所用的气体为纯度 99.5% 以上的 CF_3I 气体，其中已知的气体杂质包括微量的 CO_2 和 CF_3Br，以及体积比低于 18ppm（1.8×10^{-3}%）的水分。

气体检测是利用美国 Agilent 公司出产的气相色谱—质谱联用仪，利用 PLOT - Q 色谱柱对气体进行分离检测，如图 8 - 45 所示。气体检测是在气体取样后 48h 内进行，检测时利用清洁后的针管取样，放入检测设备中进行自动检测、分离气体成分并进行质谱识别。此次检测，质谱仪对于气体成分的识别一致性均高于 80%，可以认为对于气体成分的判断是准确可信的。由于针管取样中不可避免的会混入空气中的化合物，即大量的 N_2 以及微量的 CO_2，因此在检测时也会检测出 N_2 和 CO_2。每次气体抽取的总量约为 $10\mu L$ 气体。

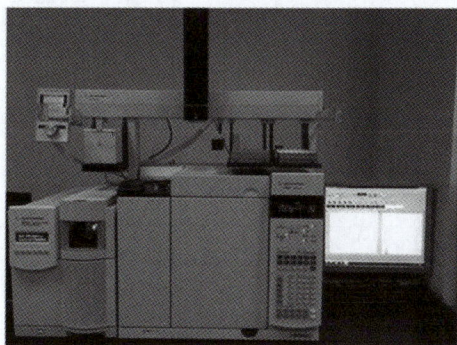

图 8 - 45　气相色谱—质谱联用仪

光谱测试得到的 CF_3I 气体的弧后气体成分结果见表 8 - 8。实验中，400A 电流五次都成功开断，而 630A 电流第一次开断实验时就重燃了，且持续燃烧了几十毫秒，所以 630A 电流下的拉弧实验只做了一次就算失败了。检测结果中，除了气体的主要成分 CF_3I，其他具有明显响应的杂质气体或气体分解物主要包括 N_2、CF_4、CO_2、C_2F_6、CHF_3、H_2O 和 C_4F_8。其中 N_2 和 H_2O 为检测气体时因为混入空气而带有的杂质，CO_2、CHF_3 和 C_4F_8 在原始气体中就有响应，因而为在气体生产过程中产生的杂质。因而 CF_4 和 C_2F_6 气体为高电压大电流拉弧后 CF_3I 气体产生的化合物。对于 CF_3I、CF_4、C_2F_6、C_4F_8 和 CHF_3 气体成分，原始气体及不同次数拉弧后的响应数值比较，结果如图 8 - 46 所示。

表 8 - 8　　　　　　　　　质谱测试得到的 CF_3I 气体的弧后成分

气体类型	原始气体	400A 5 次	630A 1 次
N_2	√	√	√
CF_4	√	√	√
CO_2	√	√	√
C_2F_6		√	
CHF_3	√	√	

气体类型	原始气体	400A 5 次	630A 1 次
H_2O	√	√	√
C_4F_8	√	√	√
CF_3I	√	√	√

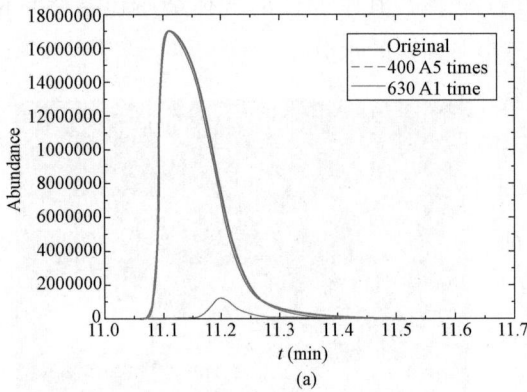

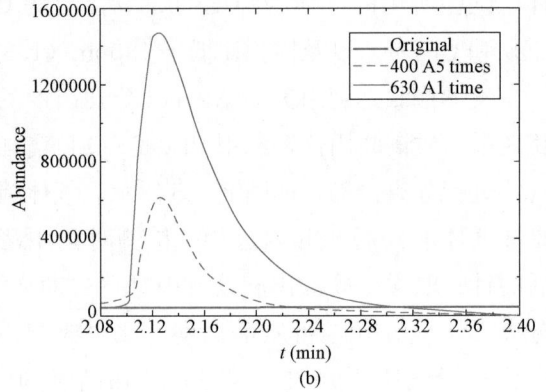

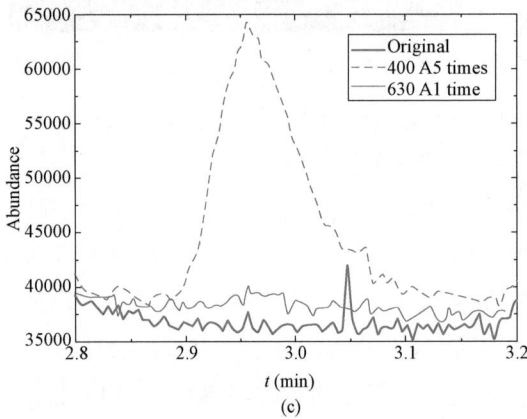

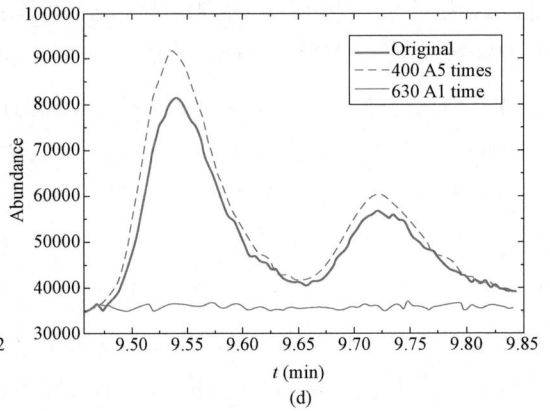

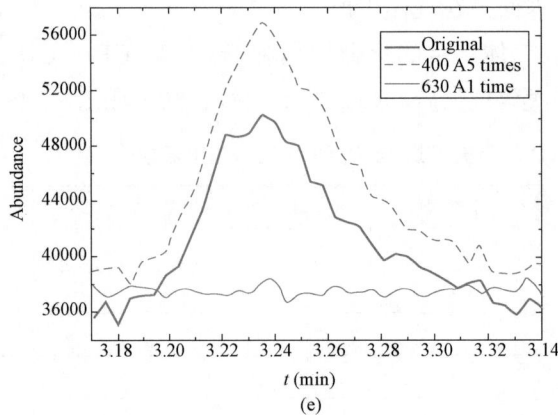

图 8-46　CF_3I 气体弧后气体成分质谱检测结果

(a) CF_3I；(b) CF_4；(c) C_2F_6；(d) C_4F_8；(e) CHF_3

从 CF$_3$I 气体的质谱响应数据可以看到，CF$_3$I 气体在前五次成功拉开400A 电弧后，分解的部分非常少，CF$_3$I 气体占原始 CF$_3$I 气体的 96.7% 左右，分解部分几乎可以忽略；然而在 630A 电流电弧开断失败后，CF$_3$I 气体占原始 CF$_3$I 气体比例只有 3.4%。其他气体成分的响应数据表明，当电弧成功开断的条件下，只有 3% 的 CF$_3$I 气体在从电弧高温恢复至室温时产生 CF$_4$ 和 C$_2$F$_6$ 气体，以及

图 8-47　电弧燃烧前和燃烧后绝缘子对比
（a）拉弧前；（b）拉弧失败后

极少量的 C$_4$F$_8$ 和 CHF$_3$ 气体，根据元素守恒，此时会析出少量的碘单质。当电弧开断失败时，95% 以上的原始 CF$_3$I 气体都分解成为 CF$_4$，并同时析出固体碘。由此可见，CF$_3$I 气体在成功拉弧后产生副产物的比例非常低，主要副产物是 CF$_4$ 和 C$_2$F$_6$ 气体；但在开断失败，电弧持续燃烧条件下，CF$_3$I 气体会大量分解，产生大量 CF$_4$ 而不再适合作为灭弧介质。对灭弧失败后的开关柜进行开腔检查可以发现，绝缘子和触头表面附有大量的黑色固体（见图 8-47），经检测该固体成分是碳单质和碘单质。这些单质的产生说明，在电弧重燃气体剧烈燃烧过程中，由于缺少助燃剂（如氧气），大量有机化合物分解成单质。

采用色谱法测量物质成分时，响应峰值曲线与横坐标之间的面积代表了该物质含量。但由于色谱柱对每种气体成分的响应敏感度并不相同，色谱分析只能得到气体成分的相对含量。除 CF$_3$I 气体本身外，副产物气体没有纯气体做对照，因而无法得到其量化的绝对含量。每种分解产物的百分比可以通过计算得到的副产物比值类比得到大概的值。

CF$_3$I 气体的分解特性和 SF$_6$ 类似，都在电弧燃烧后会产生稳定的其他气体。SF$_6$ 的主要分解产物包括 SOF$_2$、SO$_2$、SO$_2$F$_2$ 和 CF$_4$ 等（考虑了 PTFE 和 CaF$_2$ 等喷口材料）。且在大电流作用下，SF$_6$ 分解比例将超过 30%，而电弧开断失败后 SF$_6$ 也会出现大规模分解现象。根据我国电力标准 DL/T 404—2018《3.6～40.5kV 交流金属封闭开关设备和控制设备》，中低压气体绝缘开关柜有要求的相应不同条件下的开断次数限制，如额定短路电流开断次数为 20 次。而其中的绝缘灭弧介质要保证的是标准开断次数内的成功开断。因此，在保证成功开断的前提下，少量 CF$_3$I 的气体分解问题不会阻碍其在开断设备中的应用。

大部分 CF$_3$I 气体的分解物都具有很高的耐电强度，气相分解物对气体间隙的耐压强度没什么影响。气体分解物的主要问题在于碳和碘单质的析出，会在空间或固体表面引起局部放电等现象。而这个问题可以参考 SF$_6$ 开关设备的处理方法，使用吸附剂来消除固体生成物。

因此，CF$_3$I 气体运用在开关电弧时，需要预留足够的开断电流阈量，同时可以采用一些吸附剂或通过气吹弧的方法消除产生的少量碘单质。

2. CF₃I 气体分解产物随温度变化特性分析

CF$_3$I 在高温高压条件下会经历电子碰撞分解和热分解过程，形成小分子。分解过程中涉及不同的可逆反应，也会通过多种不同的反应形成多种分解产物和后来的复合产物。通过吉布斯最小自由能方法可以得到气体不同温度和气压条件下的热平衡态组分。气体随温度变化组分和数量密度的变化可以看出不同温度下主导的分解反应。在 20000K 以下时，纯 CF$_3$I 气体热平衡态时组分的数量密度随温度的变化如图 8-48 所示。

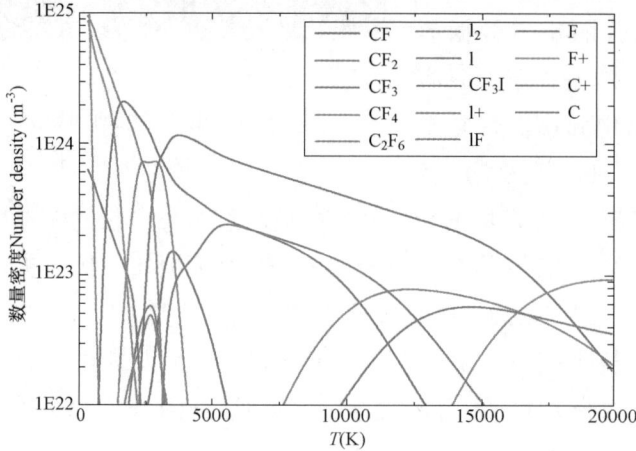

图 8-48　1atm 气压下 CF$_3$I 气体在不同温度下组分的数量密度

从图 8-48 可以看出，随着温度的上升，大分子逐渐分解成小分子，小分子再分解成单原子，之后电离出电子，形成离子。当温度上升到 6000K 以上时，CF$_3$I 已经完全分解到了单原子状态，以碳、氟和碘原子的形式存在；温度进一步升高后，原子电离出电子，从而形成单原子的离子状态。在 6000K 以下，随着温度的降低，C 和 F 原子先复合成 CF，到 4000K 开始形成 CF$_2$；在 3000K 时原子开始进一步复合形成更大的分子，如 CF$_3$、CF$_4$ 和 IF 等；2000K 以下时，小分子开始聚集成为大分子，形成 CF$_3$I、C$_2$F$_6$ 和 I$_2$ 分子等。因此，在纯 CF$_3$I 气体经过高温高压条件后，即电弧燃烧后，主要形成的副产物有 C$_2$F$_6$、CF$_4$、I$_2$。其中 I$_2$ 以固体形式存在，C$_2$F$_6$、CF$_4$ 以气体形式存在。

综上所述，纯 CF$_3$I 气体在燃烧的电弧中以离子和电子的形势存在，随着温度的降低开始合成，高温下的分解产物在电弧温度下降至 2000K 以下开始大规模的发生复合反应，恢复室温后的气体副产物成分主要是 CF$_4$ 和 C$_2$F$_6$，固体分解产物为 I$_2$ 和少量的 C。

3. 金属和杂质对 CF₃I 气体分解产物的影响

CF$_3$I 本身无毒，常温下和电气设备中的金属和绝缘材料有很好的相容性。在高温高压的燃弧条件下，它可能跟金属和微量杂质发生反应，对其灭弧性能造成影响。

由于 CF$_3$I 气体的液化温度较高，目前常见的缓冲气体是 CO$_2$ 和 N$_2$。通过对 CF$_3$I 与这两种气体的混合气体在高温条件下的热平衡态成分分析可知，由于 CO_2 气体中 C-O 之间的双键和 N_2 气体中 N-N 之间的三键键能很大，从高温下降至常温过程中能释放很大的能量获得能量极小值，因此弧后气体恢复至室温后 CO_2 和 N_2 都倾向复合至原气体分子。换句话说，CO_2 和 N_2 的加入并不会对 CF_3I 气体的分解产物产生影响。但金属材料和水等杂质对 CF_3I 气体分解的影响很大。为了研究微量水分对 CF_3I 气体拉弧的影响，对含微量水分的 $30\%CF_3I/70\%CO_2$ 气体进行了拉弧试验后的气体进行了采样，并用上述相同的质谱分析法对其成分进行检测，除了之前测量到的纯 CF_3I 副产物和 CO_2 以外，还得到了 CHF_3 和 C_2HF_5 成分。高温高压下 CF_3I 气体分解受杂质影响的示意图如图 8-49 所示。

高温下的 F 原子时强氧化性的粒子，会和金属发生反应，形成金属氟化物，如 CuF_2、AlF_3、FeF_3 或 WF_6 等，其中前三者为粉末状固体，WF_6 为气体。高温下 I 原子氧化性相对较弱，但也会和一些金属反应，形成金属碘化物，如 CuI 等。固体金属氧化物粉末会引起火花或局部放电，对电弧热开断过后的气体绝缘恢复有消极作用。另一方面，在后续的拉弧过程中，金属元素的加入会影响气体高温高压下的比热容，电弧等离子体温度上升更快，促进了自由电子的形成和热导率的上升，不利于灭弧。

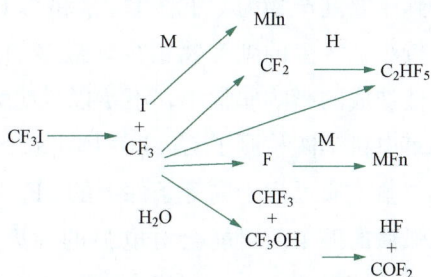

图 8-49　高温高压下 CF_3I 气体分解受杂质影响示意图法（M 指金属元素）

水分是 CF_3I 气体中危害最大的杂质，水分的存在使得 CF_3I 气体产生新的分解产物。水分子在高温条件下吸收热量容易形成 H 和 OH 自由基，很容易和 CF_3I 及其分解物相互作用发生反应，主要反应如图 8-49 所示。这些和水反应后产生的副产物，在温度恢复室温时也很难再恢复成 CF_3I 和水分子，因而促进了 CF_3I 的分解。

4. CF_3I 分解产物的特性分析

对弧后气体成分分别进行环境友好程度和毒性的分析，结果列于表 8-9 中。可以看出，相对于 SF_6，CF_3I 在大电流条件下分解产生的气体产物温室效应潜质 GWP 值都有不同程度降低，除了 CF_4 以外，其他气体在大气中存在时间也大幅缩短。在毒性方面，CF_3I 弧后分解物都属于全氟烃和部分氟代烃类，皆为低毒范围，在长时间或高密度条件下吸入可能会引起头痛、恶心或头昏眼花等症状。实验和使用中应注意通风和适当的自我保护。

表 8-9　　　　　　　　　CF_3I 气体弧后成分环境友好程度和毒性分析

气体名称	相对 SF_6 气体的绝缘强度	液化温度/℃	GWP	大气中的存在时间/年	毒性
C_2F_6	0.78~0.79	-78	9200	10000	低毒
CF_4	0.39	-186.8	6500	50000	低毒
CHF_3	0.18	-78.2	11700	264	低毒
C_2HF_5	0.59	-48.5	14800	32.6	低毒

CF_3I 在高电压大电流条件下拉弧放电以后，主要副产物为全氟代烃，CF_4 和 C_2F_6；如果参入微量水分，将产生少量的氢氟烃类，如 CHF_3 和 C_2HF_5。低碳原子的全氟代烃和氢氟烃都为低毒性，吸入后果和浓度有关。只有在封闭环境中，人体吸入较高浓度的气体时，它才会对人体心血管系统造成一定的损害。在实验和使用中需注意通风和适当的自我保护，保证使用过程的安全。

CF_3I 气体作为电气设备中潜在绝缘灭弧介质引起关注以来，国内外研究者也相继对其放电副产物进行了研究，但主要集中在小电流放电击穿或电晕放电后的副产物研究。日本九州工业大学和东京大学大学院于 2009 年至 2014 年相继研究了 CF_3I 气体局部放电，得到主要副产物为 C_2F_6、C_2F_4 和 C_2F_5I。C_2F_6 是最主要分解产物的结果，但局部放电能量较小，产生的副产物很少，最多的副产物 C_2F_6 也只有 1300ppmv（约 1.3‰），对绝缘特性造成的影响非常小，不足以说明大电流条件下气体分解给气体灭弧性能的影响。日本东京电机学院检测了 CF_3I 气体电弧的发射光谱，以及开断后气体中的碘和氟单质含量，其中氟单质远少于同等条件下的 SF_6 气体电弧产生量，小于 2ppmv。但电弧过程中碘离子和弧后的碘单质可能会对电弧的熄灭过程有负面影响。日本研究者指出，通过添加吸附剂，活性炭 C2X，可以完全消除产生的弧后气体中的氟和碘，且 CF_3I 所需的吸附剂的质量少于 SF_6 气体电弧的。

CF_3I 混合气体稍不均匀电场与极不均匀电场下放电分解特性基本一致，主要的工频放电产物有 CF_4 和 C_2F_6，CF_3I 的分解率在 10% 左右。雷冲放电时，CF_3I 气体几乎不发生分解，没有含氟生成物检出。

从分解特性来看，在保证电弧成功开断且及时消除固体副产物的前提下，CF_3I 气体在开断电弧作用下的分解问题不会影响其在 C‑GIS 中的应用。

8.4　C_4 和 C_5 的灭弧性能分析

8.4.1　灭弧实验及评价参数

1. 实验原理

图 8‑50 所示为实验所采用的电路图。实验中短路电流由大容量 LC 振荡回路提供，通过电容器组与电抗器的串联谐振产生频率为 50Hz 的短路电流，并通过控制电容器组的充电电压来调节预期开断的短路电流。实验采用调压变压器与整流器配合对电容器组进行充电，此时辅助负荷开关 QL1 闭合，QL2 断开。当电容器组的充电电压达到预期值时，辅助开关 QL1 自动断开。此时，将辅助开关 QL2 闭合，电路将处于待触发状态，当触发源发出信号后，首先连接上下游腔体的电磁开关打开，引导气流从上游腔体注入下游腔体，在触头侧边形成压力梯度；接着，晶闸管导通，电流从高压电极流过低压电极；然

后，动触头与静触头分离，在电极间形成电弧。由此，可形成在喷口限制吹弧的实验条件，模拟高压断路器开断过程中的气吹灭弧机理。将喷口拆除并将上下游腔体间的电磁开关保持常闭状态时，即可开展拉弧实验。在实验中，需要对电流注入时刻、光谱采集时刻、气流注入时刻、触头分离时刻以及高速相机触发时刻进行准确控制与调整，因此采用一台多通道数字信号发生器来作为触发源提供触发信号。

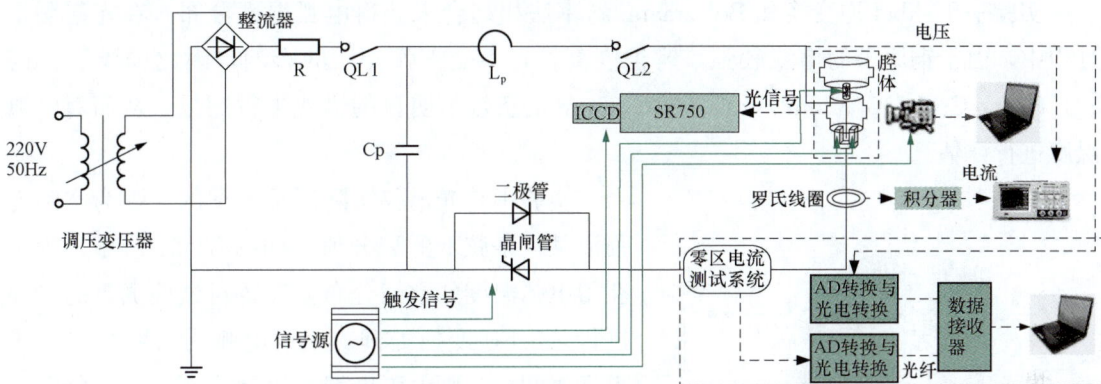

图 8-50　气体燃弧特性实验电路图

在实验中，除了电弧电压、电弧电流等基本电参量外，还对于电弧光谱、电弧图像以及电流零点附近的电压电流等参量进行了测量与诊断。其中，电弧光谱采用 Andor 公司的 SR-750 型高分辨光栅光谱仪和 iStar DH734 型 ICCD 相机进行拍摄，光谱测量范围在 270~810nm 之间，最小门宽可达 2ns；电弧图像采用美国 VRI 公司的 Phantom V10 型高速摄影仪进行拍摄，该仪器采用 SR-CMOS 传感器，最高分辨率为 2400×1800，最短曝光时间为 $2\mu s$；零区电弧参量由荷兰 KEMA 高功率实验室开发的零区测量系统进行测量，该系统的最高测量频率可达 100MHz，而所能测量的电流范围为 50mA~80kA，可对电流零点附近变化极其剧烈的电压电流信号进行准确的测量与记录。

电弧电参量包括电弧电压、电弧电流两个电弧的基本参量和电流过零期间的零区参量。电弧电压的大小受到触头开距、瞬时电弧电流、灭弧介质以及充气压力等多种因素的影响，是反映燃弧过程的重要参量之一。在实验中，采用高压探头（Tektronix P6015A）对电弧电压进行测量，通过 1000:1 的变比输入示波器进行记录。电弧电流则采用罗氏线圈和配套积分器（创元 CY2003-A3）进行测量。零区参量是指电流过零点附近的电弧电压和电弧电流。在电流过零期间，电弧通道的电子与离子快速复合和扩散，电弧等离子体迅速冷却，在此过程中的电弧电压与电弧电流可反映此时弧隙的介质恢复状态，通过零区参量，可获得电弧的时间常数和能量耗散系数等反映电弧开断过程的重要参量，从而对开断性能进行评估。

2. 电弧光谱测量

燃弧过程中，电弧等离子体温度高达数万开尔文，电弧通道中的粒子将发生电离，同时，电弧会对电极存在烧蚀作用，从而在电弧通道中引入铜原子和铜离子等粒子，并发出较强的光。通过电弧光谱，可以对电弧等离子体的多种物理参量进行诊断。为了测量燃弧过程中电子激发温度，采用一台光谱仪和一台 ICCD 相机对燃弧期间的光谱进行测量与记录。实验采用分布式光谱测量，将狭缝调整至垂直于电极方向，并移动光谱仪将狭缝对准需要测量的位置。

实验基于 Abel 逆变换和 Boltzmann 斜率法相结合来获得电弧温度分布。在光谱测量过程中，由于铜原子的谱线较强，辨识度高，且不受灭弧介质的影响，因此选择了 Cu I 521.8nm、Cu I 515.32nm 和 Cu I 510.55nm 三条较为明显的谱线进行测量，从而对电弧温度进行评估。

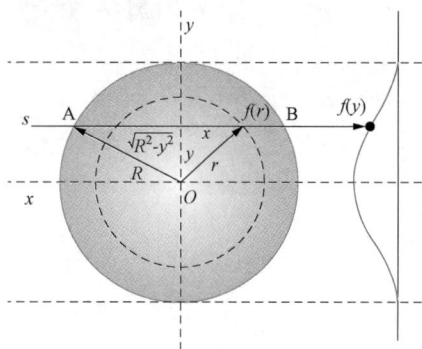

图 8-51　Abel 逆变换原理图

实验中，光谱仪实际测量得到的光强为实际光强沿某一条弦上的积分值，如图 8-51 所示。为了获得电弧温度的空间分布，需要对试验测量的光强进行 Abel 逆变换处理。假设电弧为对称分布的等离子体圆柱，则电弧区域可表示为图 8-51 所示的圆对称区域，半径 r 处的光强可表示为 $f(r)$。对 $f(r)$ 从 A 点至 B 点处沿直线路径 s 积分，积分值 $f(y)$ 即为实际测量得到的 y 处光强

$$f(y) = \int_{-\sqrt{R^2-y^2}}^{\sqrt{R^2-y^2}} f(r)\,dx \qquad (8-51)$$

当已知光强的积分值 $f(y)$，需要求解光强沿径向分布 $f(r)$，此过程即为 Abel 逆变换。可将式（8-51）中的积分变量更换为 r，于是得到

$$f(y) = \int_y^R f(r)\frac{r\,dr}{\sqrt{r^2-y^2}} \qquad (8-52)$$

假设电弧边界为 R，则有 $f(R)=0$，于是可通过反变换得到

$$f(r) = -\frac{1}{\pi}\int_r^R f'(y)\frac{dy}{\sqrt{y^2-r^2}} \qquad (8-53)$$

通过上述变换过程，可以得到各个谱线光强沿径向的分布函数 $f(r)$，在此基础上，根据波尔兹曼斜率法，对于同一元素不同激发态的两条或多条谱线，存在如下关系式

$$\log\frac{I\lambda}{gA} = -\frac{5040}{T}E + \log\frac{hcn_M}{z} \qquad (8-54)$$

式中：I 表示谱线强度；λ 表示谱线波长；g 为谱线的简并度；A 为原子从高能级向低能级的自发跃迁几率；E 为谱线的激发能；h 为普朗克常量；c 为光速；n_M 为原子密度；z 为原子在该温度下的配分函数。

于是，可以联合 Cu I 521.8nm、Cu I 515.32nm 和 Cu I 510.55nm 三条谱线获得式（8-54）中与温度相关的斜率，从而获得电弧温度沿径向的分布。

3. 弧后击穿特性评估

Mayr 模型常被用于弧后热击穿特性评估。采用 Mayr 电弧模型可对燃弧过程和电流过零前的电弧能量耗散特性及弧后击穿特性开展研究。Mayr 方程通常表示

$$\frac{1}{g}\frac{\mathrm{d}g}{\mathrm{d}t} = \frac{1}{\theta}\left(\frac{ui}{Q} - 1\right) \tag{8-55}$$

式中：g 为电弧电导；θ 为电弧时间常数；u 为电弧电压；i 为电弧电流。

基于式（8-55）推导可以得到

$$\theta = \frac{g_1 i_2^2 - g_2 i_1^2}{i_1^2 \dfrac{\mathrm{d}g_2}{\mathrm{d}t} - i_2^2 \dfrac{\mathrm{d}g_1}{\mathrm{d}t}} \tag{8-56}$$

$$Q = \frac{i_2^2 \dfrac{\mathrm{d}g_1}{\mathrm{d}t} - i_1^2 \dfrac{\mathrm{d}g_2}{\mathrm{d}t}}{g_2 \dfrac{\mathrm{d}g_1}{\mathrm{d}t} - g_1 \dfrac{\mathrm{d}g_2}{\mathrm{d}t}} \tag{8-57}$$

8.4.2　CO_2 及其与 C_4-PFN/C_5-PFK 混合气体电弧特性研究

1. 典型实验结果分析

如图 8-52 所示为 CO_2 气体在拉弧和吹弧电弧实验中的电压电流波形。通过比较发现，拉弧实验中，在电流导通后约 0.5ms 时刻，触头分离，电弧开始燃烧，此时电弧电压为 22V，在第一个电流半波期间，电弧电压随电流的增大和减小而呈现出相似的变化规律，电弧电压峰值约为 34V。电弧稳定燃烧，电弧电压几乎没有出现波动的现象，在第一个电流零点前，电弧电压仅为 14V。第一个电流零点存在短暂的零休现象，此时电流为零，而电压则出现一个反向的尖峰，峰值约 84V。在第二个电流半波期间，电弧电压呈现出类似于第一个电流半波的规律，但在第二个电流零点前，电弧电压出现了一个较小的熄弧尖峰，电弧电压从约 18V 提高到 21V 后电弧熄灭。通过对于电弧图像的分析，了解到在第一个电流半波后，触头的开距仅约为 1.5mm，而第二个电流半波后，触头的开距约为 3.9mm。在吹弧实验中，电流导通后约 0.32ms 时刻触头分离，电弧开始燃烧，此时电弧电压为 22V，在大电流期间，电弧电压变化规律与拉弧实验比较接近，但其峰值约为42V，略高于拉弧实验，而在第一个电流零点之前，出现了一个明显的熄弧尖峰，电弧电压高达 96V。第一个电流半波过零后，出现了约为 0.84ms 的电流暂停时间，而后电弧重新开始燃烧。在第二个电流半波期间，不同于第一个电流半波期间，电弧电压呈缓慢上升趋势，且在过零前出现了明显的熄弧尖峰，电压高达 158V。

通过比较以上两种燃弧方式下的电弧电压波形图可发现，在极小的电极间距（<5mm）下，电弧电压随电弧电流的增大而增大。拉弧实验的第一个电流半波没有出现熄弧尖峰，而第二个电流过零点则出现较小的熄弧尖峰。通过比较拉弧实验与吹弧实验发现，吹弧有

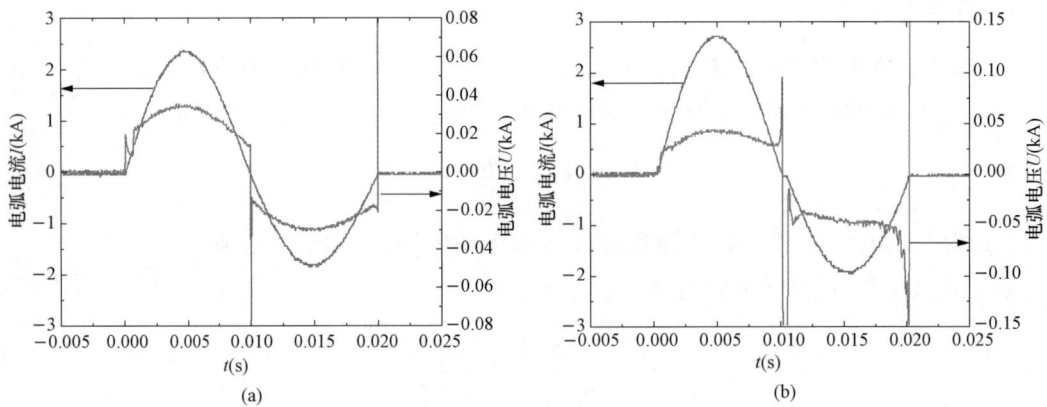

图 8-52　不同燃弧方式下 CO_2 气体燃弧过程电压电流波形图

（a）拉弧；（b）吹弧

助于增强电弧能量的耗散，使得电弧电阻增大，电弧电压升高。在吹弧实验中，第一个电流过零点就出现了明显的熄弧尖峰以及较长的电流暂停时间，这说明吹弧对于熄弧尖峰的形成和电弧的熄灭有着极大的促进作用。

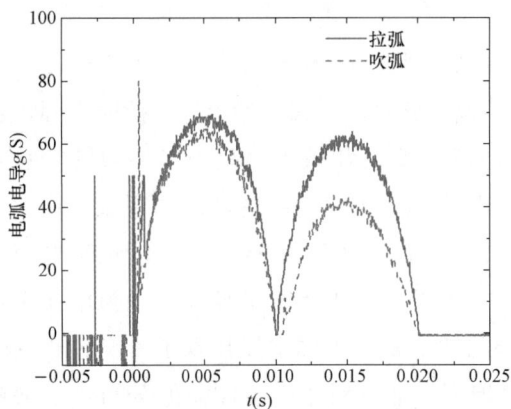

图 8-53　不同燃弧方式下 CO_2 气体燃弧过程电弧电导波形图

如图 8-53 所示为 CO_2 气体在拉弧和吹弧电弧实验中的电弧电导波形图。从图中可以看出，而拉弧实验中的电弧电导高于吹弧实验。相比于拉弧实验，吹弧实验中，电弧等离子体受到气吹作用的影响，电弧温度降明显降低，因而电弧电导也将减小。在第一个电流半波期间，吹弧实验中的电弧电导仅略低于拉弧实验，而在第二个电流半波期间，吹弧实验的电弧电导仅约为拉弧实验中的三分之二，这是因为第二个电流半波期间，电极间距明显大于第一个电流半波期间，因而电弧与气流的接触面积更大，气吹对于电弧的影响也更为明显。

如图 8-54 所示为 CO_2 气体在拉弧和吹弧电弧实验中的电弧注入能量波形图。从图中可以看出，拉弧实验中的电弧注入能量低于吹弧实验。在燃弧期间，电弧的能量注入与能量耗散除总体基本保持平衡，二者之间略微的差别是导致电弧形态变化的因素，电弧的能量注入情况一定程度上反映着电弧能量耗散情况。通过比较这两种燃弧条件下的电弧注入能量发现，气吹作用对于电弧能量耗散有极强的促进作用。

为了对燃弧过程中的电弧能量耗散情况更为了解，采用 Mayr 电弧模型对燃弧期间不同电导下的电弧时间常数和能量耗散系数进行了计算，计算方法如图8-55所示。首先，给定一个电弧电导 g，并在电弧电导的变化曲线中找到与之相等的两个点，其电导分别为 g_1 和 g_2，进而在确定这两个点对应的电流值 i_1 和 i_2 以及电导变化率 dg_1/dt 和 dg_2/dt，最后，基于式（8-56）和式（8-57）得到该电弧电导下的电弧时间常数和能量耗散系数。

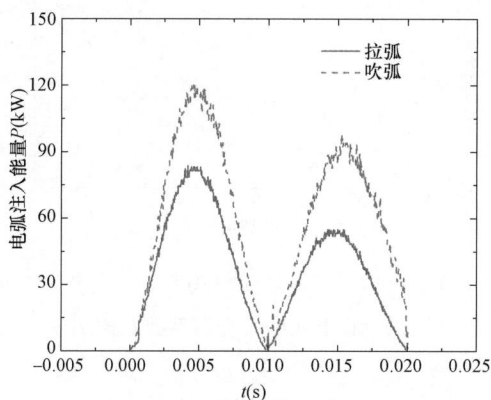

图8-54　不同燃弧方式下 CO_2 气体
燃弧过程电弧注入能量波形图

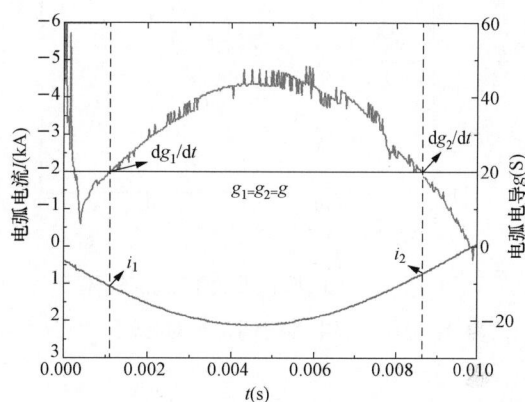

图8-55　电弧时间常数和能量
耗散系数确定方法图

图8-56和图8-57所示为拉弧和吹弧电弧实验中的电弧时间常数和能量耗散系数对比图。从图中可以看出，随着电弧电导的增大，电弧时间常数和能量耗散系数均呈增大趋势。相比于拉弧实验，吹弧实验中的电弧时间常数和能量耗散系数均更大，说明气吹对于电弧能量的耗散有极大的促进作用。

如图8-58~图8-61所示为不同气体分别在拉弧、吹弧实验中的电弧电压波形图和电弧电导对比图。实验中所有气体充气压力均为0.1MPa绝对压力，C_5-PFK/CO_2 和 C_4-PFN/CO_2 混合气体的配比为饱和蒸气压特性计算得到的最低温度-25℃条件下的气体配比。通过对比发现，拉弧和吹弧实验中，由于电极间距较小，不同气体的电弧电压波形几乎重合。在吹弧实验中，CO_2 电弧电导最低，而 SF_6 电弧电导最高，C_4-PFN/CO_2 混合气体的电弧电导略高于 C_5-PFK/CO_2 混合气体。而在拉弧实验中，CO_2 电弧电导最高，其次为 SF_6 电弧，而 C_5-PFK/CO_2 和 C_4-PFN/CO_2 混合气体的电弧电导比较接近。

2. 电弧光谱分析

如图8-62所示为光谱测量的典型结果。图中横坐标为波长，纵坐标为电弧轴向分布。实验中，通过对触头直径的像素数量进行校验，得到像素点数与电弧位置实际距离的比例关系。从图中可以看出，光谱仪对于目标谱线的测量比较准确，不同谱线之间几乎没有相互影响，而且电弧的分布也较为对称，测量效果比较理想。图8-63给出了电弧弧芯位置的光谱分布，从图中可以看出，目标谱线非常清晰，且三条谱线的强度呈线性分布，因此，可以通过 Boltzmann 斜线法来对电弧的温度进行测量。

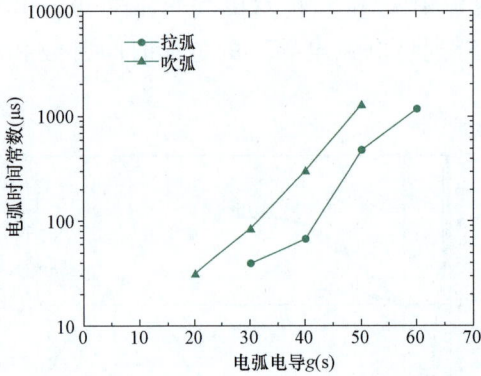

图 8-56　不同燃弧方式下 CO_2 气体
燃弧过程电弧时间常数对比图

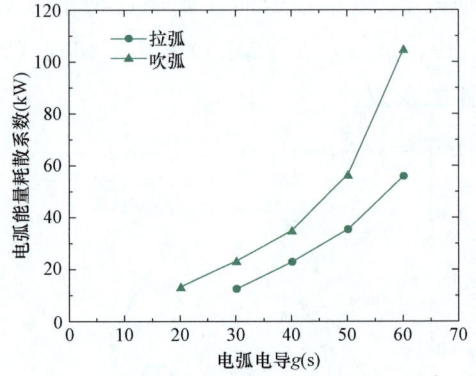

图 8-57　不同燃弧方式下 CO_2 气体
燃弧过程电弧能量耗散系数对比图

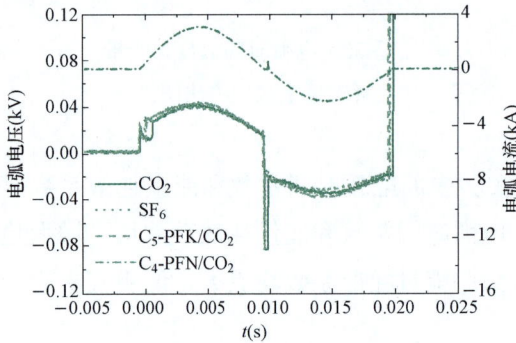

图 8-58　拉弧实验中不同气体
燃弧过程电压波形图

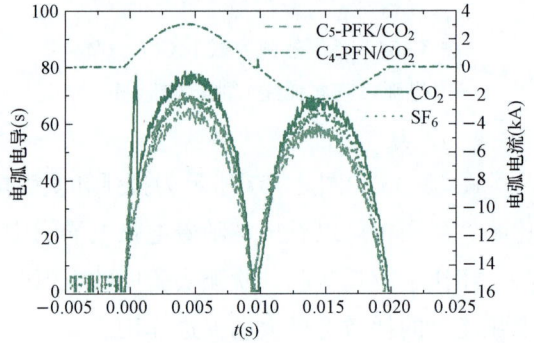

图 8-59　拉弧实验中不同气体
燃弧过程电弧电导对比图

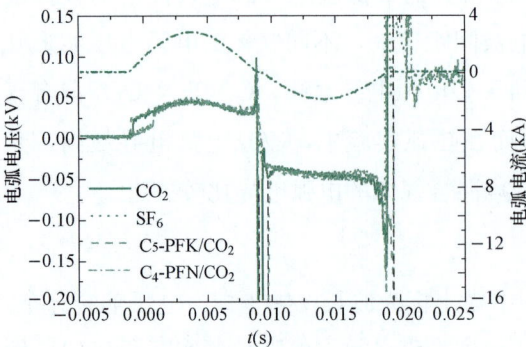

图 8-60　吹弧实验中不同气体
燃弧过程电压波形图

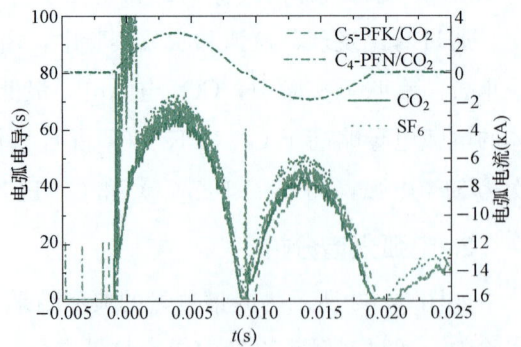

图 8-61　吹弧实验中不同气体
燃弧过程电弧电导对比图

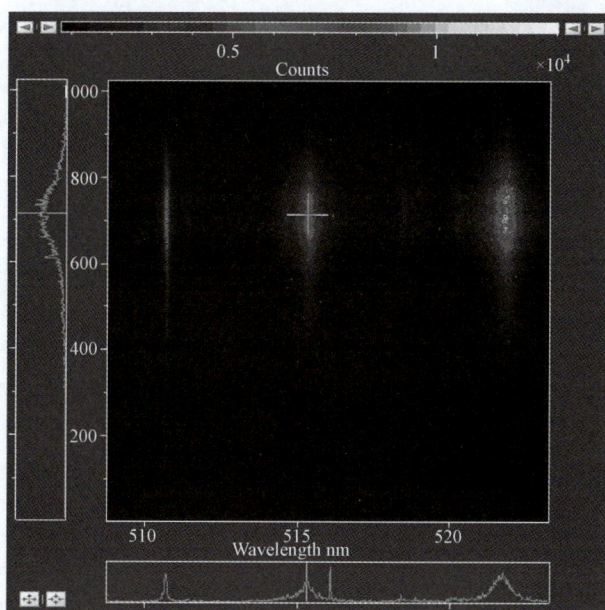

图 8-62　光谱测量典型结果

如图 8-64 所示为拉弧实验中不同气体燃弧过程 8ms 时刻距离阳极 1mm 处电弧温度分布。考虑到拉弧实验中第一个电流半波期间，电极最大间距仅约为 1.5mm，因此选择在距离阳极 1mm 处进行测量，为了避免零区电流较小，电弧温度较低，因而光谱强度较低的问题，选择起弧后 8ms 时刻对电弧光谱进行测量。从图中可以看出，拉弧实验中电弧弧芯的最高温度在 8000～10000K 之间。在拉弧实验中，光谱测量位置距离电极距离在 1mm 以内，考虑到铜电极

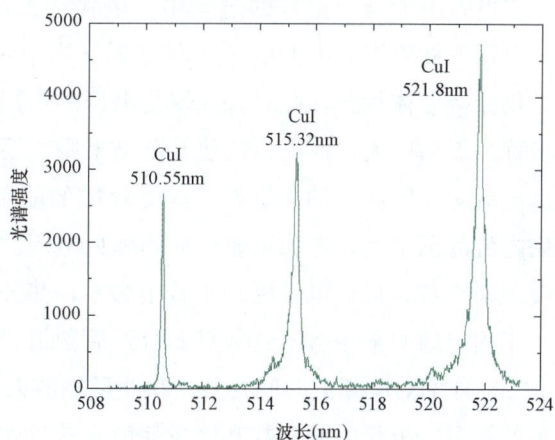

图 8-63　电弧弧芯位置的光谱分布

材料的沸点仅约为 2862K，因而该出电弧温度受到铜电极的影响较为显著。拉弧实验中，电弧弧芯温度从高到低依次为 SF$_6$（9710K）＞C$_5$-PFK/CO$_2$（9240K）＞C$_4$-PFN/CO$_2$（8270K）＞CO$_2$（8120K），电弧半径从大到小依次为 CO$_2$（0.71cm）＞SF$_6$（0.70cm）＞C$_4$-PFN/CO$_2$（0.51cm）＞C$_5$-PFK/CO$_2$（0.38cm）。

3. 弧后击穿特性分析

在高压断路器开断短路电流时，电流过零前 200ns 时刻的电弧电导值 G_{200} 是评估断路器开断性能的一个重要判据。图 8-65 给出了拉弧和吹弧实验中第一个电流零点前 200ns

时刻的电弧电导。从图中可以看出，在拉弧实验中，G_{200}从高到低依次是CO_2＞C_5-PFK/CO_2＞C_4-PFN/CO_2＞SF_6，而在吹弧实验中，G_{200}从高到低依次是CO_2＞C_4-PFN/CO_2＞C_5-PFK/CO_2＞SF_6。

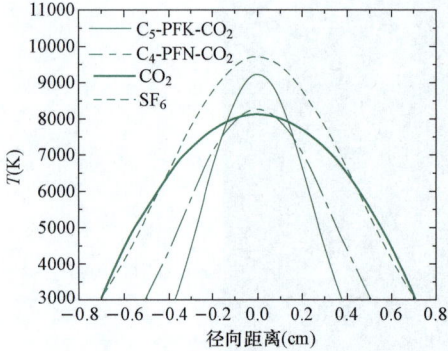

图 8-64　拉弧实验中不同气体
燃弧过程 8ms 时刻距离阳极 1mm 处
电弧温度分布弧后击穿特性分析

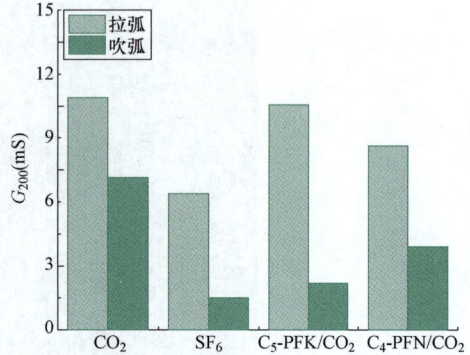

图 8-65　拉弧和吹弧实验中第一个
电流零点前 200ns 时刻的电弧电导

在电弧电流衰减至零的过程中，电弧注入能量逐渐减小，从而导致电弧温度逐渐降低，电弧弧柱收缩，电弧电导逐渐降低。当电流过零后，弧隙电弧等离子体温度依然较高，仍保持导体状态，此时，在恢复电压的作用下，将会有一个很小的电流流过，这个电流被称为弧后电流，而电弧的热开断结果则主要通过弧后电流的变化趋势来进行判断。当弧后电流对弧隙注入的能量高于此时耗散的能量时，电弧等离子体温度升高，电导变大，弧后电流逐渐增大，电弧重燃；而当弧后电流注入弧隙的能量低于此时的能量耗散时，则电弧逐渐冷却，弧后电流则趋于减小为零，热开断成功。

工程上通常采用 Mayr 模型来对弧后热开断的结果进行评判，运用式（8-56）和式（8-57）分别对电弧的时间常数 θ 和能量耗散系数 Q 进行计算，得到如图 8-66 和图 8-67 所示的结果。电弧时间常数和能量耗散系数反映了电流过零时刻电弧等离子体的状态以及能量耗散情况。从图中可以看出，相比于拉弧实验，吹弧实验中电弧时间常数更小，而能量耗散系数则更高，这说明吹弧实验中的电弧能量耗散情况明显优于拉弧实验。在不同气体的拉弧和吹弧实验中，θ 值从高到低依次为 CO_2＞C_5-PFK/CO_2＞C_4-PFN/CO_2＞SF_6，拉弧实验中 Q 值从高到低依次为 C_4-PFN/CO_2＞C_5-PFK/CO_2＞CO_2＞SF_6，而吹弧实验中 Q 值从高到低依次为 C_4-PFN/CO_2＞SF_6＞C_5-PFK/CO_2＞CO_2。

基于计算得到的电弧的时间常数 θ 和能量耗散系数 Q，结合实验测量得到的电流过零前的电弧电压和电弧电流，利用 Mayr 方程可以得到不同恢复电压上升率 RRRV 和不同零前电流变化率 di/dt 下电流过零后的弧后电流，基于弧后电流的趋势，可以对热开断结果进行评估。如图 8-68 和图 8-69 所示即为拉弧实验中 CO_2 电弧在不同 RRRV 和 di/dt 下电流过零后的弧后电流，基于计算结果，得知拉弧实验中，CO_2 电弧的临界 RRRV 和临界 di/dt 分别为 $0.12kV/\mu s$ 和 $0.25A/\mu s$。为了对比不同气体在不同燃弧方式下的热开断性能，图 8-70 和图 8-71 给出了实验中的几种气体在拉弧和吹弧实验中第一个电流过零点的临界 RRRV 和临界 di/dt。从图中可以看出，吹弧实验中的临界 RRRV 和临界 di/dt 远高于拉弧实验，以 CO_2 为例，拉弧实验中的临界 RRRV 和临界 di/dt 大约为吹弧实验中的 25%。横向对比几种气体，可以看出在拉弧和吹弧实验中，SF_6 气体的临界 RRRV 和临界 di/dt 最高，而 CO_2 最低。在拉弧实验中，CO_2 气体的热开断性能大约为 SF_6 的 50%，C_5-PFK/CO_2 混合气体的热开断性能大约为 SF_6 的 75%，而 C_4-PFN/CO_2 混合气体则基于与 SF_6 的热开断性能相等。在吹弧实验中，CO_2、C_5-PFK/CO_2 和 C_4-PFN/CO_2 混合气体的热开断能力分别大约为 SF_6 的 45%、68%和 91%。

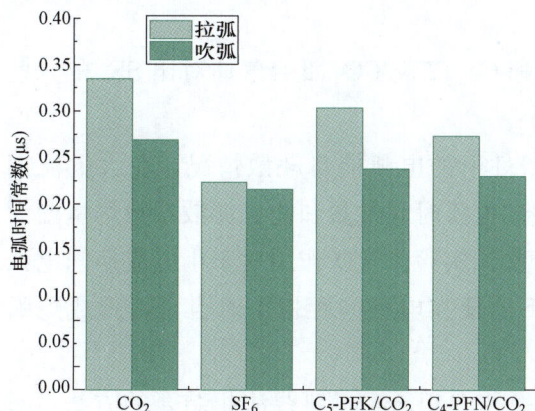

图 8-66 拉弧和吹弧实验中第一个电流零点电弧时间常数

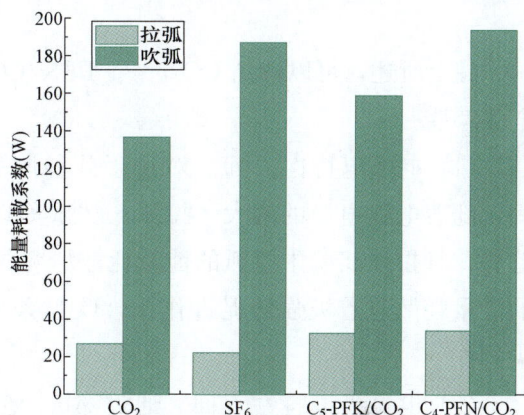

图 8-67 拉弧和吹弧实验中第一个电流零点电弧能量耗散系数

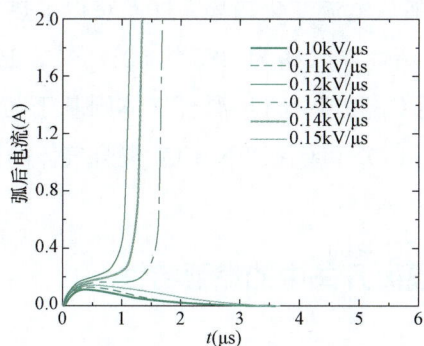

图 8-68 拉弧实验中 CO_2 电弧不同 RRRV 下的弧后电流

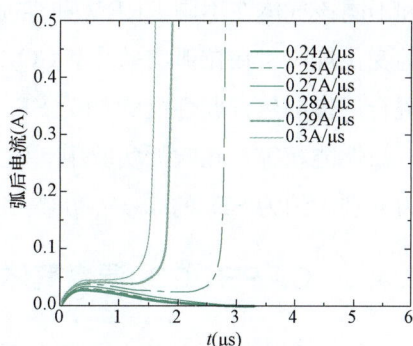

图 8-69 拉弧实验中 CO_2 电弧不同 di/dt 下的弧后电流

217

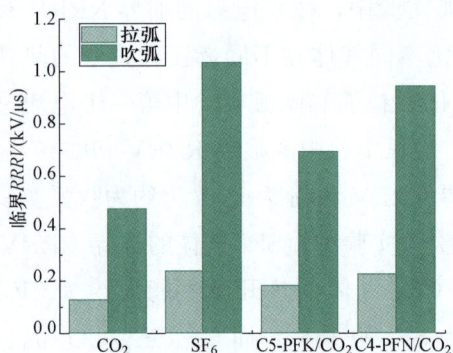

图 8-70 不同燃弧方式下
不同气体的临界 RRRV

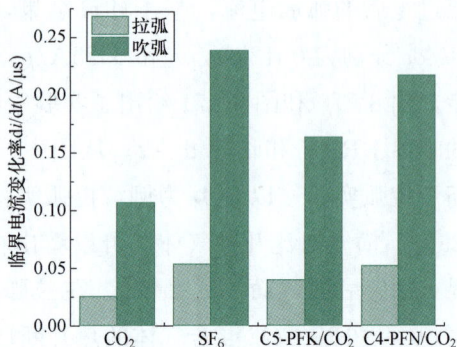

图 8-71 不同燃弧方式下
不同气体的临界 di/dt

综上所述，可以得到 CO_2、C_5-PFK/CO_2 和 C_4-PFN/CO_2 混合气体对比 SF_6 的一些电弧特性。

（1）电弧电特性方面。对比了几种燃弧条件下的电弧能量耗散情况，在大电流期间，随着电弧电导的增大，拉弧、吹弧实验中的电弧时间常数和能量耗散系数均呈增大趋势，且拉弧实验中电弧的能量耗散情况弱于吹弧实验。气吹作用对于小电流期间电弧的能量耗散有着极强的促进作用，吹弧条件下即便在电极间距极小时也可以形成熄弧尖峰。

（2）电弧光谱特性方面。通过 Abel 逆变换与 Boltzmann 斜线法相结合的方法，对 CO_2 及其与 C_4-PFN/C_5-PFK 混合气体在拉弧实验中的电弧温度进行了测量，研究结果表明拉弧实验中的电弧弧芯温度范围在 8000～10000K，认为主要是受到触头的影响。

（3）弧后热击穿特性方面。基于零区系统测得的零区电压电流数据，分析了不同燃弧条件和不同该气体在不同 RRRV 和零前 di/dt 下的弧后电流变化趋势，进而获得了热开断能力的变化规律。在拉弧实验中，CO_2 气体的热开断性能大约为 SF_6 的 50%，C_5-PFK/CO_2 混合气体的热开断性能大约为 SF_6 的 75%，而 C_4-PFN/CO_2 混合气体则基于与 SF_6 的热开断性能相等。在吹弧实验中，CO_2、C_5-PFK/CO_2 和 C_4-PFN/CO_2 混合气体的热开断能力分别大约为 SF_6 的 45%、68% 和 91%。

8.4.3 C_4-PFN/CO_2 混合气体在 145kV 隔离开关中的燃弧特性

1. 145kV 隔离开关结构与实验电路

采用一台 145kV 电压等级的三工位隔离开关，针对 SF_6 和 C_4-PFN/CO_2 混合气体开展母线转换电流开断实验。实验短路电流由 LC 振荡回路提供，选用 1600A 的母线转换电流开展实验。经过短路测试，该 LC 振荡回路电流源产生数千安电流时的充电电压较高，如要产生 1600A 有效值的电流需要充电电压为 76V，较实际母线转换电流开断实验的电压更高。因此，考虑到实验过程中的触头的电寿命问题，对于每一种实验条件，采用一个新的断口来开展实验，并且控制实验次数在 50 次，以减小触头烧蚀对于实验结果的影响。实验采用如图 8 - 72 所示电路图，其工作原理是：实验前主合闸开关 QL2 断开，闭合充电回路开关 QL1，调节调压器通过整流硅堆对电容器组 Cp 充电；充电至所需实验电压后调压器回零断开充电回路，实验准备就绪。接通主合闸开关 QL2，由 Cp、Lp、QL2，腔体以及二极管和晶闸管构成一个典型的单频振荡回路。实验中电弧电压由高压探头测得，电弧电流通过罗氏线圈测得，利用一台数字示波器记录。

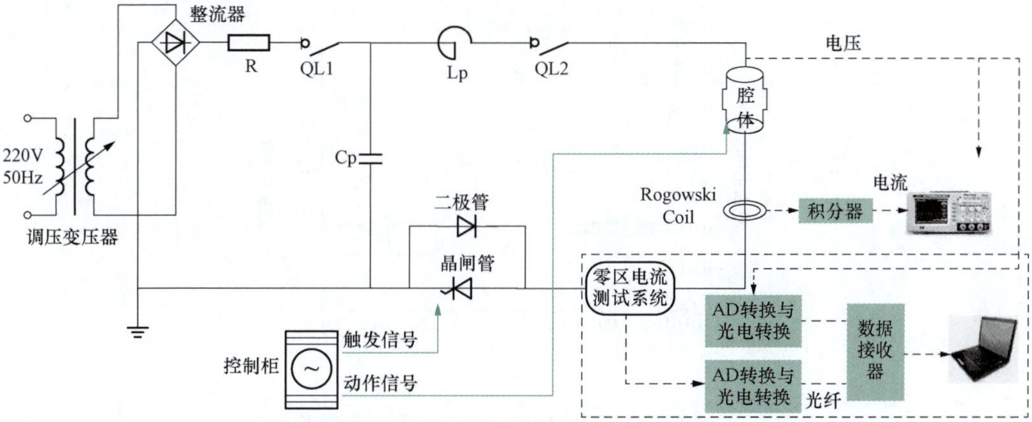

图 8 - 72　145kV 隔离开关实验电路图

2. 燃弧特性分析

在实验中，分别对 0.6MPa 绝对压力下的 SF_6 和 0.6、0.7MPa 下的 C_4- PFN/CO_2 混合气体开展试验。其中，C_4- PFN/CO_2 混合气体的配比饱和蒸气压计算得到，保证混合气体的液化温度均为 -25℃。如图 8 - 73 所示为 145kV 隔离开关开断母线转换电流实验的典型的电压电流波形图。图中显示，几种气体在母线转换电流开断实验中均表现出了较好的灭弧能力，电流在第一个电流过零点后立即熄灭。在燃弧过程中，电弧电压均呈略微下降的趋势，且没有明显的波动。在电流过零前，SF_6 气体电弧电压出现了一个较小的熄弧尖峰，而 C_4- PFN/CO_2 混合气体则没有。图 8 - 73 中，SF_6 气体燃弧时间约为 9.0ms，0.6MPa 下的 C_4- PFN/CO_2 混合气体燃弧时间约为 9.44ms，而 0.7MPa 下的 C_4- PFN/CO_2 混合气体约为 9.24ms。

图 8 - 74 所示为 145kV 隔离开关中填充不同气体作为灭弧介质开断 1600A 的母线转换电流时的燃弧时间分布图。经过统计，0.6MPa 绝对压力下的 SF_6 和 0.6、0.7MPa 下的 C_4- PFN/CO_2 混合气体在开断 1600A 的母线转换电流时的平均燃弧时间分别是 11.59ms、7.66ms 和 9.02ms。从图中可以看出，0.6MPa 下的 SF_6 作为灭弧介质时，燃弧时间最长且分

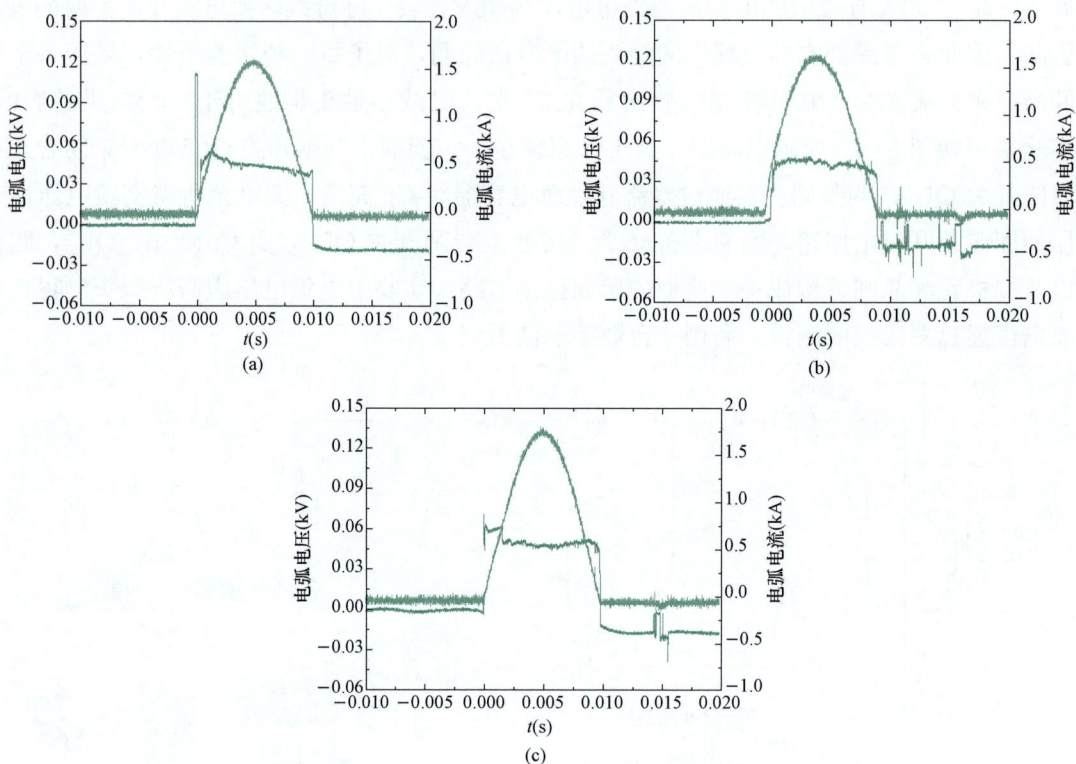

图 8-73　145kV 隔离开关开断母线转换
电流实验的电压电流波形图

(a) SF_6（0.6MPa）；(b) C_4-PFN/CO_2（0.6MPa）；(c) C_4-PFN/CO_2（0.7MPa）

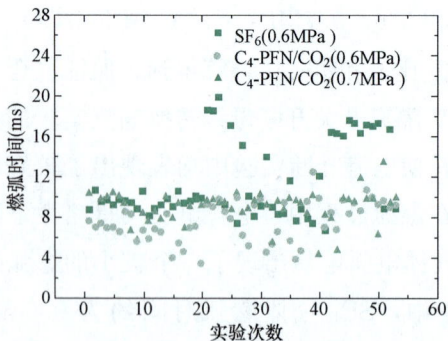

图 8-74　145kV 隔离开关开断 1600A 的
母线转换电流时的燃弧时间分布图

散性最大。而 0.6MPa 下的 C_4-PFN/CO_2 混合气体作为灭弧介质时，平均燃弧时间最小，0.7MPa 下的 C_4-PFN/CO_2 混合气体作为灭弧介质时，燃弧时间波动较小，说明提高气压有助于提高燃弧过程的稳定性。

综上所述，145kV 隔离开关母线转换电流开断实验方面，针对 SF_6 和 C_4-PFN/CO_2 混合气体应用于 145kV 隔离开关，通过了 1600A 的母线转换电流开断实验，发现 C_4-PFN/CO_2 混合气体开断母线转换电流的平均燃弧时间小于 SF_6 气体，且提高 C_4-PFN/CO_2 混合气体的充气压力有助于提高开断过程的电弧稳定性。

8.4.4 C_4F_7N/CO_2 混合气体火花放电析出产物

设总气压为 0.1MPa，C_4F_7N 含量为 10％ 的 C_4F_7N/CO_2 混合气体进行火花实验，检测其产生的析出物。实验中每两个电压等级的间隔为 5kV，每个电压等级下采集 10 组数据，共采集了 6 个电压等级下的火花放电瞬时电压电流波形，分别是 10、15、20、25、30kV 和 35kV。通过采样频率为 2.5GHz 的高速数字示波器对瞬时电流电压波形同步采样结果，发现单次火花放电时间长度为 400ns，因此每组电流电压的实际有用数据长度为 1000。

如图 8 - 75 所示为 10～20kV 的电流电压波形，可以发现，每组电压下，电压电流波形都大致相似，只是随着电压等级上升，振荡的峰值增大，也就是电压等级上升，能量值也不断增大。

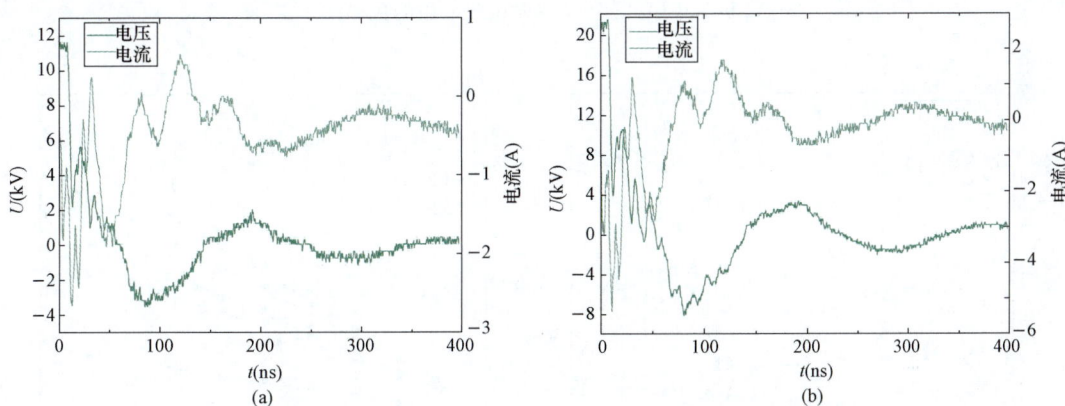

图 8 - 75　10～20kV 火花放电时的电压电流波形
（a）10kV 放电电压电流波形；（b）20kV 放电电流波形

1. 火花放电分解产物分析

对总气压为 0.1MPa、C_4F_7N 含量为 10％ 的 C_4F_7N/CO_2 混合气体进行火花放电分解实验后，对气室内的气体混合物进行采样并通过气相色谱质谱联用仪进行分析。1000 次火花放电的检测结果如图 8 - 76 所示，分解产物主要有 CO、CF_4、C_2F_4、C_2F_6、C_3F_6、C_3F_8、CF_3CN、C_4F_{10}、C_2N_2、C_3HF_7、C_2F_5CN 和 HCN。与工频放电的分解产物对比，火花放电的检测结果中并未检测到 C_2F_3CN 和 C_4F_6。

在此条件下进行 10000 次火花放电过程中这些分解产物的变化趋势，结果如图 8 - 77 所示。可以看到这些分解产物的含量变化的趋势与工频放电工况时一样，都随着放电次数的增加，注入的能量不断累积，分解产物随之线性变化。除了 C_3HF_7 的曲线的斜率是负数，其他的产物都呈现增长的趋势。说明 C_3HF_7 在放电的过程中在不断被消耗分解。

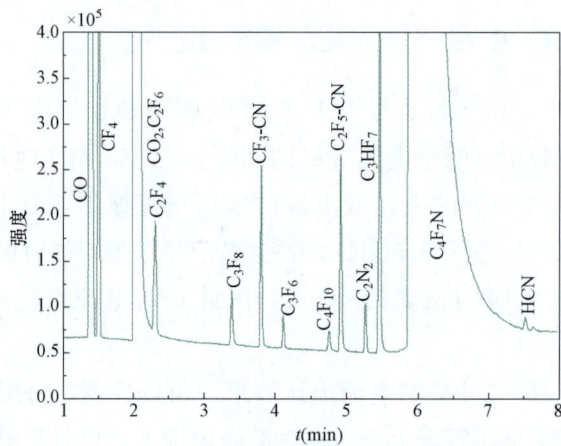

图 8-76　0.15MPa、C_4F_7N 含量为 10％的
C_4F_7N/CO_2 混合气体火花放电后的色谱图

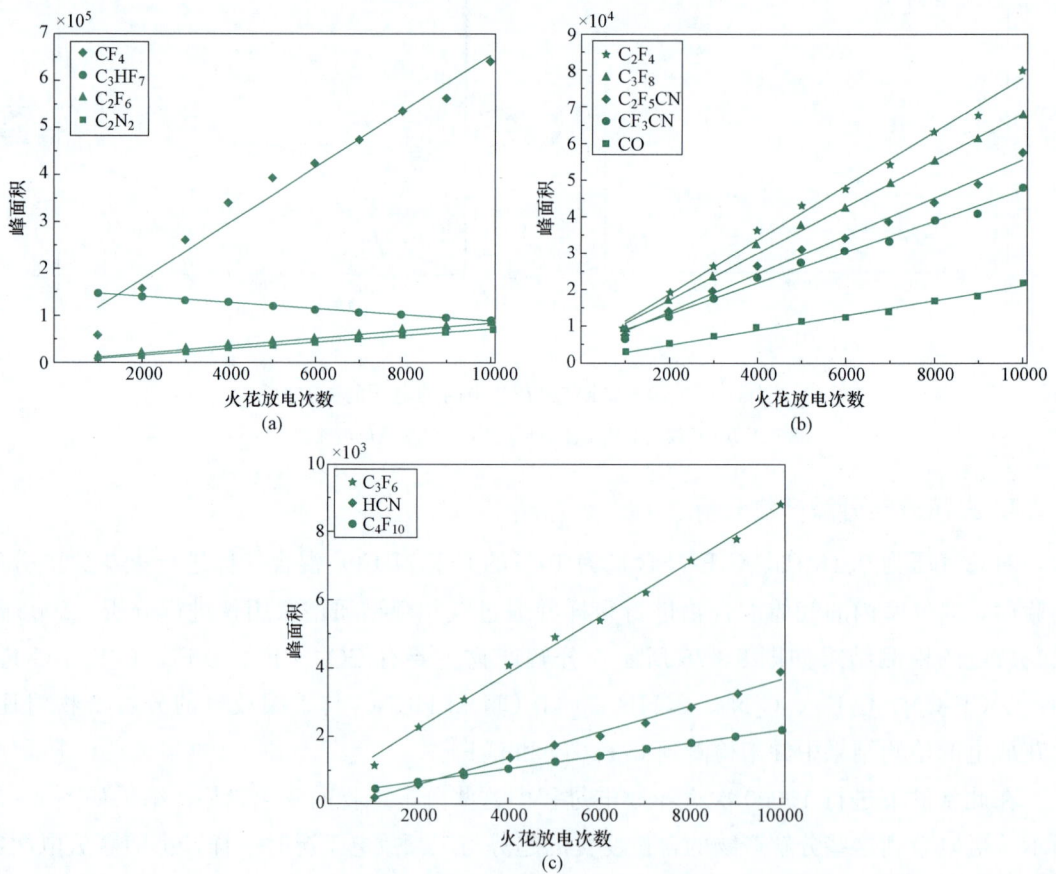

图 8-77　10000 次火花放电分解产物含量变化趋势

（a）CF_4、C_3HF_7、C_2F_6和C_2N_2；（b）C_2F_4、C_3F_8、C_2F_5CN、CF_3CN和CO；（c）C_3F_6、HCN 和C_4F_{10}

2. 能量对放电分解产物的影响

选取 10、15、20、25kV 和 30kV 的 5 种能量，开展了不同能量对分解产物含量变化的影响。实验中配置的 C_4F_7N/CO_2 混合气体气压为 0.1MPa，配比为 10%，每个能量等级下总火花放电次数为 1000 次。图 8-78 所示为各火花放电分解产物含量随能量和放电次数的变化关系。其中图 8-78（f）中的分解产物 C_3F_8 在 10kV 下火花放电时产生的含量极少，只能采集到放电次数累积较多时的含量，因此未在图中示出。从图中可以发现所有的分解产物在不同的能量下都随着放电次数呈现线性增加的趋势，因为每次火花放电的能量都是几乎不变的，使得单次火花放电下分解产物的含量增长量也不变。图中也给出了同一种分解产物在 5 种不同能量下的增长变化，5 条能量曲线在击穿次数的各个节点都互不交叉，每条曲线的斜率可以代表单次击穿分解产物含量的增长率，随着单次火花放电能量的提高，单次击穿分解产物的增长率也随之增大，表明分解产物的含量随着单次能量输入的增加而增大，火花放电就是反应能量的来源，单次火花放电的能量增加，致使单次击穿时分解过程吸收的能量增加，反应的程度也变得更加剧烈，因此产生了更多的分解产物。

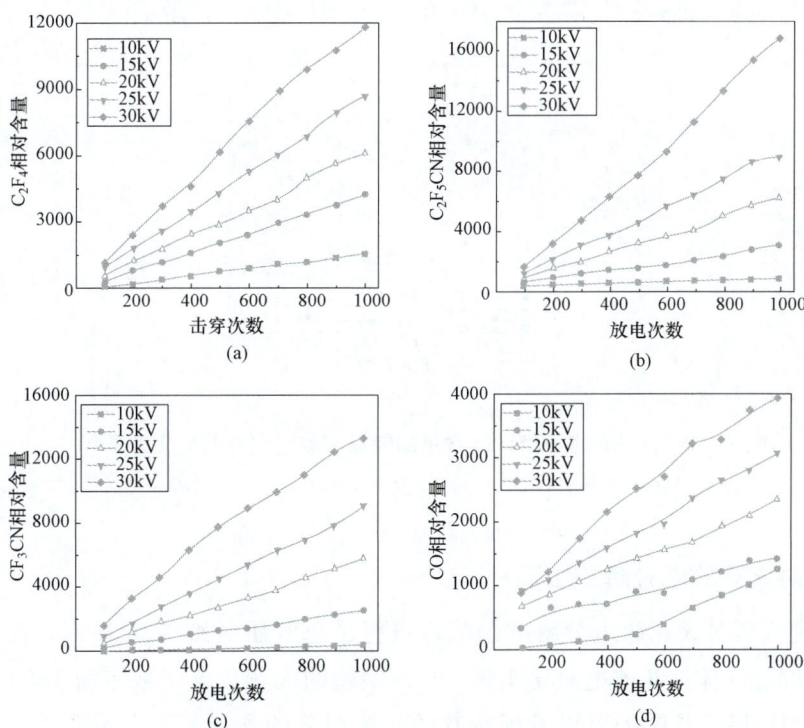

图 8-78 火花放电分解产物含量随能量和放电次数的变化关系（一）

(a) C_2F_4；(b) C_2F_5CN；(c) CF_3CN；(d) CO

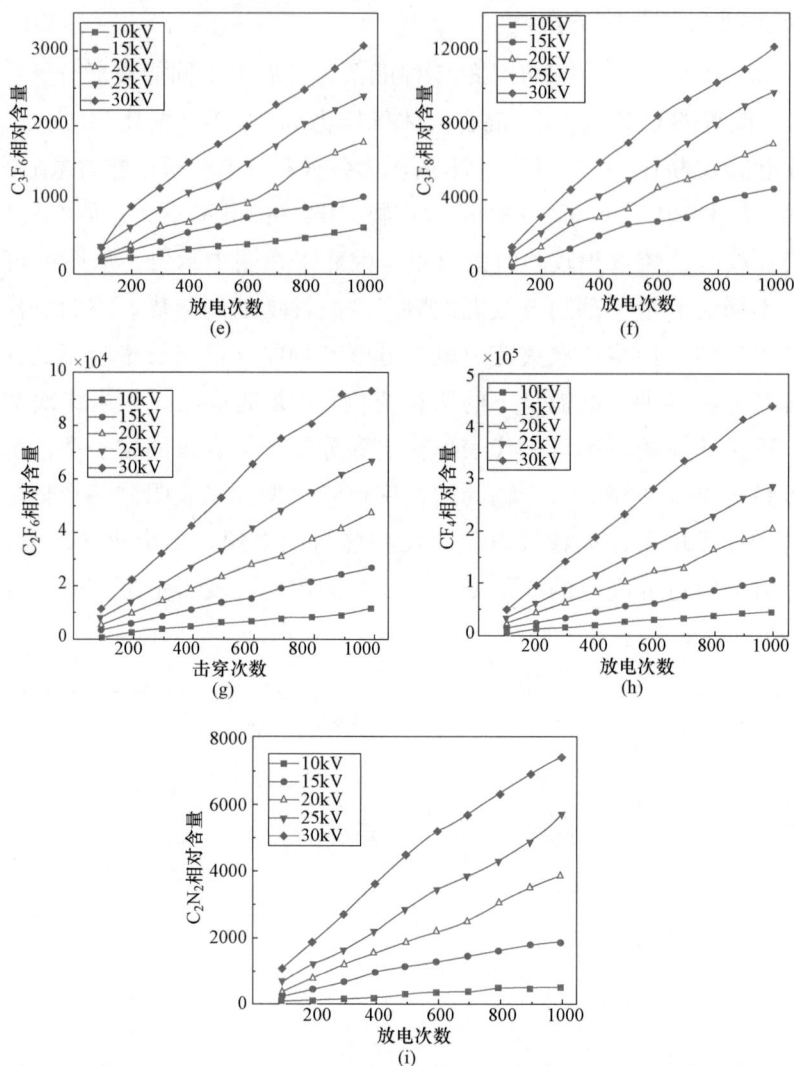

图 8-78　火花放电分解产物含量随能量和放电次数的变化关系（二）

(e) C_3F_6；(f) C_3F_8；(g) C_2F_6；(h) CF_4；(i) C_2N_2

3. 气压对火花放电分解的影响

为了探究气压对火花放电分解的影响，进行了总气压分别为 0.15、0.3、0.4MPa 的 C_4F_7N/CO_2 混合气体火花放电对比实验，每次实验的火花放电次数定为 1000 次，如图 8-79 所示为实验结果。从图中可以发现所有的分解组分的含量都随着火花放电次数的增加而呈现正相关的增长趋势，到实验结束时也并未出现饱和现象；不同气压下的分解产物组分种类是相同的；各分解产物含量在 0.15MPa 时各时间段的含量都比 0.3MPa 和 0.4MPa 时的要高；各个时间段分解产物含量都随着气压的升高而呈现负相关的递减趋势。这说明

气压会影响到 C_4F_7N/CO_2 混合气体的分解反应过程和最终的含量。当其他实验条件不变时，腔体内气压升高，电子的平均自由程就越小，使得电子在电场中所累积的能量就相对减少了，所以减小了碰撞电离的概率，分解反应的程度也就没有那么剧烈，分解产物含量就减少了。综上所述，气压越高，对 C_4F_7N/CO_2 混合气体的分解反应会产生抑制作用，而在低气压条件下更容易获得更多的分解产物。

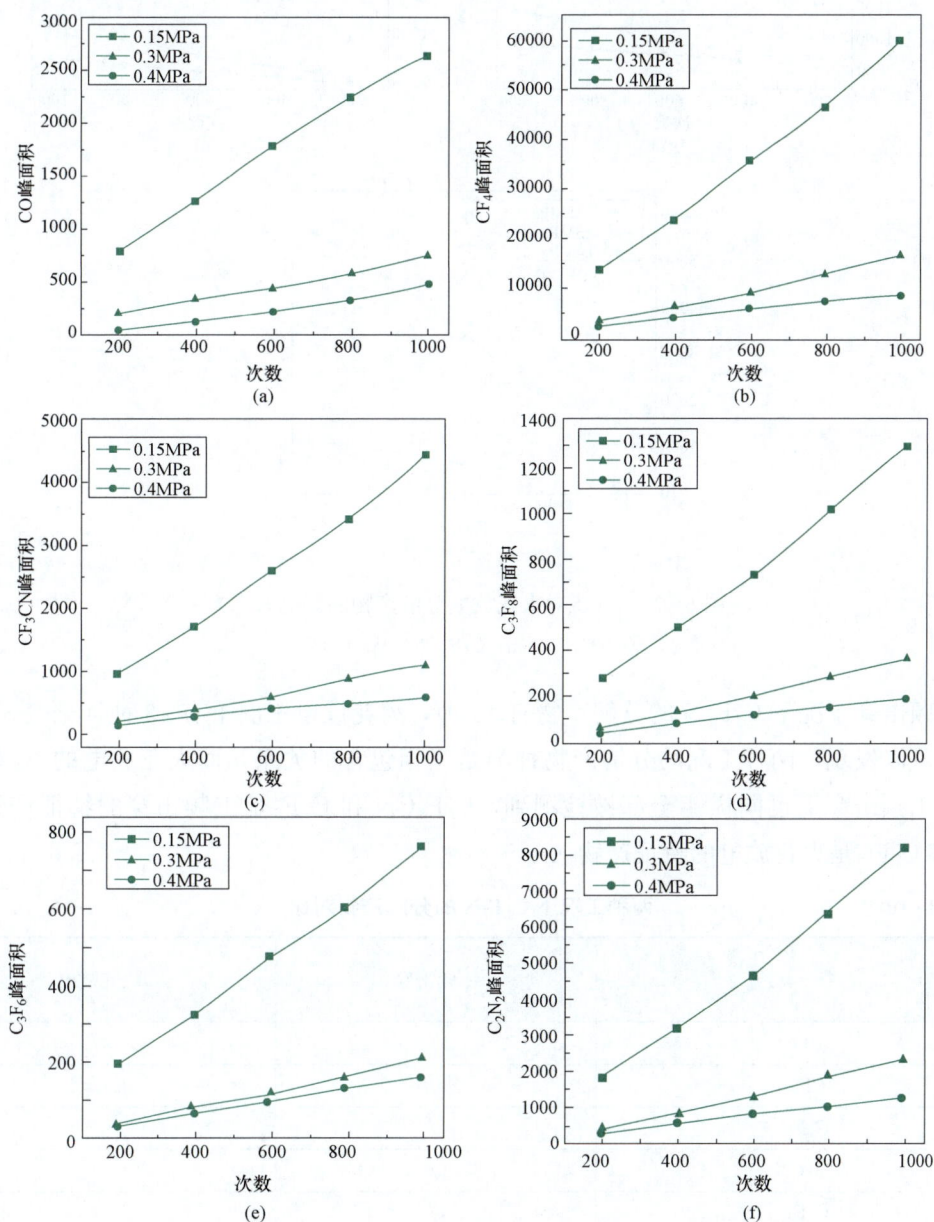

图 8-79　气压对火花放电分解产物的影响（一）

（a）CO；（b）CF_4；（c）CF_3CN；（d）C_3F_8；（e）C_3F_6；（f）C_2N_2

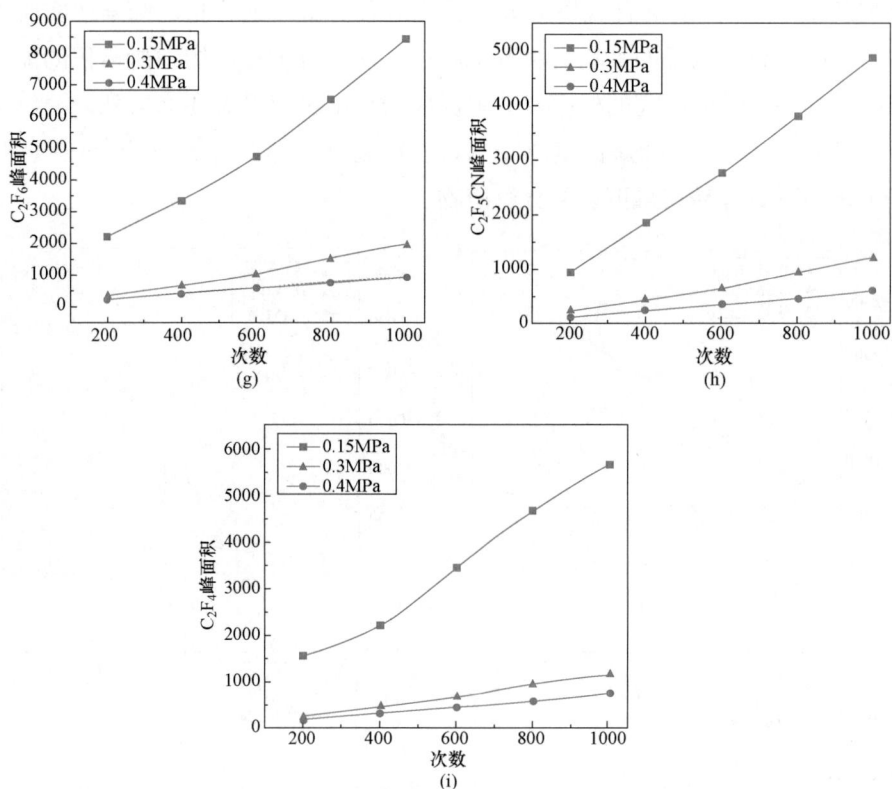

图 8 - 79　气压对火花放电分解产物的影响（二）

（g）C_2F_6；（h）C_2F_5CN；（i）C_2F_4

工频击穿工况下 C_4F_7N 的分解产物有 15 种，火花放电工况下有 13 种（见表 8 - 10）。从表中可以发现，两种工况的分解产物种类是互相包含的关系，而火花放电的 13 种分解产物在工频击穿下也同样能全部被检测到，C_2F_3CN 和 C_4F_6 是工频击穿的特征产物，而 C_2F_4 和 C_2F_6 是火花放电的特征产物。

表 8 - 10　　　　　　　　　两种工况下 C_4F_7N 的分解产物对比

工况 分解产物	工频击穿	火花放电
CO	√	√
CF_4	√	√
C_3F_8	√	√
CF_3CN	√	√
C_3F_6	√	√
C_4F_{10}	√	√
C_2F_5CN	√	√

工况 分解产物	工频击穿	火花放电
C_2N_2	√	√
C_3HF_7	√	√
HF	√	√
HCN	√	√
C_2F_6	√	√
C_2F_4	√	√
C_4F_6	√	—
C_2F_3CN	√	—

综上所述，火花放电工况下 C_4F_7N/CO_2 混合气体的分解产物有 CO、CF_4、C_2F_4、C_2F_6、C_3F_6、C_3F_8、CF_3CN、C_4F_{10}、C_2N_2、C_3HF_7、C_2F_5CN 和 HCN。与工频放电相比，火花放电后并未检测到 C_2F_3CN 和 C_4F_6，几乎所有的分解产物都随着火花放电次数的累积而线性增长，只有 C_3HF_7 是在不断减少；分解产物含量在不同的能量下都随着击穿次数的累积而线性增多，单次火花放电能量越高，分解的速率越快，生成的分解产物越多。分解产物含量随着总气压的升高而不断减少，高气压对分解过程产生抑制作用。

9 环保型气体的应用研究

9.1 CF₃I 混合气体在中压开关设备中的应用研究

在目前电网的开关设备中，中压等级 SF_6 气体绝缘开关设备的气压相对较较低，单台开关设备的 SF_6 气体用量不大，但是气体绝缘开关设备在电网中的用量却很大。同时，在轨道交通、矿业、绿色发电等领域内，中压气体绝缘开关设备也点多面广，数量较大。目前普遍采用的绝缘、灭弧气体仍为 SF_6，研究中压等级设备的环保气体同样具有重大意义。中压设备电压等级范围为 12～40.5kV（72.5kV 电压等级由于设备用量较少暂不研究），包括了 12kV 及 24kV 等级环网柜、40.5kV 等级 C-GIS 等具有代表性的关键开关设备。

上述设备的绝缘方式多为气体绝缘，目前广泛采用 SF_6 气体，而部分厂家也已开发出采用氮气、干燥空气绝缘的 12kV 环网柜，但开关柜体尺寸相对 SF_6 产品增加了 20％以上，同时更高电压等级如不掺混 SF_6 气体无法满足产品的经济性和尺寸要求。产品的灭弧形式分为主流的真空灭弧方式和一定比例的 SF_6 气体灭弧方式，前者采用较为成熟的真空灭弧技术，40.5kV 电压等级下可满足 40kA 甚至更高的短路电流开断；采用 SF_6 气体灭弧形式在中压开关领域受限于箱体充气压力和产品成本等因素，在开断短路电流方面能力较弱，因此气体灭弧技术在该领域主要应用于负荷开关产品完成额定负荷电流的开断。由此，所研究的重点集中于 CF₃I 及其混合气体在中压开关产品上的绝缘特性及负荷电流开断特性两方面，从而进一步讨论气体组成、电场结构、灭弧参数等对开关特性的影响，以及新型气体介质替代 SF_6 的可行性。

目前从数种具有潜在替代价值的气体研究看，暂无综合性能能与 SF_6 气体相当持平的绝缘气体。因此，在高电压等级（126kV 及以上）采用环保型气体来取代 SF_6 气体的应用研究之路还很长。但是从目前的理论研究成果看，CF₃I 等环保气体在绝缘性能上比 SF_6 气体更好，而且也具有一定的灭弧能力。因此，采用两种或三种气体混合而成的混合型环保气体有可能在中压领域的开关设备上取得大量的应用。混合型环保气体在中压开关设备中的应用具有巨大的 SF_6 开关设备的改造市场，从而带来巨大的环保效益和经济价值。

9.1.1 中压气体绝缘开关的结构形式

现在所研究的三大类中压开关设备包括 12kV/24kV 环网柜（V 型环网柜）、12kV 负荷开关环网柜（C 型环网柜，气体灭弧）以及 40.5kV C-GIS。它们在结构形式上的主要特征是：12kV/24kV 环网柜（V型环网柜）采用真空灭弧室作为电流开合单元，气体作为绝缘介质；12kV 负荷开关环网柜采用气体作为绝缘介质和负荷电流的开断介质，其辅助灭弧形式又细分为磁吹、气吹2种；40.5kV 等级 C-GIS 与 V型环网柜的绝缘及开断方式相同，但差异在于其电压和电流等级更高，对绝缘气体介质在多项特性要求更为严苛。以下简述所研究的3大类4小种具有代表性的中压开关的结构形式。

1. 12kV/24kV 电压等级环网柜

12kV/24kV 环网柜（V型环网柜）的主体部分如图 9-1 所示，包括图中的 1 气箱（主要的高压绝缘部分）、2 机构及二次控制室、3 电缆室以及 4 泄压室等主要部分。高压单元主要集中于气箱部分，气箱内部采用气体绝缘，气箱壳体完全接地，属于全绝缘形式的开关核心部件。气箱结构如图 9-2 所示，主要由如图中标号所指的几部分构成：1 为断路器部分，承担各种形式电流负荷的开断、关合；2 为三工位隔离开关部分，负责在断路器完成开断之后形成安全的隔离断口，或形成保证运维检修人员安全的可靠接地；3 为母线部分，又包括套管单元、管型母线、母排等不同的功能形式，用于连接进线端子、不同的开关单元和出线端子等；4 为真空灭弧室是真空断路器的核心元器件。

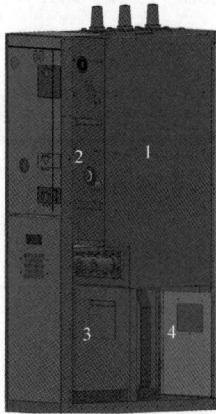

图 9-1　12kV/24kV
环网柜（V型环网柜）
三维结构示意图

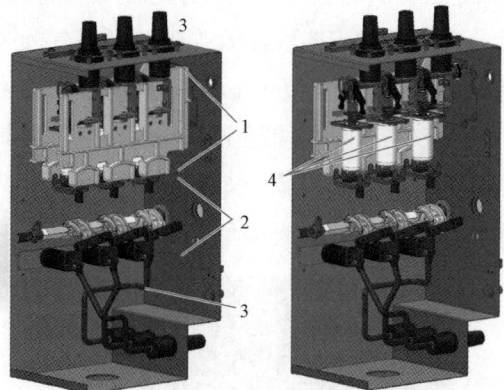

图 9-2　12kV/24kV 环网柜（V型环
网柜）气箱三维结构示意图
1—气箱；2—机构及二次控制室；
3—电缆室；4—泄压

所研究的 V型环网柜总体设计以 12kV/24kV 电压等级 SF_6 充气环网柜产品的气箱为原型（主要产品技术参数见表 9-1），根据替代气体绝缘介质的特点进行设计升级。

表 9-1　　　　　12kV/24kV 环网柜主要产品技术参数（SF_6 气体）

序号	主要设备及技术性能	参数及要求
1	额定频率	50Hz
2	额定电压	12kV/24kV

序号	主要设备及技术性能	参数及要求
3	额定电流	630A
4	额定短时耐受电流	20kA
5	额定峰值耐受电流	50kA
6	额定短路开断电流	20kA
7	额定短路关合电流	50kA
8	额定短路持续时间	4s
9	绝缘介质	SF_6
10	绝缘方式	倾向于气体柜的设计理念，采用电场优化、复合绝缘方式解决绝缘问题，尽量少的采用固体绝缘方式
11	产品结构	真空断路（真空负荷开关）＋三工位隔离开关
12	尺寸	400×800×1400

2. 12kV 等级负荷开关

如图 9-3、图 9-4 所示为两种形式的采用 SF_6 气体绝缘和灭弧的 12kV 负荷开关实物照片，分别采用、磁线圈吹弧形式和压气吹弧两种不同的技术方案。磁线圈吹弧方案在成本造价、灭弧特性等方面较好，同时根据技术参数需求来调节磁线圈的参数；压气式方案造价相对较高，但从原理上看，气吹灭弧兼具了拉长电弧轨迹和冷却高温气体两方面的优势，其灭弧能力相对较强。对于采用 SF_6 作为绝缘、灭弧介质的 12kV 电压等级负荷开关环网柜而言，较为常见的技术参数见表 9-2，这也是本章所研究柜体的主要参数。

图 9-3 12kV 负荷开关环网柜（C 型环网柜）灭弧单元（磁线圈吹弧形式）

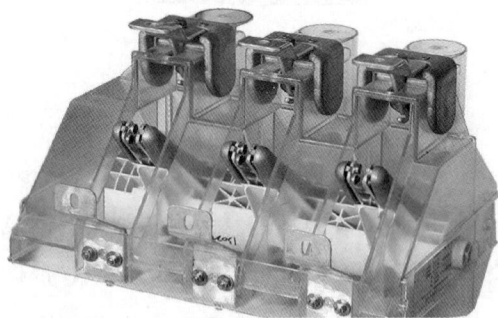

图 9-4 12kV 负荷开关环网柜（C 型环网柜）灭弧单元（压气吹弧形式）

表 9 - 2   **12kV 负荷开关主要产品技术参数（SF$_6$ 气体）**

序号	项目		单位	参数
1	额定短时耐受电流	主回路（4s）	kA	20
		接地开关（2s）		
		接地连接回路（2s）		17.4
2	额定峰值耐受电流	主回路	kA	50
		接地开关		
		接地连接回路		43.5
3	额定短路关合电流峰值	负荷开关	kA	50
		接地开关		
4	负荷开关额定有功负载开断电流		A	630
5	负荷开关额定闭环开断电流		A	630
6	负荷开关 5% 额定有功负载开断电流		A	31.5
7	负荷开关额定电缆充电开断电流		A	10
8	负荷开关额定有功负载开断次数		次	100

3. 40.5kV 等级 C - GIS

40.5kV 等级的气体绝缘开关柜由于电压等级较高，其绝缘气箱尺寸相对较大，同时针对不同电流等级设计不同的尺寸的开关柜。由于其多应用于变电站，一般称为气体绝缘柜式开关柜（C - GIS）。如图 9 - 5 为大电流（2500A）40.5kV 等级 C - GIS 的绝缘气箱三维结构，图 9 - 6 为小电流（1250A 以上）40.5kV 等 C - GIS 的绝缘气箱三维结构。由图 9 -5 可见，大电流由于尺寸较大一般分为两个充气气室（气箱），上部为三工位隔离开关单元，下部为真空断路器单元，图示 1 为进出线母排，2 为真空灭弧室，3 为三工位隔离开关，4 为间隔及出线套管（固体绝缘件）。小电流如图 9 - 6 所示。

两种形式的 C - GIS 主要在整体的气箱结构形式和气箱尺寸方面存在较大差别，三工位开关

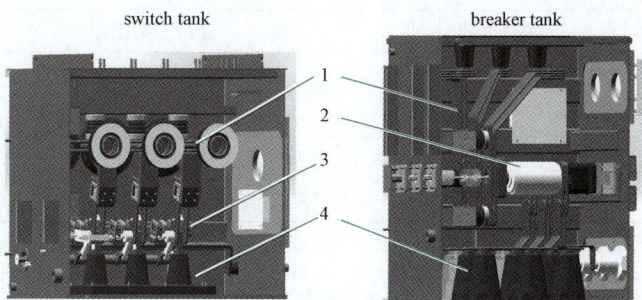

图 9 - 5   40.5kV 等级 C - GIS（2500A）气箱
（上下分体结构）三维结构图

1—进出线母排；2—真空灭弧室；

3—三工位隔离开关；4—间隔及出线套管

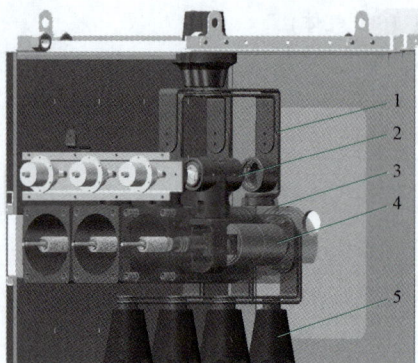

图 9-6　40.5kV C-GIS（1250A）
气箱（上下分体结构）三维结构图

1—三相进线母排；2—三工位隔离开关；

3—真空短路其；4—真空灭弧室；

5—出现母排及出线套管

也存在隔离、接地开关形式上的差异。两种 C-GIS 开关柜技术指标与气箱的关键参数见表 9-3，参数表明，两种形式开关在电流等级上的差异，导致了的气箱内部散热结构和尺寸方面的差异。1250A 气箱由于温升问题并不显著，因此在保证散热可靠的前提下，通过固体—气体复合绝缘，高成本的直动式三工位隔离开关等方式大大缩减了气箱内部空间；而 2500A 气箱由于在温升方面较高的技术需求，箱体尺寸无法大幅缩减，同时考虑力学支撑方面的问题，分为两个独立的气室，同时三工位隔离开关上也采用了价格低廉但性能可靠的转动隔离开关形式。现在主要采用大电流形式的 40.5kV C-GIS 气箱，开展替代气体的绝缘特性等方面的研究。

表 9-3　40.5kV C-GIS（2500A 及 1250A）开关柜主要产品技术参数（SF_6 气体）

序号	主要设备及技术性能	2500A 柜型参数及要求	1250A 柜型参数及要求
1	额定频率	50Hz	50Hz
2	额定电压	40.5kV	40.5kV
3	额定电流	2500A	1250A
4	额定短时耐受电流	31.5kA	25kA
5	额定峰值耐受电流	80kA	63kA
6	额定短路开断电流	31.5kA	25kA
7	额定短路关合电流	80kA	63kA
8	额定短路持续时间	4s	4s
9	绝缘介质	SF_6 气体绝缘	SF_6 气体绝缘
10	产品结构	上独立气室三工位隔离开关 下独立气室真空断路器	三工位隔离开关（上）， 真空断路（下），共气室
11	尺寸（mm）	上气室气室（W×L×H）710×900×850 下气室气室（W×L×H）710×900×1050	气室（W×L×H）790×950×1000

9.1.2　CF_3I 及其混合气体在中压气体绝缘开关的绝缘特性验证

1. 12kV/24kV 电压等级环网柜

采用上述现有的 12kV/24kV 等级 SF_6 气箱产品为原型，在不改变产品整体外部尺寸的前提下，进行局部电场结构的改进优化，提高整体的绝缘能力，实现以 CF_3I 混合气体为替代绝缘介质能够满足相同电压等级的绝缘要求。

采用该方案具有如下技术、产品优势。

（1）减少研发难点，缩短研发时间，原产品的机构、气箱、柜体、五防等技术可直接使用，主要解决 CF_3I/N_2 介质下的绝缘和接地关合；

（2）产品可靠性高经过多年的研制、运维和改进，产品性能质量已非常完善；

（3）可快速量产，产品具有成熟的生产工艺、质量管控和配套，已完成产品的标准化、系列化和通用化，完成型式试验后，可快速进入量产。

基于基础电极放电试验得到的数据结论认为，现有气箱的相间和对地绝缘间隙距离和爬电距离，能够满足 12kV 的绝缘要求；但要满足 24kV 等级绝缘要求则存在一定的问题。这需要针对局部电场集中位置进行仿真分析−试验测试的循环迭代研究和论证，以下针对气箱研究绝缘的优化处理进行详述。

（1）绝缘间隙的优化思路及改进。

首先需要核实相间及对地的最小间隙距离，以保证充分的电气间隙。根据 SF_6 气箱的基本尺寸，原设计的电极中心间距为 150mm，最小间隙为 100mm，对地最小间隙为 100mm。该电气间隙对于绝对压力为 0.14MPa，甚至是 0.1MPa 压力下 CF_3I/N_2（20/80）混合气体是能够满足 24kV 电压等级的绝缘要求的，关键在于电场结构的不均匀度特性。以球（$\phi40mm$）一板为例，该电场结构在 100mm 间隙下属于不均匀电场，不均匀度系数 f 约为 5.4，CF_3I/N_2（20/80）混合气体的雷电冲击击穿数值高于 180kV，远远高于 24kV 电压等级所需要的 125kV 雷电冲击电压；但当电极结构为棒—板结构时，f 值超过 10，相同间隙条件下，在 0.1MPa 压力下则无法满足要求。因此气箱内部结构的改进的整体思路为优化电场结构，尽量避免极不均匀电场结构的出现。

对于 12、24kV 等级的气体绝缘产品，其中三大主件分布（母线、断路器和三工位隔离开关）的电场结构差异较大。断路器的主要部件为圆筒状的真空灭弧室，其结构较均匀，三相平行排列，并且加工工艺精良，该部分的电场分布也就相对均匀；三工位隔离开关位置的电场集中点主要在隔离开关形成（隔离）断口后，动触头（旋转或直线运动）与静触头之间的气体间隙，但此处一般需要承受更大的断口电压耐受要求。因此一般而言电场也是经过优化处理才能达到要求；母线部分的铜导体由于处理工艺较好，在中间的连续部分电场分布也比较理想，但在端部由于存在机加工的缺陷与差异，如果未经特殊处理，可能存在绝缘风险；另外，与高压导体相连的金属机加工件（固定或限位功能）以及接地的金属加工件如果不经过加工处理，往往存在表面缺陷或毛刺等问题，也是存在绝缘风险的位置。

对整机气箱进行了高压验证性试验，结果表明在三工位隔离开关位置发生了击穿，如图 9-7 所示的放电。这表明此处为气箱整体的绝缘薄弱位置，需要进行电场结构的优化。

通过放电路径照片查看及放电痕迹的查找发现了具体问题。如图9-8所示的隔离开关高压静触头（图9-8所示A点）的结构为钣金弯折成形的槽型固定件和黄铜弯折成形的静触头通过螺栓紧固连接。该部件的弯折倒角、触头端部倒角以及机加刀口边缘都是电场集中部位。另外，由于触头位置距离金属支撑板（图9-8所示B点）的距离较小，此处绝缘薄弱位置。因此采用了金属件端部圆角化处理和尺寸缩减等方式对该位置的电场结构进行了优化，大幅提高了耐压水平。

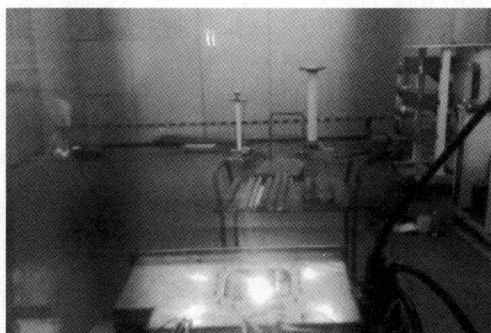

图9-7　电场集中位置的放电现象

（2）气体—固体复合绝缘的优化思路及改进。

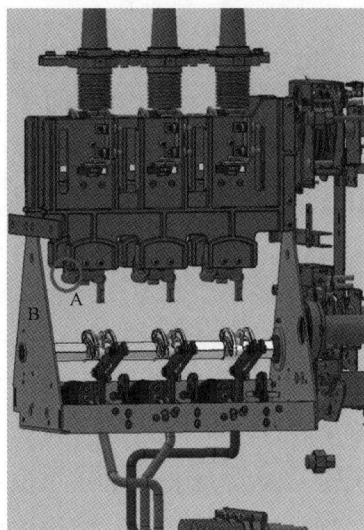

图9-8　箱中的放电位置

气体—固体复合绝缘设计在气体绝缘开关设备中普遍存在，包括绝缘套管、固封极柱以及支撑绝缘等位置。对于工频交变电场，电压随着时间即时变化，电场的分布主要取决于电介质的介电常数。导体、绝缘气体与固体三者的介电常数差异较大，因此在高压导体—气体—固体三种不同介质交汇位置电场场强会发生较大的变化，如果处理不当将会出现严重的电场集中问题，进而引发电晕、局部放电、甚至沿面闪络故障。在采用纯SF_6为绝缘气体的产品中，由于其绝缘裕度高，在12kV/24kV气箱内无需对复合绝缘位置特殊的优化处理。而如果采用CF_3I与N_2混合气体作为绝缘介质，则需要对复合绝缘进行优化改进。以下针对支撑绝缘子—高压导体—绝缘气体位置的三介质交汇处的电场为例，进行具体的优化设计和改进。

对该位置进行了电场仿真模拟，如图9-9所示。按照12kV等级标准雷电冲击电压加载，该位置的最大电场数值达到了15kV/mm，而固定金属件和静触头等高压导体由于其倒角较小且对地距离较小的问题，导致其表面的电场强度也达到2.0kV/mm。针对该位置的修改方案如下：

1）适当加大高压导体与接地金属件之间的间隙；

2）增大导体边缘的倒角；

3）更改高压导体与绝缘固定部件之间的连接方式，包括采用预埋处理使两者一体化浇注/模压成型。

如图9-9所示的15kV/mm电场强度即使SF_6气体（0.1MPa）也难以承受，在实

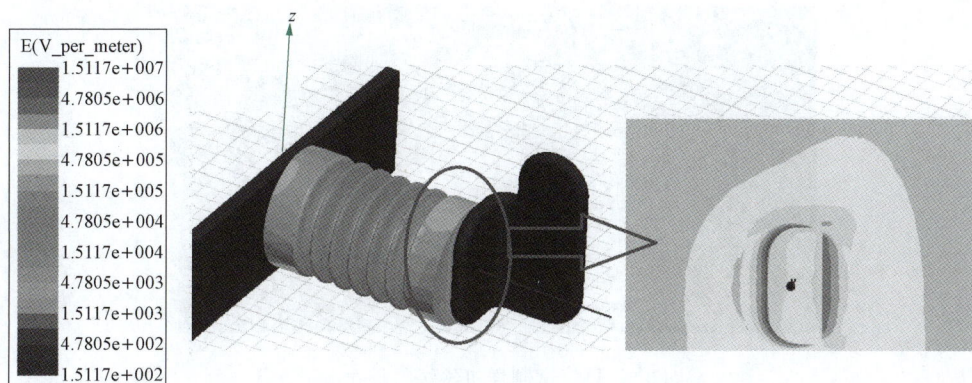

图 9 - 9 局部小气隙带来的电场集中问题

际的雷电/工频耐压试验中，由于高压导体外沿尺寸相对较大，此处不会发生击穿和闪络现象。同时由于 SF$_6$ 的绝缘强度高，在 1.1 倍额定电压下也不会发生明显的局部放电问题，但一旦采用了绝缘强度较弱的替代气体，该位置将存在局放超标的隐患。因此，针对环保型气体绝缘开关，此处需要进行一定的结构优化，消除电场集中问题。如图 9 - 10所示，在绝缘子接触平面上增加了凸台结构，避开高压导体的边缘倒角，使两者的平面相互贴合，最大电场数值显著降低到 1.1kV/mm，电场均匀分布，整机的绝缘安全裕度大大提高。

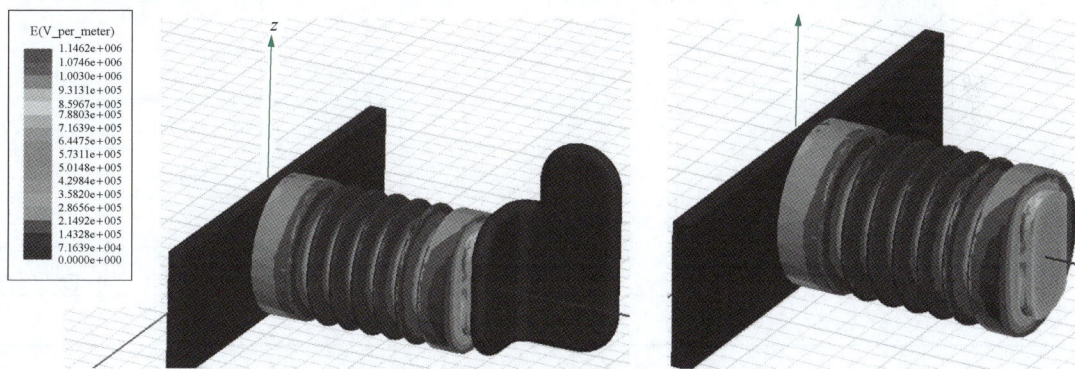

图 9 - 10 改进结构消除小气隙后的电场分布

（3）优化后的整柜绝缘特性试验。

基于上述试验结果对产品进行修改优化，包括增加断口间隙到 100mm，增加套管伞裙长度，以及对部分导体进行边角的圆滑处理等。分别对优化前和优化后的样机进行绝缘试验，试验充气为 CF$_3$I/N$_2$（20/80）混合气体，气箱气压为 0.12MPa。

如图 9 - 11、表 9 - 4所示，试制气箱充入 CF$_3$I/N$_2$（20/80）混合气体，绝对压力为 0.12MPa 时，优化前后的样机均可以顺利通过 12kV 电压等级标准下的绝缘试验。说明该

图 9 - 11　试制样机绝缘特性试验

产品针对 12kV 应用的预留裕度很大，未来产品应用时无需更改样机结构，只需更换为环保混合气体即可实现产品环保化的应用需求。但是该产品采用 CF_3I/N_2（20/80）绝缘，优化前的无法通过 24kV 电压等级标准的绝缘试验，表 9 - 4 中数据表明，通过局部电场的优化设计后，产品的绝缘特性能够满足 24kV 电压等级标准的要求。

表 9 - 4　　　　　　　　CF_3I - N_2（20/80）绝缘 12kV/24kV 气箱绝缘特性试验

电压	条件	样机	优化前样机			优化后样机		
			工频	雷冲（＋）	雷冲（一）	工频	雷冲（＋）	雷冲（一）
12kV	相间及对地		42kV	75kV	75kV	42kV	75kV	75kV
			√	√	√	√	√	√
	断口		48kV	85kV	85kV	48kV	85kV	85kV
			√	√	√	√	√	√
24kV	相间及对地		65kV	125kV	125kV	65kV	125kV	125kV
			×	×	×	√	√	√
	断口		79kV	145kV	145kV	79kV	145kV	145kV
			×	×	×	√	√	√

注：表中√代表通过 1min 工频耐压试压或者连续通过了 15 次雷电冲击试验；×代表未通过 1min 工频耐压试压或者未连续通过了 15 次雷电冲击试验。

2. 12kV 等级负荷开关

所采用的以 SF_6 为绝缘气体的负荷开关而言，在电场分布和静态绝缘方面与前述的 V 型环网柜并无显著差异。采用两种不同形式的 12kV 负荷开关进行了以 CF_3I - N_2（20/80）、CF_3I - CO_2（20/80）等环保混合气体绝缘的耐压特性验证结果见表 9 - 5。结果表明，该比例的混合气体能够保证样机顺利通过 12kV 等级绝缘特性要求，且具有一定的安全裕度。

表 9-5　　　　　CF$_3$I/N$_2$（20/80）绝缘 12kV 负荷开关气箱绝缘特性试验

电压 \ 条件 \ 气体		两种形式样机 CF$_3$I/N$_2$（20/80）			两种形式样机 CF$_3$I/CO$_2$（20/80）		
		工频	雷冲（＋）	雷冲（一）	工频	雷冲（＋）	雷冲（一）
12kV	相间及对地	42kV	75kV	75kV	42kV	75kV	75kV
		√	√	√	√	√	√
	断口	48kV	85kV	85kV	48kV	85kV	85kV
		√	√	√	√	√	√

注：表中√代表通过 1min 工频耐压试压或者连续通过了 15 次雷电冲击试验；×代表未通过 1min 工频耐压试压或者未连续通过了 15 次雷电冲击试验。

3. 40.5kV 等级 C-GIS

40.5kV 等级 C-GIS 由于电压等级高，受限于产品尺寸等因素，SF$_6$ 气体样机在某些局部气体—固体复合绝缘位置的耐压裕度有限。采用环保气体作为绝缘介质在这些关键位置的电场分布以及均压、屏蔽处理需要进行优化。以上述 40.5kV、2500A 柜型中的间隔器元件为例具体阐述复合绝缘的优化设计和试验结果及其分析。

按照标准要求在保证最低操作温度的前提下，采用了较高比例的 CF$_3$I/N$_2$（40/60）混合气体作为绝缘介质。但试验结果表明，提高比例后的混合气体仍发生了雷电冲击电压闪络的问题。如图 9-12 表明，高压闪络位于隔开上下隔室的套管绝缘件（间隔器）。从接地箱体表面向高压导体呈放射状的闪络痕迹表明，电场集中点应处在间隔器与箱体金属板的连接位置，该位置存在金属导体—固体—气体的三介质交汇问题，电场集中。仿真结果显示原间隔器没有经过处理前的局部最大电场强度约为 15.3kV/mm，超过了混合气体所能承受的最大电场强度。在该位置高压母线通固体绝缘材料穿过接地的箱体板件，发生了对地距离和导体结构的突变。由此需要进行接地屏蔽或导体的均压处理。

图 9-13 中改进方案所示的结果表明，1 号添加接地屏蔽和 2 号在接地位置增大倒角两种不同方式均可有效降低该复合绝缘位置的局部最大电场数值，分别降低到 7.78kV/mm 和 10.5kV/mm。1 号方案由于需要在固体绝缘件内部添加接地金属屏蔽网，同时涉及绝缘件固化工艺方面的复杂问题，因此暂时未实施该优化方案，但对于套管类绝缘件而言增加接地屏蔽结构属于较为成熟的技术手段。2 号方案采用了半径为 15mm 的管状圆环与箱体金属板件焊接成型，工艺相对简单，通过该优化方案的实施，该关键位置的耐压水平大幅提高，可在 CF$_3$I/N$_2$（40/60）混合气体为绝缘介质环境下耐受 215kV 的雷电冲击电压。40.5kV C-GIS（2500A）样机经过多处的绝缘优化设计与改进后成功通过工频耐压和雷电冲击耐受试验（见表 9-6），证明其在绝缘方面的可靠性。

图 9-12　40.5kV（2500A）C-GIS气箱中间隔器的局部击穿照片

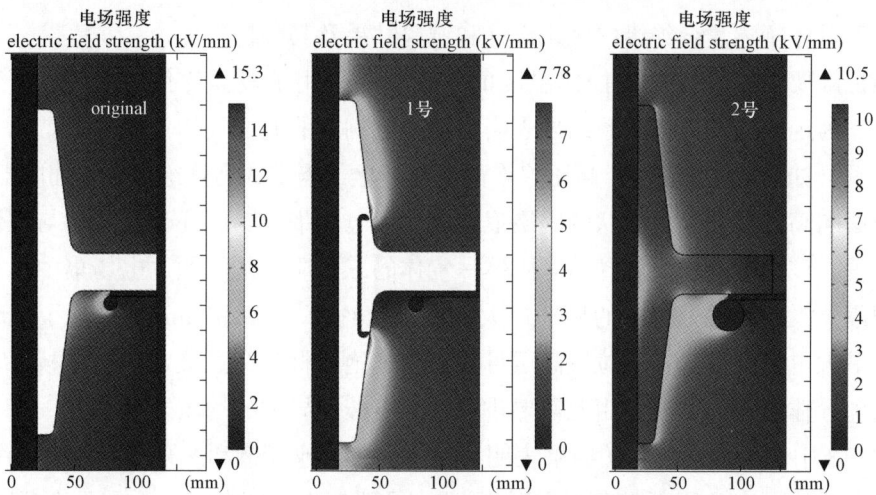

图 9-13　间隔器的优化设计仿真计算

表 9-6　　　　　　　CF₃I/N₂（40/60）绝缘 40.5kVC-GIS 气箱绝缘特性试验

优化情况 条件 电压		电场优化前 C-GIS CF₃I/N₂（40/60）			电场优化后 C-GIS CF₃I/N₂（40/60）		
		工频	雷冲（+）	雷冲（-）	工频	雷冲（+）	雷冲（-）
40.5kV	相间及对地	95kV	185kV	185kV	95kV	185kV	185kV
		√	×	×	√	√	√
	断口	118kV	215kV	215kV	118kV	215kV	215kV
		√	×	×	√	√	√

注：表中√代表通过 1min 工频耐压试压或者连续通过了 15 次雷电冲击试验；×代表未通过 1min 工频耐压试压或者未连续通过了 15 次雷电冲击试验。

9.1.3 CF₃I 混合气体在中压负荷开关中的灭弧性能研究

采用磁吹和气吹两种灭弧结构的负荷开关对 CF_3I 的混合气体灭弧能力进行了全面的实验研究。借用高速相机对燃弧过程进行了拍摄，通过对燃弧过程的研究发现，不同的灭弧结构对混合气体的灭弧性能有不同的影响。其中，灭弧结构本身的稳定性对电弧熄灭性能影响很大，灭弧结构不稳定导致其开断过程中完全不同的燃弧过程和时间，从而导致 CF_3I 气体在长时间高温电弧作用下严重分解或者完全分解。通过三相实验与单相实验的对比来研究开关电场结构、灭弧结构及其机械动作参数对灭弧性能的影响。

1. 试验回路及样机准备

试验由如图 9 - 14 所示 LC 振荡回路，可提供高达 40kA 试验电流。试验采用 $55760\mu F$ 电容器组 C 与空心 $187.5\mu F$ 电抗器，以产生频率接近工频 50Hz 的 49.2Hz 试验电流。回路主合闸开关 QL1 采用 12kV 配弹簧操动机构的真空断路器，辅助开关 QL2 采用 40.5kV 配弹簧操动机构的真空断

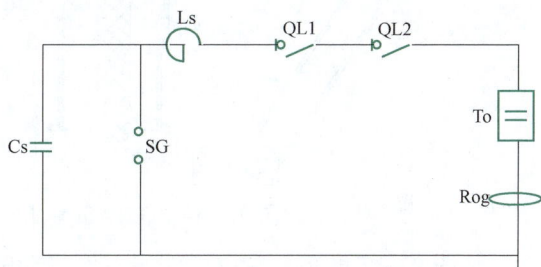

图 9 - 14　CF₃I 有功负载试验回路
Cs—电流源电容器；SG—保护球隙；
Ls—调节电抗器；Rog—罗氏线圈

路器；TO 为试品；样品编号为 CX0630 和 YQ0630，试验现场如图 9 - 15 所示。试验过程如下（根据试验结果调整气体种类与混合比例以及开断电流大小及试验相序）。

（1）试验样机 CX0630。

1）CF_3I 与 CO_2 混合，混合比例 20：80，试验电流 $I=400A$、2 次，C 相；

2）CF_3I 与 CO_2 混合，混合比例 40：60，试验电流 $I=400A$，2 次，A 相。

（2）试验样机 YQ0630。

1）CF_3I 与 N_2 混合，混合比例 40：60，试验电流 $I=200A$，6 次，C 相；

2）CF_3I 与 N_2 混合，混合比例 40：60，试验电流 $I=400A$，1 次，C 相；

3）CF_3I 与 N_2 混合，混合比例 40：60，试验电流 $I=400A$，3 次，B 相。

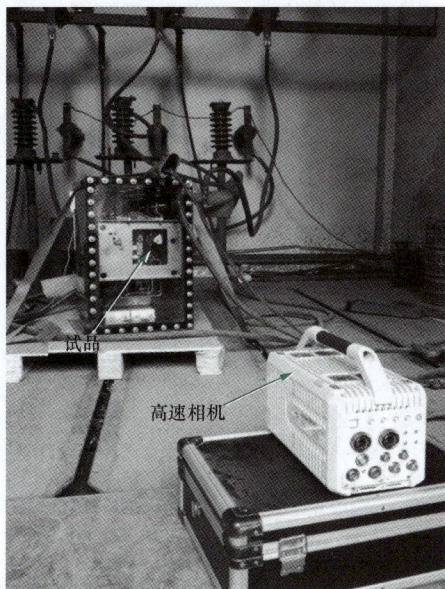

图 9 - 15　试验现场图片

2. 灭弧过程的仿真及分析

（1）气吹灭弧样机。

典型的气吹型灭弧负荷开关的内部结构简图与实物样机如图 9-16 所示。

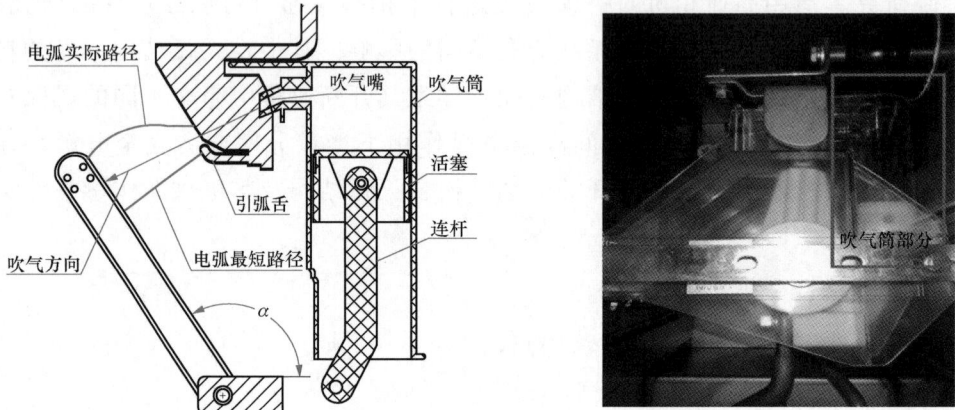

图 9-16　气吹型负荷开关结构示意图及其内部结构图

从图 9-17 可知，在拉杆作用下，当动触头离开静触头瞬间，吹气筒中活塞被带动压缩其中的空气从吹气嘴中喷出，从而迫使电弧在气流的上方位置燃烧，不会随着动触头的拉开而按照最短距离燃烧电弧。但由于吹气筒有多个部件装配而成，零部件的加工精度与装配工艺控制都会影响吹气气流的大小，零部件配合公差或者装配出现重大问题时就会导致几乎没有气吹效果，从而使得电弧沿动、静触头的最短距离燃弧（如图 9-16 的电弧最短路径），详细分析可见后面无气吹情况下燃弧过程分析。从而影响开关的灭弧性能。根据高速相机拍下的燃弧过程视频可以清楚地看出吹气结构给电弧熄灭的影响。下面分别对有气吹和无气吹两种状态的电弧形态以及对应位置的电场分布特征进行详细分析。

在吹气筒系统有效吹气的状态下，燃弧过程的详细结构如图 9-18 所示，它由静触头（静触头下部有个引弧舌，在开断过程中用来引弧）、动触头、吹气嘴、吹气筒、活塞、连杆和接地触头组成，在动触头的另一端有转动轴，用于动触头的分合闸操作转动。

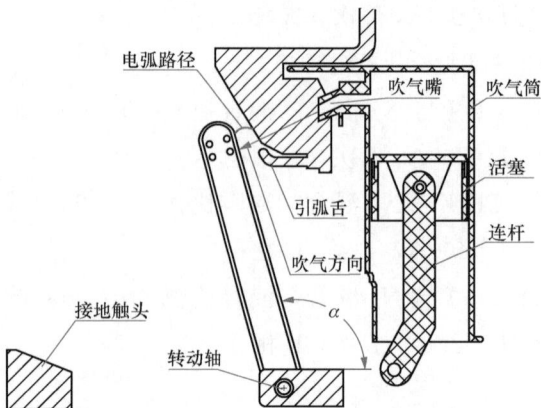

图 9-17　气吹型负荷开关隔离位置电弧路径示意图　　图 9-18　三工位结构示意图

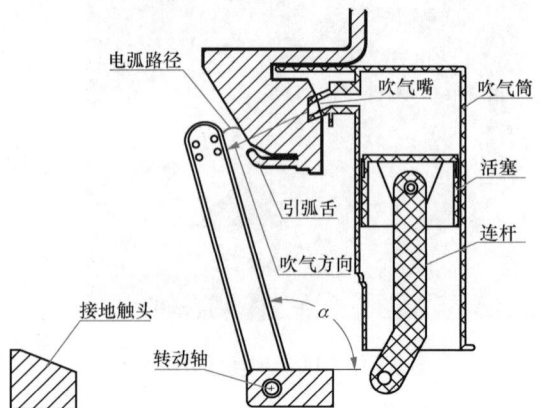

在动触头和静触头刚分开的时刻，此时动触头与水平夹角 $\alpha=105°$，电弧路径由靠近动触头的端部到距离静触头的最短位置，具体如图 9-19 所示。此时电弧在吹气嘴吹气方向的上部，这是由于压气筒通过吹气嘴吹出来的气体迫使静触头上的弧根位置往上移动，同时气流对电弧具有散热作用。

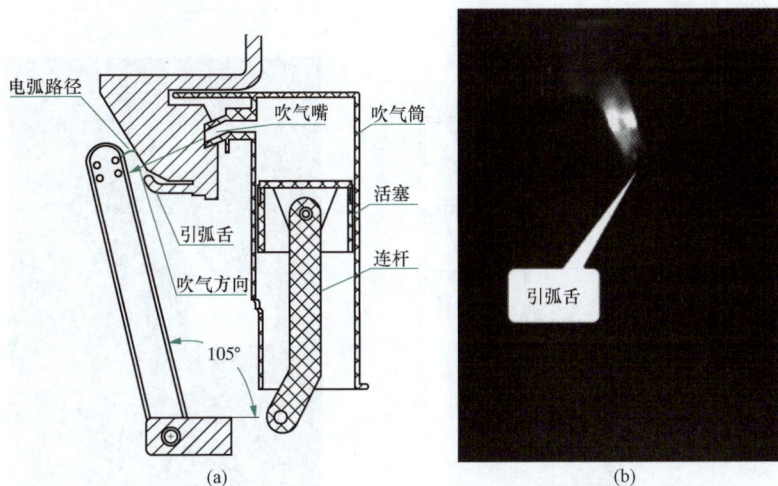

图 9-19　气吹情况下水平夹角 $\alpha=105°$ 时的电弧路径及实际拉弧情况
（a）吹气方向及电弧路径示意图；（b）实际拉弧位置

当动触头和静触头分开一定距离后，此时动触头与水平夹角 $\alpha=110°$，动触头进一步往下移动，电弧路径由靠近动触头的端部到距离静触头的最短位置，如图 9-20 所示。此时电弧还是在吹气嘴吹气方向的上部，由于吹气嘴吹出的气流左右，静触头附近一段电弧被电弧拉平，迫使电弧在气流方向以上的位置燃弧，电弧实际燃烧路径如图 9-20（b）所示。

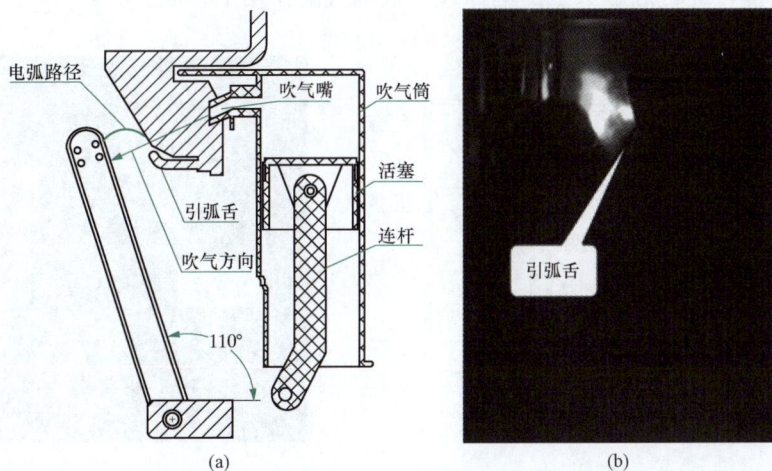

图 9-20　气吹情况下水平夹角 $\alpha=110°$ 时的电弧路径及实际拉弧情况
（a）吹气方向及电弧路径示意图；（b）实际拉弧位置

当动触头和静触头分开较大距离时，此时动触头与水平夹角 $\alpha=115°$，电弧路径由动触头端部的圆弧处到距离静触头的最短位置，具体如图 9-21 所示。此时电弧一直保持在吹气嘴吹气方向的上部，由于开关动触头随着分闸转动的角度加大动触头端部位置与吹气气流接触位置越来越近，因此，此时的电弧在吹气的作用下开始被分散，电弧热量被有效消散而大大降低。

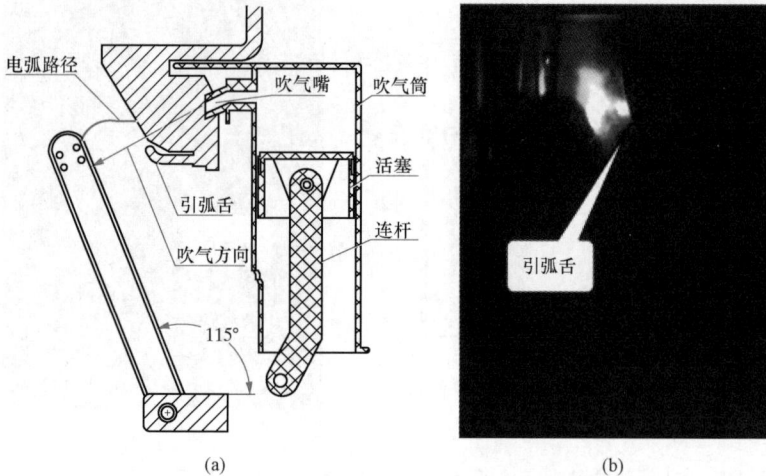

图 9-21　气吹情况下水平夹角 $\alpha=115°$时的电弧路径及实际拉弧情况
（a）吹气方向及电弧路径示意图；（b）实际拉弧位置

当动触头和静触头分开更大距离时，此时动触头与水平夹角 $\alpha=120°$，由于动触头的端部离静触头的距离原来越远，电弧路径由静触头到动触头最短的垂直距离路径被气吹拉长为静触头到动触头的端部位置，燃弧位置如图 9-22 所示。电弧处于吹气嘴吹气出来的气体路径的上部，此时静触头上的电弧弧根被吹气的作用下拉断。

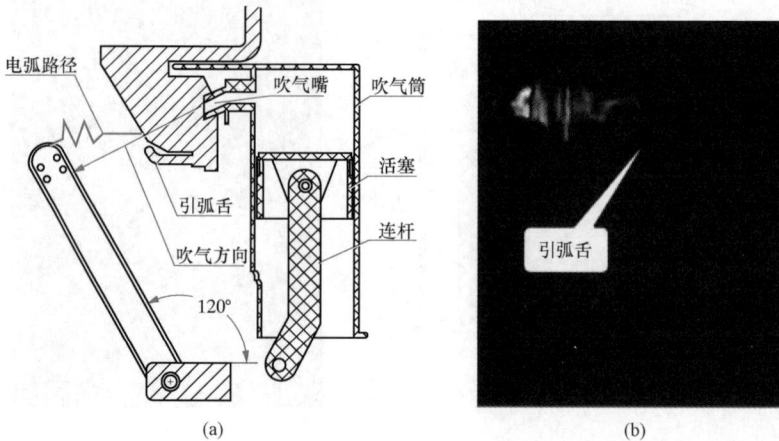

图 9-22　气吹情况下水平夹角 $\alpha=120°$时的电弧路径及实际拉弧情况
（a）吹气方向及电弧路径示意图；（b）实际拉弧位置

当动触头和静触头分开更大距离时，此时动触头与水平夹角 $\alpha=125°$，电弧路径保持在由静触头上的弧根位置到动触头的端部连线上，燃弧路径如图 9-23 所示。此时电弧在吹气嘴吹气路径的上部，此时的电弧已经在吹气的作用下大部分被吹断，电弧很快就熄灭。

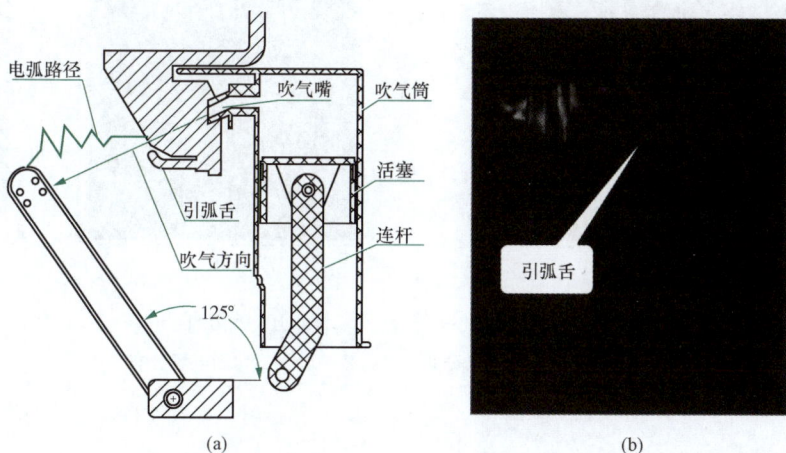

图 9-23　气吹情况下水平夹角 $\alpha=125°$时的电弧路径及实际拉弧情况
（a）吹气方向及电弧路径示意图；（b）实际拉弧位置

综上所述，在气吹的作用下，燃弧位置不会随着动触头的偏移而沿着动静触头两者之间最短距离的位置燃弧，而是被压气筒压缩活塞通过喷气嘴喷出的气体迫使其在气流上方燃烧，随着动触头的位置越来越低的某一时刻，电弧燃弧路径也就越来越长，在此过程中，电弧将被被吹散、吹断、直至熄灭，达到良好的开断效果。

在实际的开关过程中发现，由于气吹筒内部装配关系或者装配零件加工精度不够，导致了活塞与气吹筒之间孔隙过大不能形成有效的压力气吹，其实际状况也就成为了无气吹的负荷开关其等效的原理结构示意图如图 9-25 所示，无气吹结构的三工位开关主要由静触头（静触头下部有个引弧舌，在开断过程中用来引弧）、动触头和接地触头组成，在动触头的另一端有转动轴，用于动触头的转动完成分合闸动作，动触头与水平夹角为 α，夹角 α 随着动触头的转动而变化，其结构关系和相对位置如图 9-25（a）所示。

由图 9-24 可知，在动触头与静触头刚分开的时候，动触头与水平夹角 $\alpha=105°$，动触头端部到静触头的绝缘距离小于动触头到静触头引弧舌的绝缘距离；且此时动触头端部的最大电场强度为 13.1kV/mm（$Z=0mm$ 切面）远大于引弧舌端部的最大电场强度为 7.23kV/mm（$Z=6.4mm$ 切面），因此，从图 9-25 中电场仿真分析的结果看，电弧路径应由静触头到动触头的最短距离处，这与实际的拉弧情况相符，说明静电场的仿真分析得到的电场最大值分布位置与燃弧位置具有良好的对应性。

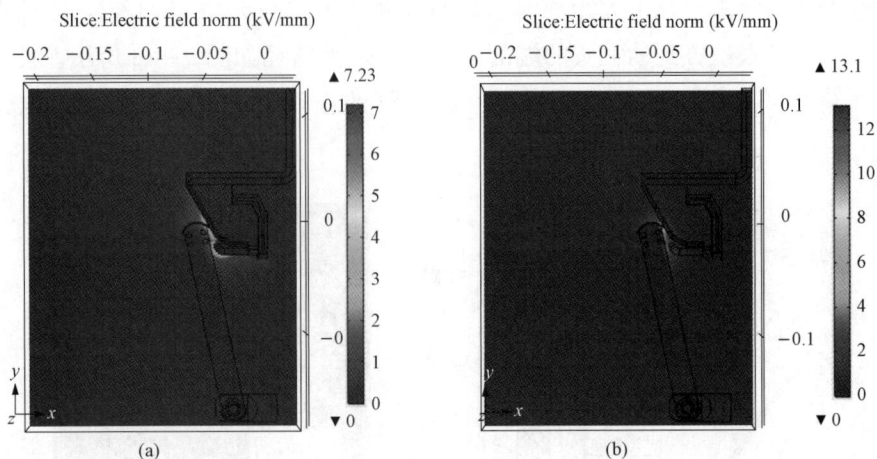

图 9-24　水平夹角 $\alpha=105°$ 时的电场仿真

（a）$Z=0$mm 切面电场分布；（b）$Z=6.4$mm 切面电场分布

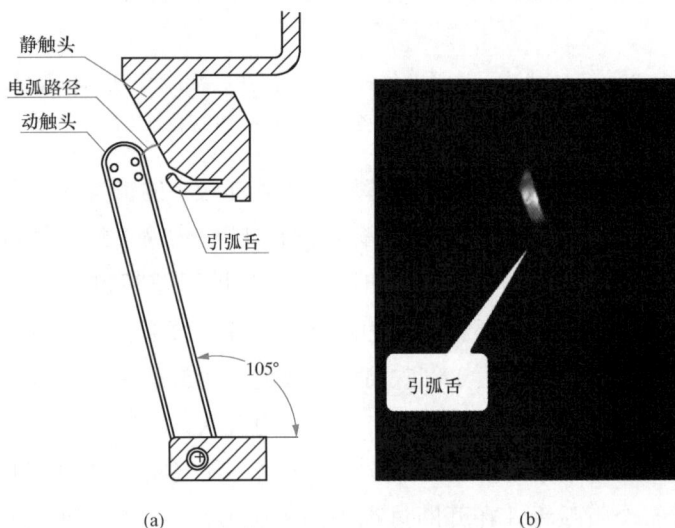

图 9-25　无气吹情况下水平夹角 $\alpha=105°$ 时的
电弧路径及实际拉弧情况

（a）电弧路径示意图；（b）实际拉弧位置

由图 9-26 可知，随着开断角度的增大，动触头与静触头之间的绝缘距离也随之增大，在动触头和静触头分开一定距离后，动触头与水平夹角 $\alpha=110°$，电弧路径由动静触头之间逐渐过渡到引弧舌与动触头之间。此时，动触头端部到静触头的绝缘距离大于动触头到静触头引弧舌的绝缘距离，且此时动触头端部的最大电场强度为 3.26kV/mm（$Z=0$mm 切面）已小于引弧舌端部的最大电场强度为 4.65kV/mm（$Z=6.4$mm 切面），由图 9-27 可见，从电场仿真分析的结果看，电弧路径应是由静触头的引弧舌端部到动触头的最小距离处，这与实际的拉弧情况相符。此时电弧弧根仍然为引弧舌。

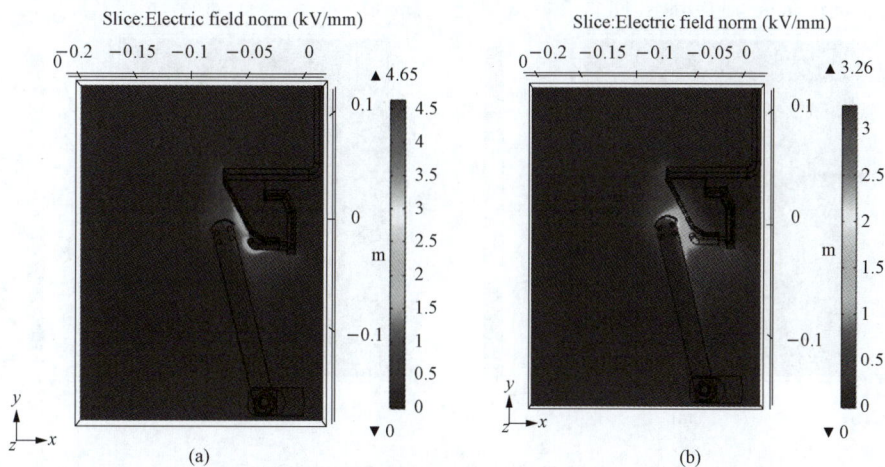

图 9-26 水平夹角 $\alpha=110°$ 时的电场仿真

$Z=0$mm 切面电场分布；$Z=6.4$mm 切面电场分布

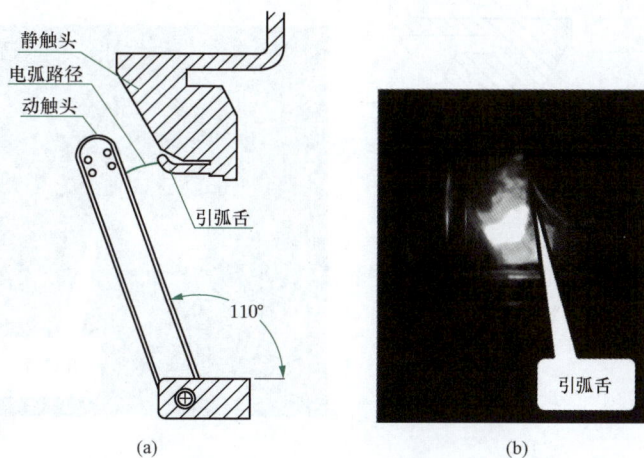

图 9-27 无气吹情况下水平夹角 $\alpha=110°$ 时的

电弧路径及实际拉弧情况

（a）电弧路径示意图；（b）实际拉弧位置

由图 9-28、图 9-29 可知，动触头开断到 50% 的额定行程附近时，动触头与水平夹角 $\alpha=115°$，动触头端部到静触头的绝缘距离还是大于动触头到静触头引弧舌的绝缘距离，且此时动触头端部的最大电场强度为 2.3kV/mm（$Z=0$mm 切面）小于引弧舌端部的最大电场强度为 2.47kV/mm（$Z=6.4$mm 切面），因此电弧从引弧舌端部位置开始沿着绝缘距离最小的路径，即路径为引弧舌到动触头的垂直距离路线燃弧这与实际的拉弧情况也相符（见图 9-29）。

Slice:Electric field norm (kV/mm)

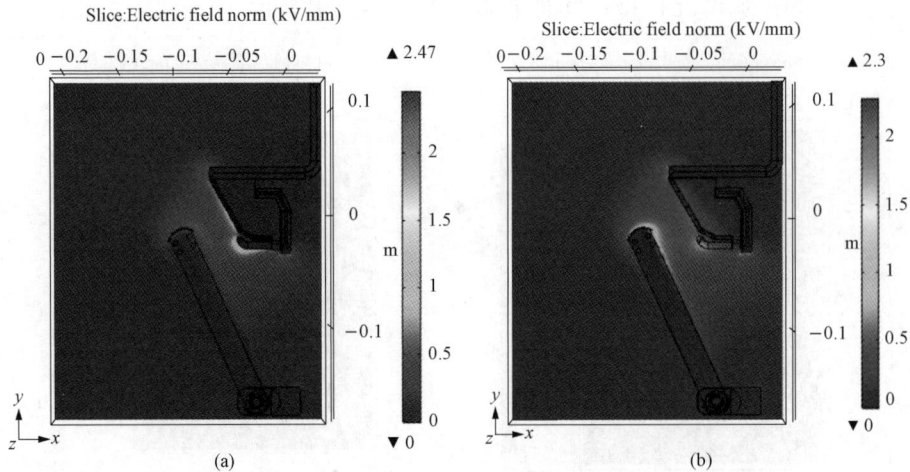

Slice:Electric field norm (kV/mm)

(a)

(b)

图 9-28　水平夹角 $\alpha=115°$ 时的电场仿真

（a）$Z=0mm$ 切面电场分布；（b）$Z=6.4mm$ 切面电场分布

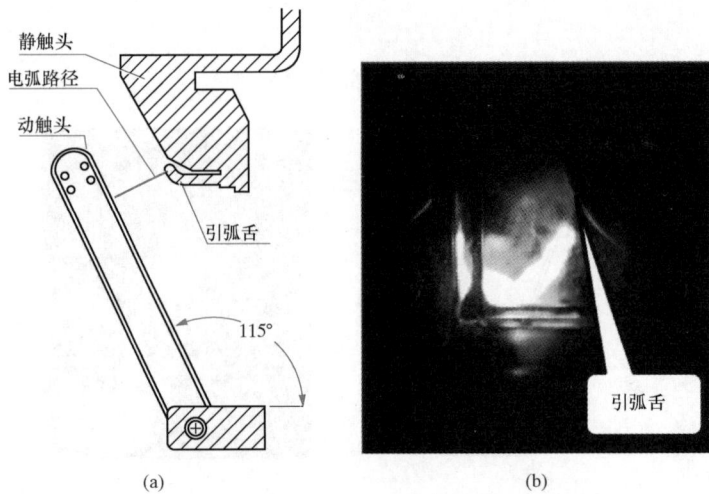

静触头

电弧路径

动触头

引弧舌

115°

(a)

引弧舌

(b)

图 9-29　无气吹情况下水平夹角 $\alpha=115°$ 时的
电弧路径及实际拉弧情况

（a）电弧路径示意图；（b）实际拉弧位置

　　在动触头转动过程中，电弧路径一直保持在由静触头的引弧舌端部到距离动触头的最小距离处。由图 9-30、图 9-31 可知，在动触头和静触头分开更大距离后，动触头与水平夹角 $\alpha=135°$；此时，动触头端部到静触头的绝缘距离已明显大于动触头到静触头引弧舌的绝缘距离，且此时动触头端部的最大电场强度为 0.92kV/mm（$Z=0mm$ 切面）仍然小于引弧舌端部的最大电场强度为 1.33kV/mm（$Z=6.4mm$ 切面），电弧沿着绝缘距离最小且场强较大的路径走。由于此时，动触头已接近额定的隔离位置、电弧应该很快熄灭。但实际上，电弧仍然明显存在，实际燃弧图片如图 9-31（b）所示。

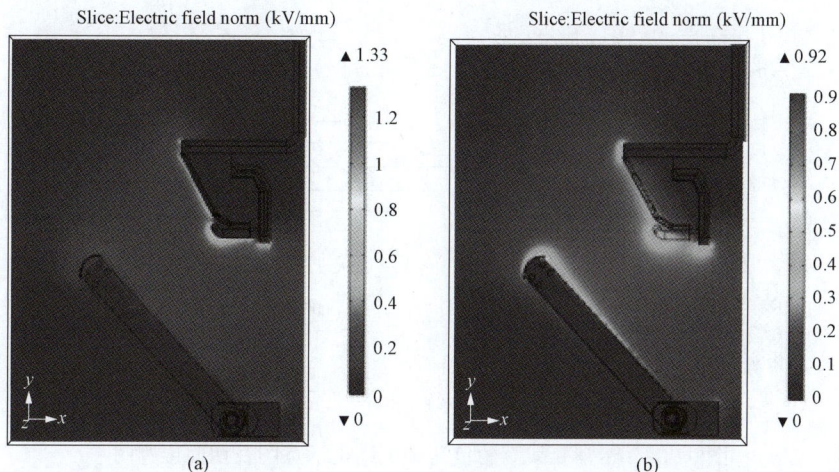

Slice:Electric field norm (kV/mm)   Slice:Electric field norm (kV/mm)

(a)   (b)

图 9-30　水平夹角 $\alpha=135°$ 时的电场仿真

（a）$Z=0$mm；（b）$Z=6.4$mm

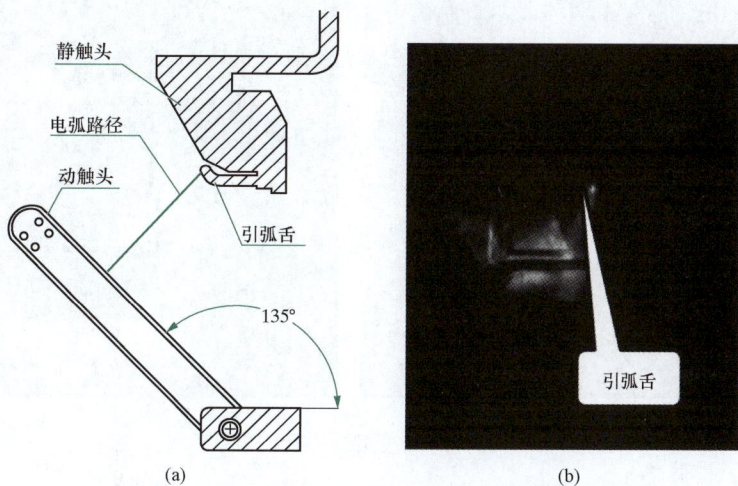

静触头

电弧路径

动触头

引弧舌

135°

引弧舌

(a)   (b)

图 9-31　无气吹情况下水平夹角 $\alpha=135°$ 时的
电弧路径及实际拉弧情况

（a）电弧路径示意图；（b）实际拉弧位置

综上所述，在无吹气的情况下，负荷开关在开断过程中，电弧随着动触头的旋转下移过程电弧跟随动触头的最短距离下移，静触头上的弧根总是保持在静触头上的引弧舌位置，与有气吹的情况相比，电弧难以熄灭，其灭弧能力相对较差，从后面开断结果的电流与电压波形得到了证明。

（2）磁吹灭弧负荷开关结构与样机。

磁吹灭弧负荷开关结构如图 9-32 和图 9-33 所示。

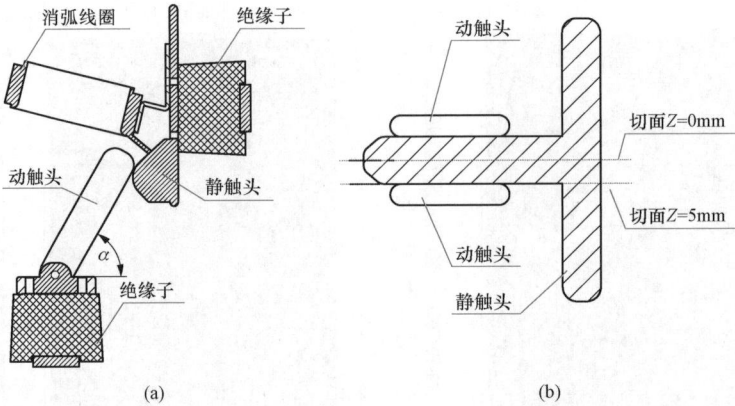

图 9-32　带消弧线圈的负荷开关结构示意图及切面位置图

（a）结构图；（b）切面位置图

图 9-33　消弧线圈结构及负荷结构

如图 9-34、图 9-35 所示，在动触头与静触头刚分离的时候，动触头与水平夹角 $\alpha=$ 63°。动触头端部到静触头的绝缘距离远小于动触头到消弧线圈的绝缘距离，且此时动触头端部的最大电场强度为 7.42kV/mm（$Z=5mm$ 切面）、静触头端部的最大电场强度为 4.81kV/mm（$Z=0mm$ 切面），因此，从图 9-35 电场仿真分析的结果看，电弧走向应是由静头端部到动触头端部，消弧线圈中没有电弧电流流过，消弧线圈没有消弧左右，这与实际的拉弧情况相符。

动触头与静触头分开一定距离后，如图 9-36、图 9-37 所示，在动触头和静触头分开一定距离后，动触头与水平夹角 $\alpha=70°$。动触头端部到静触头的绝缘距离已大于动触头到消弧线圈的绝缘距离，且此时动触头端部的最大电场强度为 2.58kV/mm（$Z=5mm$ 切

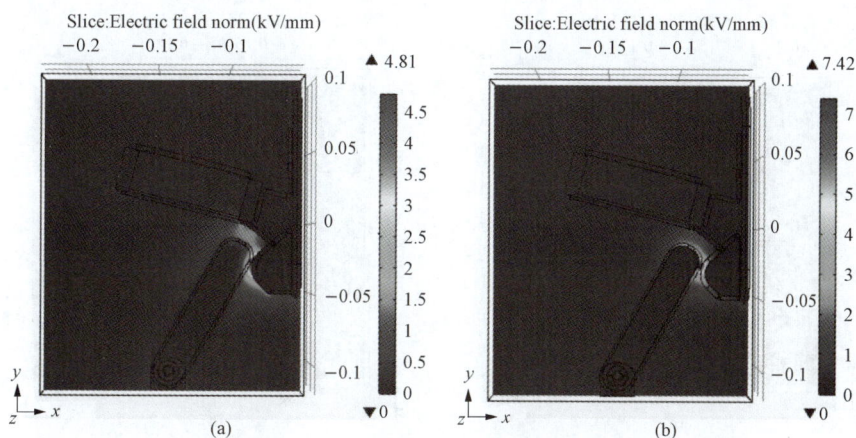

图 9-34 水平夹角 α＝63°时的电场仿真

（a）Z＝0mm 切面电场分布；（b）Z＝5mm 切面电场分布

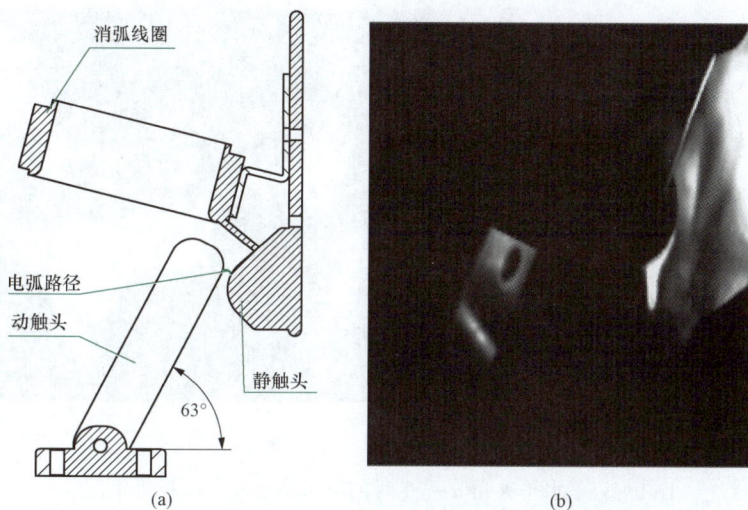

图 9-35 水平夹角 α＝63°时的电弧路径及实际拉弧情况

（a）电弧路径示意图；（b）实际燃弧位置

面）、静触头端部的最大电场强度为 1.75kV/mm（Z＝0mm 切面），因此，电场分布的结果和电弧热等离子体特性来分析，电弧由动触头到静触头一条通路逐渐过渡到由动触头分别到静触头和消弧线圈两条通路，电弧电流同时经过静触头和消弧线圈。此时，消弧线圈产生的电磁力开始对电弧路径起作用，通过消弧线圈产生的电磁力将电弧引向消弧线圈、将电弧吹散、起到辅助开断电弧的作用，这与实际的拉弧情况相符。

如图 9-38、图 9-39 所示，在动触头和静触头分较大距离后，此时动触头与水平夹角 α＝105°。动触头端部到静触头之间的绝缘距离远大于动触头到消弧线圈的绝缘距离，电弧路径由动静触头之间和动触头与消弧线圈之间的两条路径逐渐过渡到只有动触头与消弧

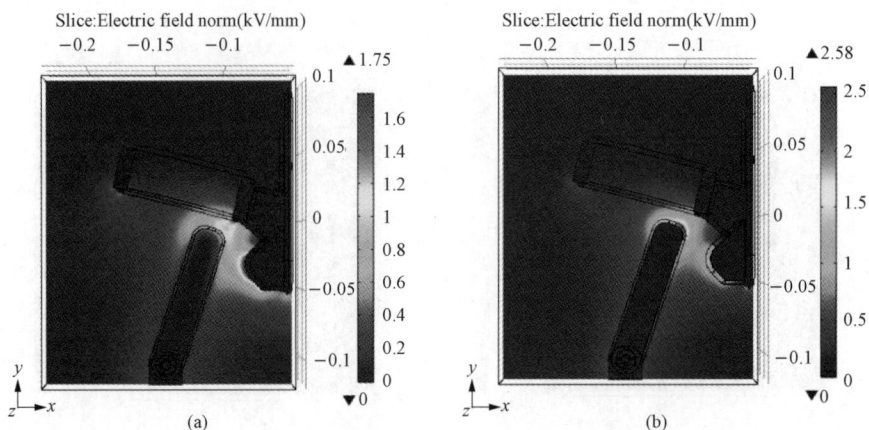

图 9 - 36　水平夹角 $\alpha=70°$ 时的电场仿真

（a）$Z=0\text{mm}$ 切面电场分布；（b）$Z=5\text{mm}$ 切面电场分布

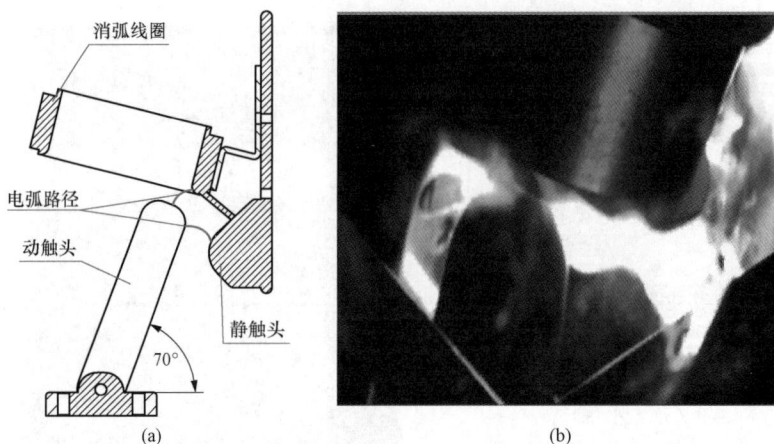

图 9 - 37　水平夹角 $\alpha=70°$ 时的电弧路径及实际拉弧情况

（a）电弧路径示意图；（b）实际拉弧位置

线圈之间的一条路径。此时，动触头端部的最大电场强度为 1.76kV/mm（$Z=5\text{mm}$ 切面），静触头端部的最大电场强度不到 1kV/mm（$Z=0\text{mm}$ 切面），而消弧线圈顶部的最大电场强度为 1.28kV/mm，因此，单从电场仿真分析的结果来分析，此时的电弧路径只有由动触头到消弧线圈的顶部一条通路，电弧电流只流过消弧线圈。此时，通过消弧线圈的电磁力将电弧全部引向消弧线圈，将电弧吹散、起到辅助开断电弧的作用，这与实际的拉弧情况相符。

如图 9 - 40 所示，在动触头和静触头分更大距离、达到过冲位置时，此时动触头与水平夹角 $\alpha=120°$。在动触头开断过程中，由于机构动作没有精确的限位措施，因此负荷开关分闸时，动触头旋转到额定隔离位置后会继续旋转到一定位置停止，这个位置就是过冲

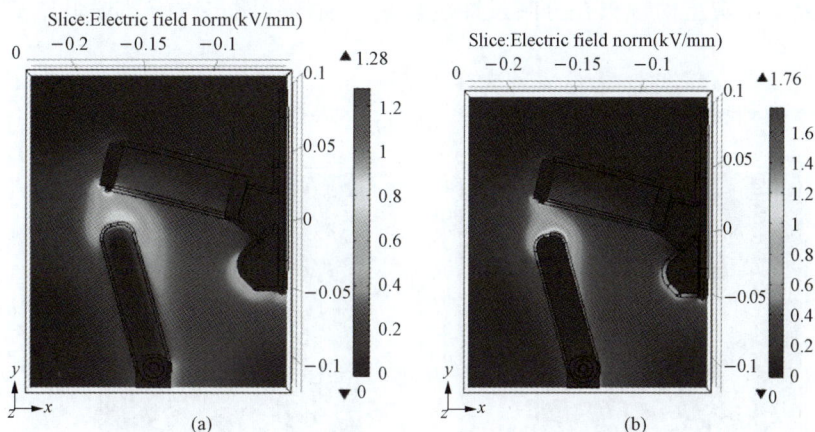

图 9-38 水平夹角 $\alpha=105°$ 时的电场仿真

（a）$Z=0$mm 切面电场分布；（b）$Z=5$mm 切面电场分布

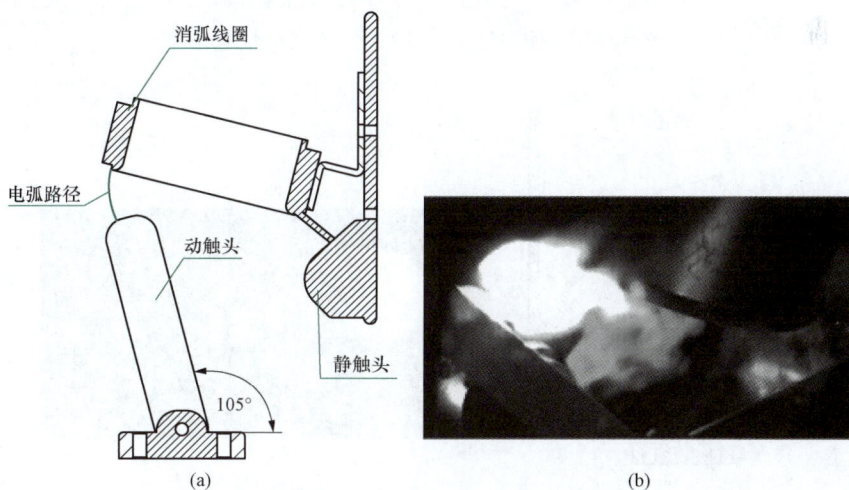

图 9-39 水平夹角 $\alpha=105°$ 时的电弧路径及实际拉弧情况

（a）电弧路径示意图；（b）实际拉弧位置

位置（如图 9-41 动触头与水平夹角 $\alpha=120°$）。动触头端部到静触头的绝缘距离远大于动触头到消弧线圈的绝缘距离，且此时动触头端部的最大电场强度为 1.43kV/mm（$Z=5$mm 切面）、静触头端部的最大电场强度不到 0.9kV/mm（$Z=0$mm 切面）、而消弧线圈顶部的最大电场强度为 1.02kV/mm。因此，从图 9-41 电场仿真分析的结果看，此时电场强度在变小。电弧在消弧线圈产生的电磁力的作用下应该不断被吹散、最终断开，但由于负荷开关机构分闸位置没有良好的限位措施导致动触头在到达分闸位置后仍然继续运动，导致电弧燃弧路径转为消弧线圈端部位置与动触头之间的最短连线，如图 9-41（b）所示。从而使得电弧燃烧时间加长，不利于电弧熄灭。后续试验研究对消弧线圈的端部位

置进行绝缘包覆，防止动触头在分闸过冲过程中对消弧线圈再次拉弧燃弧，从而提高电弧
熄灭能力。

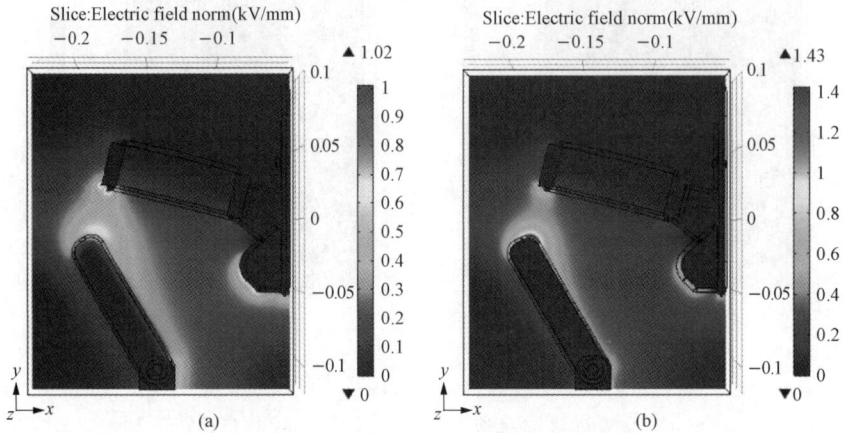

图 9 - 40　水平夹角 α＝120°时的电场仿真

（a）Z＝0mm 切面电场分布；（b）Z＝5mm 切面电场分布

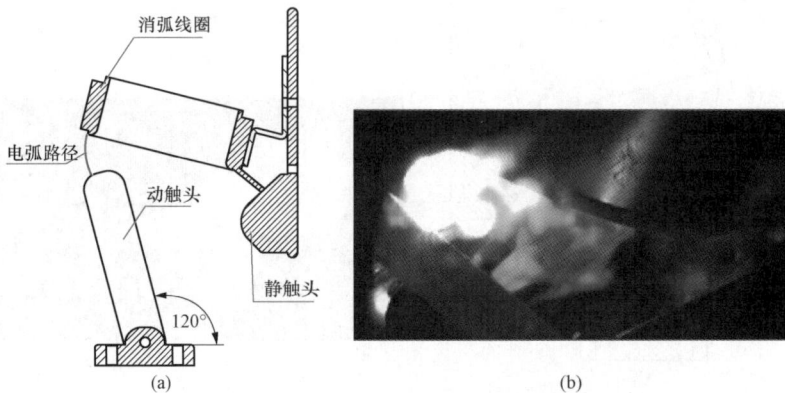

图 9 - 41　水平夹角 α＝120°时的电弧路径及实际拉弧情况

（a）电弧路径示意图；（b）实际拉弧位置

（3）试验结果与优化改进方案。

1）试验结果。磁吹型负荷开关开断 400A 的电流 2 次、电压波形如图 9 - 42 所示。混合气体为 CF_3I/N_2，混合比例为 40∶60。从图中的电流、电压波形图可知，两次开断的 TRV 均很低，而且通流时间为 8～9 个半波，开断均失败、性能无差异。

图 9 - 43 为 CF_3I 混合气体气吹型结构的负荷开关开断负荷电流时的电压、电流波形图。图 9 - 43（a）的开断电流为 200A，图 9 - 43（b）、（c）、（d）的开断电流均为 400A。混合气体为 CF_3I/CO_2，混合比例为 40∶60。从图（a）数据中可以看出，TRV 接近 22kV 开关已建立其瞬态恢复电压；电流为 3 个半波，燃弧时间为 30ms；开关开断成功。

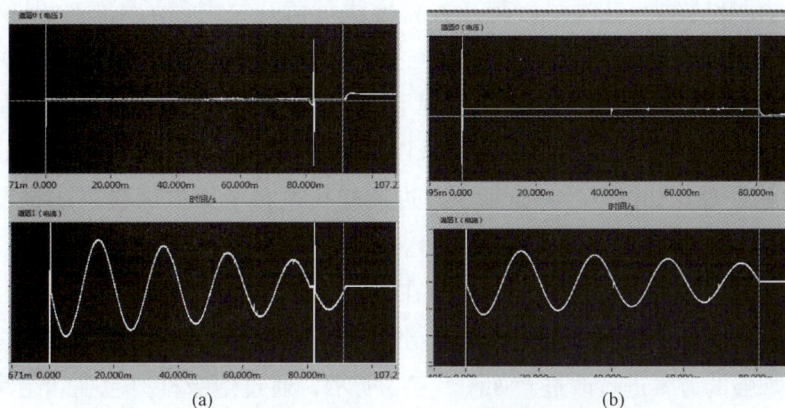

图 9-42 磁吹型试验样机开断负荷电流波形图

(a) 第1次；(b) 第2次

从图 9-43 (b) 中可以看出，TRV 很低；电流为 20 个半波，电流峰值超过设定 400A 并超过了 1000A；属于操作过程中失误。

从图 9-43 (c)、(d) 可以看出，燃弧时间为 5～6 个半波；时间较长；但明显优于 CF_3I 与 N_2 的混合气体开断性能。

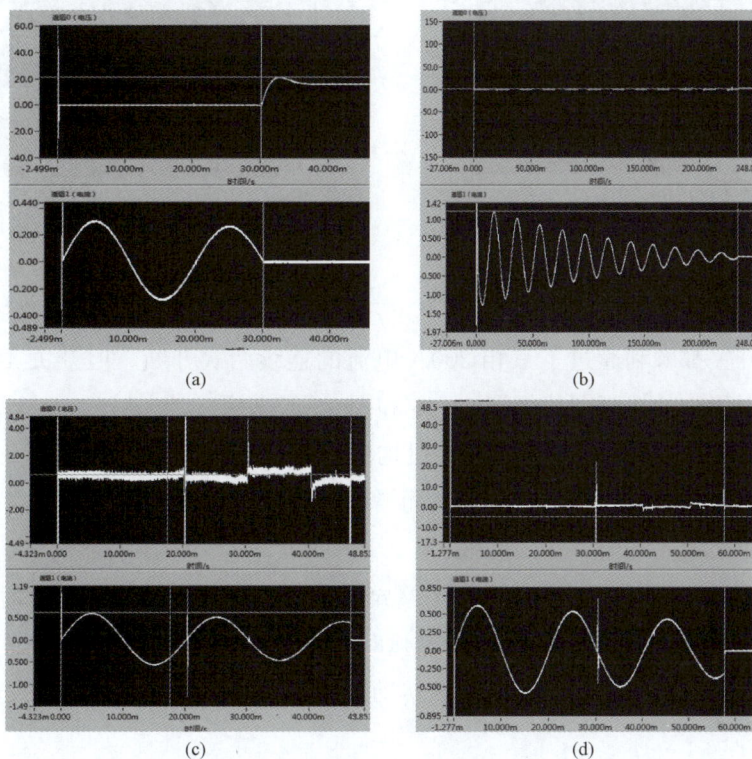

图 9-43 气吹型负荷开关开断负荷电流波形图

(a) 开断电流 200A；(b)、(c)、(d) 开断电流 400A

2) 分析与优化方案。气吹型负荷开关和磁吹负荷开关出现了无气吹现象和动触头分闸过冲后电弧对消弧线圈端部重燃的现象，这些现象都不利于电弧的熄灭。对于气吹型负荷开关可以判定在灭弧过程中气吹系统出现了问题。拆机后发现气吹筒密封圈存在较大的配合偏差，造成了严重的漏气问题。我们采用了重新更换密封圈材质和尺寸的新方案对气吹系统进行优化处理，如图 9-44 所示。改进后样机进行了灭弧试验，试验表明灭弧过程吹气系统起到了吹弧作用，提升了灭弧能力。

磁吹样机在试验过程中出现了开关闸刀在过冲位置对灭弧线圈击穿及电弧重燃的问题。由于通过机构自身固有特性的改进优化来控制过冲的方案较为复杂，目前我们采用了对灭弧线圈进行绝缘加强的方案进行改进。如图 9-45 所示，通过绝缘材料包裹和绝缘隔板遮挡两种方案，能够有效阻止闸刀在过冲位置对灭弧线圈端部的放电。需要说明的是，该开关的动触头在理论上的分闸位置时，闸刀端部和灭弧线圈的之间的最大场强较小，但由于在电弧熄灭初期气体的绝缘强度仍然较弱，击穿仍然会大概率发生，采用遮挡与包裹的方案虽难以优化电场分布，但可以遮挡放电路径，从而有效阻止极短时间内发生重燃现象。

气吹筒
密封圈

图 9-44　气吹筒密封圈的优化改进

图 9-45　磁吹线圈的优化改进

优化后的样机采用 CF_3I 与 CO_2 及 CF_4 混合气体进行三相负荷开断实验，气吹型与磁吹型两种负荷开关都顺利通过了三相 200A 电流的连续两次开断。但开关 400A 时燃弧时间较长。开断过程中的视频图片如图 9-46 和图 9-47 所示。

从图 9-46 中的可以看出，负荷开关机构的动作具有幅度较大的过冲和反弹过程，从而造成电弧难以熄灭，燃弧较长时间，从而增加的气体灭弧难度。从燃弧时间看过冲时间为 6ms，反弹时间为 13ms。

从图 9-47 可见，三相燃弧时间顺序差异明显，A 相首先燃弧，C 相紧接起弧，而 B 相仍然没有产生电弧。但首开相 A 相却燃弧时间最长，而 C 相电弧最先熄灭。A、B、C 相触头明显不在一条直线上，说明机构的转动造成了动触头位置在运动过程中发生了相对主轴的转动位移。

针对两种的样机上述燃弧特性，对两种类型的负荷开关的三相分闸同期性进行了测试，同期性的测试结果如燃弧过程具有很好的吻合性。一是三相同期性都达不到 1ms 的要

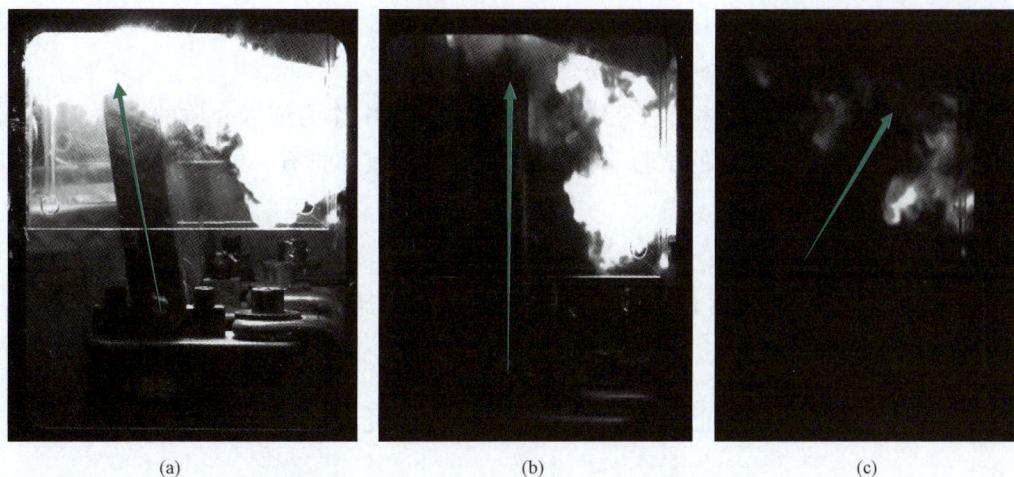

图 9-46 磁吹型负荷开关三相负荷电流开断电弧图片
(a) 过冲位置；(b) 分闸位置；(c) 反弹位置

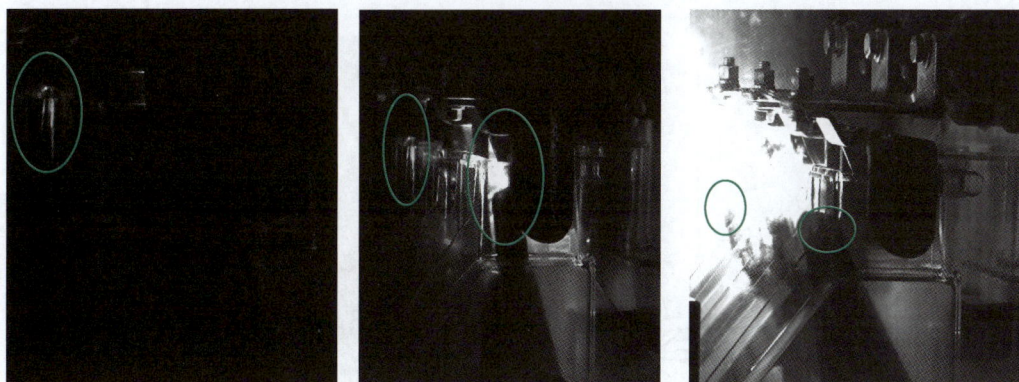

图 9-47 气吹型负荷开关三相负荷电流开断电弧图片

求，二是每次动作的不同期稳定性也较差。因此，要想提高负荷开关额定电流开断能力，还需要对测试样机的分闸同期性进行调试。

由上分析，负荷开关样机的灭弧特性受到了样机中几点关键因素的影响，包括压气系统密封性，刀闸（动触头）过冲角度等。上述因素均会造成等离子体冷却、电弧路径、燃弧时间以及灭弧后重击穿等关键参数的变化，需要进行重点的优化调整，从而提高样机的灭弧能力。

综上所述，通过结构优化设计、气体混合比调节以及复合绝缘的特殊处理，上述样机在绝缘方面顺利通过全部试验验证，且外形尺寸与原 SF_6 电气设备产品保持一致，具备在中压全电压等级的替代能力。其中针对 12kV 等级产品，采用 20%混比的 CF_3I 混合气体在不改变结构情况下即可满足绝缘要求；针对产品进行一定的结构改进处理后，电场不均匀度系数大幅降低，采用 20%混比的 CF_3I 混合气体能够满足 24kV 等级的绝缘需求；采

用较高比例的 CF_3I 混合气体，同时进行电场结构的优化处理后，能够在不改变外形尺寸前提下，满足 40.5kV C-GIS 的绝缘特性要求。

综上结论，CF_3I 混合气体具有在中压等级开关产品中作为绝缘介质的潜在应用价值。12kV 负荷开关额定电流开断的试验研究表明 CF_3I 混合气体具有一定的灭弧能力，能够开断一定水平的负荷电流。

9.2 CF_3I 混合气体在 GIL 的应用研究

9.2.1 126kV 等级 GIL 产品的设计及绝缘验证试验

1. 126kV 等级 GIL 产品关键设计参数

选用一段 126kV 长度 3m 的 3 相一体 GIL 样机进行产品特性验证，内部结构和外观如图 9-48 所示。该产品的关键参数说明见表 9-7、表 9-8。

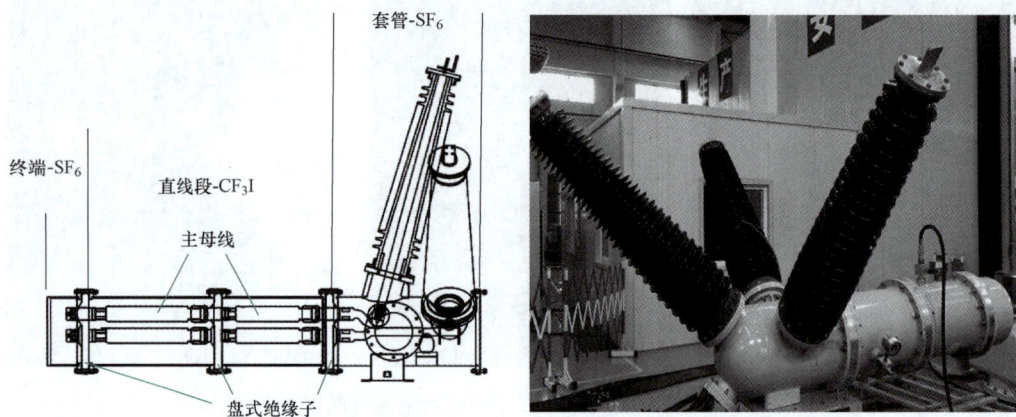

图 9-48 126kV GIL 设备的内部结构视图及照片

表 9-7 试验用 GIL 设备主要部件关键尺寸（按纯 SF_6 设计）

GIL 设备主要部件	关键尺寸/mm	GIL 设备主要部件	关键尺寸/mm
壳体内径	500	相间最小间隙	80
主母线直径	110	盘式绝缘子相对地最小爬电距离	70
相对地最小间隙	55	盘式绝缘子相间最小爬电距离	130

表 9-8 试验用 GIL 产品的额定参数

参数	参数值	参数	参数值
生产年份	2016	额定短路电流	40kA
直线段长度	3m	最小充气压力（报警压力，20℃）	0.5MPa

参数	参数值	参数	参数值
额定电压	126kV	最大充气压力（20℃）	1.0MPa
额定频率	50Hz	额定充气压力（20℃）	0.6MPa
雷电冲击耐受电压	550kV	额定压力充气重量（纯 SF_6）	18.5kg
额定电流	3150A	最低运行温度	−25℃

表 9-8 为产品的规格参数，在采用纯 SF_6 气体在最低充气压力 0.5MPa 可满足雷电冲击 550kV 的耐受。对于产品的抽真空和充气步骤与基础试验相同。CF_3I 混合气体的绝缘相对较低，因此产品试验将首次充气压力提高到 0.7MPa。在满足冲击特性验证后再降低气压（0.05MPa）进行下一组绝缘耐受验证。

2. GIL 产品关键位置的仿真验证与核验

GIL 产品电场集中位置一般出现在多介质交汇处，因此，对盘式绝缘子安装法兰附近结构进行了电场计算，如图 9-49 所示。E_{max} 为 24.8kV/mm，位于铝合金筒体法兰突边处，该突边的设计主要考虑了气体—固体—导体的三相结合点电场屏蔽问题。该 E_{max} 数值对于 SF_6 并不高，但对于 CF_3I 混合气体而言已经裕度不大了。同时该位置有发生沿面击穿风险，将对固体绝缘造成永久性损伤，需要进行优化。

优化方案采用了添加内部接地屏蔽处理的方式，改进结构的电场如图 9-50 所示。E_{max} 数值下降为 20.3kV/mm 并且在固体绝缘内部，气体中的 E_{max} 数值仅为 17.5kV/mm，如此可显著提高产品的绝缘安全裕度。

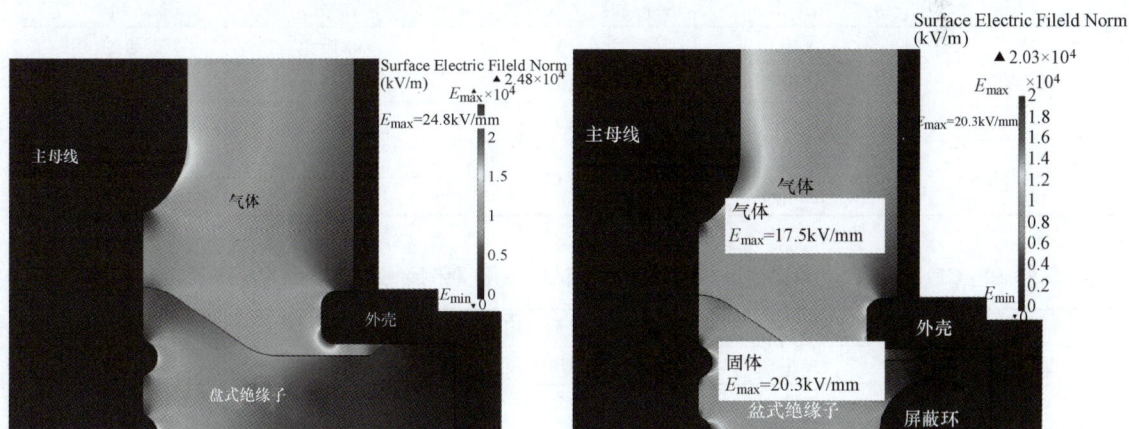

图 9-49　不带接地屏蔽环的盘式绝缘子附近的电场分布

图 9-50　带有接地屏蔽环的盘式绝缘子附近的电场分布

同时由于仿真采用了 2D 的结构近似处理，我们同时对比了 3D 结构的仿真结果，如图 9-51 所示，两者误差不超过 2%。

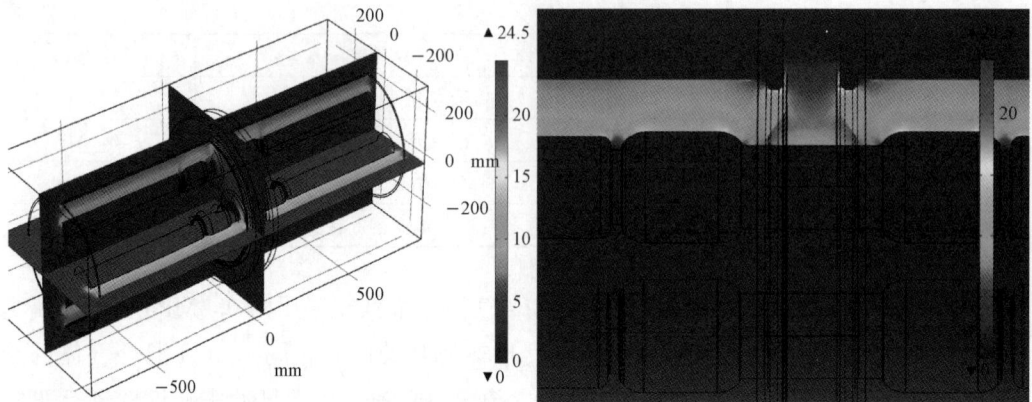

图 9-51　不带接地屏蔽环的盘式绝缘子附近的 3D 电场分布

3. GIL 产品的绝缘验证试验与结果讨论

对采用与不采用接地屏蔽环的样机进行了对比测试，采用 CF_3I - N_2（20/80）气体绝缘，均加载 550kV 雷电冲击电压，结果见表 9-9、表 9-10。优化前样机在 0.7MPa 压力下可在正负各 15 次的雷电冲击电压的加载后不发生击穿现象。然而，降低压力到 0.65MPa 后，两相母线均发生了击穿，并且击穿后无法承受较小的电压，说明发生了永久性绝缘破坏。如图 9-52 所示，沿面的击穿痕迹造成的烧蚀通道使整个体系的绝缘能力大幅下降且不可恢复，该位置与前述的仿真结果相符合。

表 9-9　　CF_3I/N_2（20/80）绝缘 GIL 冲击试验结果（无接地屏蔽环盘式绝缘子）

气压	测试相	击穿/加压次数（LI+）	击穿/加压次数（LI－）	结果
0.7MPa	A 相	0/15	0/15	通过
	B 相	0/15	0/15	通过
	C 相	0/15	0/15	通过
0.65MPa	A 相	3/3	3/3	击穿
	B 相	3/3	3/3	击穿

表 9-10　CF_3I/N_2（20/80）绝缘 GIL 冲击耐受试验结果（带接地屏蔽环盘式绝缘子）

气压	测试相	击穿/加压次数（LI+）	击穿/加压次数（LI－）	结果
0.7MPa	A 相	0/15	0/15	通过
	B 相	0/15	0/15	通过
	C 相	0/15	0/15	通过
0.6MPa	A 相	0/15	0/15	通过
	B 相	0/15	0/15	通过
	C 相	0/15	0/15	通过
0.45MPa	A 相	3/6	3/8	击穿
	B 相	3/6	3/8	击穿

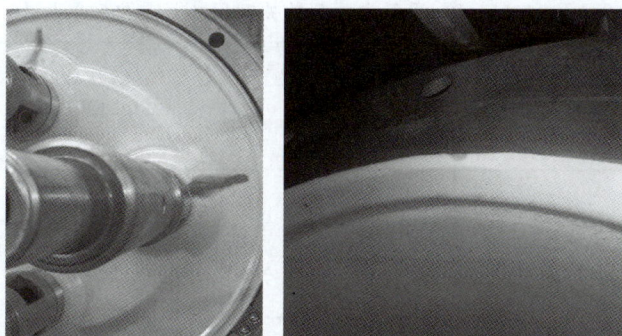

图 9-52　盘式绝缘子和 GIL 壳体的闪络烧蚀痕迹

经过接地屏蔽优化处理后的 GIL 样机在 0.5MPa 以上气压下均可通过雷电冲击考核试验。在 0.45MPa 气压下发生了击穿，但击穿现象与前者结果差异明显。冲击电压共计加载 8 次，击穿 3 次，试验后样机仍可承受相比标准值略低的冲击电压（～500kV），拆机后固体绝缘表面未发现明显的闪络和烧蚀痕迹，这说明击穿发生在气体间隙中，具有自恢复能力。针对 126kV GIL 的优化研究，采用了内部接地屏蔽的手段，有效地改进了气体中的电场分布，大幅度提高安全裕度，并且保护固体绝缘在击穿中不发生永久性烧蚀破坏。

9.2.2　252kV 等级 GIL 产品的设计及绝缘验证试验

1. 252kV 等级 GIL 产品关键设计参数

选用一段 252kV、长度 3m 的单相 GIL 样机进行产品特性验证，内部结构和外观如图 9-53 所示。该产品的关键尺寸见表 9-11。

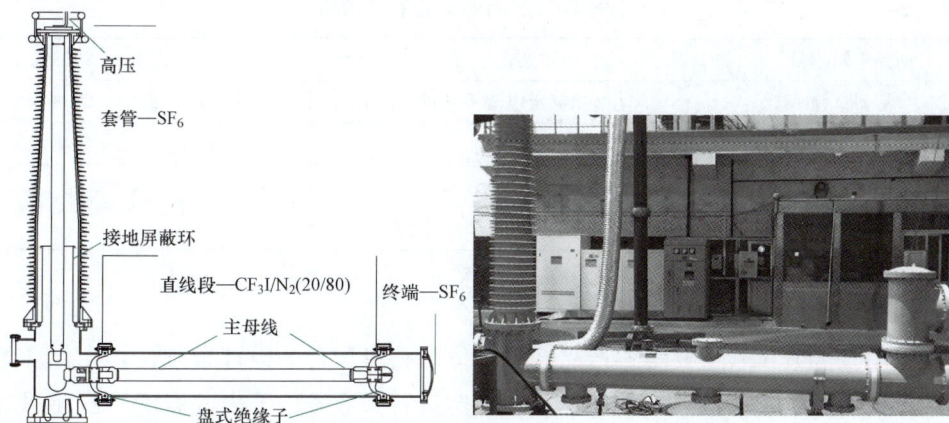

图 9-53　252kV GIL 设备的内部结构视图及照片

表9-11　试验用 252kV GIL 设备主要部件关键尺寸（按纯 SF₆ 设计）

GIL 设备主要部件	关键尺寸（mm）	GIL 设备主要部件	关键尺寸（mm）
壳体内径	360	相对地最小间隙	95
主母线直径	120	盘式绝缘子相对地最小爬电距离	160

表 9 - 12 为产品的规格参数，在采用纯 SF_6 气体在最低充气压力 0.5MPa（报警压力）可耐受 1050kV 雷电冲击电压。对于产品的抽真空和充气步骤与基础试验相同。因为 CF_3I 混合气体的绝缘相对较低，因此产品试验将首次充气压力提高到 0.7MPa。在满足冲击特性验证后再降低气压（0.05MPa）进行下一组绝缘耐受验证。额定充气压力下的 SF_6 重量为 12.5kg，其温室效应相当于排放 290t 二氧化碳，如完全采用 CF_3I 混合气体绝缘，其温室效应低于 10kg 二氧化碳。

表 9 - 12　　252kV GIL 产品的额定参数

制造年份	2017	短时短时耐受电流	50kA
直线段长度	3meter	最小气体压力（报警压力）	0.5MPa（20℃）
额定电压	252kV	最大气体压力	1.0MPa（20℃）
额定频率	50Hz	额定充气压力	0.6MPa（20℃）
雷电冲击耐受电压	1050kV	额定充气压力下 SF_6 重量	12.5kg
额定电流	4000A	最低运行温度	−25℃

2. GIL 产品的温升及耐受电流特性验证

252kV 等级 GIL 作为用量较大的产品，除了绝缘试验外还需要验证温升、密封以及短路电流耐受等其他特性的试验验证，见表 9 - 13。

表 9 - 13　　252kV GIL 产品的试验验证项目

回路电阻测量	见表 9 - 14	GB/T 22383—2008 6.4
温升试验	1.2 倍额定电流不超过标准值	GB/T 22383—2008 6.5
密封试后	年泄漏≤0.1%	GB/T 22383—2008 6.8
短时耐受和峰值耐受电流试验	50 kA，3s 峰值 135kA	GB/T 22383—2008 6.6

（1）回路电阻及温升测试。

回路电阻及温升试验主要考察产品载流导体与整机配合的设计合理性，在保证绝缘特性的基础上，有效调整的散热结构使产品在额定运行参数条件下内部温度不出超过标准规定数值。同时在包括电连接、导体—绝缘材料等关键位置的固定结构，需要在承受动热稳定、运输及再装配以及运维检修等工况后仍能够满足标准所规定的要求。

回路电阻试验具体采用直流电压降法测量电阻，试验电流为 100A，在温升试验前后均进行测试。试验回路如图 9-54 所示，测量位置为 A 到 A′之间。表 9-14 为回路电阻测量测试标准要求。

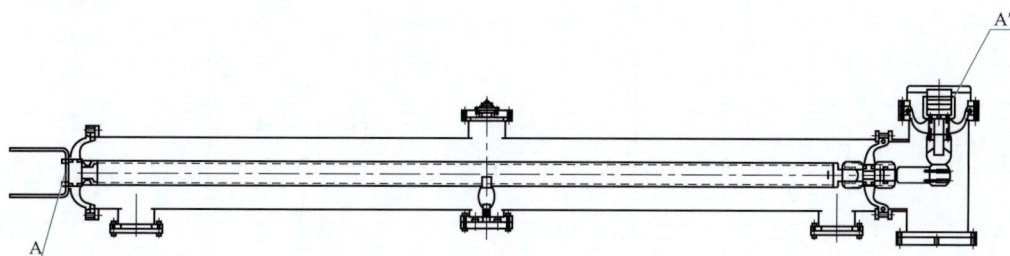

图 9-54　回路电阻测量部位示意图

表 9-14　　　　　　　　　　回路电阻测量测试标准要求

测量部位	参照回路电阻测量示意图，从第 A 点到第 A′点技术要求（μΩ）
扶术要求（μΩ）	＜100
环境温度（℃）	22
单相（μ0）	27.6
试验前后电阻增加最大值（％）	25.0

温升试验原理如图 9-55 所示，采用降压升流变压器获得低电压大电流加载到试验样机上。在如图 9-56 所示的位置采用热电偶测量通流过程中的温度上升数值。试验数据汇总于表 9-15 中，试验电流为 4800A，电源频率 50Hz，环境温度 23℃。

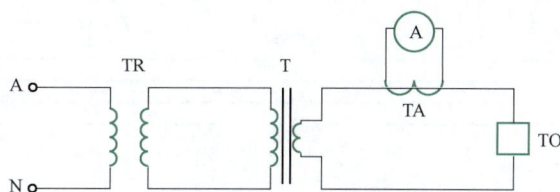

图 9-55　温升回路原理图

TR—调压器；TA—电流互感器；T—升流器；TO—试品

表 9-15　　　　　　　　　　温 升 试 验 数 据

测量部位编号	单相温升值（K）	温升限制（K）	测量位置	镀层
1	64.7	75	导体固定连接	镀银
2	55.4	—	导体	—
3	49.0	65	滑动连接	镀银
4	50.2	65	滑动连接	镀银
5	51.3	65	滑动连接	镀银
6	49.8	75	导体固定连接	镀银

测量部位编号	单相温升值（K）	温升限制（K）	测量位置	镀层
7	44.0	65	滑动连接	镀银
8	44.2	65	滑动连接	镀银
9	52.6	—	导体	—
10	51.9	75	导体固定连接	镀银
11	19.0	30	外壳	—
12	25.1	30	外壳	—
13	23.4	30	外壳	—
14	33.0	—	气体	—
15	40.1	—	气体	—
16	44.3	65	接线端子	镀银
17	44.5	—	试验连接母线	—
18	43.0	—	试验连接母线	—
19	42.4	—	试验连接母线	—
20	41.6	—	试验连接母线	—
21	42.1	65	接线端子	镀银
22	42.9	—	试验连接母线	—
23	55.6	65	接线端子	镀银

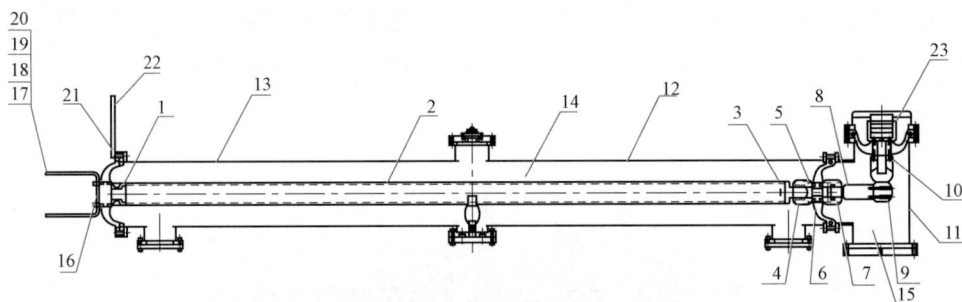

图 9-56　温升测量点示意图及试验照片

由表 9-15 数据可见，温升较低的位置为 GIL 外壳，数值在 19~26℃范围；绝缘气体的温升在 33~41℃，也相对较低，且并无标准规定，其中离壳体较近的气体温度相对低，离高压导体较近的气体温度相对高；高压导体温升约为 55℃；试验母线的温升在 41~45℃范围。导体固定连接和滑动连接为母线上的关键电连接点，分别采用螺栓紧固的平面接触和弹簧触指结构的连接方式，前者温升在 49~56℃范围，后者在 44~52℃范围。由此可见平面接触虽然接触面大，但由于两个平面平行度存在的微小差异，导致电接触不如弹簧触指形式的弹性电接触。接线端子由于是裸露在外界空气中，其温升相对较小在 42~56℃范围，但电接触特性仍然低于弹簧触指。综上研究，252kV 等级 GIL 产品的电连接结构设计可保证在 1.2 倍额定电流下整机的温升不超过标准规定数值，由于采用的环保型绝缘气体的气压为一个标准大气压，在实际产品的高压气压情况下（气体压力升高，其导热特性提高）将具有一定的温升裕度，能够保证 GIL 产品实际安全稳定运行。

（2）短时耐受电流和峰值耐受电流试验。

短时耐受电流和峰值耐受电流测试是为了验证产品是否能够承受极大短路电流工况产生的电动力和热效应而进行的试验。其考核关键点在于产品的力学结构的稳定性和电触点的耐受温度可靠性。但由于在该试验前后需要进行回路电阻和温升试验验证，并保证测试结果不超过标准要求，因此对于气体而言，相当于需要验证在 GIL 回路电阻上升的情况下满足温升标准要求。如图 9-57 所示为短时耐受电流和峰值耐受电流试验的原理图和现场照片。该试验回路采用短路发电机和电抗形成大电流回路为试品提供给短时的大电流。

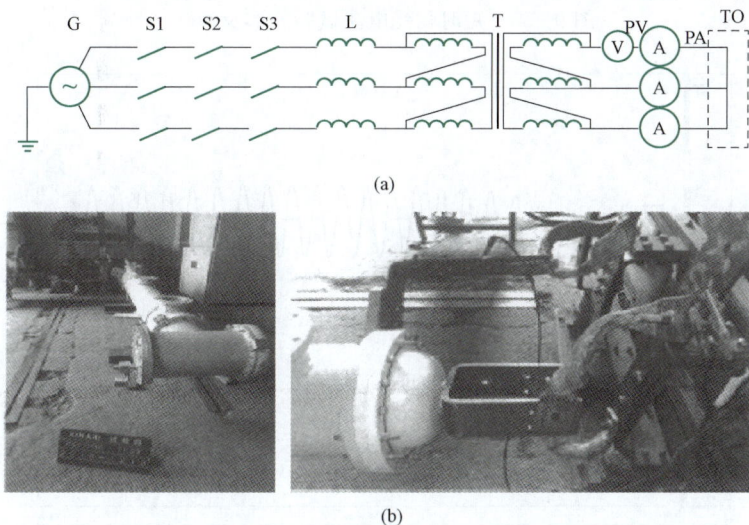

图 9-57 短时耐受电流和峰值耐受电流试验回路
（a）电路原理图；（b）现场照片
G—短路发电机；L—调节电抗；TO—试品；S1—保护开关；S3—操作开关；
PV—电压表；S2—合闸开关；PA—电流表

263

　　试验样机送检前经过厂内试验、运输和再组装，在该试验前未检修。试验回路 A 相连接试品母线进线，经试品壳体返回试验回路 B 相。如图 9-58、图 9-59 所示为短时耐受电流和峰值耐受电流的波形图和参数表。短时耐受电流的持续时间约为 3000ms，有效值 51kA，峰值 118kA；峰值耐受电流的持续时间 386ms，有效值 27.8kA，峰值 139kA。

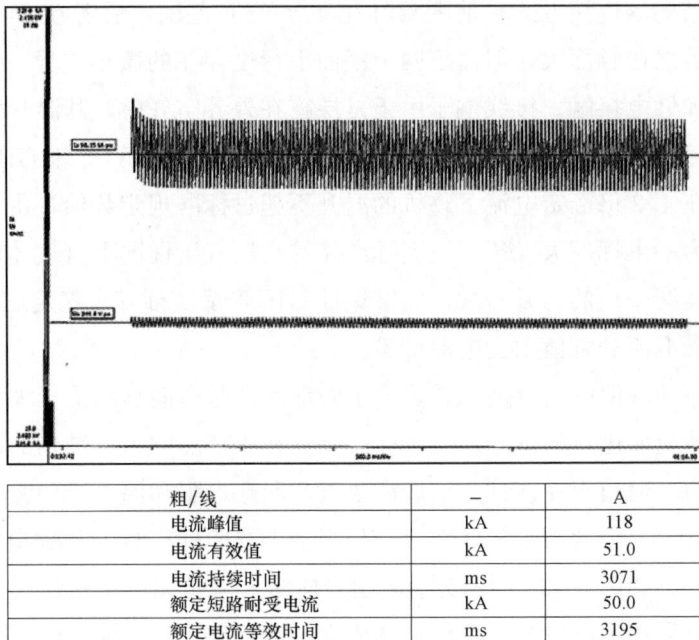

粗/线	—	A
电流峰值	kA	118
电流有效值	kA	51.0
电流持续时间	ms	3071
额定短路耐受电流	kA	50.0
额定电流等效时间	ms	3195

图 9-58　短时耐受电流试验波形及参数

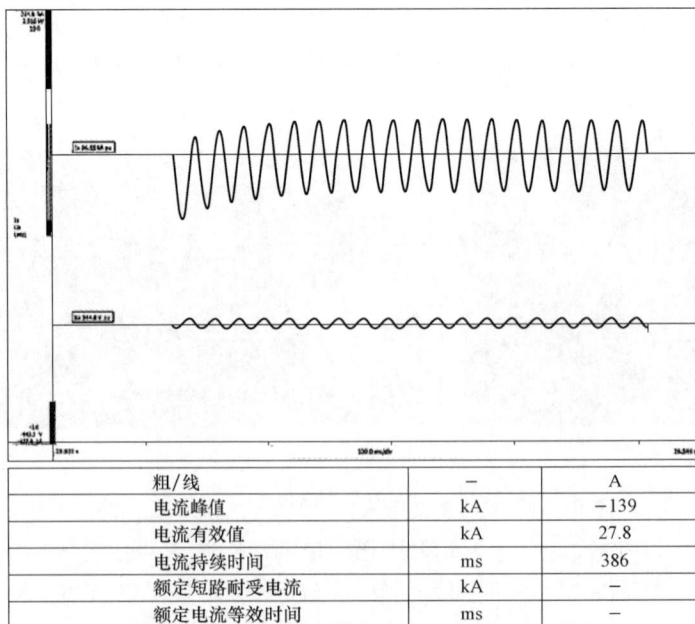

粗/线	—	A
电流峰值	kA	−139
电流有效值	kA	27.8
电流持续时间	ms	386
额定短路耐受电流	kA	—
额定电流等效时间	ms	—

图 9-59　峰值耐受电流试验波形及参数

经过上述的短时及峰值短路电流工况后，试验样品未发生电弧放电和结构性破坏，各部件的紧固件未发生松动情况。该试验后进行了回路电阻测试，结果为 $29.5\mu\Omega$，相比试验前数值 $27.6\mu\Omega$ 增加了 6.9%，符合标准规定的增加值 $\leqslant25\%$ 要求，同时也低于 $100\mu\Omega$ 的要求值。采用同样试验方法进行了一个标准大气压下的温升测试，结果各个点的温升均符合标准要求。这说明该 GIL 产品针对环保型 SF_6 替代气体的结构设计具有较好的散热特性，完全能够满足产品在温升方面的技术要求。

3. GIL 产品关键位置的绝缘仿真验证与核验

如图 9-60 为试验 GIL 线段的导体连接结构示意图。图 9-60 中产品所采用的两种连接方式：如图（a）所示为与盘式绝缘子中埋设的导体采用螺栓紧固方式连接的连接结构，通过螺栓紧固力使镀银接触相互压紧产生电接触；如图（b）所示，首先将杯状的导体与盘式绝缘中的导体连接，再将母线上的连接头与杯状导体插接连接，以弹簧触指作为电路连接结构，这样的设计主要是为了保证较长的 GIL 线段能够在现场施工中便于安装，同时这样的结构也能吸收 GIL 产品在环境温度变化，地基沉降中的形变。考虑到装配方便、导体接触面积以及邻近固体绝缘（盘式绝缘子）位置的绝缘结构等因素，GIL 中的电连接位置的直径要显著大于母线的直径，该位置的电场分布往往是整个产品绝缘设计的关键。

为此对该位置的产品结构进行了电场仿真计算，如图 9-61 为加载雷电冲击电压 1050kV 时的电场分布。经过一定的结构设计，盘式绝缘子表面的场强被控制到较为合理的水平，数值在 10kV/mm 以下，同时切向场强更低，有效预防沿面闪络的发生。绝缘子与接地筒体之间的连接位置增加了接地屏蔽环，以避免安装法兰突边引起的场强集中，该结构随绝缘子一体浇注成型。主母线导体的直径与筒体直径采用了最为优化的比例，在保证绝缘性能的基础上保证最大的载流量。图 9-61 中可见，电场集中位置处于连接导体的表面，无论是滑动连接结构还是固定式连接结构，其过度圆角位置均出现了电场最大值，其中杯型导体的下沿圆

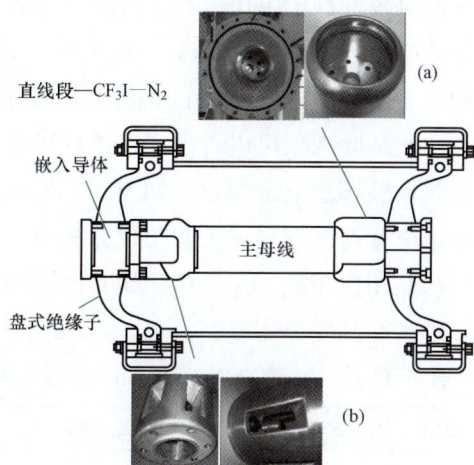

图 9-60　252kV GIL 产品的母线及
连接导体装配方式

（a）螺栓紧固方式连接；（b）与杯型导体插接连接

角处的电场强度最大约为 21.3kV/mm。由于在产品生产中存在部件加工差异和安装方面的误差，在设计中为了保证一定的裕度，需要将最大电场值附加一定的系数（雷电冲击一般取 85%）从而得到最大耐受电场值，因此该产品的最大耐受电场强度应满足 25.1kV/mm。

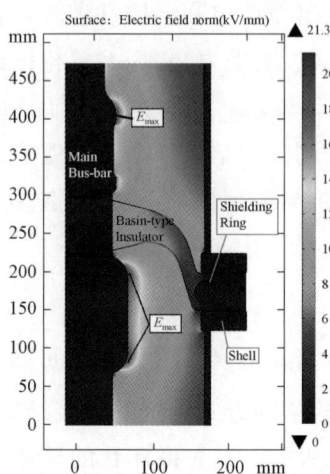

图 9-61　252kV GIL 盘式
绝缘子附近的电场分布

该处的气体间隙为 95mm，平均电场强度约为 11.1kV/mm，电场均匀度 $f \approx 1.9$，这与基础电极的直径 100mm 的球—板结构接近。由基础电极试验结果可知，稍不均匀电场要满足上述耐受值，充气压力需要高于 0.6MPa。由此推论，以下的雷电冲击耐受试验首先采用 0.7MPa 压力，当满足冲击电压考核后再降低气体压力进行后续试验，直到产品被击穿。

4. GIL 产品的绝缘验证试验与结果讨论

表 9-16 所示为采用 CF_3I/N_2（20/80）混合气体绝缘的 252kV GIL 产品雷电冲击验证性试验结果。该试验仍采用 IEC 及国标规定的产品耐受性试验方法进行，加载 15 次一定电压等级的某极性雷电冲击电压，击穿次数不得超过 2 次。如在最后 5 次加载中发生击穿，则需要增加 3 次加载电压试验，总次数不得超过 20 次。试验结果表明，当充气压力不低于 0.55MPa，产品能够满足 1050kV 的正负极性雷电冲击耐受性试验。而当压力降低到 0.5MPa 时，在加载 8 次负极性冲击电压过程中发生了 3 次击穿，导致产品在该气压下无法满足耐压要求。该试验结果与之前的 126kV 等级 GIL 产品试验结果以及仿真数值结果较为符合。需要说明的是，击穿后试验 GIL 的绝缘裕度并未明显降低，仍可以在满足较大数值的雷电冲击电压。由此试验现象可以看出，在该样机中的击穿应该属于可自恢复的气体间隙击穿，未产生永久性破坏和绝缘失效。如图 9-62 所示为试验 GIL 拆解可见的击穿痕迹照片，图中的击穿电位置与杯型导体的圆角位置相对，表明击穿点与仿真所示的最大电场强度对应。当然该产品相比于纯 SF_6 气体绝缘 GIL 在绝缘方面的裕度较小，需要进一步进行绝缘优化设计，提高产品安全裕度。

表 9-16　　CF_3I/N_2（20/80）混合气体绝缘的 252kV GIL 的冲击耐受试验

气压，MPa abs.	击穿次数/加载次数，LI+	击穿次数/加载次数，LI−	结果
0.7	0/15	0/15	通过
0.65	0/15	0/15	通过
0.6	0/15	0/15	通过
0.55	0/15	0/15	通过
0.5	0/15	3/8	未通过

表 9-17 是全套型式试验的结果，主回路绝缘试验（短时工频耐受电压试验耐受 1min，雷电冲击耐受电压试验正负极性各 15 次）及局放试验全部通过型式试验，符合应用要求。

表 9-17   **252kV GIL 检测项目名称及结果**

序号	检测项目名称	技术要求	检测条件			检测单项判定结果
1	主回路的绝缘试验（短时工频耐受电压试验）	执行 GB/T 16927.1—1997 规定（干燥）	试验部位	额定工频耐受电压有效值	耐受时间	
			对地	230kV	1min	通过
			对地	460kV	1min	通过
2	主回路的绝缘试验（雷电冲击耐受电压试验）	执行 GB/T 11022—1999 规定	试验部位	雷电冲击电压峰值	次数	
			对地	550kV	正极性、负极性各 15 次	通过
			对地	1050kV	正极性、负极性各 15 次	通过
3	主回路局部放电试验	执行 GB 7674—2008 规定	试验部位	工频电压有效值（预加电压）	局部放电强度	
			对地	230kV（1min）	<5pC	通过
			对地	160kV（10min）	<3pC	通过
			对地	460kV（1min）	<5pC	通过
			对地	320kV（10min）	<3pC	通过

综上所述，CF_3I 混合气体可以在 GIL 中应用。

（1）针对 126kV GIL 产品的研究表明，由于 CF_3I 混合气体的绝缘特性相对 SF_6 较弱，需要对关键位置的电场分布进行优化处理。优化前样机在 0.65MPa 气压下即发生沿面击穿，安全裕度不足。通过接地屏蔽的优化处理，可使最低安全气压降低到 0.5MPa，安全裕度大幅度提升，同时也有效避免了沿面闪络对固体绝缘的损伤。

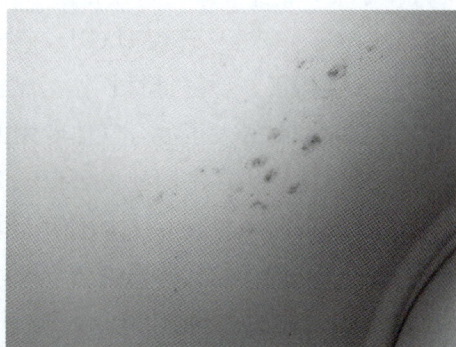

图 9-62   252kV GIL 中的击穿痕迹照片

（2）252kV GIL 中的电场的关键位置处于盆式绝缘中心导体嵌件附近的固定连接和滑动连接的导体圆角位置，由于绝缘子采用了接地屏蔽结构，壳体边缘的电场不存在场强集中问题。试验结果表明，CF_3I/N_2（20∶80）混合气体气压不低于 0.55MPa 时能够耐受额定雷电冲击电压，这方面仍需要在后续进行电场结构的优化设计进一步提高安全裕度。同时在动热稳定等试验条件前后进行的回路电阻及温升试验表明，该产品的设计能够满足标准要求且具有一定的裕量。

9.3 环保型气体 C_4 和 C_5 在高压和中压电气设备中的应用研究

9.3.1 C_4 和 C_5 在高压和中压电气设备中的应用现状

ALSTON 公司（现属于 GE 公司）已将 C_4F_7N - CO_2 混合气体作为绝缘和灭弧介质在不同电压等级的电气设备上进行应用，主要有 g^3 - 420kV GIB（-25℃）、g^3 - 245kV CT（-30℃）、g^3 - 145kV GIS（-25℃）。

在中压领域，ABB 公司推出了以 $C_5F_{10}O$/空气为绝缘介质的环保型气体绝缘开关柜 ZX2 AirPlus，该环保型开关柜保留了现有 GIS 的紧凑性及其他优点，新气体的全球变暖潜能值 GWP 小于 1，大大降低了对环境的影响。此外，ABB 公司还开发了以 $C_5F_{10}O$/CO_2 混合气体为绝缘和灭弧介质的电压等级 170kV、开断容量 40kA 环保型 GIS 样机，该 GIS 样机以原 245kV ELK-14GIS 降容至 170kV 使用，最低使用温度为 5℃，其中 $C_5F_{10}O$ 气体分压为 39kPa，总充气压力为 0.7MPa 绝对压力。

根据相关报道，420kV 环保型 GIL 开展了绝缘性能测试和温升测试，通过了 IEC 62271—203 标准中规定的雷电冲击耐压、操作冲击耐压和工频交流耐压试验考核，与原有 SF_6 绝缘的 GIL 设备具有相同的绝缘水平。而 GIL 温升试验的结果表明，采用低含量的 C_4F_7N/CO_2 混合气体后，在相同通流容量时，环保型 GIL 的温升值仅比 SF_6 绝缘时要高 10%～15%。420kV 环保型 GIL 在密封设计、监测装置和充气阀门等方面也做了一定的改进，其使用了新型密封材料作为密封圈，避免了 C_4F_7N/CO_2 混合气体与密封材料发生化学反应，同时开发了混合气体专用的气体压力表等。

英国国家电网为在本国建设环保型电气输电线路示范工程，采购了 GE 公司的 420kV 环保型 GIL。同时考虑到 GIL 的使用环境条件，选取了 C_4F_7N/CO_2 混合气体作为 GIL 的气体绝缘，GIL 内部的气体压力约 0.9MPa，目前该 GIL 正在英国的曼宁顿应用。

GE 公司研制的 145kV GIS 设备，使用了 C_4F_7N 含量为 6% 的 C_4F_7N/CO_2 混合气体作为气体绝缘介质，额定气体压力为 0.7MPa，允许使用的环境最低温度为 -25℃。GE 公司根据 IEC 62271—203 标准对环保 GIS 的单个组件和所有气室间隔进行了绝缘考核，再对原 GIS 绝缘结构做了少许改动之后，其绝缘性能完全满足标准要求。同样，其温升试验中，在通流容量为 2500A 时，以 C_4F_7N/CO_2 混合气体为气体绝缘的 GIS 最大温升值仅比 SF_6 绝缘时的温升值高约 13%。环保 GIS 的开断试验结果也显示，在开断大电流（1600A）和灭弧时间方面，C_4F_7N/CO_2 混合气体与 SF_6 已经十分接近。

表 9-18 汇总了几种主要的环保气体分别在中压和高压电气设备中替代 SF_6 气体应用时的关键参数与环境影响。

表 9 - 18 　　　　不同 SF_6 替代气体在中高压设备中应用的关键参数与环境影响

高压设备				
气体关键参数	SF_6	CO_2	$C_5F_{10}O/CO_2/O_2$	C_4F_7N/CO_2
气压（MPa abs.）	0.4～0.6	0.8～1	0.7～0.8	0.67～0.82
最低操作温度	−40～30	＜+48	−5～+5	−25～−10
GWP	23500	1	1	327～690
DS vs SF_6	1	0.5～0.7	～1	～1
SLF vs SF_6	1	0.5～0.83	0.80～0.87	0.83～1
中压设备				
气体关键参数	SF_6	$C_5F_{10}O/Air$	C_4F_7N/Air	CF_3I
气压（MPa abs.）	0.13			
最低操作温度	＜−40	−25～−15	−25～−20	−22.5
GWP	23500	0.6	1300～1800	0.45
DS vs SF_6	1	～0.85	0.9～1.2	1.2

注：abs.—绝对气压；DS—隔离开关；SLF—近区线路故障；vs—相比较。

常规气体在电力开关设备中作为绝缘与灭弧介质应用的主要有 CO_2 及其混合气体、N_2、空气等，相对电压等级较低，目前最高为 145kV，且主要以中压气体绝缘金属封闭开关设备（c—GIS）为主。在 10kV 电压等级上，环保型气体开关设备主要以空气或 N_2 绝缘、真空断路器开断的形式，如 ABB 公司的干燥空气绝缘环网柜和紧凑型开关柜的参数见表 9 - 19。CO_2 气体在较高电压等级的灭弧介质中实现了产品应用，如 ABB 公司和日本东芝公司分别研制的 72.5kV 电压等级纯 CO_2 气体断路器，以及 ABB 公司以 245kV LTB - E 断路器降容得到的 145kV、开断能力 31.5kA 的纯 CO_2 气体断路器。在之后的持续优化设计中，为了提高 CO_2 断路器的热开断性能和减少开断过程中 C、CO 等分解产物，日本东芝公司在 CO_2 中加入少量 O_2。

表 9 - 19 　　　　**ABB 环保型气体绝缘开关柜 ZX2 AirPlus 主要技术参数**

额定电压		kV	40.5
额定工频耐受电压		kV	95
额定雷电冲击耐受电压		kV	185
额定频率		Hz	50
额定电流		A	2000
额定短时耐受电流		kA	31.5
额定峰值耐受电流		kA	80
额定充气压力		bar	1.3
柜体基本尺寸	宽	mm	600/800
	高	mm	2300
	深	mm	1760/1860

近年来，德国西门子公司和日本三菱公司重点研究了空气绝缘技术及应用。西门子公司推出了 145kV 8VN1 blue GIS，该设备以洁净空气（采用 80％N_2 和 20％O_2 的混合气体）绝缘、真空开断。三菱公司开发了以干燥空气绝缘、真空开断的高压 HG - VA GIS，电压等级达到 72kV。由于干燥空气绝缘强度在相同压力下仅约为 SF_6 气体的 1/3，其结构形式在 SF_6 气体 GIS 上做了一些调整和优化，原充气压力与原 SF_6 气体 GIS 相比略有提升，如原 SF_6 气体 HG - VG GIS 为 0.15MPa 绝对压力，而干燥空气 HG - VA GIS 充气压力为 0.25MPa 绝对压力，且耐压和短时耐受电流值均有下降。

图 9 - 63　ABB 170kV 40kA 环保型 GIS

图 9 - 63 所示为 ABB 公司开发的以 $C_5F_{10}O$/CO_2 混合气体为绝缘和灭弧介质的电压等级 170kV、开断容量 40kA 环保型 GIS 样机，该 GIS 样机以原 245kV ELK - 14GIS 降容至 170kV 使用，最低使用温度为 5℃，其中 $C_5F_{10}O$ 气体分压为 39kPa，总充气压力为 0.7MPa 绝对压力。

表 9 - 20 为几种新型绝缘气体在局部放电、局部过热、电弧放电故障下的分解产物。

表 9 - 20　　　　　　　　　　C4 和 C5 气体的放电分解产物

气体	局放（与 CO_2 混合）				热分解	电弧放电（与 CO_2+O_2 混合）	
	4％C_4F_7N	4％$C_5F_{10}O$	14％$C_5F_{10}O$	30％$C_5F_{10}O$	C_4F_7N	2.8％C_4F_7N	1.5％$C_5F_{10}O$
CO	×	×	×	×	×	×	×
CF_2O	×	×	×	×	×		
C_2F_4O	×	×	×	×			
CF_4	×	×	×	×		×	×
C_2F_6	×	×	×	×	×	×	×
C_2F_4				×		×	×
CHF_3	×	×	×	×			
C_3F_8	×	×	×	×		×	×
C_2F_3N	×				×	×	
C_2HF_5		×					
C_3F_6	×	×	×	×		×	×
C_4F_6	×						
C_4F_{10}	×	×	×	×			×
C_3F_5N	×				×	×	

气体	局放（与 CO_2 混合）				热分解	电弧放电（与 CO_2+O_2 混合）	
	$4\%C_4F_7N$	$4\%C_5F_{10}O$	$14\%C_5F_{10}O$	$30\%C_5F_{10}O$	C_4F_7N	$2.8\%C_4F_7N$	$1.5\%C_5F_{10}O$
C_2N_2	×					×	
$1-C_4F_8$				×			
$2-C_4F_8$	×	×	×	×			
$1H-C_3HF_7$		×	×				
$2H-C_3HF_7$	×	×	×	×		×	×
PFIB				×			
HF					×		

9.3.2 典型气体绝缘设备样机研制与试验

1. 实验方法

（1）雷电冲击耐压试验。

采用标准雷电冲击波 $1.2/50\mu s$，在正、负两种极性电压下进行，对每一种试验状况和每一种极性连续施加 15 次额定雷电冲击耐受电压。如果在每 15 次冲击中，自恢复绝缘上破坏性放电次数不超过 2 次，而非自恢复绝缘上不发生破坏性放电，则认为开关设备通过了试验。

（2）短时工频耐压试验。

对试品的每一种试验状况，把试验电压升到试验值并维持 1min，如果没有发生破坏性放电，则认为开关设备通过了试验。

（3）海拔修正。

对于高海拔区域的中压开关设备，由于大气环境压力较低，而设备外壳较薄，为了防止发生鼓包或漏气现象，需要降低设备的充气压力。另一方面，考虑到开关设备通常是在平原地区研发和开展型式试验，而设备的外绝缘随着海拔的升高会逐渐降低，因此，在海拔不高于 1000m 的地点试验时，试验电压应在相关标准规定的额定耐受电压的基础上乘以海拔校正因数，则有

$$K_a = \frac{1}{1.1 - H10^{-4}}$$

式中：K_a 为海拔校正因数；H 为设备安装地点的海拔高度，m。

相比较低海拔地区，高海拔地区的电气设备存在着充气压力低和试验电压高的特点，这就对高海拔地区的电气设备中绝缘气体提出了更高的要求。基于对 CO_2 及其与 C_4F_7N 和 $C_5F_{10}O$ 混合气体绝缘性能的评估，针对几种典型开关设备，提出了适用于高海拔区域的气体配比方案，并开展了相关的耐压实验。

2. 12kV 环保型柱上负荷开关

采用一台 FZW28-12（VSP5）型户外高压真空负荷开关，开展雷电冲击和工频耐压

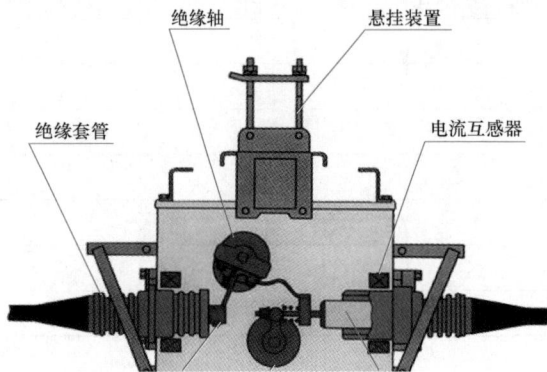

图 9-64　FZW28-12（VSP5）型户外
高压真空负荷开关内部结构

实验，对 CO_2 及其与 C_4F_7N 和 $C_5F_{10}O$ 混合气体在柱上负荷开关结构下的绝缘性能进行验证性研究。该设备额定电压为 12kV，内部结构图如图 9-64 所示，箱体内部采用气体绝缘，开关主回路引出端子有绝缘电缆保护。表 9-21 所示为相应的实验条件，从表中可以看出，当设备填充液化温度为 -15℃ 的 0.1MPa 下的 $C_5F_{10}O/Air$ 混合气体时，设备绝缘强度达到国标规定值。而当设备填充液化温度为 -25℃ 的 0.08MPa 下

的 C_4F_7N/CO_2 混合气体时，设备通过了海拔 2000m 校正后的绝缘试验。

表 9-21　　　　　FZW28-12（VSP5）型户外高压真空负荷开关试验

电压类型	雷电冲击耐受电压		1min 工频耐受电压	
电极	相间、对地	断口	相间、对地	断口
耐受电压（kV）	75	85	42	48
$C_5F_{10}O/Air$（-15℃，0.1MPa）	通过	通过	通过	通过
C_4F_7N/CO_2（-25℃，0.08MPa）	通过（海拔 2000m）	通过（海拔 2000m）	通过（海拔 2000m）	通过（海拔 2000m）

3. 12kV 及 40.5kV 环保型开关柜

采用一台 CYC-12（V）/630-25 全绝缘全密封金属封闭环网开关柜和一台 CYC-12（V）-40.5/630-25 全绝缘全密封金属封闭环网开关柜，开展雷电冲击和工频耐压实验，对 CO_2 及其与 C_4F_7N 和 $C_5F_{10}O$ 混合气体在金属封闭开关柜结构下的绝缘性能进行验证性研究。设备额定电压分别为 12kV 和 40.5kV，试验现场照片如图 9-65 所示，设备采用真空管作为开断元件，箱体内充气体绝缘，开关主回路引出端子有绝缘电缆保护。表 9-22 和表 9-23 所示为相应的实验条件，从表中可以看出，当 CYC-12（V）/630-25 型环网柜填充液化温度为 -25℃ 的 0.08MPa 下的 C_4F_7N/Air 混合气体时，设备通过了海拔 3000m 校正后的绝缘试验。而当 CYC-12（V）-40.5/630-25 型环网柜填充液化温度为 -15℃ 的 0.13MPa 下的 C_4F_7N/Air 混合气体时，设备通过了海拔 2000m 校正后的绝缘试验。

(a)　　　　　　　　　　　　　　　(b)

图 9-65　全绝缘全密封金属封闭环网开关柜试验现场

(a) CYC-12（V）/630-25；(b) CYC-12（V）-40.5/630-25

表 9-22　　　　　　　　　　　CYC-12（V）/630-25 金属封闭环网柜试验

电压类型	雷电冲击耐受电压		1min 工频耐受电压	
电极	相间、对地	断口	相间、对地	断口
耐受电压（kV）	75	85	42	48
C_4F_7N/Air （−25℃，0.08MPa）	通过 （海拔 3000m）	通过 （海拔 3000m）	通过 （海拔 3000m）	通过 （海拔 3000m）

表 9-23　　　　　　　　　　CYC-12（V）-40.5/630-25 金属封闭环网柜试验

电压类型	雷电冲击耐受电压		1min 工频耐受电压	
电极	相间、对地	断口	相间、对地	断口
耐受电压（kV）	95	118	185	215
C_4F_7N/Air （−25℃，0.12MPa）	通过 （海拔 2000m）	通过 （海拔 2000m）	通过 （海拔 2000m）	通过 （海拔 2000m）

4. 145kV 环保型隔离开关及母线

采用一台 ZF28A-145 型 GIS 的三工位隔离开关模块及配套母线，开展雷电冲击和工频耐压实验，对 CO_2 与 C_4F_7N 混合气体在高压开关设备及母线结构下的绝缘性能进行验证性研究。设备额定电压为 145kV，试验现场照片如图 9-66 所示，试验过程中在高压侧附加一端 1.5m 母线以及 145kV GIS 用 SF_6 瓷套管，低压侧附加 1.5m 长的母线。试验过程中，高压侧母线及套管充 SF_6 气体，隔离开关和低压侧母线充 C_4F_7N/CO_2 混合气体。隔离开关内部结构如图 9-67 所示，该隔离开关为三相共箱式结构。表 9-24 所示为相应的实验条件，从表中可以看出，当隔离开关和低压侧母线室填充液化温度为 −25℃ 的 0.68MPa 下的 C_4F_7N/CO_2 混合气体时，设备通过了相关的绝缘试验，满足相关国家标准对 126kV 雷电冲击及工频耐受电压的要求。

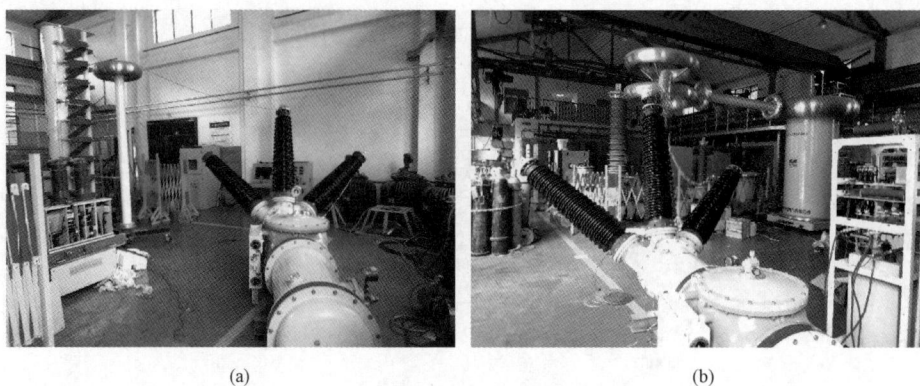

(a)　　　　　　　　　　　　　　　(b)

图 9 - 66　145kV 隔离开关及母线试验现场照片

（a）雷电冲击耐压实验；（b）工频耐压实验

图 9 - 67　145kV 隔离开关内部结构图

表 9 - 24　　　　　　　　　　　　145kV 隔开开关及母线试验情况表

电压类型	雷电冲击耐受电压		1min 工频耐受电压	
电极	相间、对地	断口	相间、对地	断口
耐受电压（kV）	550	630	230	265
C_4F_7N/CO_2 （−25℃，0.68MPa）	通过	通过	通过	通过

5. 126kV 环保型 GIS 母线、隔离开关和接地开关

使用现有的原 SF_6 绝缘的 ZF7A - 126 GIS 产品，通过对电场分布、隔离开关和接地开关结构及机构特性的优化与改进，研发出以 C_4F_7N/CO_2 混合气体作为绝缘和灭弧介质的母线、隔离开关和接地开关，图 9 - 68 为隔离断口电场分布优化仿真，图 9 - 69 为 126kV 隔离接地开关开断试验现场及波形。该产品适用于 −15～+40℃ 条件下 126kV、50Hz 输

配电系统，可用于新建和改造工程。

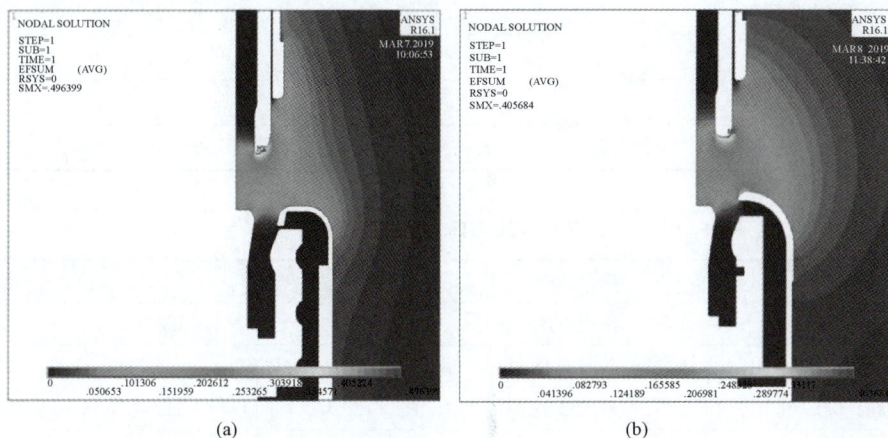

图 9-68 隔离断口电场分布优化仿真

（a）原断口电场分布；（b）改进断口电场分布

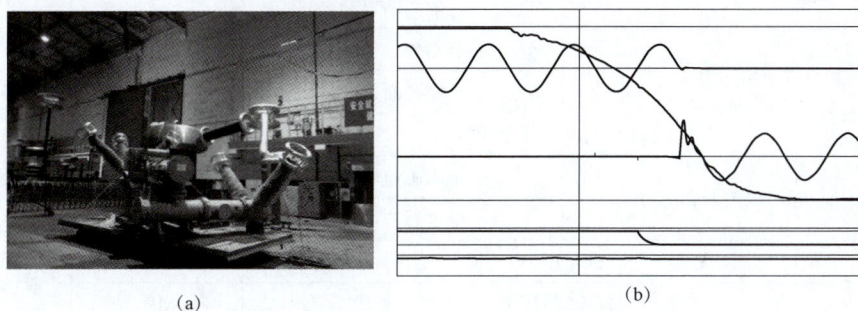

图 9-69 126kV 隔离接地开关开断试验现场及波形

（a）开断试验；（b）开断试验波形

ZF7A-126 GIS 产品使用条件见表 9-25，主要技术参数见表 9-26。

表 9-25   **ZF7A-126 GIS 产品使用条件**

安装条件	户内或户外
海拔高度	不超过 1000m
周围空气温度	−15～+40℃
最大日温差	≤25℃
日照强度	1000W/cm²（在风速为 0.5m/s 时）
相对湿度	日平均≤95%（20℃时） 月平均≤90%（20℃时）
最大风速	34m/s（相当于圆柱表面上的 700Pa）
抗震水平	AG5

安装条件	户内或户外
污秽等级	D 级
覆冰厚度	10mm
降水（雨）强度	15mm/min

表 9 - 26　　　　　　　　　ZF7A - 126 GIS 主要技术参数

序号	项目名称		单位	规定值
1	额定电压		kV	126
2	额定电流		A	2500
3	额定频率		Hz	50
4	额定短时耐受电流		kA，s	40，4
5	额定峰值耐受电流		kA	100
6	短时工频耐受电压，1min	极对地、极间	kV	230
		隔离断口		230＋73
	雷电冲击耐受电压（峰值）	极对地、极间		550
		隔离断口		550＋103
7	母线转换电流开合能力		A，V	1600，10
8	感应电流开合能力	电磁感应电流	A，kV	100，6
		静电感应电流		5，6
9	额定压力		MPa	0.60
10	最低功能压力		MPa	0.55
11	C_4F_7N 气体含量		％	11

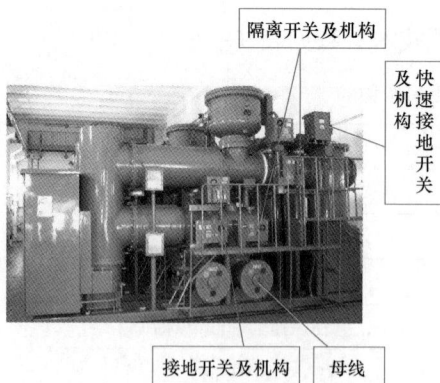

图 9 - 70　ZF7A - 126 GIS 用 C_4F_7N/CO_2 混合气体母线、隔离开关和接地开关结构示意图

产品为三相共箱结构，包括母线、隔离开关、接地开关，均封闭在金属壳体内，采用 C_4F_7N/CO_2 作为绝缘介质。产品结构示意图如图 9 - 70 所示，该产品于 2019 年 4 月至 2019 年 8 月在国家高压电器质量监督检验中心按照 GB/T 7674—2020《额定电压 72.5kV 及以上气体绝缘金属封闭开关设备》、GB/T 1985—2014《高压交流隔离开关和接地开关》、GB/T 11022—2020《高压交流开关设备和控制设备标准的共用技术要求》等标准完成了型式试验。

综合考虑 GWP、液化温度、毒性、碳沉积等，筛选出 C_4F_7N/CO_2 作为绝缘介质，通过选择合适配比和充气压力达到与 SF_6 气体接近的绝缘水平。

采用 $11\%C_4F_7N/89\%CO_2$，提升一个表压后能够实现对现有 GIS SF_6 的等效替代。母线、隔离开关和接地开关气室无 SF_6 气体使用，GWP 降低 98%。

6. 252kV 环保型 GIS 母线 （含套管）

采用 252kV ZF28－252 GIS 母线（含套管）设备，以 C_4F_7N/CO_2 混合气体为绝缘介质，开展了绝缘和温升的多物理场仿真与试验研究，通过对 C_4F_7N/CO_2 混合气体配比和压力的调节（见表 9-27），获得了与 SF_6 气体相当的绝缘与温升特性，开发的环保型设备顺利通过型式试验。

表 9 - 27 　　　　　　　　C_4F_7N/CO_2 混合气体在 252kV GIS 中的组配方案

气体种类	适用温度	适用海拔	C_4F_7N 比例	压力（绝对）	相对绝缘强度（0.53MPa SF_6）
C_4F_7N/CO_2	$-15℃$	—	13.2%	0.53MPa	~1

为保持设备原设计充气压力（与原 SF_6 气体相同），以保证设备运行的稳定性与可靠性，项目以 $-15℃$ 的最低环境温度为条件，选取 $13.2\%C_4F_7N/CO_2$ 混合气体为绝缘介质，该混合气体的绝缘强度与 SF_6 气体相当。在此基础上，对基于 C_4F_7N/CO_2 混合气体绝缘的 252kV GIS 母线进行了三维电场与额定电流下的温升仿真，典型结果如图 9-71 和图 9-72 所示，通过与 SF_6 气体绝缘条件下的结果对比可知，基于 C_4F_7N/CO_2 混合气体绝缘的 252kV GIS 母线在绝缘和温升性能方面与 SF_6 气体绝缘母线相当。

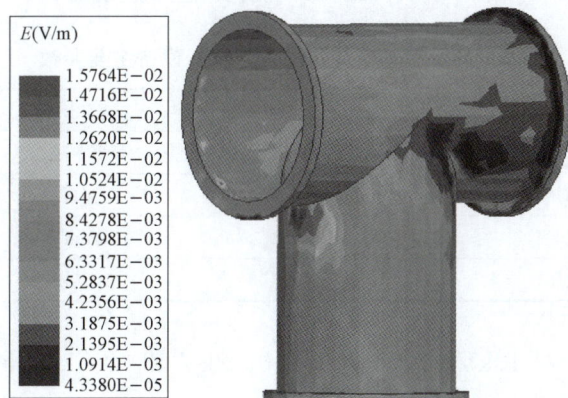

E(V/m)
1.5764E-02
1.4716E-02
1.3668E-02
1.2620E-02
1.1572E-02
1.0524E-02
9.4759E-03
8.4278E-03
7.3798E-03
6.3317E-03
5.2837E-03
4.2356E-03
3.1875E-03
2.1395E-03
1.0914E-03
4.3380E-05

图 9 - 71　252kV GIS 母线电场仿真

图 9-73 所示为 252kV GIS 母线及套管试验现场，基于优化的 C_4F_7N/CO_2 混合气体方案开发的环保型 252kV GIS 母线及套管，一次性通过了国标要求的绝缘与温升型式试验，设备主要参数见表 9-28。

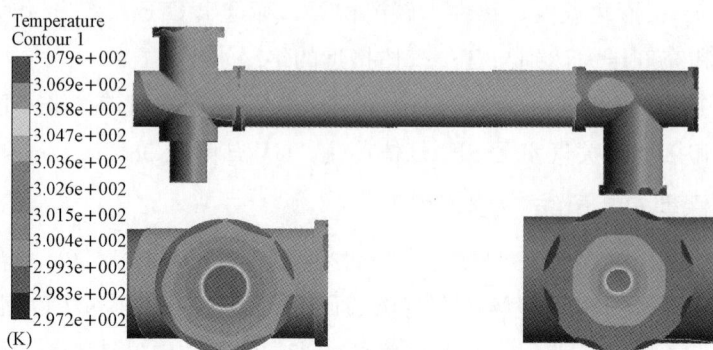

图 9 - 72　252kV GIS 母线外壳与法兰总体温度场分布云图

图 9 - 73　252kV GIS 母线及套管试验现场

表 9 - 28　　　　　　　　252kV 环保型 GIS 母线（含套管）设备主要参数

额定电压	252kV
额定电流	2000A
额定频率	50Hz
工频耐受电压试验	460kV
雷电冲击耐受电压	1050kV

综上所述，分别针对 12kV 柱上负荷开关、12kV 和 40.5kV 开关柜、126kV GIS 母线、隔离接地开关、以及 252kV GIS 母线及套管，提出了相应的气体配方，并对产品的电场分布与开关结构进行了相应的优化设计与改进，通过了相关的型式试验，满足国家标准对于相应等级电气设备的绝缘要求。

参 考 文 献

［1］ D M Xiao. Gas discharge and gas insulation ［M］. Berlin：Springer Berlin Heidelberg，2015.

［2］ K Pohlink，F Meyer，Y Kieffel，et al. Characteristics of g3 - an alternative to SF_6，CIGRE Paper D1 - 204，Paris，2016.

［3］ Kieffel Y. Green gas to replace SF_6 in electrical grids ［J］. IEEE Power and Energy Magazin. 14 (2)，p. 32 - 39，2016.

［4］ 郭泽. CO_2 及其与 C_4 - PFN/C_5 - PFK 混合气体间隙击穿与燃弧特性研究 ［D］. 西安：西安交通大学，2019.

［5］ Li XW，Guo XX，et al. Calculation of thermodynamic properties and transport coefficients of $C_5F_{10}O$ - CO_2 thermal plasmas ［J］. Journal of Applied Physics，2017，122 (14)：143302.

［6］ 李兴文，邓云坤，姜旭，等. 环保气体 C_4F_7N 和 $C_5F_{10}O$ 与 CO_2 混合气体的绝缘性能及其应用 ［J］. 高电压技术，2017，(3)：708 - 714.

［7］ 李兴文，陈力，傅明利，等. 基于密度泛函理论的 SF_6 替代气体筛选方法的研究综述 ［J］. 高电压技术，2019，45 (3)：673 - 680.

［8］ Guo Z，Li X W，Li B X，et al. Dielectric properties of C_5 - PFK mixtures as a possible SF_6 substitute for MV power equipment ［J］. IEEE Transactions on Dielectrics and Electrical Insulation，2019，26 (1)：129 - 136.

［9］ Youping Tu，Yi Cheng，Cong Wang，et al. Insulation characteristics of Fluoronitriles/CO_2 gas mixture under DC electric field ［J］. IEEE Transactions on Dielectrics and Electrical Insulation，2018，25 (4)：1324 - 1331.

［10］ Cong Wang，Xin Ai，Ying Zhang，et al. Decomposition Products and Formation Path of C_3F_7CN/CO_2 Mixture with Suspended Discharge ［J］. IEEE Transactions on Dielectrics and Electrical Insulation，2019，26：1949 - 1955.

［11］ 王璁. C_4F_7N 及其混合气体的绝缘性能和局部放电分解特性及机制 ［D］. 北京：华北电力大学，2020.

［12］ Cong Wang，Yi Cheng，Youping Tu，et al. Characteristics of C_3F_7CN/CO_2 as an alternative to SF_6 in HVDC - GIL systems ［J］. IEEE Transactions on Dielectrics and Electrical Insulation，2018，25 (4)：1351 - 1356.

［13］ 李祎，张晓星，肖淞，等. 环保型绝缘介质 $C_5F_{10}O$ 放电分解特性 ［J］. 中国电机工程学报，2018，38 (14)：4298 - 4306.

［14］ Li Y，Zhang Y，Li Y，et al. Experimental study on compatibility of eco - friendly insulating medium $C_5F_{10}O/CO_2$ gas mixture with copper and aluminum ［J］. IEEE Access，2019，7：83994 - 84002.

［15］ Xia Y，Liu F，Yalong L I，et al. Study on the thermal decomposition characteristics of $C_5F_{10}O/N_2$ gas mixture ［C］//2020 IEEE 4th Conference on Energy Internet and Energy System Integration (EI^2).

IEEE，3641-3644.

[16] 李兴文，贾申利，张博雅. 气体开关电弧物性参数计算及特性仿真研究与应用 [J]. 高电压技术，2020，（3）：757-771.

[17] Zhang B Y，Li C W，Xiong J Y，et al. Decomposition characteristics of C_4F_7N/CO_2 mixture under AC discharge breakdown [J]. AIP Advances，2019，9（11）：115212.

[18] A Wieland. Gas breakdown mechanisms in electronegative gases（SF_6）and in gas mixtures [C]. ETZ-A 94，370，1973.

[19] Chachereau A，Hösl A，Franck C M. Electrical insulation properties of the perfluoronitrile C_4F_7N [J]. Journal of Physics D：Applied Physics，2018，51（49）：49-52.

[20] 赵小令. 环保型绝缘气体在开关电弧设备中的应用基础研究 [D]. 上海：上海交通大学，2018.

[21] 赵谡. 环保型 CF_3I 混合绝缘气体协同效应的研究 [D]. 上海：上海交通大学，2019.

[22] W Wang，M Rong，Y Wu，et al. Fundamental properties of high-temperature SF_6 mixed with CO_2 as a replacement for SF_6 in high-voltage circuit breakers [J]. Journal of Physics D：Applied Physics，2014，47：255201.

[23] 谭东现. 环保型 CF_3I 混合气体在开关设备中的应用研究 [D]. 上海：上海交通大学，2019.